"十二五"国家重点图书

特 殊 钢 丛 书

中国600℃火电机组锅炉钢进展

刘正东 程世长 王起江
杨 钢 包汉生 干 勇 著

北 京
冶 金 工 业 出 版 社
2011

内 容 简 介

本书从工程技术的角度系统总结了我国600℃蒸汽参数超超临界火电机组用高端锅炉钢、钢管研制过程，全书内容为我国自己的原创研究成果及工程实践，书中所述研究成果已应用于我国能源建设。具体内容包括超超临界火电机组的战略意义及其技术进步；电站用锅炉钢的特点、发展历程和研究方法；中国T23/T24钢管、中国T/P91锅炉钢、中国T/P122锅炉钢、中国T/P92锅炉钢、中国S30432锅炉钢管及中国S31042锅炉钢管的研制进展；火电机组汽轮机叶片用钢；火电机组用钢的数据库及其国内的技术现状及未来发展展望；持久蠕变试验方法与标准等。

本书的主要读者为冶金、机械和电力行业的技术人员以及从事耐热钢研究的工程技术人员和研究生等。

图书在版编目(CIP)数据

中国600℃火电机组锅炉钢进展/刘正东等著.—北京：冶金工业出版社，2011.7

"十二五"国家重点图书

(特殊钢丛书)

ISBN 978-7-5024-5572-9

Ⅰ.①中… Ⅱ.①刘… Ⅲ.①火力发电－发电机－机组－锅炉钢－研究进展－中国 Ⅳ.①TG142.41

中国版本图书馆CIP数据核字(2011)第118138号

出 版 人　曹胜利

地　　址　北京北河沿大街嵩祝院北巷39号，邮编100009

电　　话　(010)64027926　电子信箱　yjcbs@cnmip.com.cn

责任编辑　卢　敏　李　梅　美术编辑　李　新　版式设计　孙跃红

责任校对　王贺兰　责任印制　牛晓波

ISBN 978-7-5024-5572-9

北京兴华印刷厂印刷；冶金工业出版社发行；各地新华书店经销

2011年7月第1版，2011年7月第1次印刷

169mm×239mm；22.5印张；438千字；345页

69.00元

冶金工业出版社发行部　电话：(010)64044283　传真：(010)64027893

冶金书店　地址：北京东四西大街46号(100010)　电话：(010)65289081(兼传真)

(本书如有印装质量问题，本社发行部负责退换)

《特殊钢丛书》

编辑委员会

《特殊钢丛书》序言

特殊钢是众多工业领域必不可少的关键材料，是钢铁材料中的高技术含量产品，在国民经济中占有极其重要的地位。特殊钢材占钢材总量比重、特殊钢产品结构、特殊钢质量水平和特殊钢应用等指标是反映一个国家钢铁工业发展水平的重要标志。近年来，在我国社会和经济快速健康发展的带动下，我国特殊钢工业生产和产品市场发展迅速，特殊钢生产装备和工艺技术不断提高，特殊钢产量和产品质量持续提高，基本满足了国内市场的需求。

目前，中国经济已进入重工业加速发展的工业化中期阶段，我国特殊钢工业既面临空前的发展机遇，又受到严峻的挑战。在机遇方面，随着固定资产投资和汽车、能源、化工、装备制造和武器装备等主导产业的高速增长，全社会对特殊钢产品的需求将在相当长时间内保持在较高水平上。在挑战方面，随着工业结构的提升、产品高级化，特殊钢工业面临着用户对产品品种、质量、交货时间、技术服务等更高要求的挑战，同时还在资源、能源、交通运输短缺等方面需应对日趋激烈的国内外竞争的挑战。为了迎接这些挑战，抓住难得发展机遇，特殊钢企业应注重提高企业核心竞争力以及在资源、环境方面的可持续发展。它们主要表现在特殊钢产品的质量提高、成本降低、资源节约型新产品研发等方面。伴随着市场需求增长、化学冶金学和物理金属学发展、冶金生产工艺优化与技术进步，特殊钢工业也必将日新月异。

从20世纪70年代世界第一次石油危机以来，工业化国家的特殊钢生产、产品开发和工艺技术持续进步，已基本满足世界市场需求、资源节约和环境保护等要求。近年来，在国家的大力支持下，我国科研院所、高校和企业的研发人员承担了多项国家科技项目工作，在特殊钢的基础理论、工艺技术、产品应用等方面也取得了显著成绩，特别是近20年来各特钢企业的装备更新和技术改造促进了特殊钢行业进步。为了反映特殊钢技术方面的进展,中国金属学会特殊钢分会、先进钢铁材料技术国家工程研究中心和冶金工业出版社共同发起,并由先进钢铁材料技术国家工程研究中心和中国金属学会特殊钢分会负责组织编写了新的《特殊钢丛书》,它是已有的由中国金属学会特殊钢分会组织编写《特殊钢丛书》的继续。由国内学识渊博的学者和生产经验丰富的专家组成编辑委员会,指导丛书的选题、编写和出版工作。丛书编委会将组织特殊钢领域的学者和专家撰写人们关注的特殊钢各领域的技术进展情况。我们相信本套丛书能够在推动特殊钢的研究、生产和应用等方面发挥积极作用。本套丛书的出版可以为钢铁材料生产和使用部门的技术人员提供特殊钢生产和使用的技术基础,也可为相关大专院校师生提供教学参考。本套丛书将分卷撰写,陆续出版。丛书中可能会存在一些疏漏和不足之处,欢迎广大读者批评指正。

《特殊钢丛书》编委会主编
中国工程院院长 徐匡迪

2008 年夏

前　言

为支撑国民经济快速发展，过去十年我国电力工业实现了跨越式发展，装机容量已经近10亿千瓦。我国目前的电源结构是火电占75%左右、水电占21%左右、核电占2%左右，其中火电机组的实际发电量占82%以上，可见火电机组是我国电源结构的绝对主力，这种局面在可以预见的未来难以彻底改变。另外，长期以来我国火电装机以亚临界以下参数机组为主。因此，研发清洁煤发电成套技术，不断提高火电机组的运行参数和热效率（尤其是研制大容量高参数超超临界火电机组），是优化我国电源结构和实现国家温室气体减排战略目标的最重要措施之一。然而，过去十多年我国超超临界火电机组建设所需的高端锅炉钢管基本依靠国外进口，严重威胁国家能源安全。

2005年11月，国家科技部和中国钢铁工业协会在北京组建了以钢铁研究总院、宝钢股份公司、攀钢集团公司、哈尔滨锅炉厂、东方锅炉厂、西安热工研究院为核心单位的中国超超临界火电机组用钢研发战略联盟。2003～2010年间，国家科技部连续对我国600℃蒸汽参数超超临界火电机组用高端锅炉钢管研发予以资助。截至2010年12月，我国已成功研发了T23、T24、T91、P91、T92、T122、S30432和S31042锅炉钢管，完成了市场准入评审，实现了上述品种的国产化，并已向市场供应国产上述品种锅炉钢管20万吨左右。在我国实现S30432锅炉钢管国产化之前，进口钢管价格为26万元/吨左右，在我国实现该钢管国产化后，S30432锅炉钢管进口价格已经降到12万元/吨以下。

能源动力用钢技术是工业化的最根本的基础之一，是不可能从国外买来的技术，也是市场换不来的技术。能源动力用钢技术的研发周期长、投入大、风险高，但是无论这条路有多长、有多难走，也只有靠我们自己。无论火电、核电、飞机、舰船，如果没有属于自己的能源动力用钢技术，就难以形成自主知识产权的成套装备，就难以实现真正意义上的自主创新和跨越发展。对于国家而言，能源动力用钢技术是战略性的大问题。

本书是2003～2010年间我国600℃蒸汽参数超超临界火电机组用高端锅炉钢管研制工作的工程技术阶段性总结，侧重于高端锅炉钢及其钢管国产化过程中的工程技术研究进展。干勇院士撰写了第1章，刘正东撰写了第2、3、7、12、13章，王起江撰写了第4章，刘正东和王起江撰写了第5章，包汉生撰写了第6章，刘正东和程世长撰写了第8、9章，杨钢撰写了第10章，高怡斐撰写了第11章，刘正东对全书进行了整理。书中疏漏和错误恳请读者批评指正。

本书作者衷心感谢中国金属学会翁宇庆院士，中国钢铁工业协会兰德年、姜尚清，中国机械工程联合会陆燕荪、徐英男，钢铁研究总院田志凌、杜挽生、董瀚、赵先存、张永权、林肇杰、王立民，宝钢股份公司徐乐江、张丕军、王治政、徐松乾、朱长春、黄剑、华文杰，攀钢集团公司王剑志、李守军、郭元蓉，天津钢管集团有限公司孙开明、付继成、肖功业，江阴兴澄特种钢铁责任公司李国忠、惠荣，哈尔滨锅炉厂谭舒平、孔繁革、程义、穆振芬，东方锅炉厂彭芳芳、戴黎，西安热工研究院范长信、周荣灿，北京科技大学谢锡善、董建新、谢建新，上述专家的指导和合作是作者成功写作本书的保障。

本书作者感谢国家科技部2003～2010年间2003AA331060、2006AA03Z513、2007BAE51B02、2008DFB50030、2010CB630804项目对我国超超临界火电机组用钢技术研究的大力支持！

感谢先进钢铁材料技术国家工程中心资助本书出版！

作 者

2011年2月

目　录

1　超超临界火电机组的战略意义及其技术进步

改革开放以来，我国经济高速发展，资源能源短缺和环境保护已成为制约和谐发展的瓶颈问题。1978～2000年间我国GDP增长率的年统计平均值为9.52%，而同期电力年增长率仅为7.9%，电力建设严重滞后于我国经济的发展速度。2002年以来全国性电力短缺问题非常突出，严重地影响了国民经济的健康、高速、协调发展和人民生活质量的持续提高。

世界银行能源局局长杰穆·富伊尔在题为《促进中国能源领域的可持续发展》报告中，估计2001～2010年间中国能源基础设施投资达4510亿～5790亿美元（见表1-1），其中电力工业投资占能源工业投资的比重为77.6%～82.6%。自然资源储备和国情决定了今后20年我国的电源结构仍将以燃煤发电机组为绝对主力。虽然我国大力发展水电和核电等清洁型能源，预计到2020年我国的火电机组在电源结构中的比例将仍然高达65%～70%（见表1-2）。

表1-1　2001～2010年中国能源基础设施投资情况

项　目	电　力	煤　炭	石　油	天然气
总额/亿美元	3500～4780	400	390	220
比例/%	77.61～82.56	6.91～8.87	6.74～8.65	3.80～4.88
年均投资额/亿美元	350～478	40	39	22

表1-2　中国20年发电装机容量构成

年　份	容量/亿千瓦	火电比例/%	水电比例/%	核电比例/%	新能源比例/%
2000	3.19	72.1	24.87	0.66	
2005	4.70	74.80	23.20	1.90	0.14
2006	6.22	77.82	20.07	1.20	0.10
2007	7.1329	77.73			
2008	7.92530	75.87	21.64	1.15	1.12
2020	13.40	65.0	23.0	4.0	

我国火电行业现在还以初蒸汽温度和压力较低的亚临界机组为主力机型，发电平均煤耗高。目前我国燃煤发电机组的平均供电煤耗与世界先进水平（超

超临界机组）相差 50～60 g/(kW·h)，该差距使我国每年多消耗电煤 1.5 亿吨以上。我国煤矿的开采能力不能满足经济发展对用煤量的要求，只能进行超负荷开采，这是造成矿难频发的主要原因。表 1-3 表明我国近年开采煤炭的 50%以上用于发电，按此发展中国的煤炭资源难以支撑中国经济的快速发展。低的热效率不仅增加了成本，消耗了能源，加重了对运输的压力，更重要的是不可逆转地污染了环境。2004 年以来我国 SO_2 排放总量居世界第一位，使 1.16 亿城市人口生活在劣于 3 级的空气中。其中我国煤电生产中排放的 CO_2、SO_2、NO_x 达 3.5 亿吨/年（烟尘排放占工业排放的 33%，SO_2 排放占工业排放的 56%），产生的灰渣约占全国灰渣总量的 70%。2005 年底我国装机容量达 5 亿千瓦，2006 年煤电按 70% 计算，即 3.5 亿千瓦，全年排放 CO_2 4.9 亿吨，排放 SO_2 350 万吨，排放 NO_x 210 万吨，其中 SO_2 排放占全国的 50%，由于形成酸雨而造成的国民经济损失达 700 亿元以上。2004 年我国在创造了世界 GDP 总量 4.4% 的同时，消耗的原油、原煤、电力、钢材、铝和水泥分别是世界总消耗量的 7.4%、31%、10%、27%、25%、40%。因此优化火电机组结构，大力发展以超超临界燃煤发电技术为代表的高效洁净煤发电技术是我国面临的重大课题。少用煤、多发电和煤的清洁高效利用已成为关系我国国民经济进一步健康发展的战略性问题，其中最重要的途径就是发展大容量高参数超超临界发电机组，提高发电机组的热效率。

表 1-3　中国煤产量及火电用煤情况

<table>
<tr><td>项　目</td><td>2002 年</td><td>2003 年</td><td>2004 年</td><td>2007 年</td><td rowspan="2">我国已探明煤储量</td><td rowspan="2">6565</td></tr>
<tr><td>年煤产量/亿吨</td><td>12.5</td><td>16.6</td><td>17.5</td><td>25.2</td></tr>
<tr><td>火电用煤/亿吨</td><td>7.0</td><td>8.5</td><td>9.3</td><td></td><td rowspan="2">可经济开采煤储量</td><td rowspan="2">618</td></tr>
<tr><td>电煤比重/%</td><td>56</td><td>51</td><td>53</td><td>60</td></tr>
</table>

优化发展煤电、提高火电机组热效率、减少环境污染的洁净煤发电技术主要有：循环流化床（CFBC）、增压流化床（PFBC）、整体煤气化联合循环（IGCC）及超临界（SC）与超超临界（USC）技术。从技术的成熟度而言，CFBC、PFBC、IGCC 等技术还处于试验或示范阶段，在短期内广泛应用是不现实的。SC 和 USC 技术配以常规的烟气净化装置应是一种现实的洁净煤发电技术，是目前阶段优化煤电结构的主要方向，也符合中国的实际情况[1~3]。

火电机组的技术水平可按照其蒸汽参数来划分，根据参数的高低可依次分为：低压（低于 2.5 MPa）、中压（3～4 MPa/370℃）、次高压（7～8 MPa/480℃）、高压（10.8 MPa）、超高压（15.7 MPa）、亚临界（17.5～19 MPa/538℃）、超临界（SC）和超超临界机组（USC），蒸汽参数越高，机组热效率也越高，见表 1-4。

表 1-4 蒸汽参数与火电厂效率、供电煤耗关系[4]

序号	机组类型	蒸汽压力/MPa	蒸汽温度/℃	电厂效率/%	供电煤耗/g·(kW·h)$^{-1}$
1	中压机组	3.5	435	27	460
2	高压机组	9.0	510	33	390
3	超高压机组	13.0	535/535	35	360
4	亚临界机组	17.0	540/540	38	324
5	超临界机组	25.5	567/567	41	300
6	高温超临界机组	25.0	600/600	44	278
7	超超临界机组	30.0	600/600/600	48	256
8	高温超超临界机组	30.0	700	57	215
9	超 700℃机组	35.0	700	60	205

在工程热力学中水的临界点参数是:22.115 MPa 和 374.15℃,在此参数之上,水和汽之间没有明显的物理界面,称为超临界状态。在此参数以上运行的机组称为超临界机组。对于超超临界,物理上并没有明确对应的点。对超超临界机组,各国也没有统一的定义。我国国内普遍认为当蒸汽压力不小于 27 MPa 或温度不低于 580℃时则可称为超超临界机组。一般而言,亚临界机组热效率小于 39%,超临界机组热效率小于 42%,超超临界机组的热效率根据具体的蒸汽参数和其他影响因素不同在 40%以上。我国建设的第一台超超临界机组(玉环电厂:26.25 MPa/600℃/600℃)的设计热效率为 45.01%。

火电机组的发展已历经百年,发达国家超临界机组运用已有 50 年历史。20 世纪 50 年代,苏联、美国、西德、日本相继研制超(超)临界火电机组。由于当时耐热钢性能达不到设计要求,机组后来不得不退回到超临界参数运行。20 世纪 70 年代,世界能源危机的发生促使各国重新对超超临界火电机组产生兴趣,开始对超超临界火电机组用耐热钢重新进行系统研究。20 世纪 70 年代末,包括 T91 在内的一系列新型耐热钢开发成功,火电机组才由超临界成熟地进入低参数超超临界阶段。20 世纪 90 年代初期,日本和欧洲开始批量建设超超临界火电机组,并进一步开发更高参数的超超临界火电机组。国外已建成的主要超超临界机组概况见表 1-5。

表 1-5 国外已建设的主要超超临界机组锅炉设备概况[5]

国家	电 站	容量/MW	参 数		投运时间	锅炉制造商
			蒸汽压力/MPa	蒸汽温度/℃		
美国	Philo 6 号	125	31	621/566/538	1957	B&W
	Eddystone 1、2 号	325	36.5	654/566/566	1958、1960	CE
日本	能代 2 号	600	24.1	566/593	1994.12	IHI
	苓北 1 号	700	25.01	570/568	1995.12	IHI

续表 1-5

国家	电 站	容量/MW	参数		投运时间	锅炉制造商
			蒸汽压力/MPa	蒸汽温度/℃		
日本	七尾大田 2 号	700	25.01	597/595	1998.7	IHI
	橘湾 1 号	1050	25.8	605/613	2000.6	IHI
	碧南 4、5 号	1000	24.1	593/593	2001.11、2002.11	IHI
	七尾大田 1 号	500	25.0	570/595	1995.3	日立 BHK
	松蒲 2 号	1000	25.0	598/596	1997.7	日立 BHK
	原町 2 号	1000	25.4	604/602	1998.7	日立 BHK
	橘 湾	7000	25.0	570/595	2000.7	日立 BHK
	橘湾 2 号	1050	25.9	605/613	2000.12	日立 BHK
	常陆那珂 1 号	1000	25.4	604/602	2002.7	日立 BHK
	川越 1、2 号	700	32.9	571/569/569	1989.6、1990.6	Mitsubishi
	敦贺 1 号	500	24.1	566/566	1991.10	Mitsubishi
	原町 1 号	1000	25.4	566/593	1997.7	Mitsubishi
	三隅 1 号	1000	25.4	604/602	1998.7	Mitsubishi
	敦贺 2 号	700	24.1	593/593	2000.10	Mitsubishi
	苓北 2 号	700	24.1	593/593	2001	Mitsubishi
	Maizuru 1 号	900	24.5	595/595	2003	Mitsubishi
	広野 5 号	600	24.5	600/600	2004	Mitsubishi
欧洲	Vestkraft	350	25.1	560/560	1992.7	Sulzer
	Skaerbaekvaerket 3 号	415	29	582/580/580	1997	FLS miljφ/BWE
	Nordjyllandsvaerket 3 号	415	29	582/580/580	1998.10	FLS miljφ/BWE
	Avedore 2 号	415	30.5	580/600	2001	FLS miljφ/BWE
	Staudinger5 号	500	26.2	545/562	1992.8	FLS miljφ/BWE
	Altback	320	28.5	545/568	1995	Steinmuller
	Schkopan A/B	450	28.5	545/560	1995	Steinmuller
	Boxberg IV 1 Boxberg IV 2	900	28.5	545/580	1998、1999	Steinmuller
	LippendorfR LippendorfS	920	28.5	554/583	1999、2000	德国 Babcock
	Bexbach 11	750	30	583/600	2001	德国 Babcock
	Frimmersdorf	950	29.0	580/600	2001	德国 EVT
	Schw. pumpe(A,B)	800	28.4	552/570	1997/1998	
	RWE	1000	26.8	580/600	2000	ABB-Alstom
	Niederaubem	950	26.04	580/600	2002.11	ABB-Alstom
	Franken	600	28.5	575/595		

日本发展超超临界火电机组起步较晚，但发展速度很快。1967 年日立公司从美国 B&W 公司引进第一台 66 万千瓦超临界机组（蒸汽参数为 24.12 MPa/538℃/566℃），在沛崎电厂投运。以此为起点，日本政府组织全国科技力量开始大力发展超超临界燃煤火电机组技术。从 1981 年起，日本政府开始制订超超临界火电机组用耐热钢 20 年国家研究计划（1981～2001 年）。该计划的第一步把火电机组蒸汽参数研发目标设定为 31 MPa/566℃/566℃/566℃，第二步把火电机组蒸汽参数研发目标设定为 34 MPa/593℃/593℃/593℃。日本在短期内成功走出了一条引进、消化、吸收、仿制和跨越创新的超超临界火电机组发展道路。日本从亚临界火电机组到超超临界火电机组，从 30 万千瓦、60 万千瓦到 100 万千瓦容量，每上一个等级只用了 3～4 年的时间，充分体现了产业的后发优势。到 1985 年，日本已有 82 台超临界和超超临界火电机组投入运行，容量达到 4680 万千瓦，占当年日本电源总装机容量的 61%。这些新建火电机组的建成使日本当年火电机组的平均煤耗低于 326g/(kW·h)。到 2005 年日本共有 100 台超临界和超超临界火电机组在运行。

如表 1-4 所示，随着火电机组蒸汽参数（温度和压力）的提高，机组的煤耗降低，排放降低，热效率提高。最近 10 年，欧美[6]和日本[7]都先后启动了蒸汽参数为 650℃、700℃及 700℃以上超超临界火电机组研制计划，以期进一步提高火电机组的热效率和减少排放。

中国从中压火电机组发展到超临界火电机组经历了 40 年。1981 年中国从美国 CE 公司引进了 30 万千瓦和 60 万千瓦亚临界火电机组，并分别于 1987 年和 1989 年建成投运。目前我国已建成亚临界火电机组 30～35 万千瓦 170 台、60 万千瓦 15 台、90 万千瓦 2 台，共约 6640 万千瓦装机能力。20 世纪 80 年代末我国从瑞士 ABB 公司引进了 2 台 60 万千瓦机组（24.2 MPa，538℃/566℃）超临界火电机组，安装在上海石洞口二厂，于 1992 年建成投运。2006 年是中国电力发展史上最辉煌的年份之一。华能玉环电厂 100 万千瓦超超临界 1、2 号机组分别于 2006 年 11 月 28 日和 12 月 30 日投入运行，华电邹县电厂 100 万千瓦超超临界 1 号机组于 2006 年 12 月 4 日投入运行。这标志着我国电站设备设计、制造、安装和火电单机容量、蒸汽参数、环保技术等级均达到了世界先进水平，是我国电力工业发展的里程碑。

2006 年全国发电量达 28344 亿千瓦时。全国发电装机容量和全年发电量均居世界第二位。但是我国年人均用电量为 1894.17 千瓦时，相当于美国的 1/7，日本的 1/4，韩国的 1/3。年人均生活用电量仅为 217 千瓦时，相当于美国的 1/20，日本的 1/10。2010 年前中国预计建造 60 万千瓦超临界机组 150 多台，60 万千瓦超超临界机组 14 台（营口 2 台、阚山 2 台、河源 2 台、芜湖 2 台、铁岭 2 台、六安 2 台、望亭 2 台），100 万千瓦超超临界机组 42 台（玉环 4 台、邹县 2 台、外高桥三期 2 台、泰州 2 台、宁海 2 台、绥中 2 台、海门 2 台、平海 2 台、莱州 2 台、天津北疆 4 台、句容 2

台、蒲圻2台、北仑港2台、谏壁2台、古城2台、乌沙山2台、宁德2台、芜湖2台)。我国不同蒸汽参数和容量的首台火电机组的技术参数情况见表1-6。

表1-6　中国不同蒸汽参数与容量的首台火电机组的技术参数情况[1]

容量/MW	参数		投运电厂	锅炉制造厂	安装单位	投运日期
	蒸汽压力/MPa	蒸汽温度/℃				
6	3.5	435	田家庵电厂	上锅	安徽二公司	1956.4
25	9.0	535	闸北电厂	上锅	上海电建公司	1958.12
50	9.0	535	辽宁电厂	哈锅	东电一公司	1959.11
100(进口)	9.0	535	北京一热电厂	原苏联	北京电建公司	1959.10
100(国产)	9.0	535	高井电厂	哈锅	北京电建公司	1967.2
125	13.5	550/550	吴泾热电厂	上锅	上海电建公司	1969.9
200	3.0	535/535	韩阳电厂	哈锅	东电一公司	1972.12
300(国产)	16.5	535/535	望亭电厂	上锅	上海电建	1974.9
300(引进型)	17.0	538/538	石横电厂	上锅	山东二公司	1987.7
超临界320(进口)	25	545/545	南京热电厂	俄罗斯塔干罗格锅炉厂	江苏电建一公司	1994.3
350(进口)	16.5	538/538	宝钢电厂	日本三菱	上海电建	1982.11
500(进口)	16.5	538/538	神头二电厂	捷克斯柯达公司	山西二公司	1991.11
超临界500(进口)	25	545/545	盘山电厂	俄罗斯波多尔斯克·奥尔忠尼启则机器制造厂	北京电建公司	1995.12
600(进口)	18.5	538/538	元宝山电厂	德国斯坦缪勒	东电一公司	1985.12
600(引进型)	17.0	538/538	平圩电厂	哈锅	安徽二公司	1989.11
超临界600(进口)	24.1	538/566	石洞口二厂	美国CE,瑞士苏尔寿公司	上海电建公司	1992.6
660(进口)	18.2	538/538	沙角C电厂	美国CE公司	广东火电公司	1996.6
700(进口)	18.2	538/538	珠海电厂	日本三菱	广东火电公司	2000.4
超临界800(进口)	25	545/545	绥中电厂	俄罗斯塔干罗格锅炉厂	东电三公司	1999.12
超临界900(进口)	25.76	542/568	外高桥电厂	德国阿尔斯通	上海电建公司	2004.4
超临界425(国产)	24.8	568/596	澳大利亚梅尔米兰	北京巴威公司(出口)		2000.4
超临界600(国产)	24.2	566/566	沁北电厂	东方锅炉厂	东电一公司	2004.11
超临界1000(国产)	26.25	600/600	玉环电厂	哈锅	浙江火电公司	2006.11

1950～2020 年中国火电机组蒸汽参数发展历史和预测情况绘制于图 1-1[8]，在国家科技部的支持下我国钢铁研究总院等单位已经开展 650℃蒸汽参数超超临界火电机组用铁素体型锅炉钢的研制工作。如果我国能在该铁素体型锅炉钢研制方面取得突破，我国有可能在 2020 年左右设计和建设 650℃蒸汽参数超超临界火电机组。采用 650℃蒸汽参数工况，锅炉过热器和再热器可不选用镍基耐热合金。2010 年 7 月 23 日，国家能源局在人民大会堂召开会议宣布“国家 700℃超超临界燃煤发电技术创新联盟”正式组建和启动，标志着我国已正式开展 700℃超超临界火电机组技术的研制工作。预计 2018 年开工建设示范电站。

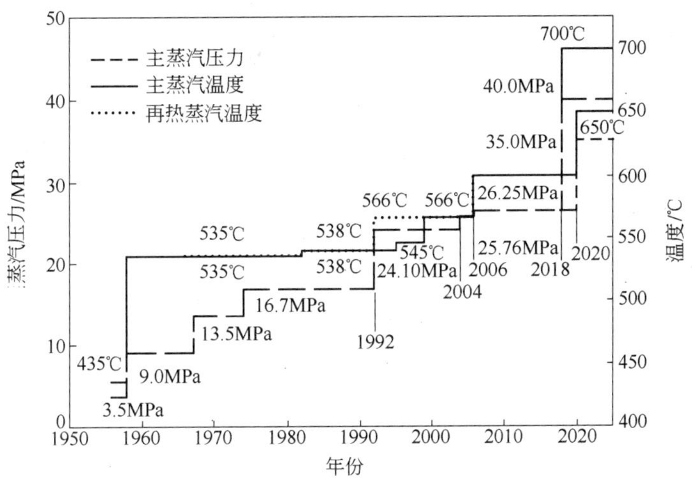

图 1-1　中国火电机组蒸汽参数发展历史和预测情况

参考文献

[1] 杨富. 我国火电锅炉的发展及其质量综述[J]. 巴威锅炉，2007(2)：1～7.

[2] 陆燕荪. 发电设备和输变电设备制造业“十一五”发展重点及 2020 年的展望[J]. 动力工程，2003，23(5)：2615～2619.

[3] 戴佩琨，程钧培. 火力发电新技术发展[J]. 发电设备，2004(1)：1～6.

[4] 屠勇. 东方锅炉(集团)股份有限公司技术交流资料，2004.

[5] 刘正东，程世长. 钢铁研究总院内部技术资料，2005.

[6] Blum R. Clean coal technology-State of the art[C]. 2009 Symposium on Advanced Power Plant Heat Resistant Steels, Shanghai, China, 2009.

[7] Fukuda M. Advanced USC technology development in Japan[C]. The 3rd Symposium on Heat Resistant Steels and Alloys for High Efficiency USC Power Plants 2009, Tsukuba, Japan, 2009.

[8] Liu Z D, Cheng S C, et al. Research and development of advanced boiler steel tubes and pipes used for 600℃ USC power plants in China[C]. 6th Intl. Conf. on Advances in Materials Technology for Fossil Power Plants, New Mexico, USA, 2010.

2　电站用锅炉钢发展历程

2.1　超超临界火电机组用锅炉钢的分类

根据国家的发展规划,2020 年全国电力装机容量将达到 13.4 亿千瓦,其中火电机组将仍然占 65% ~70% 左右,火电机组建设将主要发展高效率高参数的超临界(SC)和超超临界(USC)机组。发展高效率超临界、超超临界火电机组的关键技术之一就是解决锅炉受热面管、联箱、汽水分离器及蒸汽管道用耐热钢问题。

超超临界火电机组锅炉钢管长期在高温高压腐蚀环境下工作,如图 2-1 所示。典型工况时锅炉管内为流动的 600℃ 和 25.4 MPa 高温高压水蒸气,锅炉管外为多种高温煤灰环境(向火面)。一般设计要求锅炉管的使用寿命为 30 年。要求锅炉钢具有高热强性、抗高温流动超临界蒸汽腐蚀、抗高温烟气氧化腐蚀、良好焊接性和冷热成形工艺性。对锅炉钢的一般性设计原则为:

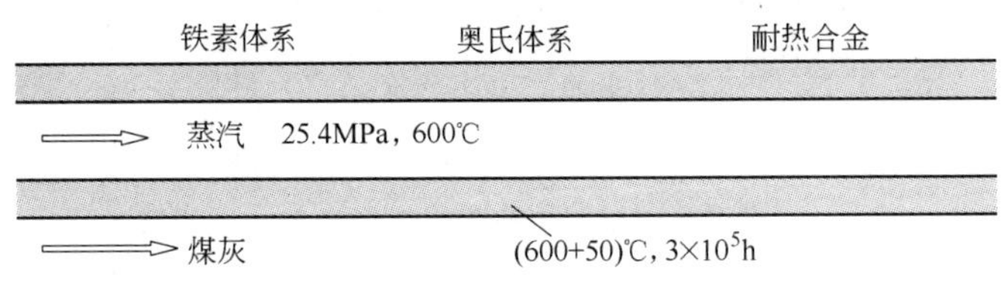

图 2-1　超超临界火电机组用锅炉钢的分类示意图

(1) 满足部件工作温度的需要;

(2) 工作温度下具有高的持久强度、蠕变强度或抗松弛性能;

(3) 组织稳定,无常温脆性和长期时效脆性;

(4) 抗蒸汽氧化、烟气腐蚀及应力腐蚀;

(5) 易于冷、热加工;

(6) 异种钢焊接工艺能保证其应有的性能及焊接现场工艺适应性;

(7) 相对低的材料价格和制造成本。

超超临界火电机组锅炉耐热材料可分为三大类:奥氏体型钢、铁素体型钢(包括珠光体、贝氏体和马氏体及双相钢)和耐热合金。一般而言,奥氏体型钢比铁素体型钢具有更高的热强性,但奥氏体型钢的线膨胀系数大、导热性能差、抗应力腐蚀能力低、工艺性能差,热疲劳和低周疲劳(特别是厚壁件)性能也比不上铁素体型钢,且材料成本较高。在蒸汽参数为 700℃ 的超超临界火电机组中,锅炉的过热器、再热器和集箱等部件选用耐热合金。

2.2　超超临界火电机组用锅炉钢的历史和现状

2.2.1　国内外超超临界机组用锅炉钢的发展及国家研究计划

电站锅炉用钢的发展已历经百年，其发展过程起伏跌宕。由于电站锅炉用钢属于国家的战略性技术，与国民经济发展和国防建设密切相关，美、日、欧等工业发达国家均制订了长期发展规划，并由国家出面组织实施。衡量电站用锅炉钢技术先进性最直接的指标是持久强度。图 2-2 给出了过去一百多年中锅炉钢持久强度的演变情况。在图 2-2 中，左上部分为奥氏体耐热钢发展的脉络，右下部分为铁素体耐热钢的发展过程[1~3]。典型锅炉钢的化学成分列于表 2-1。

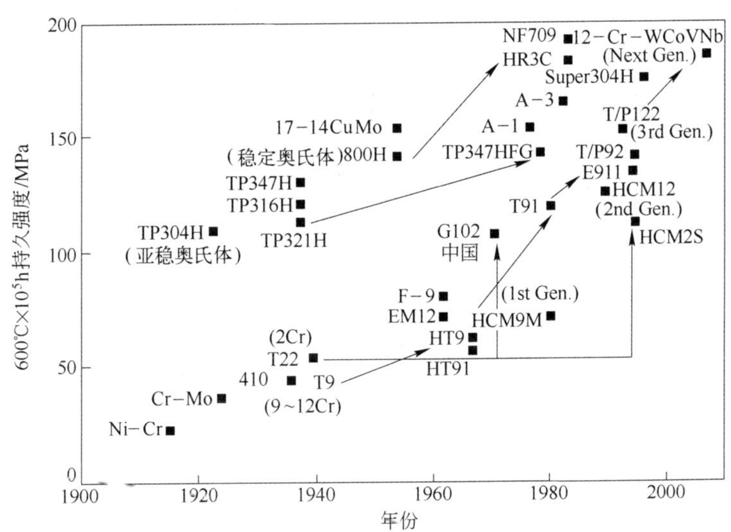

图 2-2　电站锅炉钢持久强度的发展过程

锅炉钢的技术水平直接决定不同时期的火电机组的运行蒸汽参数，在 20 世纪 20 年代锅炉建造使用碳钢，蒸汽压力 4 MPa，温度 370℃。随后含 Mo 钢的出现使锅炉蒸汽参数提高到 10 MPa 和 480℃。20 世纪 50 年代，随着 Cr - Mo 钢的应用，锅炉的蒸汽参数提高到 17 MPa 和 566℃。美国第二台超超临界火电机组为 Eddystone 电厂 1 号机组。该机组锅炉使用了奥氏体锅炉钢厚壁管，由于其导热系数小，线膨胀系数高，运行后产生了热疲劳裂纹，迫使电力公司将机组蒸汽参数降低到亚临界蒸汽参数 17 MPa 和 525℃使用。20 世纪 70 年代世界范围内爆发能源危机，燃料价格暴涨。为了节约资源和提高热效率，美、日、欧等工业发达国家重新开始对高参数火电机组用钢的研究，重点发展导热系数高、线膨胀系数小的铁素体型马氏体锅炉钢，尤其是 9% ~12% Cr 钢，以替代奥氏体锅炉钢。

表 2-1　典型锅炉钢化学成分(质量分数,%)

钢　号	C	Si	Mn	Cr	Ni	Mo	W	Nb	V	Ti	N	B	Cu	Fe
钢 102	0.08 ~ 0.15	0.45 ~ 0.75	0.45 ~ 0.65	1.6 ~ 2.1		0.5 ~ 0.65	0.3 ~ 0.55		0.28 ~ 0.18	0.08 ~ 0.18		<0.008		余
T23/P23 (HCM2S)	0.04 ~ 0.10	≤0.50	0.10 ~ 0.60	1.9 ~ 2.6		0.05 ~ 0.30	1.45 ~ 1.75	0.08 ~ 0.20	0.20 ~ 0.30		≤0.030	0.0005 ~ 0.006		余
T24/P24	0.05 ~ 0.10	0.15 ~ 0.45	0.30 ~ 0.70	2.2 ~ 2.6		0.90 ~ 1.10			0.20 ~ 0.30	0.05 ~ 0.10	≤0.012	0.0015 ~ 0.007		余
T91/P91 (HCM9S)	0.08 ~ 0.12	0.20 ~ 0.50	0.30 ~ 0.60	8.0 ~ 9.5	≤0.40	0.85 ~ 1.50		0.06 ~ 0.10	0.18 ~ 0.25		0.03 ~ 0.07			余
T92/P92 (NF616)	0.07 ~ 0.13	≤0.50	0.30 ~ 0.60	8.5 ~ 9.0	≤0.40	0.30 ~ 0.60	1.50 ~ 2.00	0.04 ~ 0.09	0.15 ~ 0.25		0.03 ~ 0.07	0.001 ~ 0.006		余
X20CrMoV121	0.2	0.5	1.0	12.0	0.5	1.0			0.3					余
T122/P122 (HCM12A)	0.07 ~ 0.14	≤0.50	≤0.70	10.0 ~ 12.5	≤0.50	0.25 ~ 0.60	1.50 ~ 2.50	0.04 ~ 0.10	0.15 ~ 0.30		0.04 ~ 0.10	0.0005 ~ 0.005	0.30 ~ 1.70	余
E911	0.09 ~ 0.13	0.10 ~ 0.50	0.30 ~ 0.60	8.5 ~ 9.5	0.10 ~ 0.40	0.90 ~ 1.10	0.90 ~ 1.10	0.06 ~ 0.10	0.18 ~ 0.25		0.05 ~ 0.09			余
TP347H	0.04 ~ 0.10	≤1.00	≤2.0	17.0 ~ 20.0	9.0 ~ 13.0			0.32 ~ 1.00						余
TP347HFG	0.04 ~ 0.10	≤1.00	≤2.0	17.0 ~ 20.0	9.0 ~ 13.0			0.32 ~ 1.00						余
Super304H	0.07 ~ 0.13	≤0.30	≤1.00	17.0 ~ 20.0	7.5 ~ 10.50			0.30 ~ 0.60			0.05 ~ 0.12	0.001 ~ 0.010	2.50 ~ 3.5	余
NF709	0.15	0.5	1.0	20	25	1.5		0.2		0.1				余
HR3C TP310NbN	0.04 ~ 0.10	≤0.75	≤2.0	24 ~ 26	17 ~ 23			0.2 ~ 0.6			0.15 ~ 0.35			
NF707	0.08	0.5	1.0	22	35	1.5		0.2		0.1				余
NF12	0.08	0.2	0.5	11		0.2	2.6	0.07	0.2		0.05	0.004	2.5Co	余
SAVE12	0.10	0.3	0.2	11			3.0	0.07	0.2		0.04	0.07Ta 0.04Nd	3.0Co	余
SAVE25	0.10	0.1	1.0	23	18		1.5	0.45			0.2		3.0	余
HR6W	0.08	0.4	1.2	23	43		6.0	0.08	0.18			0.003		余
CR30A	0.06	0.3	0.2	30	50	2.0				0.2			0.03Zr	余
Inconel617	0.06	0.4	0.4	22	54	8.5						1.2Al	12.5Co	
Inconel740	0.06	0.5	0.3	25	余	0.6		2.0		1.7		0.9Al	20Co	0.7

整个20世纪，铁素体型耐热钢发展主要分为四个发展阶段。60～70年代开发的EM12、HCM9M、HT9、HT91等9%～12%Cr钢对亚临界机组的发展有很大贡献。1970～1985年期间开发了T/P91、HCM12、HCM2S，通过多元复合强化技术的扩大应用在提高钢的持久强度的同时改进了可焊性，使火电机组的蒸汽温度提高到593℃以上，保证了超临界机组的成功运行和超超临界机组的试验建造。1985年以后T/P92(NF616)、E911、HCM12A(T/P122)研制成功。由于进一步增加了W、Mo、Cu等强化元素，钢的持久强度提高，用于管道和联箱建造时机组的蒸汽温度提高至600℃以上，基本可保证超超临界机组正常运行。由于铁素体钢导热性好，线膨胀系数小，钢的热疲劳抗力比奥氏体钢好，同时焊接性好，与其他铁素体钢的焊接属于同种组织焊接，焊接接头性能稳定，成本比18－8奥氏体钢低，因此世界各国都投入大量人力、物力重点研究发展铁素体耐热钢。近年来，通过3W－3Co匹配及加入B、Ta、Nd等元素进一步强化发展了NF12，SAVE12等钢号，可望满足650℃蒸汽温度参数运用。铁素体锅炉钢的发展可用图2-3中的脉络表示。

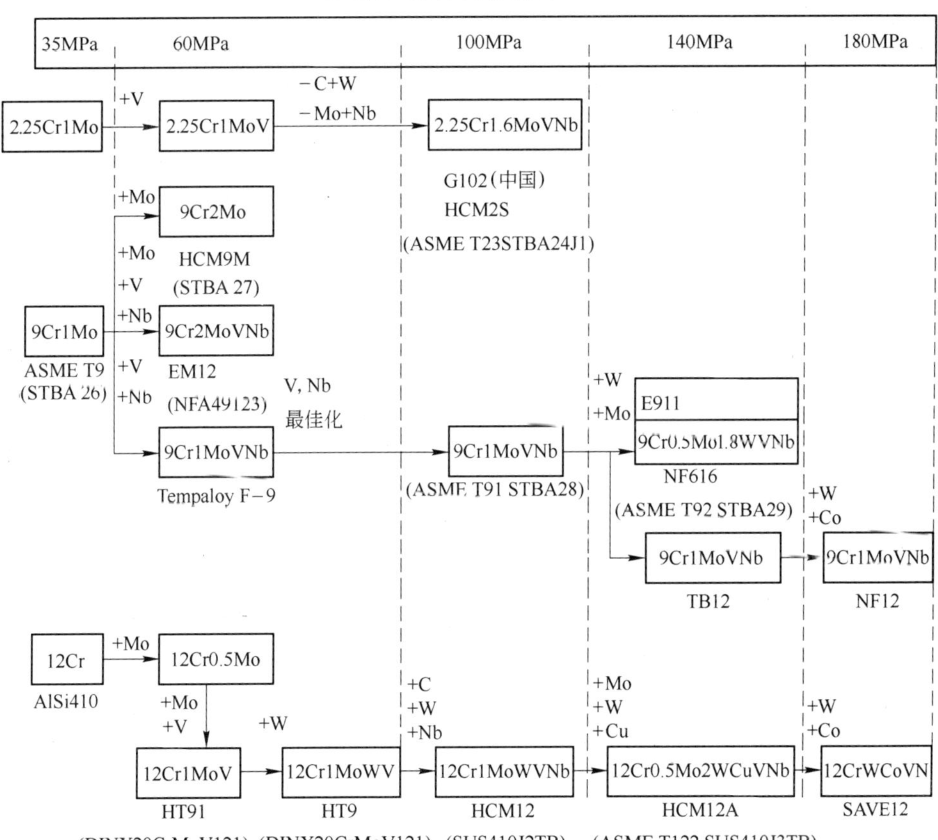

图2-3 铁素体型火电机组锅炉用钢的演变

奥氏体耐热钢主要用于制造过热器、再热器的高温段管子，基本上为小口径锅炉管，其特点是持久强度高、抗氧化和抗腐蚀性能优越，使用温度比铁素体钢高。奥氏体耐热钢大致可分为四类，即 15Cr－15Ni 型、18Cr－8Ni 型、25Cr－20Ni 型及高 Cr 合金。15Cr－15Ni 型钢的典型钢种有 17－14CuNb、Esshete1250、TempaloyA－2，18－8 型钢的典型钢种有 TP304H、TP321H、TP316H、TP347H、TP347HFG、Super304H（S30432）、TempaloyA－1 等，25Cr－20Ni 型钢的典型钢种有 TP310、TP310NbN（HR3C，S31042）、NF707、NF709、Alloy800H、TempaloyA－3、SAVE25 等，高 Cr 合金典型钢种有 CR30A、HR6W、Inconel617、Inconel671、Inconel740 等，见图 2-4。

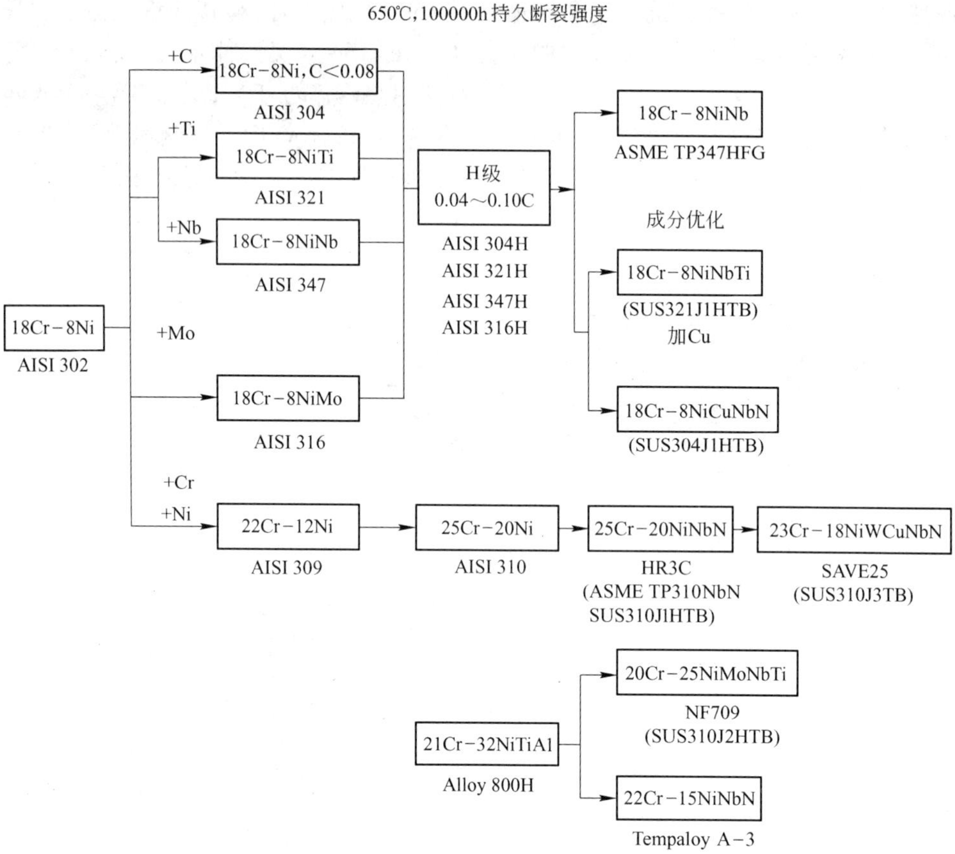

650℃，100000h 持久断裂强度

18Cr－8Ni
AISI 302
+C
18Cr－8Ni，C<0.08
AISI 304
+Ti
18Cr－8NiTi
AISI 321
+Nb
18Cr－8NiNb
AISI 347
+Mo
18Cr－8NiMo
AISI 316
H级
0.04～0.10C
AISI 304H
AISI 321H
AISI 347H
AISI 316H
18Cr－8NiNb
ASME TP347HFG
成分优化
18Cr－8NiNbTi
(SUS321J1HTB)
加Cu
18Cr－8NiCuNbN
(SUS304J1HTB)
+Cr
+Ni
22Cr－12Ni
AISI 309
25Cr－20Ni
AISI 310
25Cr－20NiNbN
HR3C
(ASME TP310NbN
SUS310JIHTB)
23Cr－18NiWCuNbN
SAVE25
(SUS310J3TB)
21Cr－32NiTiAl
Alloy 800H
20Cr－25NiMoNbTi
NF709
(SUS310J2HTB)
22Cr－15NiNbN
Tempaloy A－3

图 2-4　火电机组奥氏体锅炉钢的演变

图 2-5 和图 2-6 分别绘出了 600℃蒸汽温度、100000 h 条件下铁素体锅炉钢和奥氏体锅炉钢许用应力对比情况。值得注意的是该两幅图中的数据是 ASME 在 2004 年以前公布的数据。近年来随着欧洲和美国对典型 9%～12% Cr 铁素体锅炉钢长时持久数据的校核，2007 年 ASME 对一些铁素体锅炉钢的设计许用应力值已做大幅度的调整。

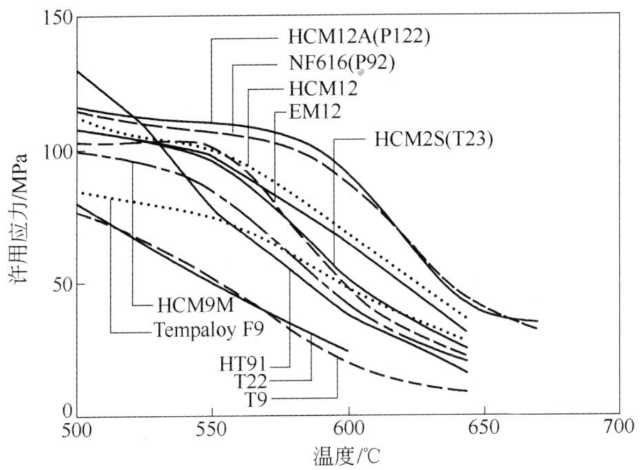

图 2-5 铁素体锅炉钢许用应力比较

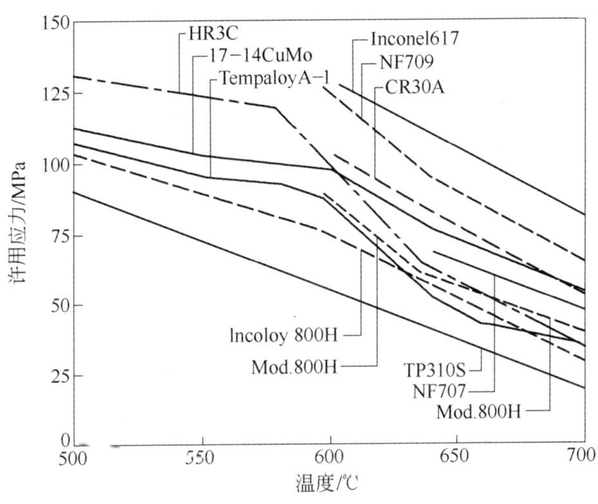

图 2-6 奥氏体锅炉钢许用应力比较

日本、欧洲和美国走在锅炉钢研发和使用的前列，尤其是日本和欧洲。如前所述，日本和欧洲在锅炉钢技术领域的领先，得益于其长期稳定的国家发展计划。日本20世纪50年代从美国、德国引进锅炉钢技术。在政府和企业的支持下，日本在20世纪60~70年代进行了脚踏实地的基础性研究，并对引进锅炉钢技术进行了消化、吸收、仿制、创新、提高。到80年代，日本已成为锅炉钢技术的世界最强国，开始输出技术和成套装备。尽管如此，日本政府并没有放松对锅炉钢技术的资助，相反从1981年开始实施了更先进的超超临界发电技术研究计划，并于1997年开始资助日本金属材料研究所（NIMS）开展650℃蒸汽参数铁素体耐热钢基础研究，并把该研究作为日本政府资助的“超级钢研究计划”的最重要组成部分之一。该工作直至今日仍在进行中。2008 年日本政府又启动了为期 9 年的针对 700℃蒸汽参数超超临界火电机组用耐热合金的国家研制计划。

欧洲从 1983 年开始连续实施了 COST501 计划(1983 ~ 1997 年)和 COST522 计划(1998 ~ 2003 年)。前者主要针对 30 MPa/600℃/620℃蒸汽参数,重点研究 9% ~12% Cr 钢,开发了 E911 和转子用钢 X12CrMoVNb101、X18CrMoVNbNB91 及铸钢 GX10CrMoVNbN101 等。后者针对高于 30 MPa/650℃蒸汽参数,进行钢种开发,并力争使机组的热效率达到 50%。从 1998 年开始,欧共体又实施了为期 17 年的 Thermie 计划又称“700℃计划”,其目标是研发蒸汽参数为 37.5 MPa/700℃的超超临界示范机组,该计划的第一阶段已得到欧盟和瑞士政府 2140 万欧元资助。

美国在 1986 年提出 CCT 计划(1986 ~ 1992 年),发展超高效超超临界火电机组,政府投资 26 亿美元。1992 年美国又提出了 Combustion2000 计划(后并入 Vision21 计划),政府投入 1.44 亿美元。1992 年在 AST 计划中美国政府又投入 2.5 亿美元,随后于 1999 年提出的 Vision21 计划(1999 ~ 2002 年)中投入 8000 万美元。这些计划基本上都是以开发和评价超超临界火电机组用耐热钢为目的。表 2-2 列出了从 20 世纪 80 年代起工业发达国家的火电机组用钢国家研究计划。

表 2-2　工业发达国家的火电机组用钢研究计划

国家	研究计划	预期取得的成果
日本	第一阶段 USC 计划(1981 ~ 1993 年)	开发出 T92, T23, T122, Super304H, HR3C 等钢种
	第二阶段 USC 计划(1994 ~ 2000 年)	开发铁素体钢,应用于 30 MPa 630℃/630℃机组
	NIMS650℃ USC(超级钢计划)	大口径管道和联箱的新型铁素体钢研究
	New Sunshine(新阳光计划) A-USC 计划(2008 ~ 2016 年)	700 ℃机组用材料研究
欧洲	COST501 计划(1983 ~ 1997 年)	E911, COST E、COST F 和 COST B 等汽轮机转子材料、G- X12CrMoWVNbN91 和 G- X12CrMoWVNbN1011 铸钢等
	COST522(1998 ~ 2003 年)	用铁素体钢建造 29.4 MPa 620℃/650℃的 USC 机组
	COST536(2004 ~)	高参数电站材料的研发
	Therrmie 700AD	用于 37.5 MPa 700℃机组
美国	RP1403(1986 ~ 1994 年)	T92 和 T122 研究
	Combustion 2000(1992 ~ 1999 年)	开发 USC 机组用钢
	Vision 21 计划(2000 ~)	760℃蒸汽参数耐热合金研究

目前,日本、欧洲和美国研制的针对蒸汽温度 600℃的超临界和超超临界机组用耐热材料经 10 多年的运用考核,总的来说已基本可以满足使用要求。现阶段,日本、欧洲和美国正在研制 650℃蒸汽温度参数机组用材和预研 700℃蒸汽温度参数机组用材。

从1949年新中国成立到1978年改革开放的30年间,我国的电力工业发展缓慢,火电机组全部为低参数小容量火电机组。虽然20世纪60~70年代,钢铁研究总院成功研制了后来广泛应用的102钢等锅炉钢,并成功开创了耐热钢的"多元复合强化"理论,但是这30年间我国没有制订明确的火电用锅炉钢的国家发展计划。改革开放后,我国经济起飞并迅猛发展,对电力的需求飞速增长。我国开始先后引进国外先进火电机组成套技术(亚临界、超临界和超超临界),到20世纪90年代末我国的机械行业已基本掌握了先进火电机组的制造技术,但是高端耐热钢却全部依靠国外进口,该制约因素使我国的机械行业难以形成自己真正的成套技术,不能形成自主知识产权和有效竞争力。21世纪最初的几年,我国遭遇了全国性"电荒",电源建设严重落后和滞后,电力供应严重不足,全国有三分之二以上的省区拉闸限电,工业生产和居民的生活受到了很大的影响。在此形势下,2003~2005年国家科技部在"863"计划中设立"高效超临界火电机组关键用材研制"课题,由钢铁研究总院、宝钢股份特殊钢分公司和哈尔滨锅炉厂组成课题组开展T122和Super304H锅炉钢的探索性研究。2006~2008年国家科技部在"863"计划中又设立"650℃超超临界机组锅炉管用新一代铁素体耐热钢研究"课题,由钢铁研究总院、宝钢股份特殊钢分公司和西安热工研究院组成课题组对650℃超超临界机组用新一代铁素体锅炉钢进行探索研究。2007~2010年国家科技部在国家科技支撑计划中设立"超超临界火电机组用关键锅炉管技术开发"课题,由钢铁研究总院、宝钢股份公司、攀钢集团公司、哈尔滨锅炉厂、东方锅炉厂、西安热工研究院、江阴兴澄特种钢铁有限公司、天津钢管集团有限公司、北京科技大学等单位组成联合课题组,对我国火电机组建设中急需的关键品种进行国产化研究。2008年国家科技部支持钢铁研究总院和宝钢股份公司开展650℃蒸汽参数机组用铁素体型马氏体锅炉钢研制。2010年国家科技部重大基础研究计划("973"计划)支持高温马氏体锅炉钢的基础理论研究。除上述国家科技研究计划外,我国一些冶金和机械行业的骨干企业也在自行开展先进火电机组用钢及其相关技术的研发。

中国的冶金企业目前仅能批量生产102钢、T23、T91、TP304H、TP347H等锅炉钢/管,其他关键锅炉钢管依靠进口。中国在火电设备的装机容量和用电量上已是仅次于美国的世界第二大国,而火电建设用耐热钢的需求是世界第一大国,更是火电用耐热钢进口的世界第一大国。中国的火电机组用耐热钢技术目前还处于引进、消化、吸收和国产化阶段,还有大量的试验、研究、试制和评定工作需要做。为满足我国不断增长的火电机组建设需求,我国一方面需要引进,消化国外成熟的钢号,另一方面需要走具有中国特色的发展道路,体现后发优势,通过创新实现跨越发展。

2.2.2 超超临界火电机组承压锅炉部件对锅炉钢的要求

火电机组锅炉关键承压部件主要包括水冷壁、过热器、再热器、联箱和蒸汽管道等,这些承压部件运行在较为恶劣的工况条件下,是设计选材关注的重要部位[4,5]。水冷壁用钢一般应具有一定的室温和高温强度,良好的抗疲劳、抗烟气腐蚀、耐磨损性能,并要有好的工艺性能,尤其是焊接性能。通常超超临界机组锅炉都采用膜式水冷壁。由于膜式水冷壁组件尺寸及结构的特点,其焊后不可能在炉内进行热处理,故所选用的钢材的焊接性至关重要。要在焊前不预热、焊后不热处理的条件下,满足焊后热影响区硬度不大于360HV10、焊缝硬度不大于400HV10的有关规定(TRD201),以保证使用的安全性。另外,水冷壁管内介质是液-气两相流,管外壁又是在炉膛燃烧时煤粉颗粒运动速度最快的区域,积垢导致的管壁温升高和燃烧颗粒冲刷都是选用钢材要考虑的问题。随着超超临界机组锅炉蒸汽压力、温度的升高,水冷壁温也会提高,例如在31 MPa/620℃的蒸汽参数下,出口端的汽水温度达475℃,投运初期中墙温度为497℃,而垢层增厚后中墙温度可升至513℃,热负荷最高区域管子壁温可达520℃,管子的瞬间最高温可达540℃。为满足这种高参数锅炉水冷壁使用条件,在SA213T22钢的基础上,开发的T23(HCM2S)和T24(7CrMoVTiB10-10)基本可用于蒸汽温度620℃以下锅炉水冷壁。

过热器、再热器在高参数锅炉中所处的环境条件最恶劣,所用钢材在满足持久强度、蠕变强度要求的同时,还要满足管子外壁抗烟气腐蚀及抗飞灰冲蚀性能、管子内壁抗流动蒸汽氧化性能,并具有良好的冷热加工工艺性能和焊接性能。过热器管、再热器管的金属壁温一般可比蒸汽温度高出达30~50℃(我国规定为50℃)。根据目前已开发的锅炉钢及其获得的实验数据,在燃煤含硫量很低、烟气腐蚀性很小的情况下,对于超超临界机组锅炉的过热器和再热器,当壁温≤600℃时,可选用T91钢;当壁温≤620℃时,可选用T92、T122、E911钢;当壁温≤650℃时,可选用NF12、SAVE12钢。采用含硫量高腐蚀性大的燃煤时,当壁温≥600℃时(蒸汽温度≥566℃),过热器和再热器应选择TP304H、TP321H、TP316H、TP347H奥氏体耐热钢。而Super304H(S30432)和TP347HFG两种细晶奥氏体耐热钢蠕变强度高,抗烟气腐蚀和抗蒸汽氧化性能更好,在超超临界锅炉过热器、再热器用钢中得到广泛的应用。当壁温达700℃时,过热器、再热器只能选用高铬耐热钢NF709、SAVE25和HR3C等。

由于联箱(末级过热器、末级再热器出口联箱)与管道(主蒸汽管道、导汽和再热蒸汽管道)布置在炉外,没有烟气加热及腐蚀问题,管壁温度与蒸汽温度相近。这就要求钢材应具有足够高的持久强度、蠕变强度、抗疲劳和抗蒸汽氧化性能,还要具有良好的加工工艺和焊接性能。由于铁素体耐热钢的线膨胀系数小、热导率高,在较高的启停速率下,不会造成联箱、管道厚壁部件严重的热疲劳损坏,所以铁素体耐热钢是联箱、管道的首选钢材。随着超超临界机组锅炉蒸汽温度和压力参数的提高,要求选用持久强度高的钢种,这样既可以提高联箱和管道运行的安全性,又可以减少因管壁过厚引起热应力的增加以及给加工工艺带来的困难。所以,超超临界机组锅炉的联箱和管道，当壁温不大于600℃时，选用P91钢；当壁温不大于620℃时，选用P92、P122和E911钢；当壁温不大于650℃时，选用NF12和SAVE12钢。表2-3和表2-4分别列出了典型锅炉钢管的服役状态金相组织、常温力学性能和设计许用应力。

表2-3 典型锅炉钢管的金相组织和常温力学性能

标准	ASME SA-213M								ASME CC2328	ASME CC2115-1	新日铁
钢号	T23	T24	T91	T92	T122	TP304H	TP347H	TP347HFG	S30432	S31042	NF709
组织	贝氏体	贝氏体	马氏体	马氏体	马氏体	奥氏体	奥氏体	奥氏体	奥氏体	奥氏体	奥氏体
$R_{P0.2}$/MPa	400	450	415	440	400	205	205	205	205	295	313
R_m/MPa	510	580	585	620	620	515	515	550	550	655	637
A/%	20	20	20	20	20	35	35	35	35	30	30

注：未标明范围者的所有数值均为标准规定的最小值。

表2-4 典型锅炉钢管的许用应力

技术标准		ASME SA-213M						CC 2199	CC 2180	2328	2115-1	新日铁
钢 号		T24	T91	T92	TP304H	TP347H	TP347HFG	T23	T122	S30432	S31042	NF709
规定温度下的许用应力/MPa	510℃	115.1	107	132.3	99		91.3	122.6	133.6	85.1	116.1	
	538℃	111.0	99	126.1	97	99	90.2	98.5	127.5	84	114.4	127.9
	566℃	77.2	89	118.5	82	96	89.6	77.1	115.7	82.7	112.6	121.1
	593℃	46.2	71	93.7	68	93	88.2	57.9	88.9	81.3	110.9	116.1
	621℃	38.6	48	70.3	55	73.5	86.8	37.9	64.1	80.6	93.7	111.6
	649℃		30	47.5	42	54	66.8	9.6	42.7	78.5	69.6	91.8
	677℃						50.3			59.9	52.4	71.9
	704℃				26	30	37.2			44.8	39.3	56.9
	732℃						27.5			32.4	29.6	43.2

2.3 国外超超临界火电机组使用中暴露出来的钢铁材料问题

除20世纪50年代末60年代初的几台探索性机组外，真正意义上商业运行的超超临界机组出现于20世纪90年代。尽管这些机组的可用率与常规的超临界机组相当，但最近几年陆续出现了一些与材料相关的问题。

2004年3月日本的敦贺2号机组运行了3万多小时后，再热蒸汽管道（材料为P122钢）发生爆炸，造成严重人员伤亡。此外日本还出现过一起超超临界机组P91管道的爆炸事故。日本的能代2号超超临界机组由于运行中过热器、再热器（材料为 Super304H）内壁蒸汽氧化皮剥落后进入汽轮机系统，对高、中压汽轮机叶片、喷嘴等造成严重的固体颗粒冲蚀，最后只能开缸更换受损的部件。

德国 Niederaussem BoA 1 超超临界机组的锅炉运行不到 1 年，末级过热器和再热器（材料 Nr. 1. 4910，X3CrNiMoN 17 13）频繁出现严重的内壁蒸汽氧化层剥落引起的爆管停机，最后将所有的末级再热器全部更换成含 25% Cr 的 DMV 310N。据报道德国的另一台超超临界机组也曾出现类似情况。

现阶段超超临界机组所用的材料从 20 世纪 90 年代初就陆续申请 ASTM 和 ASME 认可，其中包括锅炉部件设计时选取的材料许用应力。然而，近年来欧洲和美国通过大量的高温长时试验首先发现 E911、P92 等材料的实际许用应力应当比预期的低 10% ~15%，随后日本也宣布将 P122 的设计许用应力下调 20% 以上，主要原因是原来的数据外推大量地采用了时间过短的持久强度数据。这使得一批按原有的标准设计的机组从一投运就在超负荷运行或者降低设计参数运行。我国的前几台超超临界机组在管道招标时已经发现这个问题，但由于欧美的数据还没有正式纳入标准，我国自己又没有足够的持久和抗蒸汽腐蚀数据支撑，无法说服有关人员按照保守的持久和抗蒸汽腐蚀数据进行设计。2007 年 10 月，ASME 相关委员会人员在北京宣布 Grade92 钢的设计许用应力下调 15%（ASME CC2179），Grade122 钢的设计许用应力下调 27%（ASME CC2180）。以上情况说明电站锅炉用耐热钢的研发和成熟使用是个长期过程，需要一代人甚至几代人的不间断的努力。

2.4 火电机组用钢焊接材料及技术现状

关于火电用钢的焊接国内外已做了大量工作，积累了丰富的经验和数据。以 12CrMo、12Cr2Mo 和 12Cr1MoV 为代表的 Cr-Mo 及 Cr-Mo-V 低合金热强钢，使用温度 545℃以下。这类钢的焊接特点是根据其合金含量的不同具有不同程度的淬硬倾向，在焊接冷却条件下，焊缝和热影响区可能形成对冷裂敏感的显微组织。其次，由于钢中含有 Cr、Mo、V 等强碳化物形成元素，在焊接接头过热区具有不同程度的再热裂纹敏感性。在大多数条件下需要焊前预热和焊后热处理，但是焊接工艺参数的裕度较大。20 世纪 60 年代我国自行研制的多元复合强化 102 钢（12Cr2MoWVTB）的焊接也具有上述特点。早期的 9Cr-1Mo 钢和 12Cr-1Mo 钢由于碳含量及合金元素含量很高，焊接性很差，焊接工艺苛刻。预热、焊接时严格限制焊接热输入及焊后冷却到马氏体转变温度以下一定时间后必须马上升温进行焊后热处理是其典型的焊接工艺过程。对于此类钢研究重点多以克服焊接冷裂纹为主。T92/P92 焊接的特点是母材本身性能优异，焊接接头性能下降严重，焊接工艺的控制要求更加严格，有大量的研究工作要做。T122/P122 钢的碳含量有所降低，改善了焊接性，通过添加 Cu 抑制 δ 铁素体形成，改善了焊接接头的韧性和蠕变性能。

超超临界火电机组建设用的 T23/P23、T91/P91、T92/P92、T122/P122 锅炉钢都属于正火(和/或调质)状态下使用的回火贝氏体马氏体钢,由于成分设计思路接近,在使用性能上具有相似的特点。成分设计上降低了碳含量和严格控制杂质元素含量,明显降低了钢管的焊接裂纹敏感性。P122 钢的斜 Y 形拘束裂纹试验表明,200℃预热即可保证焊接裂纹率为零,而具有相同 Cr 含量的 X20 钢管的焊接裂纹倾向要大得多。另外由于采用高强度锅炉钢后,使钢管和构件的壁厚显著减薄,从而在焊接时获得完整无裂纹的焊接接头的技术难度比获得完整无裂纹 102 钢、T9、X20 钢构件焊接接头大为降低。然而,焊接接头性能明显劣化是焊接这类高强度钢遇到的主要问题。焊接这类高强锅炉钢管常遇到以下情况:(1)由于焊缝金属为铸态非平衡组织,母材金属是形变热处理后的组织,焊缝韧性远低于母材;(2)由于经受焊接热循环,焊接热影响区性能会明显恶化,而且随着焊接线能量的增大,恶化程度加剧。

国内近年来对 T91/P91 钢的焊接实践也证实焊缝的韧性对线能量和层间温度极其敏感。采用大线能量、高层间温度(60 kJ/cm,250 ~ 350℃)时,焊缝韧性仅为 3.9 ~ 15.9 J/cm^2,降低线能量和层间温度(25 kJ/cm,220 ~ 250℃)时,焊缝韧性达到 73.2 ~ 113.6 J/cm^2。采用小线能量 TIG 热丝全位置焊接 P91 管,可获得良好的焊缝韧性。尽管如此,P91 钢管焊缝的韧性仍比热影响区和熔合区低得多,其焊缝平均冲击功为 97 J,而熔合区和热影响区的平均冲击功超过 200 J。通过焊接热模拟实验研究也表明 P91 钢热影响区存在一个蠕变断裂强度劣化的区域。劣化从焊接热影响区的 850℃(即 Ac_1)开始,925℃时劣化至最低值,然后逐步恢复,待热影响区温度超过 1100℃以后恢复到接近母材。通常在这一区域发生的蠕变断裂也就是Ⅳ型裂纹开裂。由于成分设计思路相似,其他新型马氏体锅炉钢焊缝及热影响区也会表现出类似 T91/P91 钢的情况。可见,掌握这类新型锅炉钢的焊接及其高温运行性能,克服其焊缝韧性劣化倾向及热影响区蠕变断裂强度的下降,是焊接研究的重点和难点。

T92/P92 钢和 T122/P122 钢目前正被应用于 625℃下蒸汽参数运行的超超临界火电机组。日本学者对其焊接接头持久强度降低的原因进行了深入研究。结果表明,在高应力下焊接接头的持久强度同母材一致,然后迅速降低。在低应力水平下模拟 Ac_3 温度焊接热影响区的蠕变断裂强度,即接头的蠕变断裂强度。模拟 Ac_3 温度焊接热影响区的蠕变断裂强度最低,同时它的硬度最低,晶粒尺寸也最细小。分析认为焊接接头中热影响区细晶区比母材含有更高密度的位错,在长时间蠕变条件下,发生不均匀回复,并在细晶区形成粗大的亚晶。高密度的位错组织发生回复,及粗大的 $M_{23}C_6$ 碳化物的稀疏分布均促进粗大亚晶的形成。不均匀回复形成的粗大亚晶,成为蠕变条件下的薄弱环节,促进了蠕变变形集中于细晶区,形成了大量的蠕变孔坑,从而加速了可能的蠕变断裂。而在母材及焊接热影响区 Ac_1 温度段,细小的 $M_{23}C_6$碳化物沿板条边界分布,稳定了板条,从而提高了蠕变强度。

高铬铁素体耐热钢焊接热影响区的软化同焊接接头的蠕变断裂强度密切相关。日本学者的研究结果表明:随着 Larson Miller 参数的增加,高铬铁素体耐热钢焊接接头蠕变断裂的位置从母材向热影响区软化区转移,可能是由于蠕变断裂试验过程中整个焊接接头的应力平衡发生了改变。900℃附近热影响区发生软化的原因除了与回火马氏体发生回复和多边化形成细晶之外,还与该区域缺少与基体相连贯的 Nb、V 碳氮化物相关。采用 TMCP 工艺控制 Nb、V 碳氮化物的形态并不能有效提高焊接接头的蠕变断裂强度,而且采用热影响区热模拟硬度测试来评价焊接接头的蠕变断裂强度并不总是有效。通过添加 W、Cu 可以改善焊接接头的蠕变断裂强度(图 2-7)[6]。

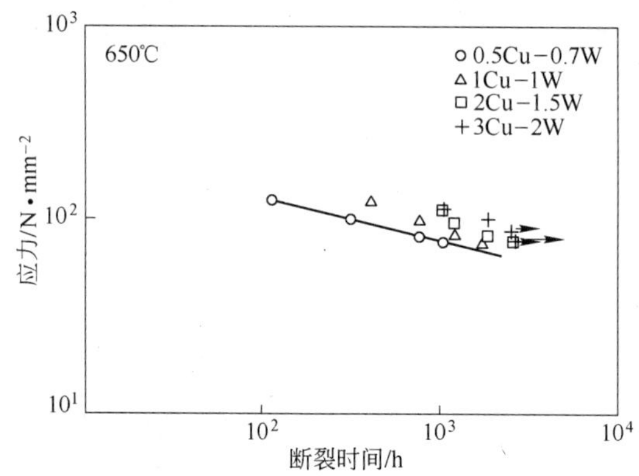

图 2-7　不同含 W、Cu 量 12Cr 钢的 GTAW 接头的蠕变断裂性能[14]

于启湛和史春元[7]汇集和总结了超超临界火电机组用锅炉钢焊接技术资料,这些文献对系统认识锅炉钢管的焊接问题有重要意义。焊接材料和工艺是超超临界火电机组建设的重要问题之一,其重要性不亚于锅炉钢管本身。

2.5　火电用钢的环境腐蚀性能及服役寿命预测研究的现状

为发展超超临界发电技术,日本和欧美通过一系列国家研究计划对耐热钢的开发、测试分析和现场考核进行了大量系统研究,已建立了数个电站材料性能数据库共享平台,如欧盟的蠕变合作委员会(ECCC)、日本国立材料研究所的蠕变性能数据库等。这些数据库积累了大量的高温长时持久、蠕变、疲劳、高温氧化和腐蚀数据,为其超超临界发电材料的研发提供了强有力的支持。从研究手段上,国外已普遍借助材料模拟软件(热力学计算软件结合动力学计算软件)进行材料的合金成分和组织优化设计、材料的性能预测和部件的寿命精确评估等,大大地缩短了研发周期,降低了成本,取得了良好的效果。

我国"十五"期间在国家科技部"863"计划的支持下,依托工程的同步建设,

“超超临界燃煤发电技术”课题组组织了国内三大设备制造厂和相关研究院所对我国发展超超临界火电机组的起步参数、容量、机组选型以及关键设备的设计制造技术等内容开展了系列试验研究工作，但是对于关键部件材料及其在高温、蒸汽、腐蚀性烟气等环境中的长期服役性能等基础研究没有开展。西安热工研究院等单位通过政府间国际科技合作、行业内科研项目等支持对超超临界机组新材料的高温蒸汽氧化行为、长期服役性能进行了初步研究，但还有大量的工作有待深入完成[8]。

火电厂蒸汽流通部件材料工作在高温水蒸气环境中。由于流动的超临界蒸汽对钢铁材料的腐蚀性很强，金属壁表面将与水蒸气相互作用形成以 Fe_3O_4 为主的氧化层，其化学反应基本可以用下式表示：

$$3Fe + 4H_2O = Fe_3O_4 + 4H_2 \tag{2-1}$$

$$xM + yH_2O = M_xO_y + yH_2 \tag{2-2}$$

式(2-2)中 M 代表 Cr、Ni、Si 等合金元素，氧化层的出现将对机组的运行产生以下不利影响：

(1) 受热面管子内壁的 Fe_3O_4 氧化层导热系数低，将影响换热效率，为了保证蒸汽的温度只能提高炉膛中的烟气温度，从而管子的实际金属壁温的上升，导致管子寿命降低；

(2) 氧化层的形成导致管子的实际承载截面的减小，应力上升，服役寿命降低；

(3) 氧化层中存在的大量裂纹扩展到基体，引发部件的失效；

(4) 受热面管子氧化层厚度达到一定尺寸(临界厚度)后剥落堵塞在管子下弯头位置，造成流通面积减小甚至完全堵塞，引起超温爆管；

(5) 管子内壁剥落的氧化皮随着蒸汽进入汽轮机，对高压、中压汽轮机的喷嘴、叶片等造成固体颗粒冲蚀，改变了通流部件的外形，降低效率(见图 2-8 ~ 图 2-11)[8]。

图 2-8 管子内壁的氧化皮

图 2-9 剥落的氧化皮形貌

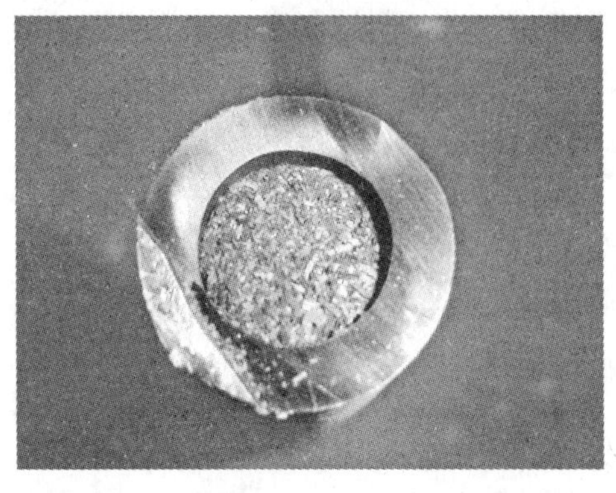

图 2-10　剥落的氧化皮造成堵管

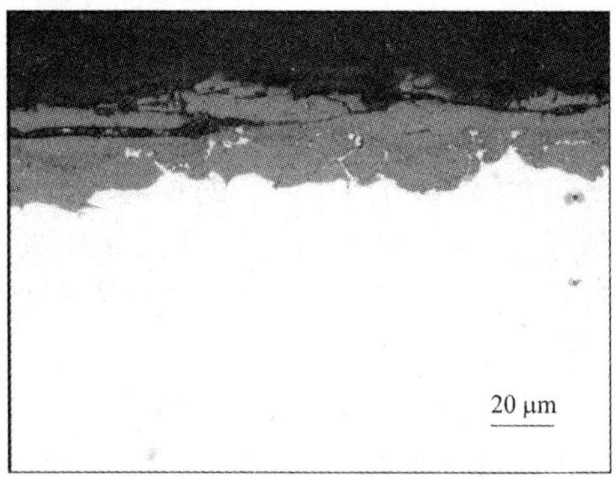

图 2-11　氧化皮的微观形貌

我国首批超超临界机组的设计煤种和校核煤种均属于腐蚀性较低的神华煤或晋北煤,含硫量均在 0.6% 左右。尽管材料的使用温度提高了,但烟气侧的腐蚀问题还暂时不会很突出。由于国内电煤供应紧张,且我国煤炭资源中高硫煤占相当比例,含硫量大于 1% 的高硫煤占 25% 以上,目前 20% 以上的发电用煤是高硫煤,因此随着超超临界机组数量逐渐增多,燃烧高腐蚀性煤种将不可避免。蒸汽温度提高到 600℃,末级过热器、再热器的金属壁温将达到 650℃ 左右,该温度范围内积灰中的 Na - K - Fe 三元复合硫酸盐正好处于熔融状态,不论是铁素体钢还是奥氏体钢都腐蚀较严重。对于水冷壁,由于主汽压力提高(25 ~ 30 MPa)壁温也上升,在炉膛的还原气氛区域硫腐蚀加重。此外已有国外的研究表明,动力煤中的微量 Cl 对材料硫腐蚀具有显著的加速作用,腐蚀机理完全改变。这点还未引起国内的重视。

火力发电机组的大部分关键部件在高温高压或高速旋转工况下长期运行,因此这些部件材料的组织结构会不断老化并导致运行安全与可靠性的降低,甚至会导致其早期失效。我国仅锅炉四管(过热器、再热器、水冷壁和省煤器)造成的事故停机平均每台机组每年约一次,一台 30 万千瓦的机组仅停机抢修两天造成的发电量损失即高达到 400 万元以上,而间接损失更大。高温蒸汽管道爆裂、汽轮机转子断轴等机毁人亡的重大安全事故在国内也时有发生。日本的超超临界机组最近两年已经有两起主蒸汽或再热蒸汽管道运行中爆裂的恶性事故,这些机组的投运时间都在 5 年以下。近两年国外的研究已经表明,目前应用的一些新型耐热钢实际高温持久强度比预期的低 15% ~ 30%,使得国际上一大批按 2007 年前标准设计的超超临界机组中的材料实际上是在超负荷运行。这些问题值得深切关注。

参考文献

[1] Masuyama F. History of power plants and progress in heat resistant steels[J]. ISIJ Int., 2001, 6 (41): 612 ~ 625.

[2] 程世长,刘正东,林肇杰. 电站锅炉钢的发展历史,冶金部钢铁研究总院内部研究报告,1994.

[3] Viswanathan R, Bakker W T. Materials for boilers in Ultra Supercritical power plants[C], Proc. of 2000 International Joint Power Generation Conferences, Miami Beach, Florida, 2000, IJPGC2000-15049, 1 ~ 22.

[4] 屠勇. 超超临界机组用钢选材与国产化可行性. 东方锅炉(集团)股份公司材料研究所. 技术交流资料,2004.

[5] 朱全利,超超临界机组锅炉设备及系统[M]. 北京:化学工业出版社,2008.

[6] 彭云,钢铁研究总院内部技术交流资料,2005.

[7] 于启湛,史春元编. 耐热金属的焊接[M]. 北京:机械工业出版社,2009.

[8] 周荣灿. 火电机组锅炉钢环境腐蚀与机组寿命预测,西安热工研究院,技术交流资料,2006.

3 电站锅炉钢的特点和研究方法

先进耐热钢是制造超超临界火电机组的基础，其重要性和战略意义在前面章节中已论述。根据锅炉钢的实际使用环境，本章简要介绍先进锅炉钢研究的特点和主要研究及实验方法。由先进锅炉钢制造的锅炉管在高温高压多种腐蚀环境下长期服役，苛刻的应用环境对锅炉钢的性能提出了非常高的要求，同时对锅炉钢的生产和锅炉管的制造工艺过程也提出了非常高的要求。因此，对锅炉钢的研究策略和实验方法都是围绕这条主线展开的。

锅炉钢属于国家战略性产品，研发周期长，在产品进入市场前需要长时试验，需要长期的资金支持。一般而言，一个锅炉钢新钢号从研发到成功应用需要至少10年时间。仿制成熟锅炉钢种或在成熟钢种基础上进行微小改进可节约时间，但也需要3~5年的时间。另外，值得指出的一个问题是在仿制成熟锅炉钢时，仅仅根据ASME规范是远远不够的，因为ASME规范中提供的只是一个较宽泛的化学成分和热处理区间，不是最佳控制范围。关键的问题在于按照ASME规范生产的锅炉钢管不一定能满足锅炉建设的设计要求，关于这一点钢铁研究总院等单位在长期的实验工作和生产实践中已经积累了大量经验。另外，日本和欧洲有大量的关于锅炉钢的专利申报和批准，这些专利中的绝大部分存在化学成分过于宽泛和处理工艺过于模糊问题，这些专利资料只能是起到参考的作用。我国有长期从事锅炉钢研究的历史和队伍，但在先进锅炉钢研究方面才刚刚起步。因为我国是后来者，在开展超超临界机组用先进锅炉钢研究方面，有两个总的研究策略应考虑：一是要认真分析总结国外研究和应用的经验和教训，发挥后发优势；二是要集中国内产-学-研-用团队从基础工作做起，有目标，分阶段，实现跨越发展。

3.1 锅炉钢管的生产流程及关键性能要求

锅炉钢管生产制造的流程长，横跨冶金、机械和电力三大领域。在冶金企业进行锅炉钢的冶炼、模铸、开坯、制管、热处理等工艺，近年来国内有些冶金企业对Grade23、Grade91和Grade92铁素体型锅炉钢也在进行连铸工艺的生产和探索。随着我国重点冶金企业冶炼生产流程匹配的最佳化和生产设备的现代化，锅炉钢的冶金质量有了很大的提高。采用连铸工艺生产的锅炉钢，可能会遇到一些技术难题，如成分和夹杂偏析问题，锻造比偏低问题等。这些问题对锅炉钢的性能的影响程度有待于进一步研究。在机械企业进行锅炉的制造，关键工艺过程为焊接、热处理和表面处理等。在电力企业主要是锅炉投运后的使用及在服役过程中的监测和寿命评估等问题[1]。实际上在锅炉制造现场存在大量技术问题[2]，而且有些问题与冶金厂的工艺过程有关联，在锅炉运行后暴露出的问题也往往与锅炉钢的冶金质量和锅炉的制造工艺过程有直接关系，正是基于以上情况，在我国锅炉钢管的研发过程中建立“产－学－研－用”联盟是重要而有效的策略。

锅炉钢管属于压力容器，冶金企业的锅炉钢产品在进入市场前应完成严格的产品性能评定。表3-1列出了我国某厂2007年生产的S30432锅炉钢无缝管的性能评定大纲，表3-1只是锅炉钢管性能评定的典型要求之一。根据钢种不同和设计要求的不同，性能评定的内容会有所变化。表3-1中的评定内容引用了如下相关技术标准：ASME Code Case 2328-1，SA-213/SA-213M《锅炉、过热器和换热器用无缝铁素体和奥氏体合金钢管（TUBE）技术条件》，SA-450/SA-450M《碳钢、铁素体合金钢和奥氏体合金钢管（TUBE）一般技术条件》，GB/T6394《测定金属平均晶粒度尺寸的方法》，GB/T5777《无缝钢管超声波探伤方法》，GB/T7735《钢管涡流探伤方法》，YB/T5137《高压用无缝钢管圆管坯》，ASTM A262-02a《晶间腐蚀试验方法》等。

表3-1 S30432锅炉钢无缝管的性能评定大纲

评定内容	项　目	试样数量/备注
尺寸、形状、允许偏差及表明状况	外径	
	壁厚	
	弯曲度	
	表面状况和脱碳	
探伤	涡流探伤	
	超声波探伤	
压扁、扩口、弯管试验	压扁、扩口、弯管	
化学成分分析（母材、焊材）	规定成分外加Pb，Sn，As，Ti，[O]等	
晶粒度、金相	纵向试样晶粒度、组织和硬度	
室温力学性能	母材室温力学性能	2支
晶间腐蚀	675℃、2h敏化，煮沸16h	3片（1片白板）
母材高温力学性能	550℃、600℃、625℃、650℃、675℃、700℃高温拉伸	2支/温度
母材和焊接接头650℃长时时效后性能	经10h、100h、300h、1000h、3000h、5000h时效后室温拉伸、冲击和高温拉伸	冲击3支/时间点 拉伸2支/时间点
650℃持久强度曲线	等温法，最长点10000h	$>5\times10^4$ h
焊接工艺性能试验	焊接工艺性	同种焊
焊接接头室温力学性能	室温拉伸	2支
焊接接头高温力学性能	在550℃，600℃，625℃，650℃，675℃，700℃下高温拉伸	2支/温度
焊接接头650℃持久强度曲线	等温法，最长点10000h	$>5\times10^4$ h
焊接接头硬度分布	焊接接头硬度	

对锅炉钢管而言,除上述表 3-1 中的各项性能都是需要的外,还有一些性能也是需要研究的。但评价锅炉钢材料最关键的性能指标应该是持久蠕变性能、抗腐蚀性能和可焊接性,评价锅炉钢生产的关键工艺过程是高温塑性变形性能、热处理制度和锅炉厂现场制造。

3.2　持久蠕变性能与实验方法

金属材料在高于一定温度及恒定力作用下,即使应力小于屈服强度,也会随着时间的增长而缓慢地产生塑性变形,这种现象称为蠕变。由这种变形而最后导致构件材料断裂的称为蠕变断裂。在 20 世纪初,就曾经有人观察到金属材料中发生的蠕变现象,直到 1920 年左右,由于高压锅炉和汽轮机的工作温度的提高,蠕变现象才受到广泛的注意和研究。蠕变可以在单一应力(如拉力、压力、扭力等)的作用下发生,也可以在多种复杂应力作用下发生,例如主蒸汽管道即是在复杂应力下发生的蠕变。但在多数情况下,诱发蠕变的应力主要是拉应力。

金属蠕变现象通常用"变形 - 时间"曲线来表示,这种曲线称为蠕变曲线。该曲线描述恒定温度、恒定应力下金属的变形随时间的变化规律。尽管不同的金属和合金在不同条件下所得的蠕变曲线不尽相同,但它们都有一定的共同特征,由这些共同特征绘出的蠕变曲线被称为典型蠕变曲线。如图 3-1 所示,典型蠕变曲线可以分为以下四个部分[3]:

(1) 瞬时伸长 OO',它是在加上应力的瞬间发生的。如果外加的应力超过金属在试验温度下的弹性极限,则这部分瞬时伸长应由弹性变形和塑性变形两部分组成。

(2) 蠕变第一阶段(曲线 $O'A$ 即 Ⅰ),这一阶段的蠕变处于非稳态,开始时蠕变速率较大,但随着时间的推移,蠕变速率逐步减小。到 A 点,金属的蠕变速率达到该应力和温度下的最小值并开始向蠕变的第二阶段过渡。由于这一阶段蠕变有着减速的特点,因此把蠕变第一阶段称为蠕变的减速阶段。

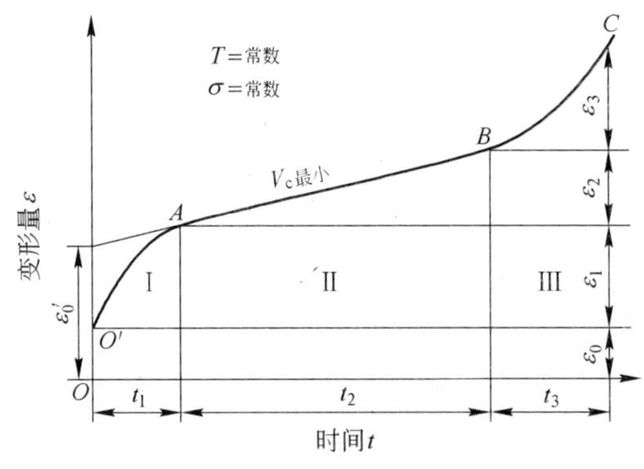

图 3-1　传统理论所描述的典型蠕变曲线[3]

(3) 蠕变的第二阶段(曲线 AB,即Ⅱ),这一阶段的蠕变处于稳态,蠕变以固定的且对于该应力和温度下是最小的蠕变速度进行,这就在蠕变曲线上表现为一具有一定斜率的直线段,因此蠕变第二阶段又称为蠕变的等速阶段或恒速阶段。

(4) 蠕变的第三阶段(曲线 BC,即Ⅲ),当蠕变进行到 B 点,随着时间的推移,蠕变以迅速增大的速度进行,这是一种失稳状态。直到 C 点发生断裂。至此整个蠕变过程结束。该阶段蠕变不断加速,所以称为蠕变的加速阶段。

当改变试验应力或温度时,蠕变曲线的各阶段会有较大改变。降低试验应力或温度时,蠕变曲线的第二阶段增长。提高试验应力或温度时,蠕变曲线的第二阶段随之缩短,甚至完全不出现,这种情况下的蠕变曲线是由第一阶段和第三阶段直接组合而成。图 3-2 表示了试验应力和温度变化对蠕变曲线的影响。

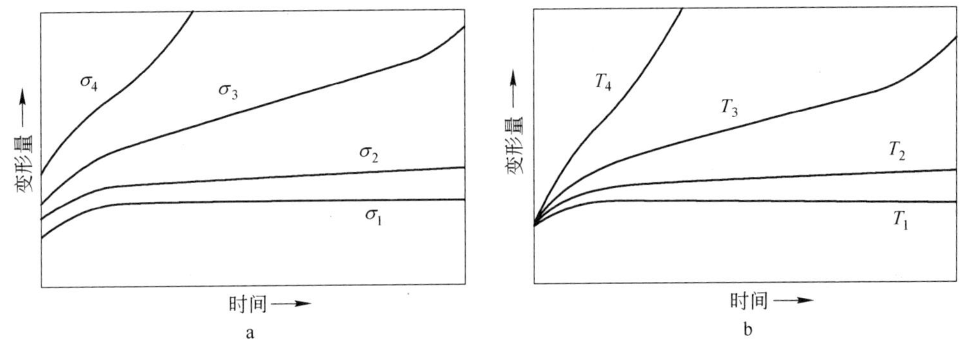

图 3-2 试验应力和温度变化对蠕变曲线的影响[6]

a—温度不变应力变化,$\sigma_4 > \sigma_3 > \sigma_2 > \sigma_1$;b—应力不变温度变化,$T_4 > T_3 > T_2 > T_1$

锅炉钢在高温和应力下长期服役,要求其具有稳定的热强性,而热强性的主要判据是蠕变极限和持久强度。通常所说的蠕变极限是指条件蠕变极限,而非物理蠕变极限,即其是指蠕变曲线的第二阶段的蠕变速率所对应的应力,或一段时间间隔内达到规定的总形变时的应力。实际上,工程材料的蠕变曲线的第二阶段并非如理想那样都是直线段,在此情况下就要用后一种方式确定蠕变极限。蠕变极限代表锅炉钢在高温下的形变抗力,它随温度的升高而降低。高温高压下工作的锅炉管,由于蠕变而不断胀粗,可能导致管壁破裂。因此,蠕变极限是设计锅炉钢管的使用条件的主要依据之一。设计许可的蠕变大小取决于部件的工作条件和使用期限要求。一般而言,蠕变极限和相应温度下的短期强度之间没有依赖关系,在不同的许可残留形变(或蠕变速率)条件下所确定的蠕变极限之间也没有依赖关系[4]。

持久强度是在高温和应力长期作用下的抗断裂能力,通常用以表示材料在给定温度下经过规定时间发生断裂的应力。持久强度是进行高温材料强度计算的另一个基本判据。火电站中的锅炉过热器管和再热器管对蠕变速率的限制不严,但必须保证在使用期间内不致爆破,这些部件的主要设计依据就是持久强度。持久试样断裂时的相对伸长率和相对面缩率称为持久塑性。持久塑性是材料的一个重要指标,较高的持久塑性便于检测出材料在使用过程中断裂前所发生的较大的变形,从而有充足的时间采取必要的措施。过低的持久塑性会使材料在设计使用期限未到之前发生突然的脆断破坏。对于持久塑性的具体指标目前没有统一的规定,对于低合金耐热钢希望持久伸长率不低于3% ~5%。通过较长时间的持久实验观察到,持久塑性并不总随时间的增长而降低,因此难以把外推法应用于持久塑性。

在高温应力状态下长期服役的耐热钢还可能出现松弛现象。保持线尺寸不变的部件在给定温度下,在力的作用方向上,靠弹性变形的减少和塑性变形的增加使应力随时间逐渐自发降低的现象称为松弛。松弛过程可用式(3-1)表示:

$$\text{总应变} = \text{弹性应变} + \text{塑性应变} = \text{常数}$$

$$\text{应力} \neq \text{常数} \tag{3-1}$$

松弛和蠕变既有差别又有联系,蠕变是在恒定应力下塑性变形随时间的增加而逐渐增加,而松弛是在恒定应变下应力随时间的增加而逐渐减小。松弛发生的过程也可被认为是在应力作用下进行的蠕变,这种应力因塑性变形的增加而随时间降低。

3.2.1　现代蠕变曲线与 θ-射影概念

电站高温构件的真实蠕变曲线基本没有完全线性的第二阶段,实际上难以用传统的蠕变规律来描述。由传统方法产生的实际应用参数如蠕变极限和持久强度等都是基于蠕变曲线的某一特定的特性制定的。没有充分利用蠕变试验的全部信息,理论上也无法对实际蠕变行为进行解释。研究人员对蠕变规律的探索已达一个多世纪,1969 年 Daves, Williams, Evans 和 Wilshire 等人提出了描述蠕变全过程的一般方程式,这是蠕变研究的重大进展。蠕变全过程可表示为:

$$\varepsilon = \varepsilon_c - \varepsilon_0 = \theta_1(1 - e^{-\theta_2 t}) + \theta_3 t + \theta_4 e^{\theta_5(t-t_t)} \tag{3-2}$$

式中　ε——总应变 ε_c 与初始应变 ε_0 之差;

θ_1, θ_2——描述初始阶段的蠕变特征系数;

θ_3——第二阶段蠕变速度;

θ_4, θ_5——第三阶段的蠕变曲线特性系数;

t_t——第三阶段的起始时间。

式(3-2)能更好地描述第三阶段的蠕变特性。在实际应用中由于无法准确确定第二阶段到第三阶段的转变温度 t_t 而不能成为通用的蠕变规律表达式。实际上蠕变曲线上并没有一个明显的从第二阶段到第三阶段转折的特性点,因此很难确定 t_t。Evans 和 Wilshire 等人经过反复的分析,并结合英国进行的大量蠕变实验结

果,终于避免了求取第三阶段开始时间的麻烦,进一步于 1982 年提出了描述蠕变规律的通用表达式:

$$\varepsilon = \varepsilon_c - \varepsilon_0 = \theta_1(1 - e^{-\theta_2 t}) + \theta_3(e^{\theta_4 t} - 1) \tag{3-3}$$

式中 ε ——总应变 ε_c 与初始应变 ε_0 之差;

θ_1,θ_2 ——初始阶段的蠕变特征;

θ_3,θ_4 ——蠕变后期的蠕变曲线特性。

式(3-3)就是著名的蠕变全过程表达式 θ - 射影概念。对不同的蠕变曲线有与之对应的一组 θ_1 、θ_2 、θ_3 、θ_4 存在。求取蠕变曲线规律的问题简化为求取这四个系数的问题。其中的系数 θ_i ($i=1,2,3,4$)通过下面的映射函数和应力 σ 及温度 T 联系起来:

$$\lg\theta_i = a_i + b_i\sigma + c_iT + d_i\sigma T \qquad (i=1、2、3、4) \tag{3-4}$$

不同材料在不同的试验条件下,值不同。但当温度变化较小时,可以从一个温度换算到另一个温度。而且在实验室结果和热力学的基础上式(3-4)的 θ - 射影参数也可以由下式来确定:

$$\begin{cases}\theta_1 = G_1\exp\{H_1(\sigma/\sigma_Y)\} \\ \theta_2 = G_2\exp\{-[(Q_2 - H_2\sigma)/(RT)]\} \\ \theta_3 = G_3\exp\{H_3(\sigma/\sigma_Y)\} \\ \theta_4 = G_4\exp\{-[(Q_4 - H_4\sigma)/(RT)]\}\end{cases} \tag{3-5}$$

Q_2和 Q_4是激活能,分别与速率参数 θ_2 和 θ_4 相关。有了式(3-3)、式(3-5)联合描述的全过程蠕变曲线表达式,蠕变曲线的数学特征与物理本质就很容易从它的数学描述中获得。

3.2.2 持久蠕变试验方法[3~5]

3.2.2.1 持久试验外推法

如前所述,试样在规定的温度下达到规定持续的试验时间而不产生断裂的最大应力称为材料的持久强度。金属高温拉伸持久试验可用于测定金属试样在恒定温度和恒定拉力作用下至断裂的持续时间和持久强度,并可评定缺口敏感性。试验应按 GB/T 2039—1997《金属拉伸蠕变及持久试验方法》进行。高温拉伸持久试样分为圆形和矩形两种。圆形标准高温拉伸持久试样的直径可为 5 mm 和 10 mm,其计算长度分别为 25 mm 和 50 mm(见图 3-3),矩形试样如图 3-4 所示,平行段宽度为 10 mm。圆形缺口试样如图 3-5 所示,其弹性应力集中系数 $K=3.85$。

高温拉伸持久试验测定的性能指标包括持久应力$\left(\sigma = \dfrac{F}{s_0}\right)$、持久伸长率$\left(A = \dfrac{L_1 - L_0}{L_0} \times 100\%\right)$、持久断面收缩率$\left(Z = \dfrac{s_0 - s_1}{s_0} \times 100\%\right)$和持久缺口敏感

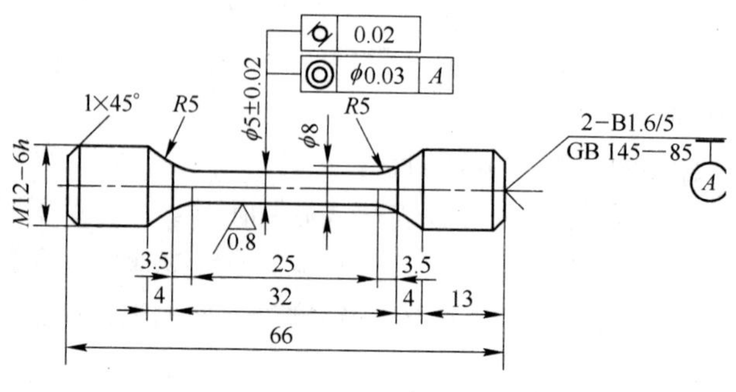

a

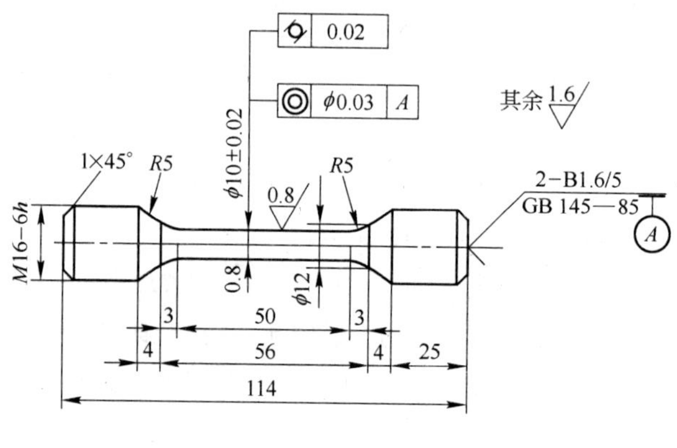

b

图 3-3　圆形标准高温拉伸持久试样

a—d = 5 mm；b—d = 10 mm

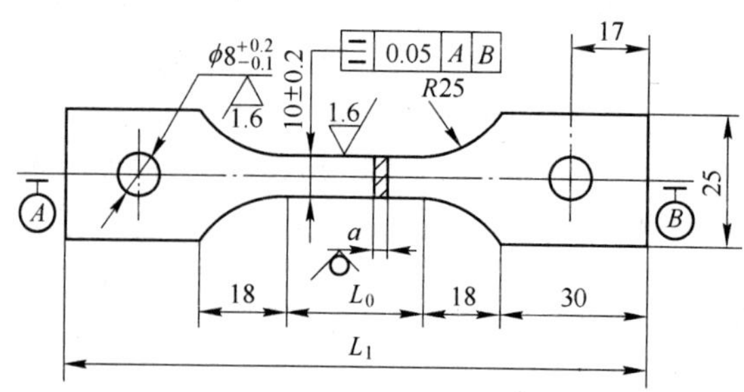

图 3-4　矩形截面标准持久试样

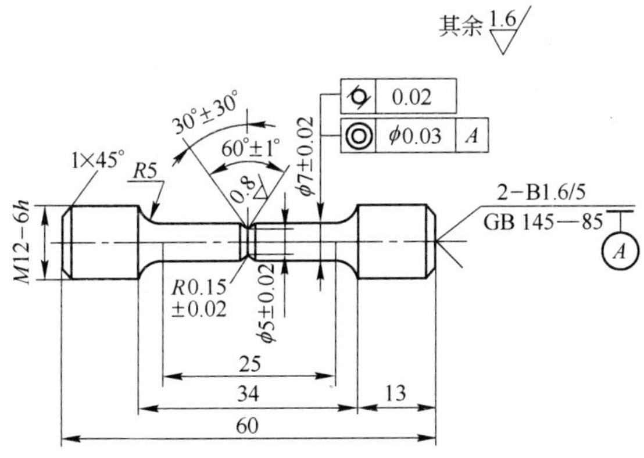

图 3-5 圆形截面缺口持久试样

系数$\left(K_{\sigma}=\frac{\sigma_1}{\sigma}, K_t=\frac{t_1}{t}\right)$。其中 F 是试样所承受的拉力,N; s_0 是试样计算长度内的原始横截面积或缺口试样缺口处的原始横截面积,mm^2; s_1 是试样断口处的最小横截面积,mm^2; L_0 、L_1 是试样原始标距和拉断后标距的长度,mm; σ_1 、σ 是缺口试样和光滑试样断裂持续时间相同时的试验应力,MPa; t_1 、t 是缺口试样和光滑试样在相同试验应力下的断裂持续时间,h; K_t 、K_{σ} 是在相同断裂持续时间和相同试验应力下材料的缺口敏感系数。当 $K_t \geqslant 1$ 或 $K_{\sigma} \geqslant 1$ 时,表示材料对缺口不敏感,反之则表示材料对缺口敏感。

高温拉伸持久试验的基本要求包括:

(1) 试验中应测定试样计算长度两端或缺口底部的温度,在整个试验期间内,试样计算长度内的温度波动及温度梯度应符合表 3-2 的规定;

表 3-2 试验中温度的偏差和梯度

试验温度/℃	温度波动/℃	温度梯度/℃
<900	±3	3
900 ~ 1100	±4	4

(2) 热电偶应保证长期使用的稳定性,其允许偏差和允许的变动值应符合表 3-3 和表 3-4 的规定,并按 JJG 141—2000《工作用贵金属热电偶检定规程》和 JJG 351—1998《工作用廉价金属热电偶检定规程》进行检定;

(3) 试样加热到试验温度的时间,一般为 2 ~ 5 h,保温时间为 1 h,然后加载;

(4) 测定应力与断裂时间的关系曲线,至少应在 5 个应力水平下进行,其中 3 个应力水平每组有效试样应不少于 3 根;

(5) 测定温度与持久强度极限的关系,至少应在 3 个温度下进行。

表 3-3　热电偶的允许偏差

热电偶名称	工作温度/℃	允许偏差/℃
铂铑-铂	0~600 600~1600	±1.5 ±0.25% T
镍铬-镍硅	≤400 >400	±3 ±0.75% T
镍铬-镍铜	≤300 >300	±4 ±1% T

注:T 为工作温度。

表 3-4　试验周期内热电偶的允许变动值

热电偶名称	工作温度/℃	≤0.5	0.5~1.0	>1.0	试验周期内允许变动值/℃
		热电偶直径/mm			
		检定周期/h			
铂铑-铂	≤900 900~1100	2000 1000			
镍铬-镍硅	≤600 600~900 >900		1500 500	200 800 300	

3.2.2.2　蠕变极限和持久强度的外推方法

蠕变和持久强度的外推方法有数十种之多,其中常用的外推方法有等温线法、时间-温度参数法和状态方程法等。等温线法是在一定温度下,由较高应力下的短期数据外推较低应力下长期持久强度或蠕变极限的一种外推方法。

A　等温直线外推法

等温直线外推蠕变极限的经验公式为:

$$V_c = A\sigma^B \tag{3-6}$$

$$t_r = Ce^{D\sigma} \tag{3-7}$$

等温直线外推法强度的经验公式为:

$$V_c = A'\sigma^{B'} \tag{3-8}$$

$$t_r = C'e^{D'\sigma} \tag{3-9}$$

式中　V_c——蠕变速度,%/h;

t_r——断裂时间,h;

σ——试验应力,MPa;

A,B,C,D,A',B',C',D'——材料常数。

在同一温度不同应力水平下进行蠕变或持久强度试验,可获得一组应力和蠕变速度或应力和断裂时间数据，然后按所选经验公式两边取对数得到标准直线方程，用最小二乘法拟合，求出相应的常数，从而可根据所要求的蠕变速度或断裂时间外推出蠕变极限或持久强度极限。

用最小二乘法可拟合计算（外推）钢的蠕变极限，若一种钢的蠕变试验数据如表3-5所示，按经验公式（3-6）进行外推计算，对该式两边取对数则有：

表3-5 蠕变试验数据

应力/MPa	117.6	78.4	58.8	49.0
蠕变速度 V_c/%·h^{-1}	3.3×10^{-4}	1.03×10^{-4}	2.95×10^{-5}	1.63×10^{-5}

$$\lg V_e = \lg A + B\lg\sigma \tag{3-10}$$

或
$$\lg\sigma = (\lg V_e - \lg A)/B = \frac{1}{B}\lg V_e - \frac{1}{B}\lg A \tag{3-11}$$

令 $y=\lg\sigma$、$x = \lg V_e$、$a = -\frac{1}{B}\lg A$、$b = \frac{1}{B}$，则获得标准直线方程 $y = a + bx$，于是，用最小二乘法进行拟合运算，求出系数 a 和 b。求得的直线方程为：

$$y = 3.0467 + 0.2837x \tag{3-12}$$

欲求蠕变速度 V_e 为 1×10^{-5}%/h 的应力。即蠕变极限 $\sigma^t_{1\times10^{-5}}$，则将 $x = -5$ 代入式（3-12），求得 y 为 1.6282，查反对数，得 $\sigma^t_{1\times10^{-5}} = 42.48$ MPa，即为所求的蠕变极限值。

等温直线外推法是一种近似的外推方法，长时间试验结果表明在双对数坐标中，持久强度曲线形状并非总是一条直线，有时会出现转折，有些材料甚至会出现二次转折，因此用此法进行外推时，外推时间限制为一个数量级，即不大于最长试验时间的10倍，外推结果才有相对可靠性。

B 等温抛物线外推法

对于试验点在双对数坐标中呈缓慢变化的曲线情况，可用抛物线方程，如式（3-13），外推持久强度。

$$\lg\sigma = c + d\lg^2 t_r \tag{3-13}$$

式中 t_r——断裂时间，h；

c,d——与材料有关的系数。

令 $y = \lg\sigma, x = \lg^2 t_r$，则式（3-13）可化为标准直线方程：$y = c + dx$，于是又可用最小二乘法求出系数 c 和 d，从而外推出规定断裂时间的持久强度。

C 参数法

时间－温度参数法是通过在较高温度下的短时试验结果，外推较低温度下长时强度一种外推方法。由于试验温度提高，持久强度曲线转折点出现的时间提前，故外推结果可能包括转折点的影响。常用的时间－温度参数式有两类:一类是以速率过程为基础的(如 L-M 和 K-D 参数式),另一类是纯经验的(如 M-H、M-S、M-A 和 M-B 等参数式),这里主要介绍以速率过程为基础的参数式。

(1) L-M(拉尔森－米列尔)参数式:

$$P(\sigma) = T(c + \lg t_r) \tag{3-14}$$

式中　$P(\sigma)$ ——应力的函数;

T——试验温度,K;

t_r ——断裂时间,h;

c——材料常数。

c 值的确定方法如下:

1) 由等应力不同温度下的试验数据,按下式计算 c 值:

$$c = \frac{\sum_{i=1}^{n} c_i}{n} \tag{3-15}$$

式中　n——试验应力点数。

2) 在 $\lg t_r - \frac{1}{T}$ 坐标中,等应力线在纵轴上的交点所对应的值即为所求 c 值。

3) 用计算机进行多项式回归计算求解 c 值。L-M 参数式的多项式形式为:

$$\lg t_r = \frac{c_0}{T} + c_1 \frac{\lg\sigma}{T} + c_2 \frac{\lg^2\sigma}{T} + c_3 \frac{\lg^3\sigma}{T} - c \tag{3-16}$$

为简化计算可对上式作如下变换:

令　$y = \lg t_r$, $a_0 = -c_0$, $a_1 = c_0$, $a_2 = c_1$, $a_3 = c_2$, $a_4 = c_3$,

$$x_1 = \frac{1}{T}, x_2 = \frac{\lg\sigma}{T}, x_3 = \frac{\lg^2\sigma}{T}, x_4 = \frac{\lg^3\sigma}{T}$$

则有

$$y = a_0 + a_1x_1 + a_2x_2 + a_3x_3 + a_4x_4 \tag{3-17}$$

每根试样试验后,均可得到一组数据(T_i 、a_i 、t_{ri}),由此即可建立一个方程。取 5 根试样可建立 5 个方程,组成方程组。用计算机解该方程组,便可求得 c 值。L-M 参数式中的 c 值确定以后,可算出一系列试验点的热强参数 P,从而可绘出 $\lg\sigma - P$ 综合参数曲线。外推持久强度时,首先应根据预测点的温度和断裂时间,按 L-M 参数式算出预测点的 P 值,再从综合参数曲线上查出与之相应的应力值,该应力值即为外推的持久强度极限。

(2) K-D(葛庭燧—Doron)参数式:

$$\lg t_r - \frac{Q}{TR\ln 10} = P(\sigma) \tag{3-18}$$

式中　T——试验温度,K;

R——气体常数,$R = 8.314510$ J/(mol · K);

Q——与应力无关的材料蠕变激活能，为待定常数。

常数 Q 可按下述方法确定：

1）按下式采用等应力不同温度下的试验数据计算 Q 值：

$$Q_i = \frac{4.57401(\lg t_{ri} - \lg t_{ri+1})}{\dfrac{1}{T_i} - \dfrac{1}{T_{i+1}}} \tag{3-19}$$

$$Q = \frac{\sum_{i=1}^{n} Q_i}{n} \tag{3-20}$$

式中 T_i, T_{i+1}——试验温度，K；

t_{ri}, t_{ri+1}——T_i、T_{i+1} 温度下的断裂时间，h；

n——试验应力点数。

2）在 $\lg t_r - \dfrac{1}{T}$ 坐标中，等应力线互相平行，其斜率乘以 2.3R（R 为气体常数）即为所求 Q 值。

3）用计算机进行多项式回归计算求解 Q 值。K-D 参数式的多项式形式为：

$$\lg t_r = c_0 + c_1 \lg\sigma + c_2 \lg^2\sigma + c_3 \lg^3\sigma + \frac{Q}{RT\ln 10} \tag{3-21}$$

令 $y = \lg t_r$，$a_0 = c_0$，$a_1 = c_1$，$a_2 = c_2$，$a_3 = c_3$，$a_4 = Q$，

$$x_1 = \lg\sigma,\ x_2 = \lg^2\sigma,\ x_3 = \lg^3\sigma,\ x_4 = \frac{1}{4.57401T}$$

则有

$$y = a_0 + a_1x_1 + a_2x_2 + a_3x_3 + a_4x_4 \tag{3-22}$$

每根试样试验后均可获得一组数据（t_i、σ_i、t_{ri}），即可建立个多元线性方程，取 5 根试样的试验数据，可建立出 5 个方程组成的方程组。用电子计算机解该方程组，可得 Q 值。

K-D 参数式中的 Q 值确定以后，可按式（3-18）算出与各试验应力相应的热强参数，从而可绘出 $\lg\sigma - P$ 综合参数曲线。在进行外推时，首先应根据预测点的温度和断裂时间，按式（3-18）算出热强参数 P，从综合参数曲线上查得相应的持久强度值。

3.2.2.3 恒应力蠕变试验

在全过程蠕变理论指导下，可在计算机控制下进行恒应力蠕变试验。实际上，在式（3-3）中，只要取不同的系数 θ_i（$i = 1,2,3,4$）就可以描述所有蠕变曲线。由式（3-4）和式（3-5）知，在 $\lg\theta_i - \sigma$ 平面上，θ_i 的对数值与应力成正比。由实验数据求取 θ_i 值时，一般需借助于计算机程序的帮助。

3.3 抗蒸汽腐蚀和抗灰化腐蚀实验

除持久蠕变性能外，抗蒸汽氧化腐蚀和抗灰化腐蚀性能也是评价锅炉钢的重要指标。表3-6列出了锅炉钢管失效的主要机理，可见蒸汽和灰化腐蚀是锅炉钢管的主要失效机理。

表3-6 锅炉管失效机理

失效分类	失效原因
应力断裂	短期过热、高温蠕变、异种钢焊接
蒸汽侧腐蚀	苛性腐蚀、氢损伤、孔蚀、应力腐蚀裂纹
烟气侧腐蚀	水冷壁腐蚀、煤灰腐蚀、油灰腐蚀
磨 损	飞灰磨损、落渣磨损、吹灰磨损、煤粒磨损
疲 劳	振动疲劳、热疲劳、腐蚀疲劳
质量缺陷	化学成分、冶金质量、焊接、冷加工

超超临界火电机组的锅炉管（内侧）在高温高压蒸汽中长期运行，高温蒸汽腐蚀问题是必须关注的。蒸汽氧化与腐蚀可引起的问题包括：(1)由于氧化层的形成和剥落，造成管子堵塞，产生过热而导致蠕变断裂；(2)氧化层剥落颗粒进入汽轮机对叶片等重要部件造成冲蚀等。因此，研究和评价锅炉钢的抗高温蒸汽氧化性能是非常重要的。

G. R. Holcomb 等人[6]采用了三种试验研究锅炉钢的抗高温蒸汽腐蚀性能：一是把锅炉钢试样在大气压力下置于空气加水蒸气环境中进行循环氧化试验。循环氧化试验用来测量温度变化时材料的反应情况，尤其是基体金属与氧化皮之间膨胀系数的差别，而在热循环过程中由于线膨胀系数的不同可能导致氧化皮的剥落。循环氧化试验的温度将根据测试钢的使用温度情况而定；二是把锅炉钢试样在大气压力下置于蒸汽中进行氧化增重（TGA）试验；三是把锅炉钢试样在蒸汽参数接近实际使用的超超临界机组的蒸汽参数下进行长时暴露试验。除上述三种试验方法外，还有最直接的在工业运行的超超临界锅炉内挂管或挂片的试验方法[7]。

近年来，各国研究者都认识到了锅炉管高温蒸汽腐蚀问题的重要性。2005年周荣灿等已在西安热工研究院设计和制造了国内第一台高温蒸汽腐蚀实验台，并率先开展了锅炉管的抗高温蒸汽腐蚀性能试验研究。2007年9月钢铁研究总院与西安热工研究院签订技术协议[8]，在第一台高温腐蚀实验台的基础上，由西安热工研究院为钢铁研究总院设计和制造国内第二台高温蒸汽腐蚀实验台（设备原理示意图见图3-6）。本实验台完全由国内自行设计和制造，模拟超超临界火电机组锅炉管高温水蒸气的服役环境,用于研究长时服役中材料的氧化和腐蚀问题,最高蒸汽温度可达750℃,蒸汽流量可达8L/h,不间断最长试验时间1000 h,试样可为片状或管状。该实验台可用来评估材料的抗高温蒸汽氧化腐蚀性能和研究高温蒸汽氧化腐蚀的过程和相关机理。该实验台已于2009年10月在钢铁研究总院建成,其性能较国内第一台锅炉钢蒸汽腐蚀测试设备有了很大的提升。关于高温蒸汽氧化腐蚀实验,目前国内外并没有统一的试验标准。对锅炉钢管的高温蒸汽氧化腐蚀评价研究也只是处于起步阶段,需要各国科技工作者的共同努力使这一重要实验技术尽快完善。

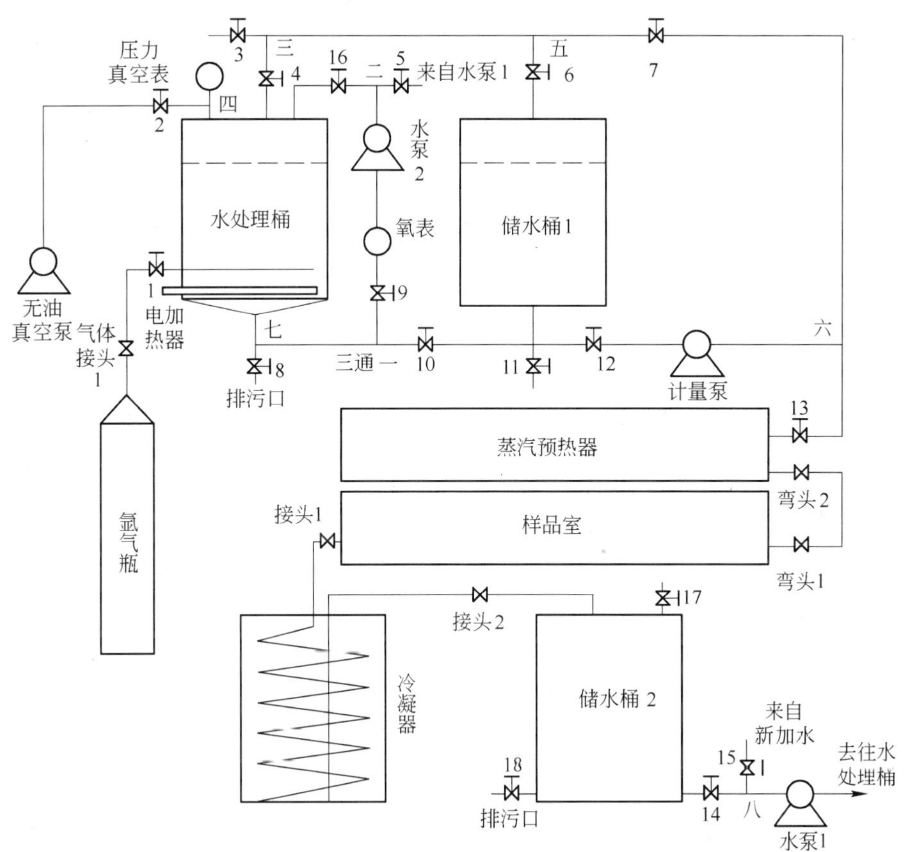

图3-6 高温蒸汽氧化试验台示意图[8]

超超临界火电机组的锅炉管(外侧)在高温和多种复杂煤灰环境中长期运行,烟气中含有大量的高速运动的飞灰颗粒,这些颗粒对锅炉管壁表面造成磨损。烟气侧的腐蚀对于提高新建电厂的热效率以及延长现有电厂的寿命是关键问题之一。李彦林[9]对锅炉热管向火面在运行中环境因素可能造成的腐蚀进行了较详细和系统的描述和分析。热重分析(TGA)技术已成为材料服役性能研究的重要方法,美国 THERMO CAHN 公司推出 TGA 全自动热重分析系统利用世界著名的 Cahn(康氏)天平,可测量固体、液体和气体样品的重量随温度、时间及压力的变化,适用于多种复杂的服役环境。我国一些研究机构的实验室拥有该设备并在研究工作中发挥了重要作用。该实验装置可测量极为微小的质量变化,对材料环境高温腐蚀的机理性研究具有重要意义,但是不一定适合于用来评价材料的工程适用性。1997 年 Srivastava 等人[10]系统地综述了锅炉和过热器管的煤灰腐蚀问题,锅炉和过热器管向火面的腐蚀与燃烧的煤质、设计温度、炉膛等多种因素直接相关,该问题是个系统问题,难以把问题简化成只与一两个因素相关,因此,目前世界各国在工程应用上广泛采用比较法研究锅炉钢的高温灰化腐蚀问题。

20 世纪 90 年代开始,美国能源部、Babcock & Wilcox 公司和俄亥俄州煤炭开发办公室共同支持了“抗煤灰腐蚀材料试验项目”[11]。该研究计划的目的是:(1)评估用于蒸汽温度 593℃燃煤锅炉过热器/再热器的新开发材料的腐蚀性能;(2)选择抗烟气侧腐蚀的锅炉钢材料;(3)建立长期现场腐蚀数据。研究项目的试验工作在 Reliant 电力公司的 Niles 电厂的一台 12 万千瓦亚临界锅炉的过热器部位实施,1998 年 11 月开始设计和安装试验管屏,共有三个包含 12 种测试锅炉钢样品的由四排管子组成的管屏。大部分锅炉钢样品在最顶端两排出现三次,暴露在三个不同的温度区域。样管的规格为 ϕ63.5 mm × 10.2 mm,通过 625 合金焊材在钨极氩弧轨道焊机上焊接,全部焊接接头通过了 X 射线探伤检验。三个管屏分别在运行 1 年、3 年和 5 年后取出进行评估。评估的方法包括对管屏外观进行照相记录、表面腐蚀物检验分析、内外表面的微观组织分析等。该项目是典型的工程比较法,通过(半)工业规模的现场模拟试验来评估备选锅炉钢的抗灰化腐蚀性能。该方法的优点是接近实际环境和数据,可信度高,缺点是投资大和周期长,不适合锅炉钢的初期研发阶段。

美国 Argonne National Laboratory 的 Natesan 等人[12]采用简单的实验室灰化腐蚀设备对锅炉钢的抗灰化腐蚀性能进行了系统研究。受该研究的启发,为研究超(超)临界锅炉高温过热器向火面服役过程中长时高温煤灰腐蚀问题,钢铁研究总院自行设计和制造了国内第一台锅炉钢高温长时灰化腐蚀实验台,如图 3-7 所示[13]。实验时可根据煤灰燃烧反应产物配制煤灰混合物并通入空气和二氧化硫混合气体模拟服役环境。该实验台的最高试验温度为 900℃,可连续试验 2000 h,试样尺寸 25 mm × 10 mm × 3 mm,可同时放入 24 片试样。该实验台可用来:(1)定量评价锅炉钢抗煤灰腐蚀性能;(2)研究各种灰化腐蚀影响因素的作用机理;(3)研究锅炉钢服役环境中的腐蚀机理。评价办法主要是样品外观照相、表面腐蚀物检验分析、内外表面的微观组织分析等。

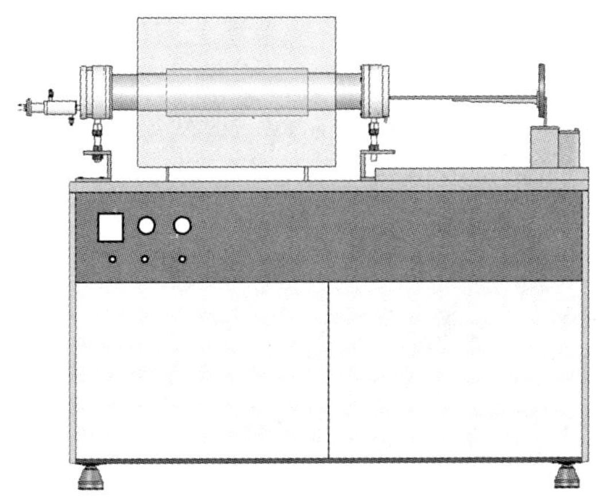

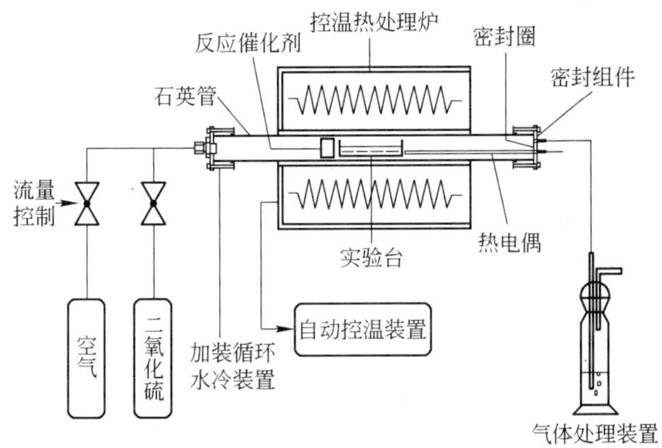

图 3-7 超超临界火电机组用钢高温长时灰化腐蚀实验台

3.4 高温塑性变形实验

在实验室研究材料高温变形行为的常用方法主要有三种:单轴拉伸、压缩和扭转。它们的一个最重要特点是应力和应变状态简单,便于测量和计算。在很多重要的金属成形工艺(包括轧制、挤压、拉拔、锻造等)的优化设计和生产试验之前,均要借助这些方法了解材料在不同变形参数下的塑性变形行为及显微组织变化。用拉伸、压缩和扭转等方法求得的应力 - 应变关系数据可用于分析实际变形过程中材料的塑性变形行为和组织变化规律,揭示材料变形本质,提供材料成形数值模拟和优化的基本关系。

拉伸试验是评价材料基本力学性能的重要方法,也可用于模拟拉拔和挤压变形,拉伸流变应力与挤压和拉拔时的压力极限能力直接相关。拉伸断面收缩率则反映了材料在简单应力状态下的真实高温塑性。拉伸试验的缺点在于:(1)在常规的拉伸设备上,其应变速率范围通常限制在 10 ~ 100s^{-1}范围内,只有在特殊拉伸

设备上才能达到 $100s^{-1}$ 以上，但平均等效应变速率随拉伸试样出现缩颈现象而异常升高，并且造成流变应力值出现相应的异常变化，从而难以精确评价应变和应变速率对流变应力的影响；(2) 出现缩颈时对应的应变值(超塑性变形除外)通常大大低于工程上热加工相应的应变值。室温拉伸极限应变通常为 0.10 ~0.15，高温拉伸时也仅为 0.15 ~0.25；(3) 缩颈区的出现增大了研究变形条件与组织性能之间关系以及变形与软化机制的难度。

压缩试验也是评价材料基本力学性能的重要方法。按应变类型，压缩试验可分为轴对称压缩和平面应变压缩；按温度变化情况可分为等温压缩和非等温压缩。平面应变压缩适合于模拟板材热轧(特别是热精轧)和各向同性材料的变形，但由于存在几何边界的影响，流变应力值比实际应力值偏高，摩擦与侧向变形条件的不确定性和试样几何形状软化现象的出现，使它不太适合热变形本构关系的研究。非等温压缩对于模拟实际锻造过程最具优势，但温度场的不确定性给试验和数据处理带来误差和难度。轴对称等温压缩常用于模拟挤压和锻造过程，其特点在于可直接在较大应变速率范围内测定材料在热变形时的真应力 - 真应变关系。它对应变速率敏感材料和应变速率不敏感材料均适用。轴对称等温压缩的缺点是工件和模具之间存在接触摩擦，应变值超出一定值以后，样品会出现不均匀变形现象，如侧鼓(又称腰鼓)和侧翻等，从而改变变形的恒应变速率状态，应力状态也由原来的单向压应力状态变成复杂的三向应力状态。特别是在轴向易出现拉应力，从而(可能)使样品发生早期侧裂，破坏成形的真实性。这一问题可通过改善润滑条件给予一定程度的解决，如在间接加热的液压伺服热/力模拟试验机上可采用两端带浅凹槽的 Rastegaev 试样，并填充诸如石墨、聚四氟乙烯、玻璃等润滑剂。若润滑良好时，压缩真应变可高达 2.30(90%)而不会出现明显腰鼓。考虑摩擦影响时，样品和模具间的摩擦系数可通过不同高度样品的压缩试验等方法确定[14]。一般的热压缩试验，其真应变可达到 0.7(50%)。采用 Rastegaev 试样的缺点是制备较困难，应变量的误差较大。如为获得超细组织的不锈耐热钢，可采用等径角挤压等方法[15]。

与拉伸和压缩试验相比，扭转试验的最大优势是材料可在很高的恒应变速率和大应变(≥5)范围内变形而不失稳。扭转变形时，材料无静水压力，也没有试样形状软化效应。因而扭转试验被广泛用于测定和研究高应变速率及大应变条件下材料的流变应力 - 应变关系和成形性。从扭转样品断裂前所扭的转数，可以判断材料的热塑性。该方法的另一个显著特点是变形基本上被限制在样品标距的范围内，且应变速率和扭转应变量沿轴向保持均匀分布，样品无明显形状变化，也不会出现像腰鼓和缩颈失稳等现象。扭转试验可以提供一种反映材料高应变速率、大应变变形条件下，材料变形行为的简单模式。扭转试验的第三个优点是可用来研究和模拟实际热加工过程，如多道次板带材热轧和无缝管热轧等。该方法的不足之处主要有两个方面:其一,变形时应力、应变和应变速率沿半径方向呈线性变化。这使得实验数据的解释和处理变得困难和复杂一些;其二,若采用试样两端固定法扭转时,为了平衡材料扭转时由于变形织构的发展和出现的各向异性所引起的样品轴向尺寸的微小增加,则可能给样品造成一个较小的轴向载荷。而这个较小的轴向载荷变化会使样品应力状态复杂化。

参考文献

[1] 束国钢. 火电站关键部件寿命评估与寿命管理现状,苏州热工院技术交流资料,2006.

[2] Zhou G. Knowledge and experience with Grade91: Material challenge to utility manufacturers and material experts, Technical Exchange between CISRI and Alstom, CISRI, Beijing, China, 2007.

[3] 王栋,李余德,方钦志. 蒸汽锅炉用钢与受压元件强度分析[M]. 北京:中国电力出版社, 2005.

[4] 刘荣藻. 低合金热强钢的强化机理[M]. 北京:冶金工业出版社,1983.

[5] 朱日彰,卢亚轩. 耐热钢和高温合金[M]. 北京:化学工业出版社,1995.

[6] Holcomb G R 等. 超超临界参数蒸汽腐蚀,国内外超超临界机组材料及焊接研究资料汇编[M]. 张芮译. 西安:西安热工研究院有限公司, 2004: 351 ~353.

[7] 贾建民, Montgomery M. TP347FG 不锈钢过热器管高温蒸汽氧化行为研究,国内外超超临界机组材料及焊接研究资料汇编[M]. 西安:西安热工研究院有限公司,2004,1 ~13.

[8] 周荣灿,刘正东. 高温蒸汽腐蚀实验台研制技术协议,西安/北京,2007.

[9] 李彦林. 锅炉热管失效分析与预防[M]. 北京:中国电力出版社,2006.

[10] Srivastava S C, Godiwalla K M, Banerjee M K. Fuel ash corrosion of boilers and super-heater tubes [J]. J. of Materials Science, 1997 (32) :835 ~849.

[11] McDonalds D K,抗煤灰腐蚀试验项目,国内外超超临界机组材料及焊接研究资料汇编[M]. 张芮译. 西安:西安热工研究院有限公司,2004:357 ~365.

[12] Natesan K, Purohit A, Rink D L. Coal-ash corrosion of alloys for combustion power plants[J]. 17th Annual Conference on Fossil Energy Materials, Baltimore, MD, USA, 2003.

[13] 刘正东,程世长,包汉生,等. 高温灰化氧化腐蚀实验台设计,钢铁研究总院内部资料,2007.

[14] 曹金荣. T122 高铬耐热钢热变形行为及组织性能的研究[D]. 北京:北京科技大学,钢铁研究总院, 2007.

[15] 杨钢. 等径角挤压变形奥氏体不锈钢的结构演化和力学性能及应用研究[D]. 北京:钢铁研究总院,2007.

4 中国 T23/T24 钢管研制进展

4.1 T23 钢化学成分配比

ASME SA-213 T23 是日本住友金属公司为适应火电机组发展需要而开发的钢种(住友企业钢号为 HCM2S)。该钢的开发是在借鉴我国钢铁研究总院研发的 G102“多元素复合强化”设计思想的基础上,对 2.25Cr-1Mo (T22)钢进行成分优化而成。T23 钢的许用应力是 T22 钢的 2 倍,其 580℃持久强度是 12Cr1MoV 钢的 1.4 倍。T23 钢的持久强度与 12Cr2MoWVTiB(G102)钢相等,且具有高的冲击韧性和良好的焊接性能,适合制造大型电站锅炉的过热器、再热器和水冷壁[1],ASME 标准中规定的 SA-213 T23 钢的化学成分见表 4-1[2]。

表 4-1 T23 钢化学成分范围(质量分数,%)

标准	C	Mn	P	S	Si	Cr	Mo	V	W	Nb	B	N	Al
ASME SA-213	0.04 ~ 0.10	0.10 ~ 0.60	≤0.030	≤0.010	≤0.50	1.90 ~ 2.60	0.05 ~ 0.30	0.20 ~ 0.30	1.45 ~ 1.75	0.02 ~ 0.08	0.0005 ~ 0.006	≤0.030	≤0.030

T23 钢合金化原理如图 4-1 所示,采用固溶强化和沉淀析出强化相结合的方法保障钢的持久强度。同时添加 B 元素增加钢的淬透性,保障钢管全截面获得贝氏体组织。采用低碳设计,提高钢管的焊接适应性,通过选用匹配焊接材料,可望焊前不预热和焊后不热处理。ASME 标准和 GB5310 标准只是给出了 T23 钢的成分范围。在工业实践中,如要生产出各种性能配合良好的 T23 钢管,还需要对钢的成分进行优化和控制。

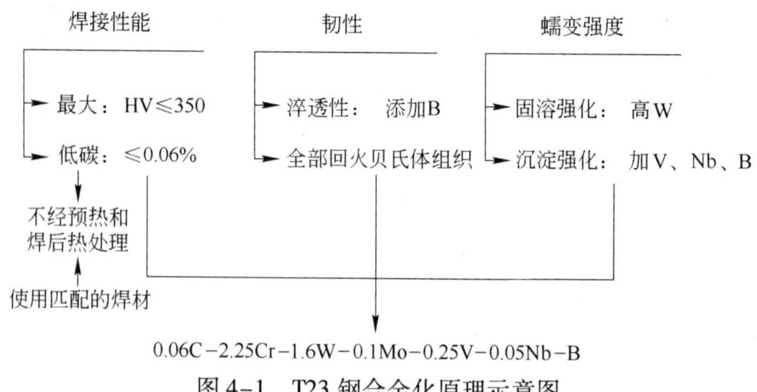

图 4-1 T23 钢合金化原理示意图

4.2 T23 钢管性能研究

宝钢股份公司生产 T23 钢管的主要工艺过程为转炉炼钢→炉外精炼→模铸→初轧→制管→钢管热处理→钢管矫直→无损检验→验收→包装入库。ASME SA213 标准中规定的 T23 热处理制度为正火 + 回火（正火温度≥1040℃，回火温度≥730℃），屈服强度≥400 MPa，抗拉强度≥510 MPa，伸长率≥20% 和硬度≤220HB。

CCT 曲线和相变点是制定合理热处理制度的重要参考。T23 钢的典型 CCT 曲线如图 4-2 所示[3]，其中图 4-2a 为用膨胀法结合金相 - 硬度法和差热分析法测定的试验值，图 4-2b 为瓦鲁瑞克 - 曼内斯曼钢管公司材料手册值。可见，T23 钢奥氏体化处理后以不同冷却速度连续冷却时，将可能发生铁素体、碳化物、贝氏体和马氏体转变。

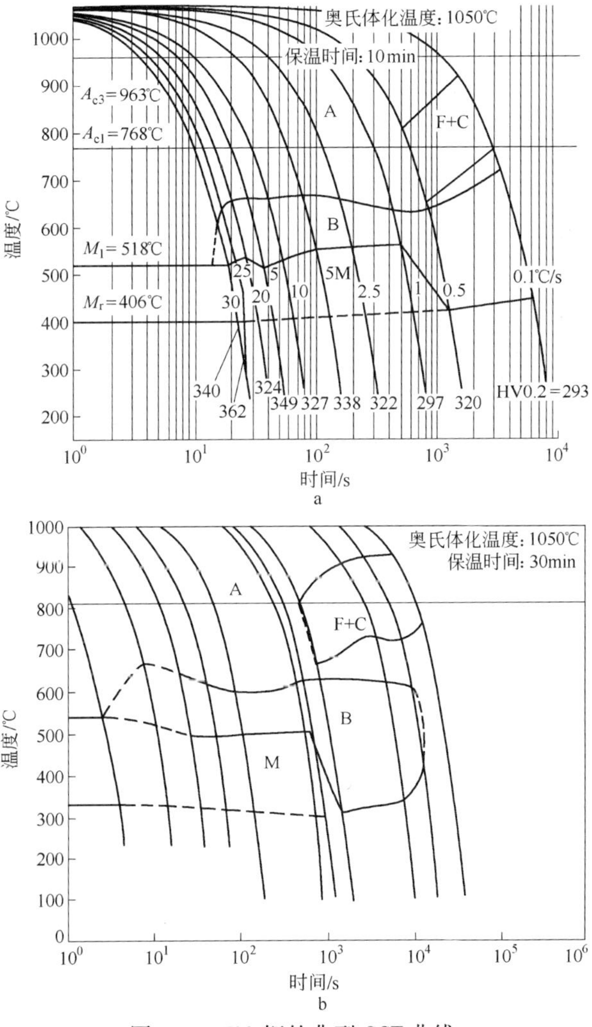

图 4-2　T23 钢的典型 CCT 曲线

为研究不同冷却速率下 T23 钢的组织形貌，将 T23 钢试样加热到 1100℃然后按 0.5℃/s、1℃/s、2℃/s、5℃/s、10℃/s、15℃/s、20℃/s 和 30℃/s 冷速冷却，所得到的金相组织见图 4-3～图 4-10。当冷却速率为 0.5℃/s 时，所获得的组织是贝

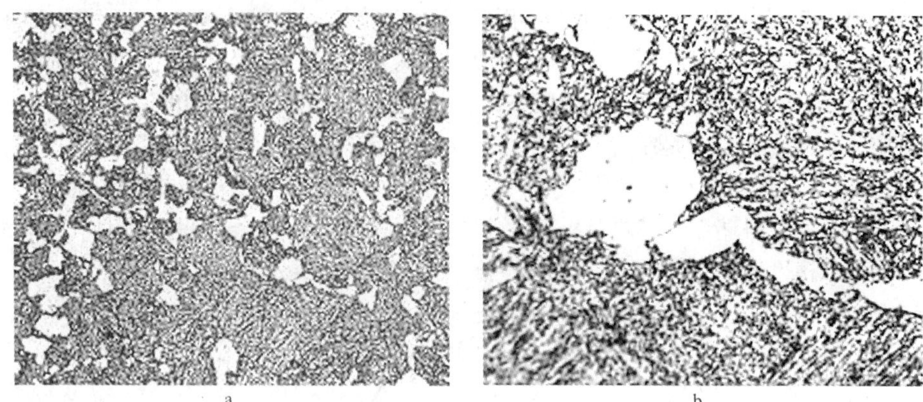

图 4-3　冷速为 0.5℃/s 时 T23 钢组织形貌(硬度:266HB，组织:B + F(35%) + P(5%))
a—×100；b—×500

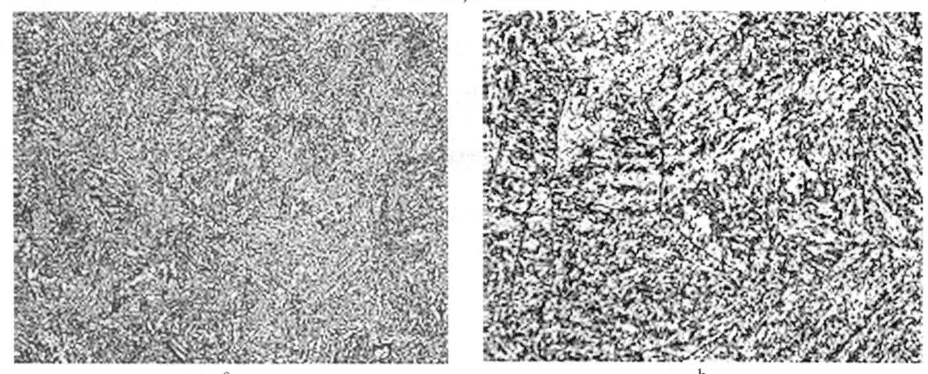

图 4-4　冷速为 1℃/s 时 T23 钢组织形貌(硬度:272HB，组织:B)
a—×100；b—×500

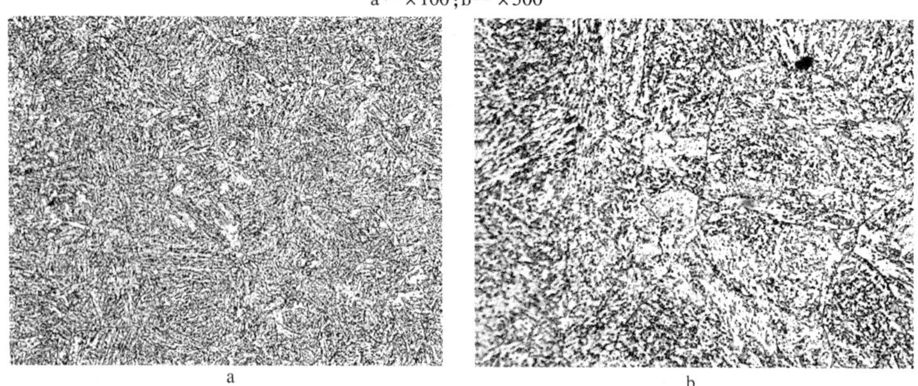

图 4-5　冷速为 2℃/s 时 T23 钢组织形貌(硬度:281HB，组织:B)
a—×100；b—×500

氏体＋铁素体＋珠光体组织；当冷却速率大于 1℃/s 时，获得贝氏体组织；当冷却速率大于 15℃/s 时，获得贝氏体组织＋马氏体组织。

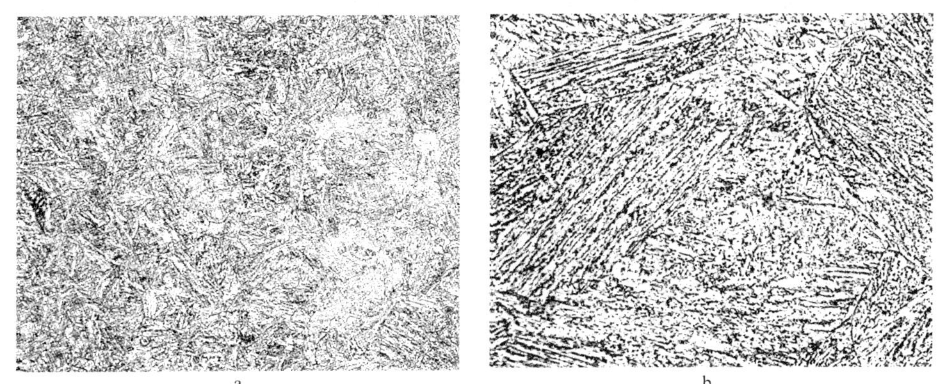
a　b

图 4-6　冷速为 5℃/s 时 T23 钢组织形貌（硬度：298HB，组织：B）
a—×100；b—×500

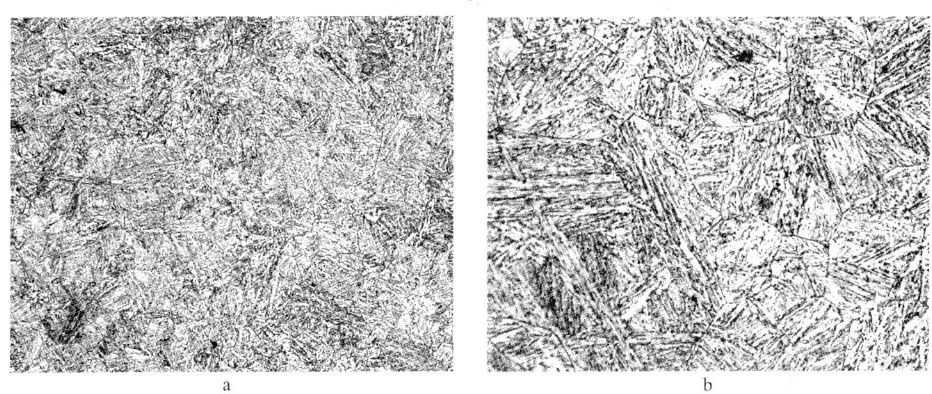
a　b

图 4-7　冷速为 10℃/s 时 T23 钢组织形貌（硬度：300HB，组织：B）
a—×100；b—×500

a　b

图 4-8　冷速为 15℃/s 时 T23 钢组织形貌（硬度：301HB，组织：B＋M）
a—×100；b—×500

图 4-9　冷速为 20℃/s 时 T23 钢组织形貌(硬度:319HB,组织:B + M)
a— ×100;b— ×500

图 4-10　冷速为 30℃/s 时 T23 钢组织形貌(硬度:331HB,组织:B + M)
a— ×100;b— ×500

根据 ASME SA-213 标准,T23 钢的正火温度应高于 1040℃。采用光亮退火炉优化研究 T23 钢的回火热处理制度,保温时间设定为 60min。图 4-11 列出了回火温

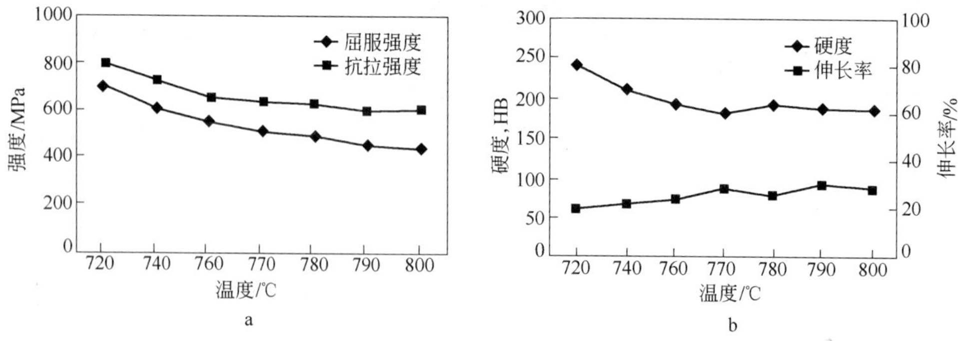

图 4-11　回火温度对 T23 钢性能影响
a—回火温度对 T23 钢强度影响;b—回火温度对 T23 钢硬度及伸长率影响

度对 T23 钢性能的影响,可以看出 T23 钢的抗拉强度和屈服强度随回火温度升高单调降低,伸长率总体趋势是随回火温度升高而提高,在 780℃ 左右出现一个低谷。钢的硬度则是先随回火温度升高而降低,到 770℃ 最低,且在 780℃ 有所回升,出现一个小峰值。

根据上述研究结果,采用宝钢股份公司生产的规格为 ϕ60.3 mm × 12.5 mm 的 T23 钢管为试验料,其化学成分见表 4-2 所示,热处理工艺为 1060℃ 正火 + 760℃ 回火。按 GB/T 229—1994 进行钢管的系列冲击试验,试验结果如图 4-12 所示,T23 钢管的脆性转变温度 $FATT_{50}$ 在 -40℃ 和 -45℃ 之间。

表 4-2 T23 钢管化学成分(质量分数,%)

元素	C	Mn	Si	P	S	Cr	Mo	W	V	B	Nb	N	Al
SA-213 标准	0.04 ~ 0.10	0.10 ~ 0.60	≤0.50	≤0.030	≤0.010	1.90 ~ 2.60	0.05 ~ 0.30	1.45 ~ 1.75	0.20 ~ 0.30	0.0005~ 0.006	0.02 ~ 0.08	≤0.030	≤0.030
实测值	0.08	0.48	0.25	0.010	0.008	2.33	0.16	1.52	0.24	0.004	0.045	0.011	0.006

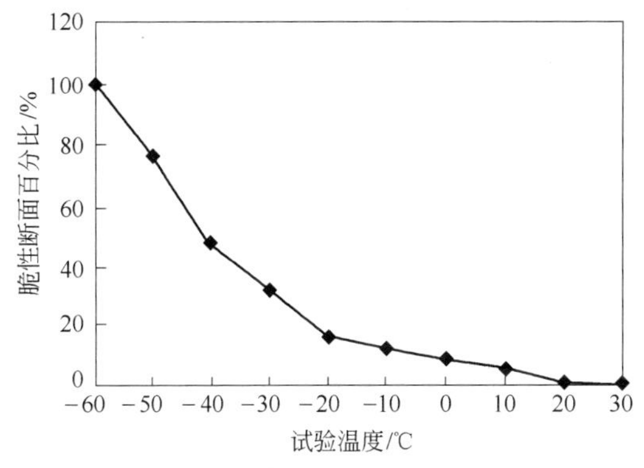

图 4-12 T23 钢管系列冲击试验曲线

按 GB/T 4338—1995 在上述 T23 钢管上取弧形比例试样,进行高温拉伸试验,并与美国 ASME 标准中 T23 的高温拉伸抗拉强度和屈服强度允许值进行比较(图 4-13)。试验结果表明 T23 钢管的高温拉伸性能均高于 ASME 标准中规定的允许值。对 T23 钢管进行 600℃ ±3℃ 时效处理,时效时间分别为 500 h、1000 h、3000 h、5000 h、8000 h、10000 h,测试 T23 钢管时效后的性能结果如图 4-14 所示。600℃ 10000 h 以内的时效处理对 T23 钢的塑性和硬度影响不大,随着时效时间的增加 T23 钢的冲击功下降,但 10000 h 时效后冲击功仍高于 200 J。随着时效时间的延长,T23 钢的强度降低。按 GB/T 2039—1997 进行 T23 钢管的持久强度测试,在 RD2-3 型高温持久试验机上分别进行 550℃、600℃、650℃ 持久试验,试验结果见图 4-15。

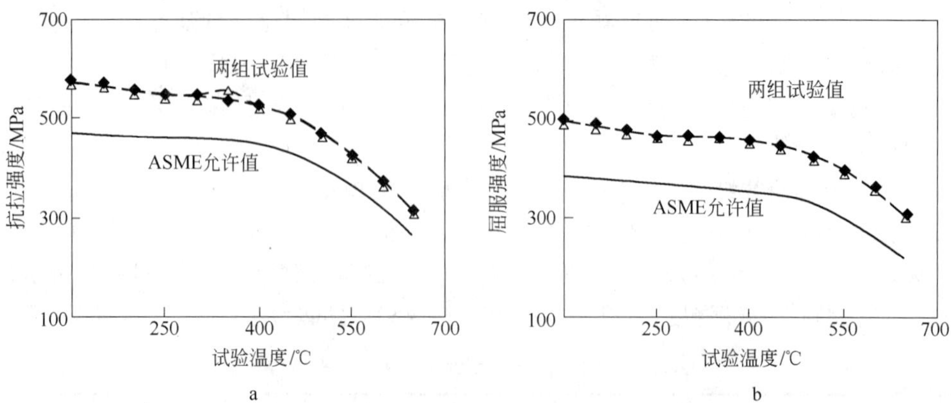

图 4-13　T23 钢管高温拉伸性能

a—T23 高温拉伸抗拉强度；b—T23 高温拉伸屈服强度

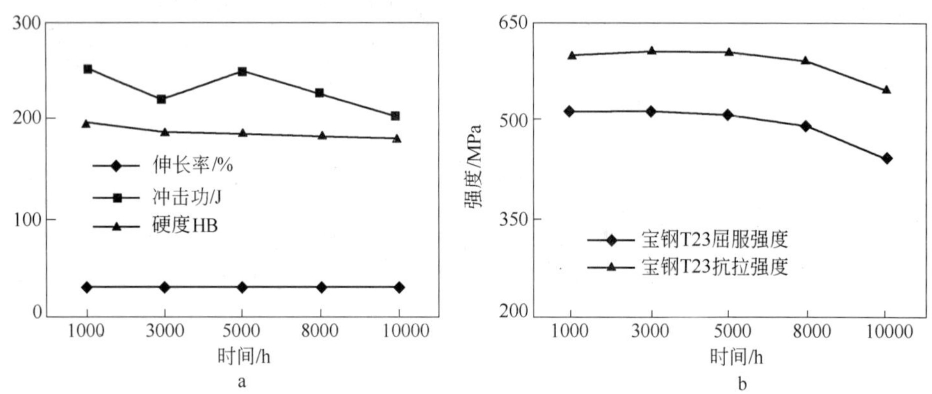

图 4-14　时效对 T23 钢管性能的影响

a—时效对硬度和冲击性能的影响；b—时效对强度的影响

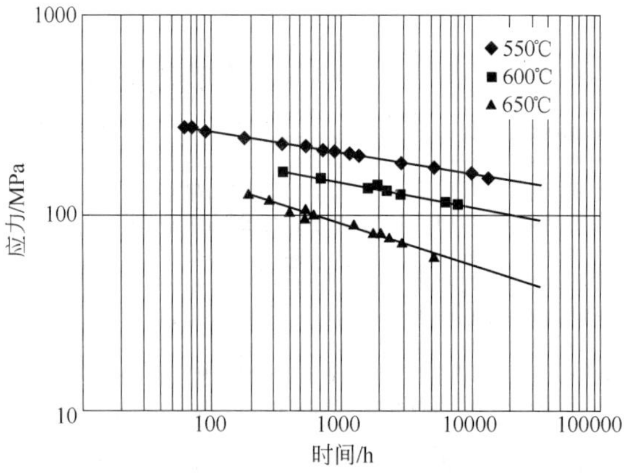

图 4-15　T23 钢管持久强度曲线

用最小二乘法对三个测试温度下的数据进行拟合，分别得到 550℃、600℃、650℃下的持久强度外推方程式如下：

550℃：　$\lg\sigma = 2.6259 - 0.1071\lg t$

600℃：　$\lg\sigma = 2.5297 - 0.1244\lg t$

650℃：　$\lg\sigma = 2.5837 - 0.2120\lg t$

根据上述三个方程式，外推得到 550℃、600℃、650℃下 10 万小时的 T23 钢管的持久强度分别为 123 MPa、81.2 MPa 和 33.4 MPa。ASME Code Case 2199-1 中规定 T23 钢管持久强度分别为 $\sigma_{10^5}^{550} > 111$ MPa，$\sigma_{10^5}^{600} > 65$ MPa 和 $\sigma_{10^5}^{650} > 31$ MPa。因此上述国产 T23 钢管的持久强度性能满足 ASME 的相关规定。

对 T23 钢管与 G102 钢管的试样按 GB/T13303—1991《钢的抗氧化性能测定方法》进行了抗氧化性能对比试验，试样的尺寸规格为 15 mm × 30 mm，测试温度为 600℃，采用增重法进行抗氧化性能的测定。试验时分别在 100 h、200 h、500 h、1000 h、1500 h、2000 h、2500 h、3000 h、3500 h、4000 h、5000 h、6000 h、7000 h、8000 h。对试样进行测量，测量结果见图 4-16。从增重速度上看，T23 钢管和 G102 钢管的抗氧化性能基本相当。

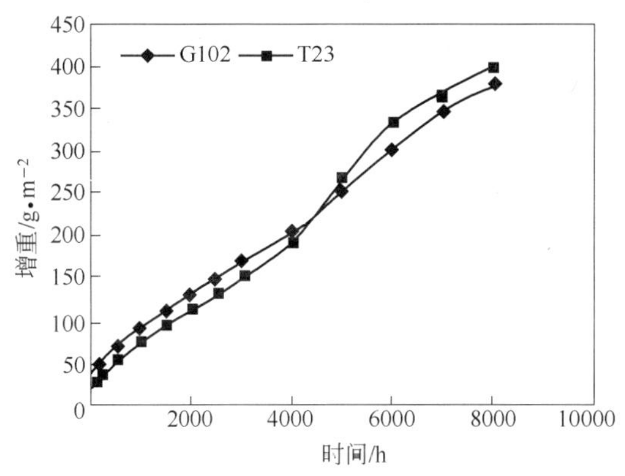

图 4-16　T23 和 G102 钢管 600℃抗氧化增重试验曲线

4.3　T23 钢管组织

供货状态下的 T23 钢管一般为回火贝氏体组织，光学显微镜下的组织如图 4-17 所示，透射电镜下的组织如图 4-18 所示。

T23 钢管供货状态下组织中有细小弥散的第二相颗粒析出，分布在晶界、板条界或晶内（图 4-19）。表 4-3 列出了对图 4-19 中标注的 T23 钢管供货状态析出物的能谱分析结果。表 4-3 中第一栏的标号与图 4-19 中的标注位置相对应。这些第二相颗粒的衍射斑点分析表明这些析出物为面心立方的 MX 型碳氮化物，其点阵常数约为 0.416 nm，接近 VC 碳化物的点阵常数。除 MX 外，在晶界和晶内还有

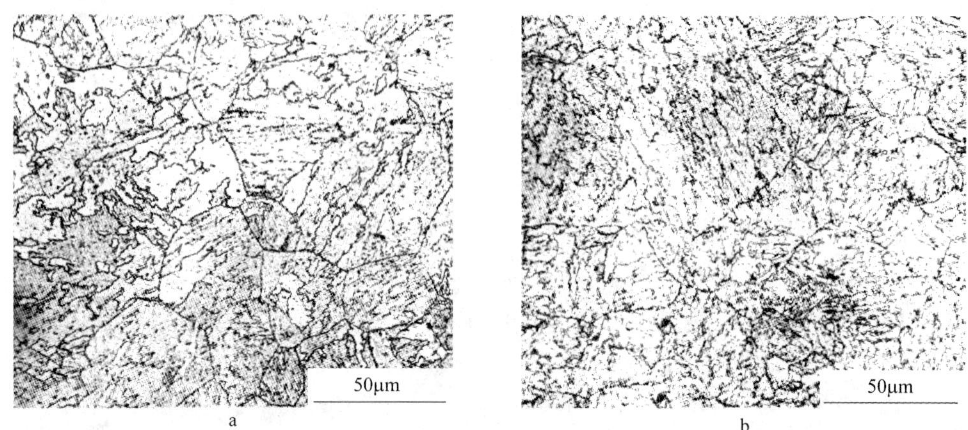

图 4-17　T23 钢供货状态光学显微镜组织照片

a—横向；b—纵向

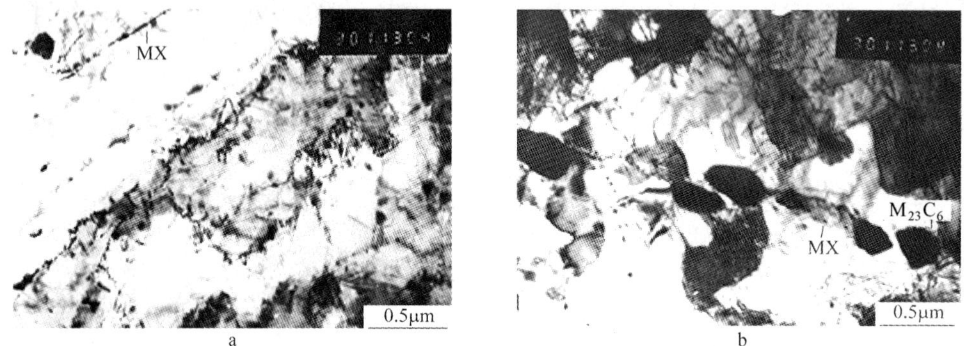

图 4-18　国产 T23 钢供货状态透射电镜组织照片

a—平行条状的贝氏体铁素体形态；b—块状的贝氏体铁素体形态

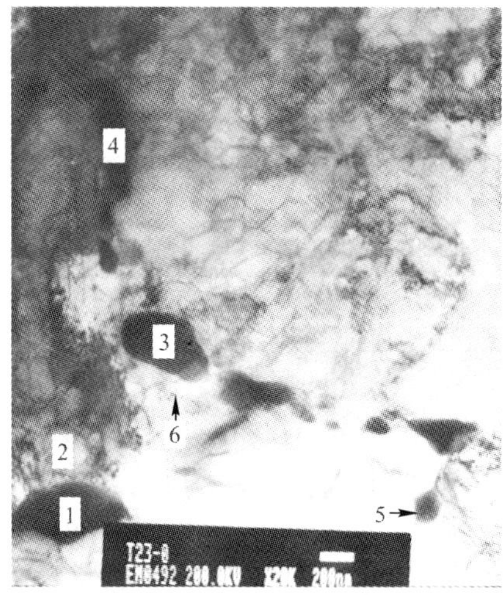

图 4-19　T23 供货状态基体、晶界和碳化物形态

一些尺寸较大的球形和棒状沉淀相析出。经衍射斑点分析这些沉淀相为面心立方结构的 $M_{23}C_6$ 型碳化物，其点阵常数约为 1.066 nm。此外发现晶内还有少量 M_7C_3 型碳化物析出。$M_{23}C_6$ 碳化物主要以 Cr、Fe 为主，还溶入了少量其他的合金元素如 Mn、Si、W 和 Mo 等。由于能谱分析时的束斑尺寸相对于 MX 型碳化物较大，对 MX 型碳化物的能谱分析结果中包含了一部分基体成分。但仍可以看出 MX 型碳化物富 V，主要是 V(C,N)，同时该碳化物还溶入了其他的合金元素如 Fe、Cr 和 W 等。

表 4-3　T23 供应状态的能谱分析结果

标号	析出物类型	元素(原子分数)/%						
		Si	V	Cr	Mn	Fe	Mo	W
1	晶界类球形 $M_{23}C_6$ 碳化物	3.37	2.12	26.97	3.28	61.80	0.96	1.51
2	基　体	0.81	0.27	2.35	0.97	95.23	0.23	0.14
3	晶界类球形 $M_{23}C_6$ 碳化物	0.96	1.32	14.51	2.07	80.39	0.51	0.24
4	晶界棒状 $M_{23}C_6$ 碳化物	2.40	1.17	13.64	1.97	79.09	0.74	0.98
5	晶内 $M_{23}C_6$ 碳化物	4.85	2.45	27.33	2.86	59.32	1.23	1.95
6	MX 型碳化物	0.97	2.00	2.71		94.27		0.04

为研究 T23 钢管 650℃ 持久试验过程中显微组织的演化，选择持久试验 279 h（试样编号 D1）、1781 h（试样编号 D4）和 5109 h（试样编号 D6）的断裂持久强度试样进行微观组织演变分析。

通过对 D1、D4 和 D6 试样断口的金相观察发现，在靠近断口区域的晶粒沿应力方向稍有拉长，还可以看到有一些空洞和裂纹，有的空洞孤立存在，有的已相互连接形成串，距离断口越近，空洞数量越多。图 4-20 分别为 D1、D4 和 D6 试样近断口和远断口区域的金相光学显微镜照片。

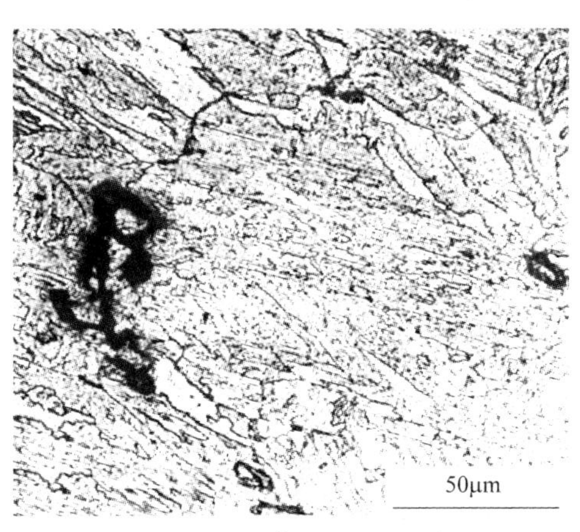

a

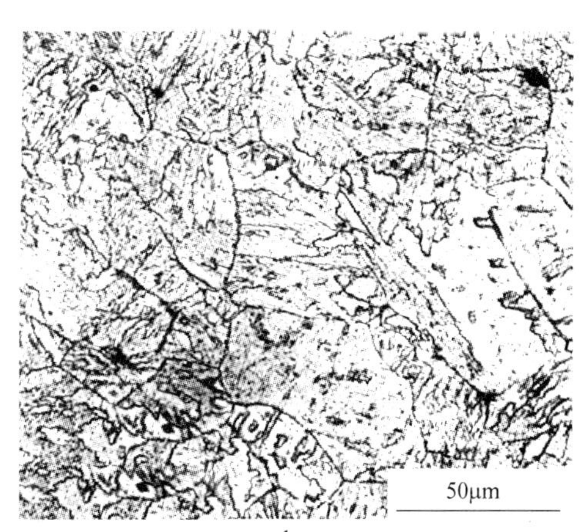

b

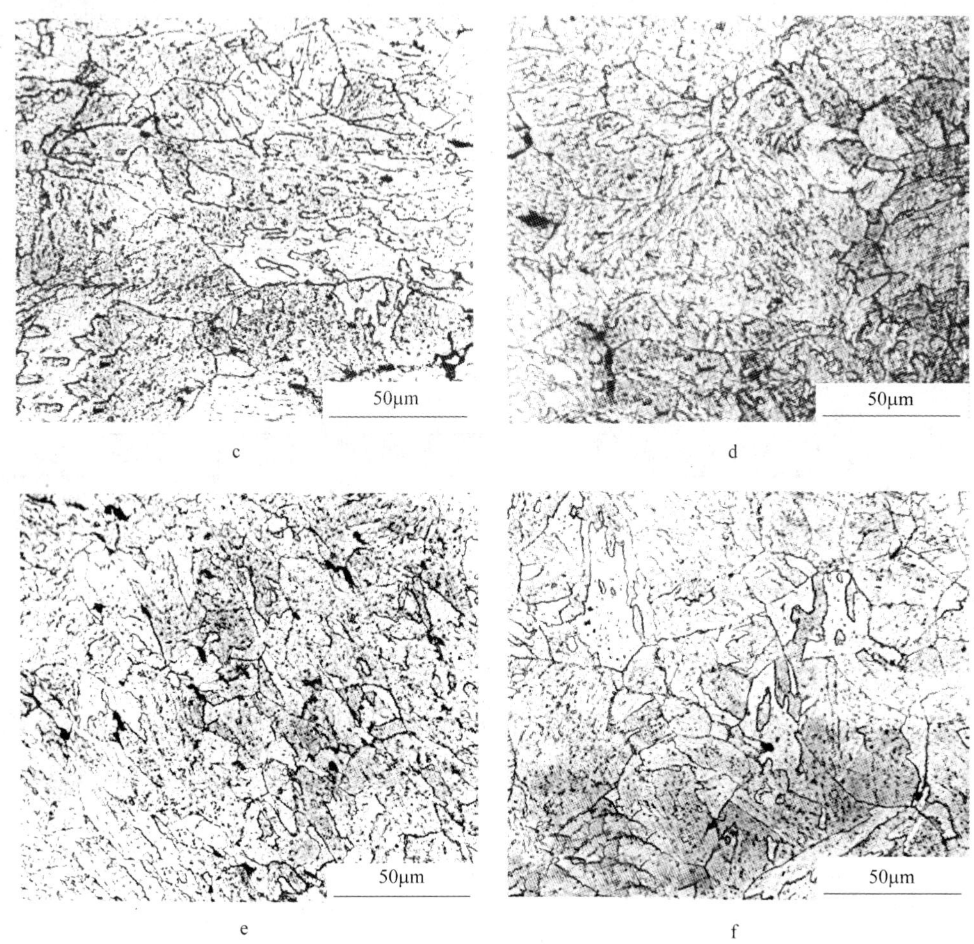

图 4-20　国产 T23 钢 650℃持久试样断口金相

a—D1 近断口区域；b—D1 远断口区域；c—D4 近断口区域；
d—D4 远断口区域；e—D6 近断口区域；f—D6 远断口区域

图 4-21a 为国产 T23 钢供货状态的 SEM 金相照片，图 4-21b、c、d 是 T23 钢 650℃持久 279 h、1781 h 和 5109 h 试样的 SEM 金相照片。与供货状态相比，经 650℃持久试验后 $M_{23}C_6$碳化物有聚集和长大趋势，并且随着时间的延长，碳化物长大程度增加。

D1 试样的试验应力大，断裂时间短，在其断口上观察到一些楔形裂纹，如图 4-22 所示。通过对图 4-23 所示空洞内的第二相能谱分析发现该析出相的 Mn 和 S 原子比基本为 1∶1，为富 MnS 的夹杂。图 4-23c 所示空洞内的第二相则为富 Al_2O_3的夹杂，此外粗大的 $M_{23}C_6$ 碳化物也是空洞的形核核心，如图 4-23e 和图 4-23f 所示。能谱分析结果列于表 4-4。

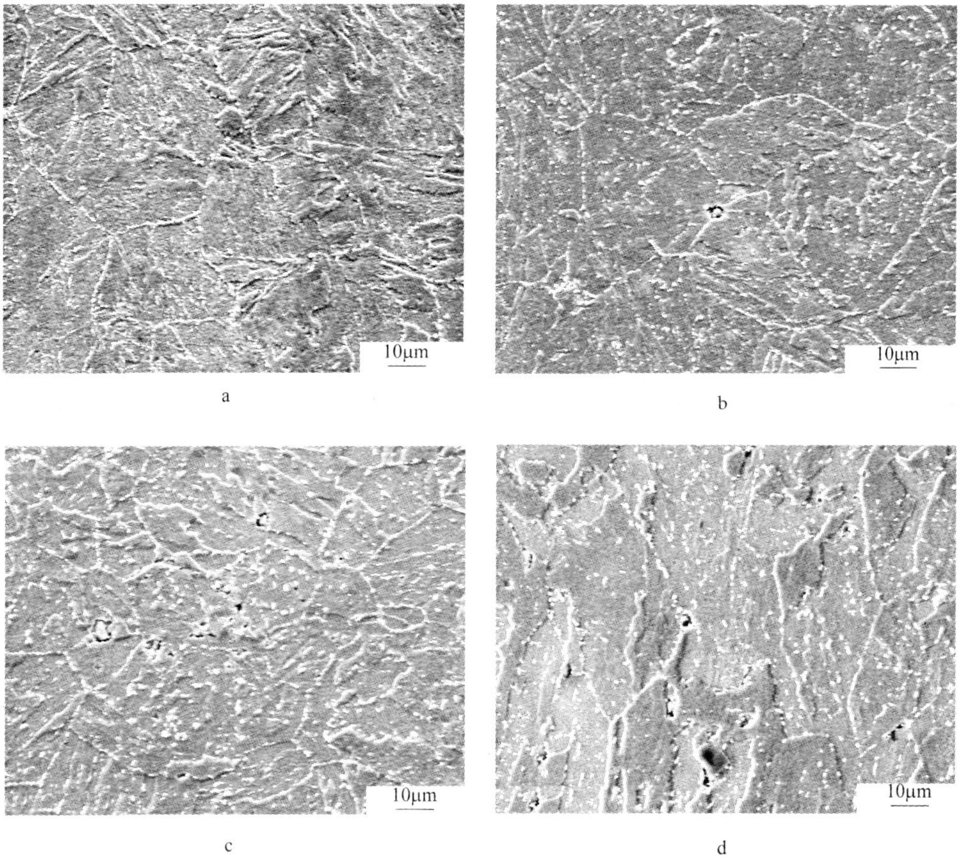

a　　b

c　　d

图 4-21　T23 钢 650℃持久试样的 SEM 照片

a—供货状态(横向);b—D1 远断口区域横截面;c—D4 远断口区域横截面;d—D6 断口金相(近断口)

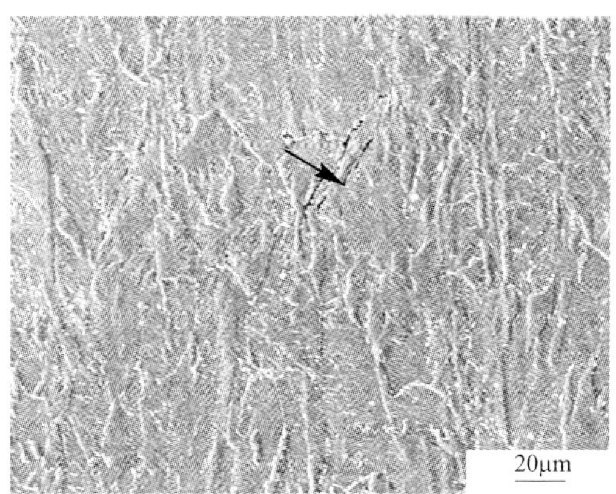

图 4-22　T23 钢 D1 试样断口楔形裂纹(近断口区域)

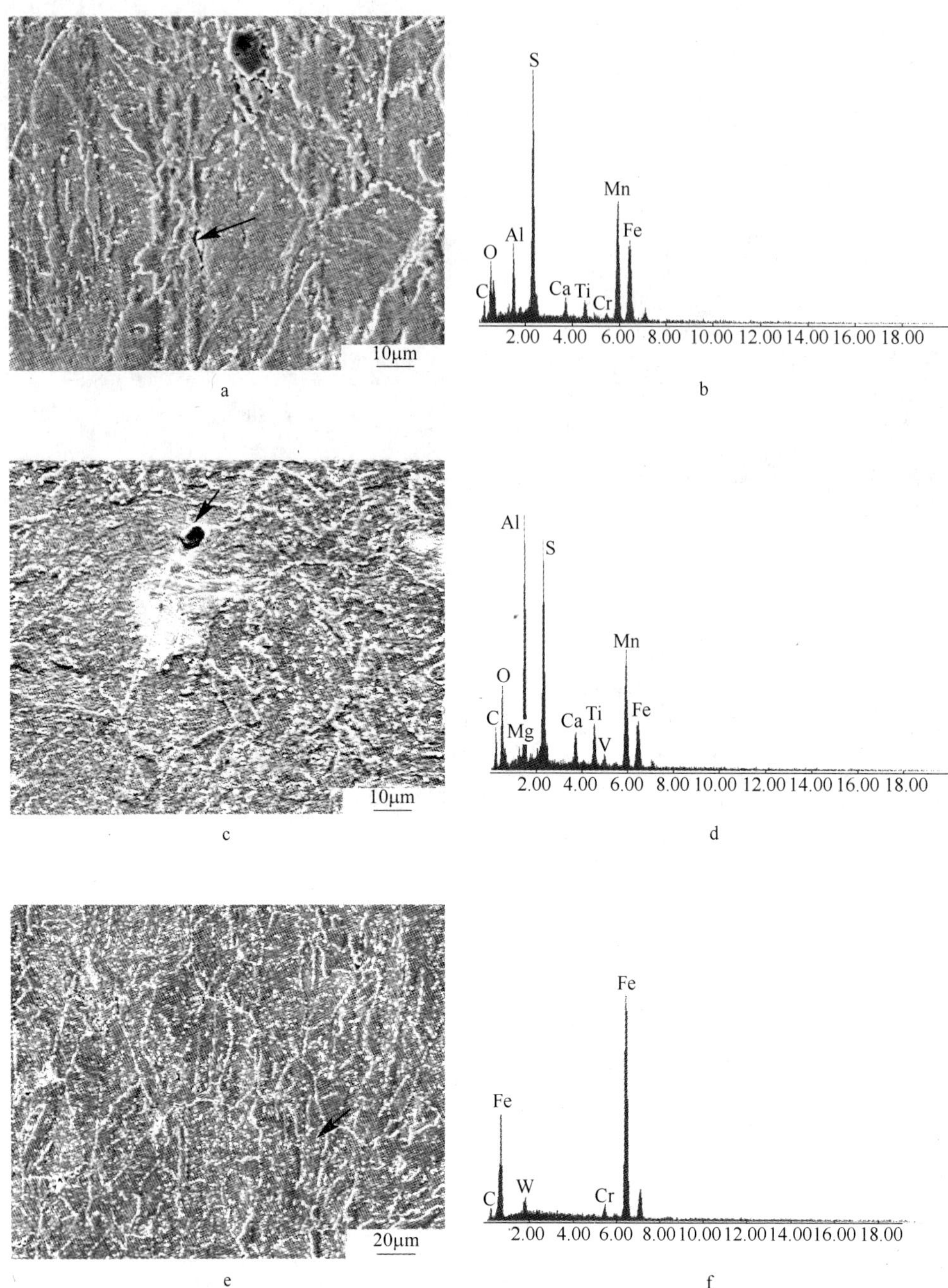

图 4-23　T23 钢 650℃持久试样中空洞内第二相能谱分析
a—D1 断口金相，断口中部区域；b—图 a 中空洞内第二相的能谱分析；
c—D6 远断口部位横截面；d—图 c 中空洞内第二相的能谱分析；
e—D4 断口金相，近断口区域；f—图 e 中空洞内第二相的能谱分析

表 4-4 T23 钢 650℃持久试样中空洞内第二相能谱分析结果

点	比例	C	O	Al	S	Ca	Ti	Cr	Mn	Fe	Mg	V	W
a	质量分数/%	12.38	9.58	5.57	18.32	1.95	2.38	1.25	27.73	20.84			
	原子分数/%	30.24	17.58	6.06	16.77	1.43	1.46	0.71	14.81	10.95			
c	质量分数/%	18.28	13.30	15.35	13.06	2.82	4.89		21.17	9.34	1.14	0.64	
	原子分数/%	36.99	20.21	13.83	9.90	1.71	2.48		9.37	4.07	1.14	0.31	
e	质量分数/%	5.62						2.38		84.26			7.75
	原子分数/%	22.66						2.22		73.09			2.04

透射电镜观察表明，在 650℃持久试验 279 h 后 T23 钢管的贝氏体铁素体基体发生回复和再结晶，开始出现少量亚晶，如图 4-24a 所示。小岛中的马氏体在高温应力的作用下，有少数虽保持板条特征，但板条宽度变宽，并且位错密度降低，有些板条已有明显的回复特征，如图 4-24b 所示。

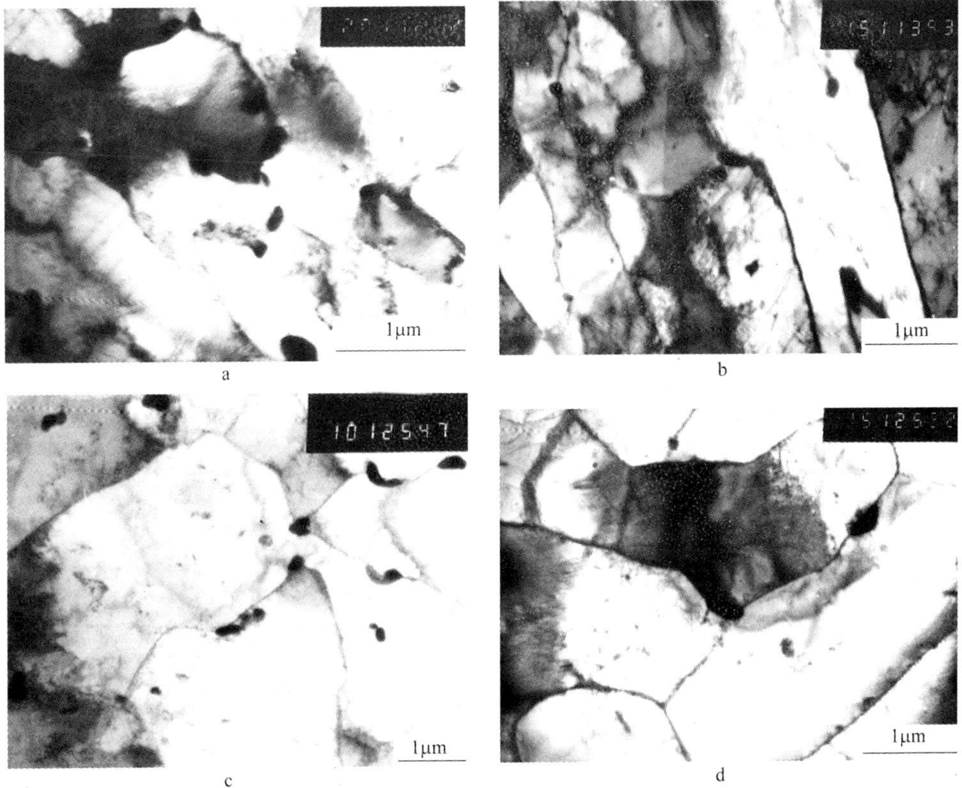

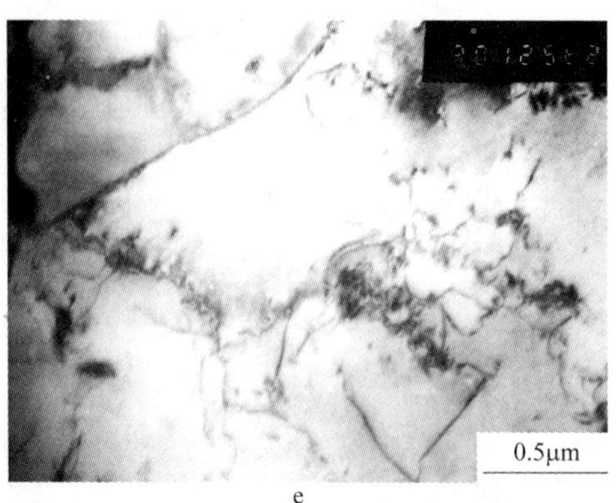

e

图 4-24　T23 钢 650℃持久试验后的显微组织 TEM 照片

a—D1；b—D1；c—D4；d—D6；e—D6

T23 钢在 650℃持久试验 1781 h 后，随着贝氏体铁素体再结晶的进一步进行，亚晶数量增加（图 4-24c）。此时，原奥氏体小岛中的马氏体板条已经很难观察到，位错密度进一步降低。晶界上 $M_{23}C_6$ 碳化物的粗化、聚集比较明显。而细小的 MX 碳氮化物尺寸几乎不增加，点阵常数改变也很小。通过对某些晶界上碳化物衍射斑点分析发现为面心立方结构，点阵常数为 1.087 nm，介于 $M_{23}C_6$ 和 M_6C 点阵常数之间，表明此时有部分 $M_{23}C_6$ 向 M_6C 过渡。持久试验时间延长至 5109 h，基体基本表现为亚晶特征，如图 4-24d 所示。位错密度更低，但由于细小的 MX 碳氮化物具有很强钉扎位错的能力，有助于延缓位错的湮灭速度（图 4-24e）。衍射斑点的分析表明此时有少量 M_6C 生成。

为研究 T23 钢 600℃持久过程中显微组织的演化，选择持久试验 730 h（试样编号 H17）、1929 h（试样编号 H16）和 6533.5 h（试样编号 H7）断裂的 T23 钢持久强度试样进行研究。在 H17、H16 和 H7 试样断口上分别发现有空洞和裂纹。图 4-25 分别为 H17、H16 和 H7 试样近断口区域和远断口区域横截面的金相照片。

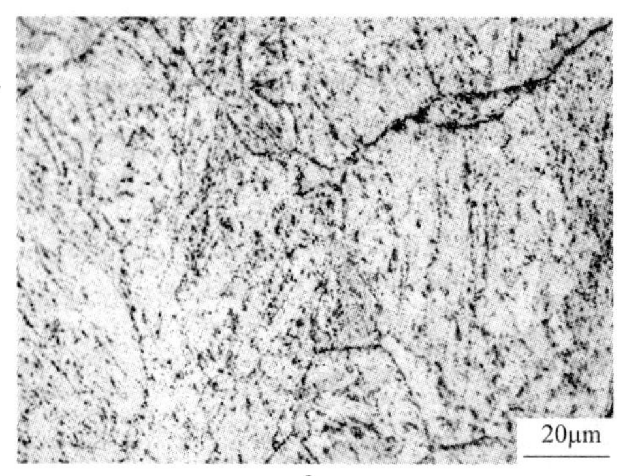

a

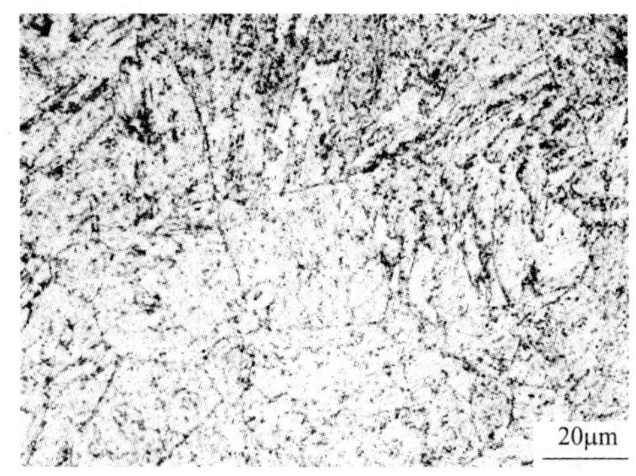

b

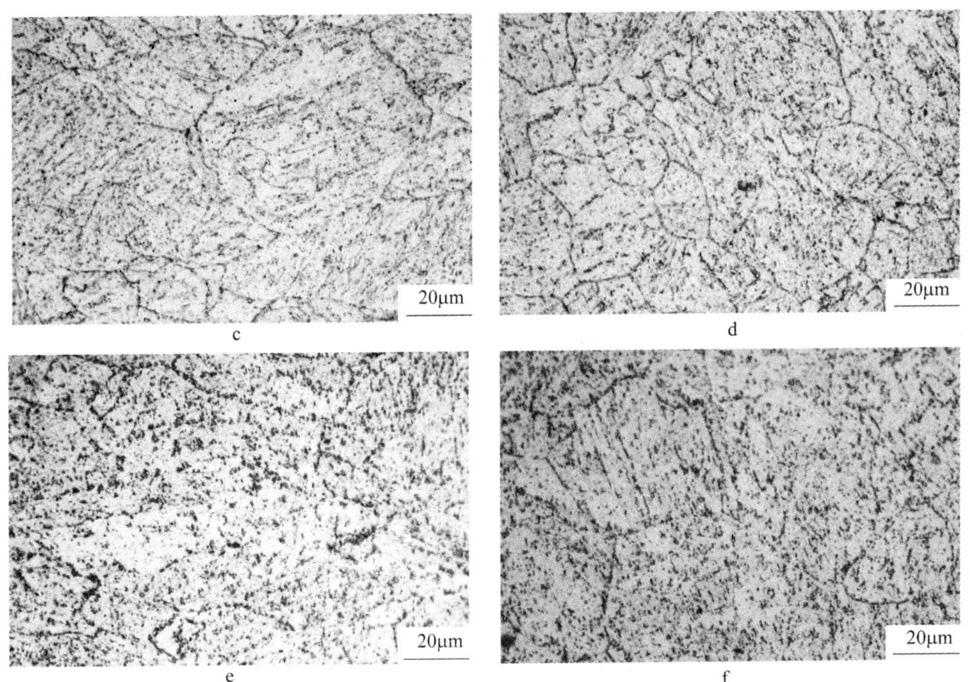

图 4-25 T23 钢 600℃持久试样断口金相光学显微镜照片

a—H17 近断口区域；b—H17 远断口区域横截面；c—H16 近断口区域；
d—H16 远断口区域横截面；e—H7 近断口区域；f—H7 远断口区域横截面

图 4-26 是 T23 钢 600℃持久试样 H16 和 H7 试样断口形貌的 SEM 照片。可以看到，晶粒内有许多韧窝和少量的小空洞，基本为穿晶断裂。图 4-27 是 T23 钢 600℃持久试样断口金相的 SEM 照片。600℃持久试验 730 h 后 $M_{23}C_6$碳化物略有长大，当持久试验延长至 1929 h，$M_{23}C_6$碳化物的聚集和长大程度增加。

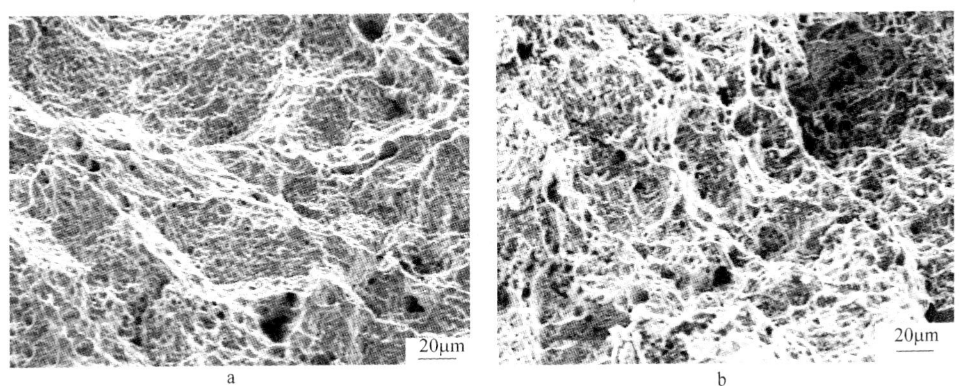

图 4-26 T23 钢 600℃持久试样断口形貌的 SEM 照片

a—H16；b—H7

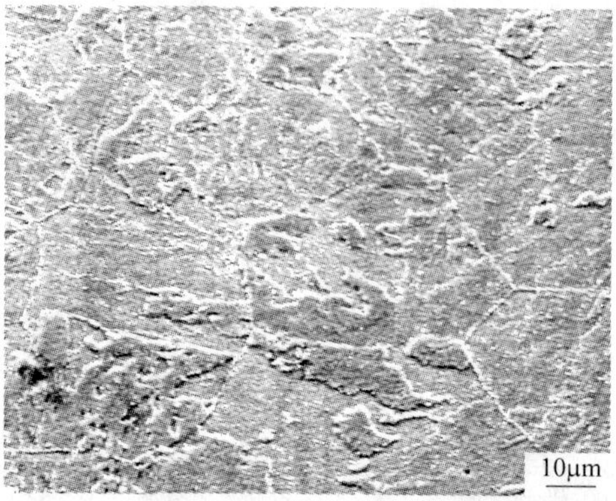

a 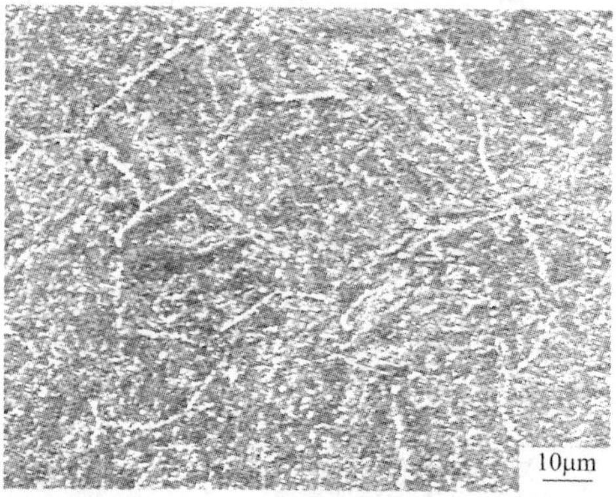　b

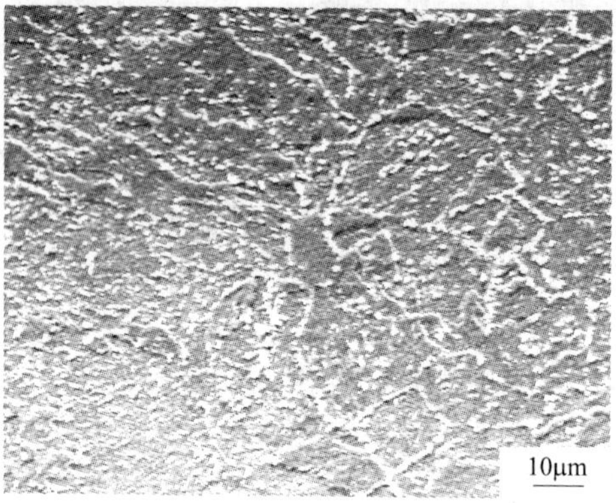

c 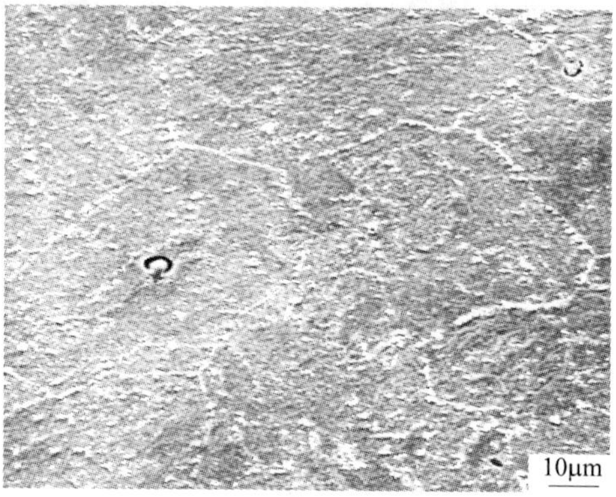　d

图 4-27　T23 钢 600℃持久试样的 SEM 照片

a—供应状态(横向);b—H17 远断口区域横截面;c—H16 远断口区域横截面;d—H7 远断口区域横截面

高应力试验条件下,T23 钢试样出现楔形裂纹(图 4-28)。通过对裂纹空洞内

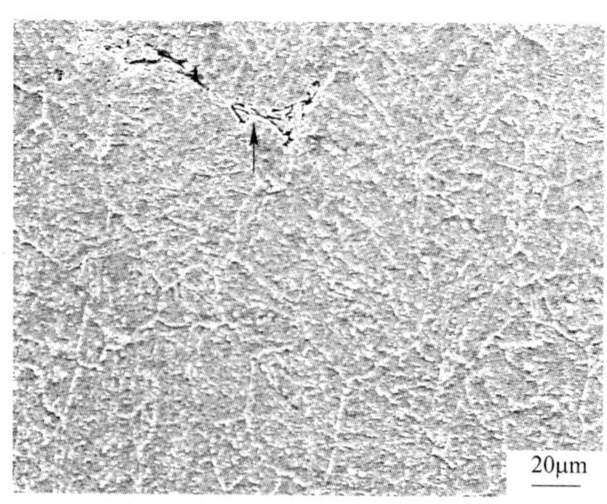

图 4-28　T23 钢持久断裂试样的楔形裂纹(H16 断口中部区域)

的析出相颗粒进行能谱分析，发现富MnS和Al_2O_3的夹杂物是空洞形核核心（图4-29），析出物能谱分析的具体结果列于表4-5。

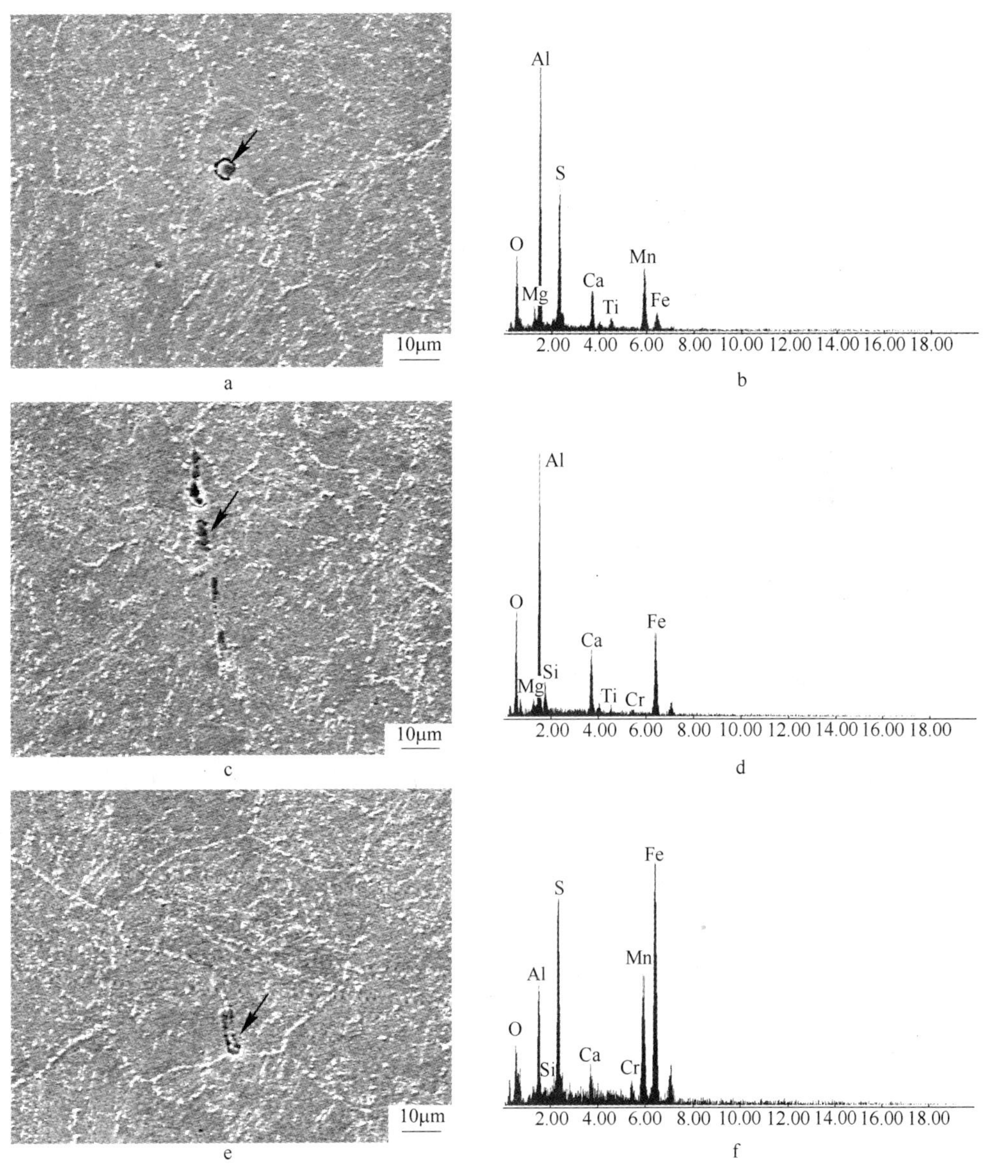

图4-29 T23钢600℃持久试样中空洞内第二相能谱分析

a—H17断口金相（近断口区域）；b—图a中空洞内第二相的能谱分析；

c—H17断口金相，（近断口区域）；d—图c中空洞内第二相的能谱分析；

e—H17断口金相（远断口区域）；f—图e中空洞内第二相的能谱分析

表 4-5　国产 T23 钢 600℃持久试样中空洞内第二相能谱分析结果

点	比　例	O	Al	S	Ca	Ti	Cr	Mn	Fe	Mg	Si
a	质量分数/%	21.93	25.62	16.24	5.64	2.61		20.28	5.46	2.23	
	原子分数/%	38.28	26.52	14.14	3.93	1.52		10.31	2.73	2.56	
c	质量分数/%	24.32	27.93		8.02	0.97	1.33		32.08	1.91	3.45
	原子分数/%	42.49	28.94		5.60	0.56	0.71		16.06	2.19	3.44
e	质量分数/%	6.47	9.09	12.85	1.96		2.10	21.00	45.51		1.02
	原子分数/%	16.40	13.66	16.26	1.99		1.64	15.51	33.06		1.48

对上述持久试样的透射电镜观察表明，在 600℃持久试验 730 h 后 T23 钢的组织没有发生明显变化，贝氏体铁素体基本保持原貌，小岛中板条马氏体宽度略有增加（图 4-30a、b）。持久试验时间延长至 1929 h，贝氏体铁素体发生回复和再结晶，出现部分亚晶（图 4-30c）。由于细小的 MX 碳氮化物具有强烈的位错钉扎作用，延缓了位错湮灭速度，组织中仍有较高位错密度（图 4-30d）。持久试验进一步

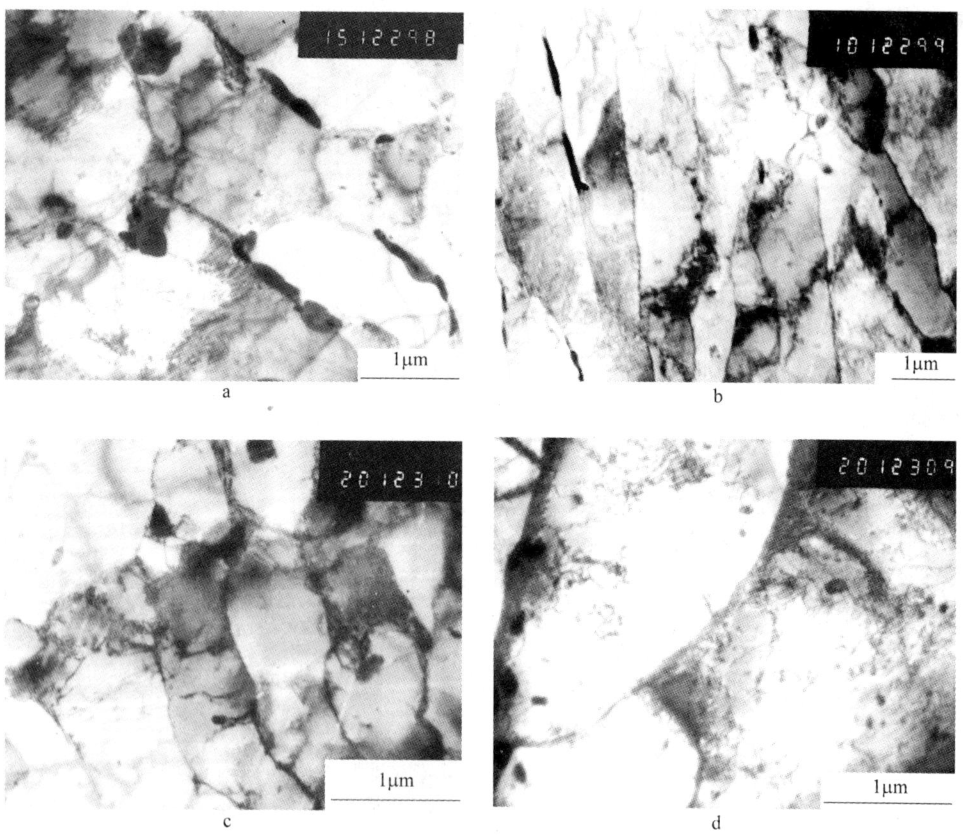

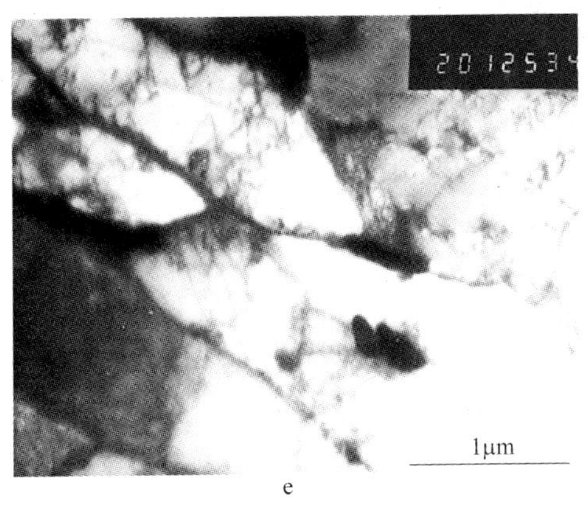

e

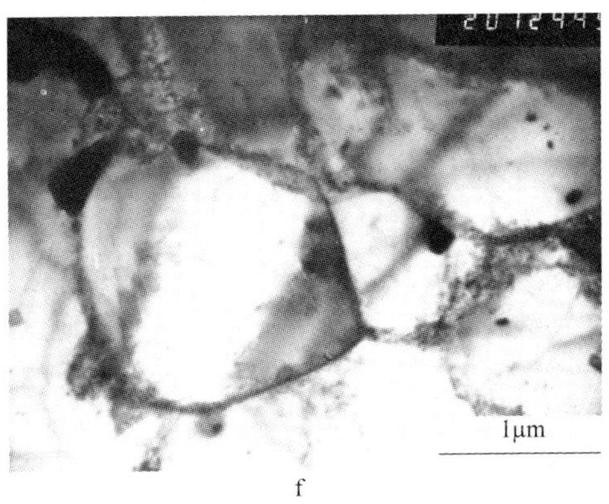

f

图 4-30 T23 钢 600℃持久试验后的显微组织 TEM 照片

a—H17；b—H17；c—H16；d—H16；e—H7；f—H7

延长至 6534 h，位错密度较低，原奥氏体小岛中的马氏体已经很难保持板条形貌（图 4-30e），贝氏体铁素体发生回复和再结晶，开始出现少量亚晶（图 4-30f）。通过对晶界上碳化物衍射斑点分析发现其晶体结构仍为面心立方结构，点阵常数为 1.064 nm，判断为 $M_{23}C_6$。同时也发现有个别晶界上碳化物点阵常数为 1.097 nm，介于 $M_{23}C_6$ 和 M_6C 点阵常数之间，表明此时有少量 $M_{23}C_6$ 向 M_6C 过渡。

为研究 T23 钢 550℃持久试验过程显微组织的演化，选择了持久试验 70 h（试样编号 S1）、1176 h（试样编号 S9）、5115 h（试样编号 S12）、10150 h（试样编号 S13）和 13255 h（试样编号 S14）断裂的 T23 钢管持久强度试样进行研究。对上述持久试样的断口金相进行光学显微镜观察发现，在距离 S13 和 S14 试样断口较近的区域有一些空洞串和裂纹，而 S1、S9 和 S12 试样断口金相上空洞串和裂纹数量相对较少，如图 4-31 所示。

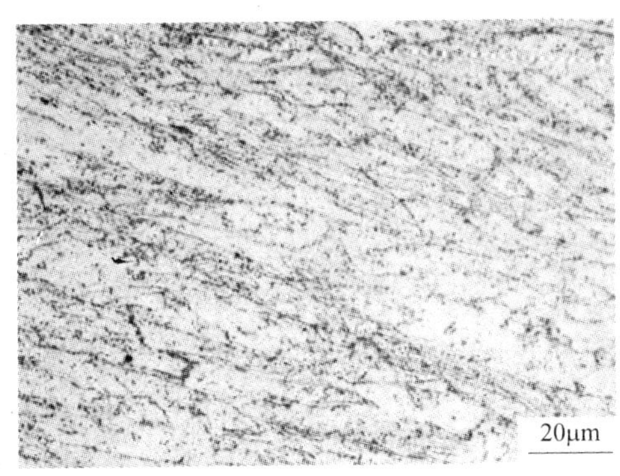

a

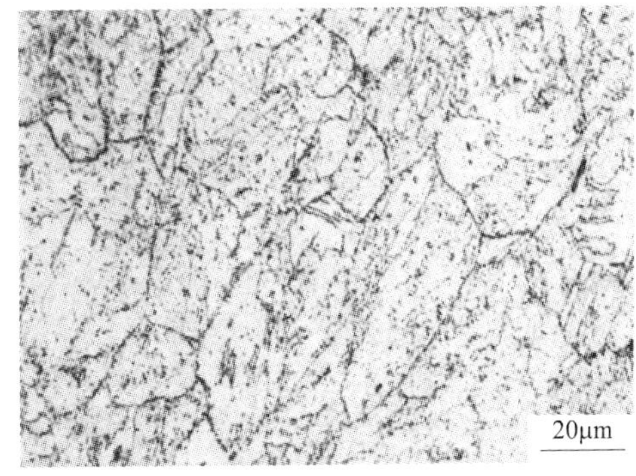

b

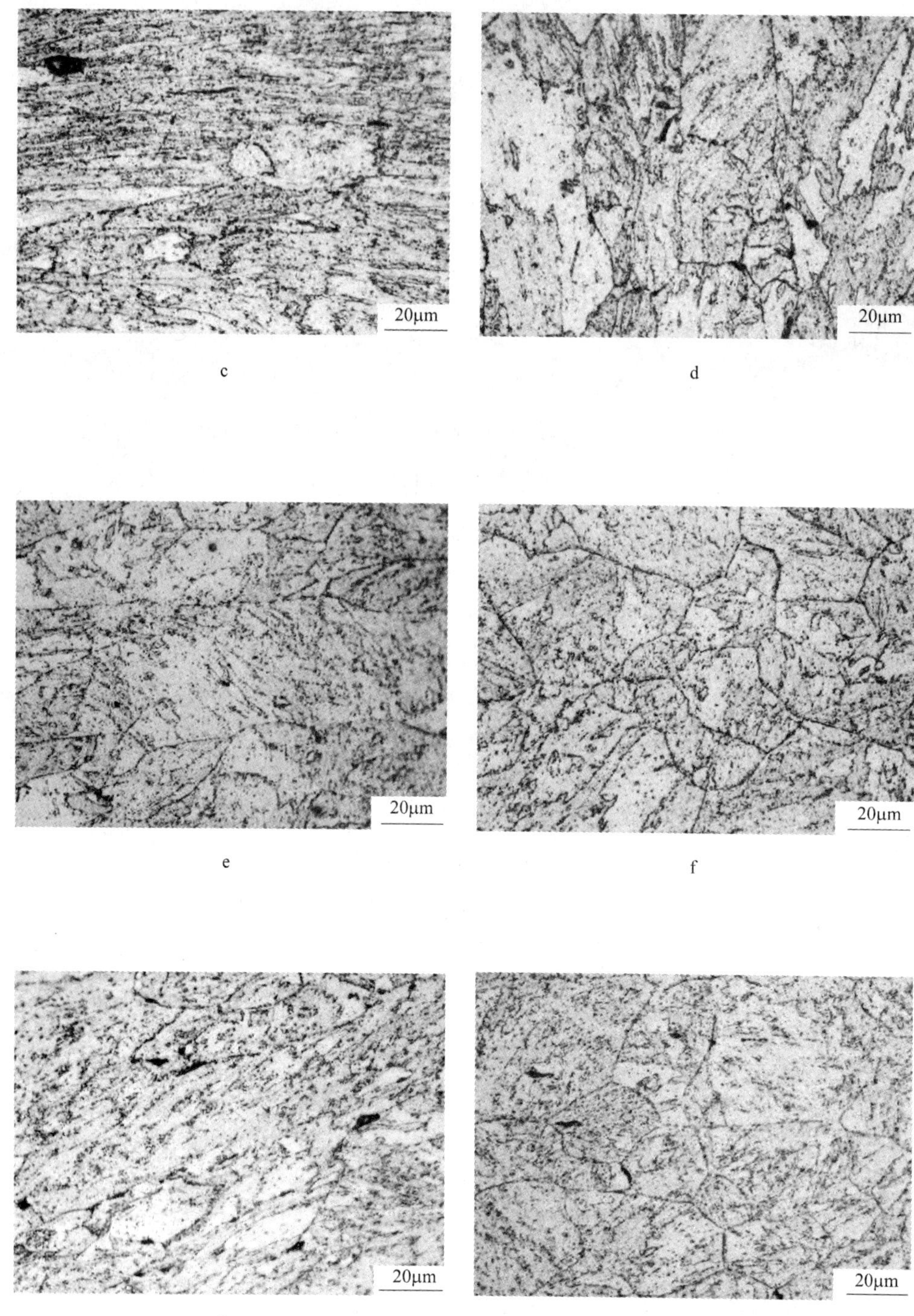

c　　d

e　　f

g　　h

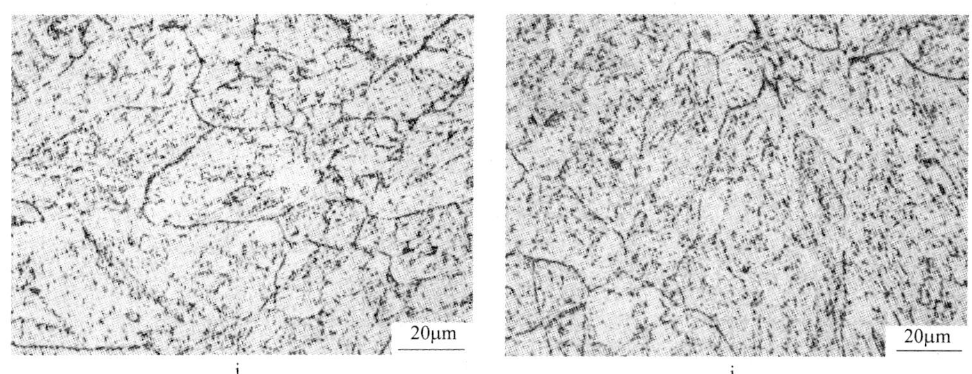

图 4-31　T23 钢 550℃持久试样断口金相光学显微镜照片

a—S1 近断口区域；b—S1 远断口区域；c—S9 近断口区域；d—S9 远断口区域；e—S12 近断口区域；f—S12 远断口区域；g—S13 近断口区域；h—S13 远断口区域；i—S14 近断口区域；j—S14 远断口区域

图 4-32 是 T23 钢 550℃持久试样远断口区域横截面的 SEM 照片，经 550℃持久后 $M_{23}C_6$碳化物有聚集和长大的趋势，但与 600℃和 650℃相比，长大程度较小。当持久断裂时间为 13255 h 时，$M_{23}C_6$碳化物的聚集和长大仍不是很严重。

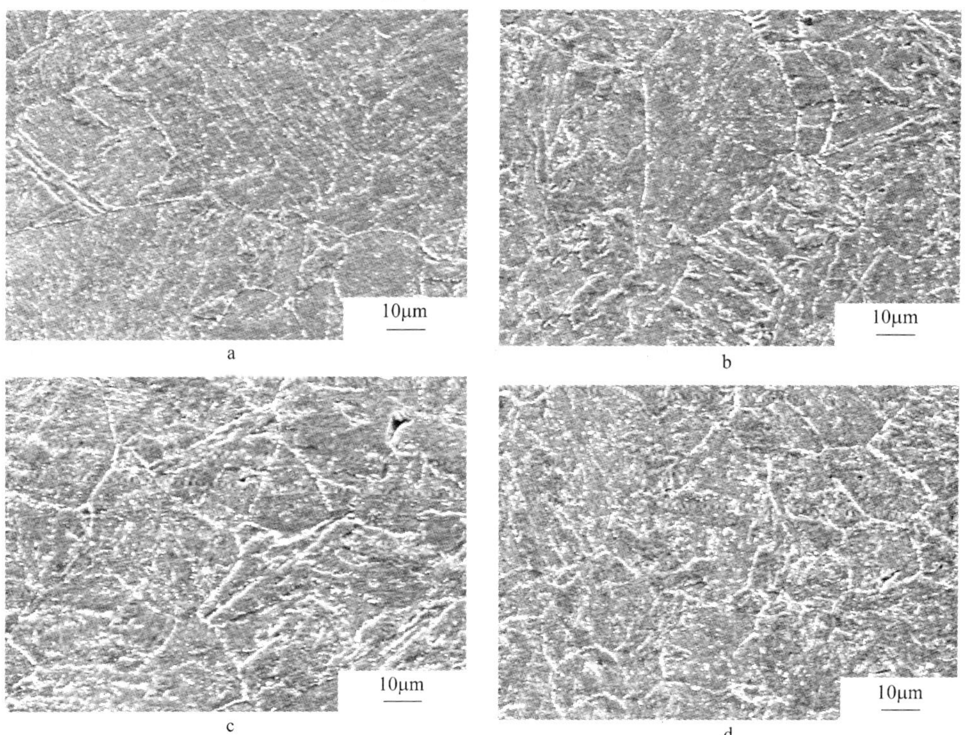

图 4-32　T23 钢 550℃持久试样的 SEM 照片

a—S1 远断口区域横截面；b—S9 远断口区域横截面；c—S13 远断口区域横截面；d—S14 远断口区域横截面

通过对 T23 钢 550℃持久试样断口金相观察，发现 S1、S9 和 S12 基本以穿晶断裂为主。图 4-33a 是 S9 试样的断口金相。随着断裂时间的延长，沿晶断裂的比例增加，如 10150h 断裂的 S13 试样出现了一部分沿晶裂纹（图 4-33b）。对试样断口空洞内第二相的能谱分析表明，富 MnS 和 Al_2O_3的夹杂是空洞的形核核心（图 4-34），能谱分析的具体结果列于表 4-6。

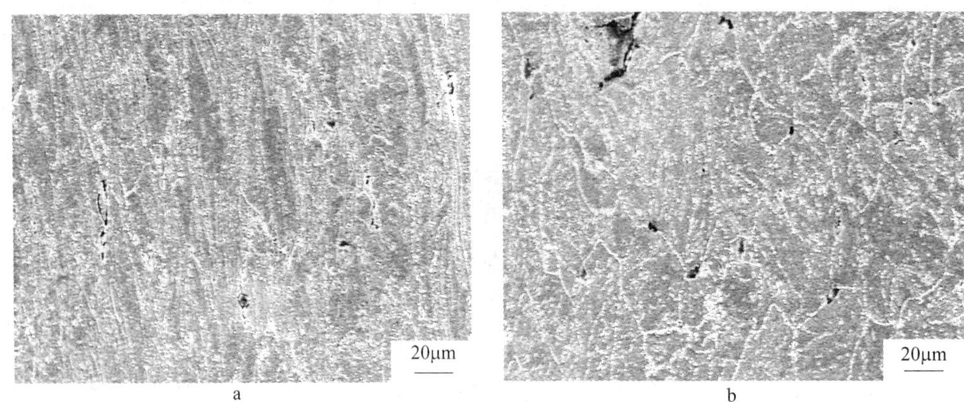

图 4-33　T23 钢 550℃持久试样的断口金相 SEM 照片

a—S9 断口金相（近断口区域）；b—S13 断口金相（近断口区域）

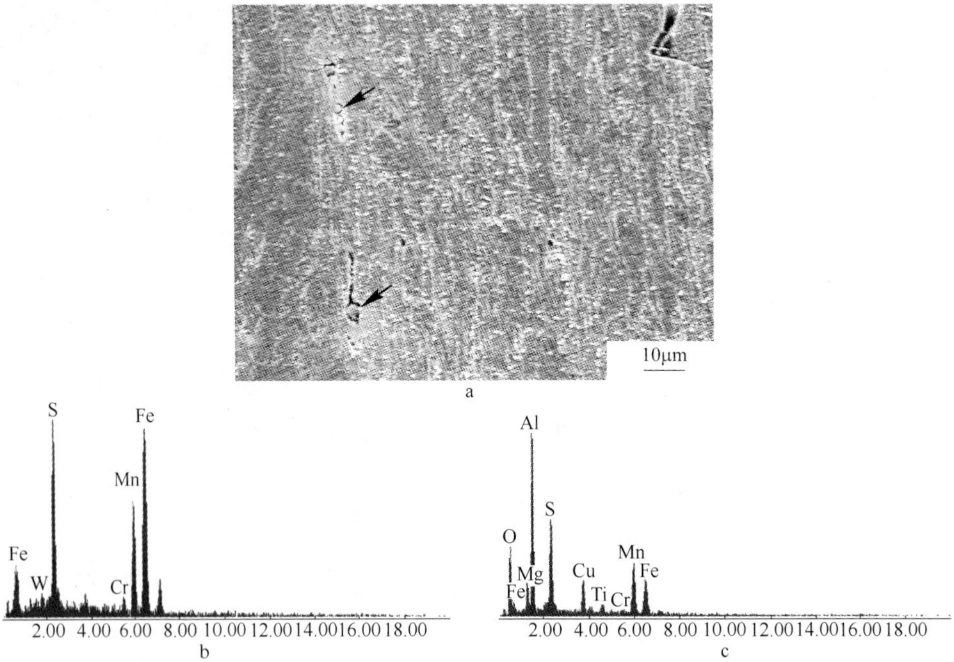

a

b　　c

图 4-34　T23 钢 550℃持久试样中空洞内第二相能谱分析

a—S1 断口金相（近断口区域）；b—左上部空洞内球形第二相的能谱分析；
c—左下部空洞内方形第二相的能谱分析

表 4-6 国产 T23 钢 600℃持久试样中空洞内第二相能谱分析结果

位 置	比 例	O	Al	S	Ca	Ti	Cr	Mn	Fe	Mg	W
球形第二相	质量分数/%			17.84			2.61	23.59	52.69		3.26
	原子分数/%			27.86			2.52	21.50	47.24		0.89
方形第二相	质量分数/%	22.16	26.85	13.23	4.69	1.99	1.15	15.04	11.12	3.77	
	原子分数/%	38.46	27.63	11.46	3.25	1.15	0.62	7.60	5.53	4.31	

对上述持久试样进行透射电镜观察，在 550℃持久试验 70 h，T23 钢组织没有明显变化，贝氏体铁素体略有回复（图 4-35a），小岛中板条马氏体宽度基本没有变化（图 4-35b）。持久试验时间延长至 1176 h，T23 组织变化也很小，位错密度仍很高（图 4-35c）。当持久时间达到 5115 h，发生回复和再结晶，贝氏体铁素体中开始出现少量亚晶，但亚晶的边界并不十分清晰（图 4-35d）。当持久时间延长至 10150 h，位错密度较低，原奥氏体小岛中的马氏体已经很难保持板条形貌（图 4-35e）。当持久时间进一步延长至 13255 h，贝氏体铁素体中出现一些发育较为完整的亚晶（图 4-35f）。

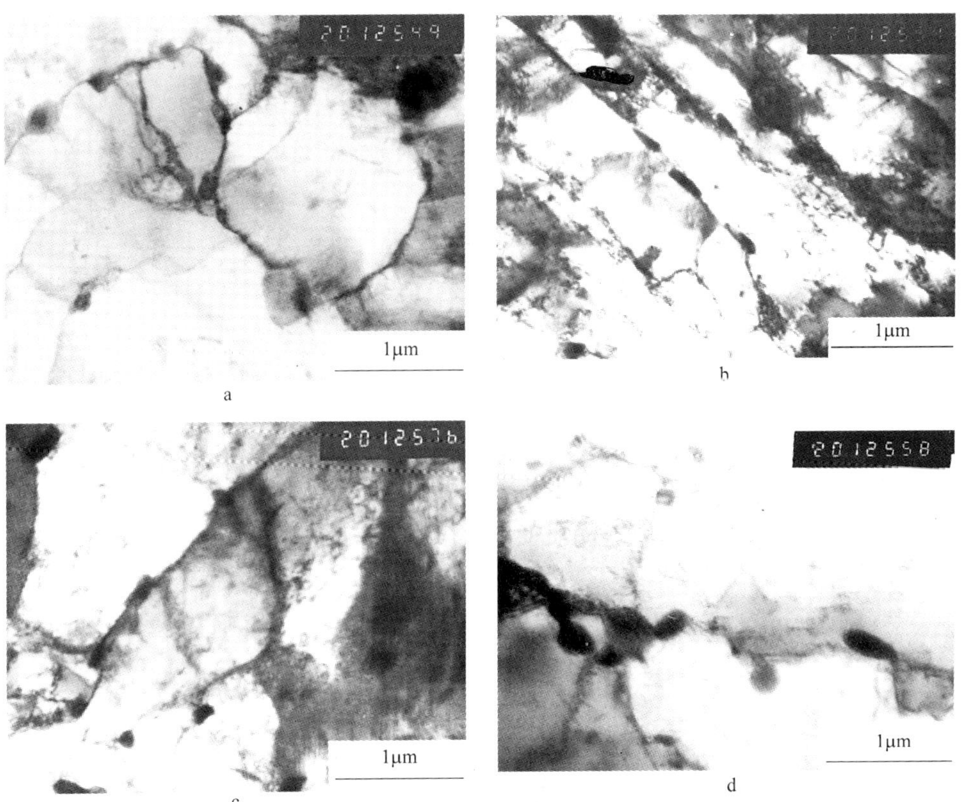

a b c d

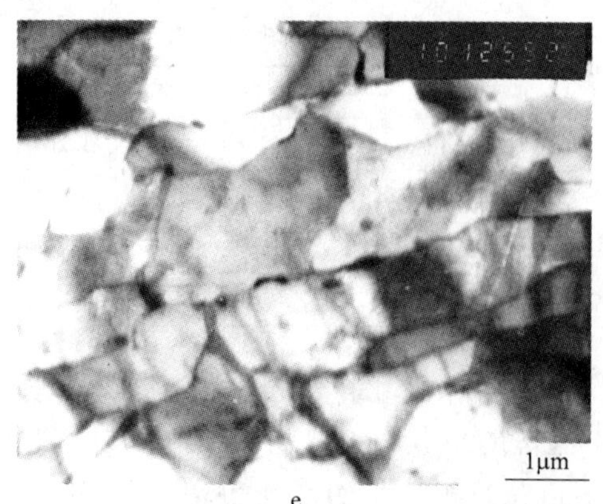

e

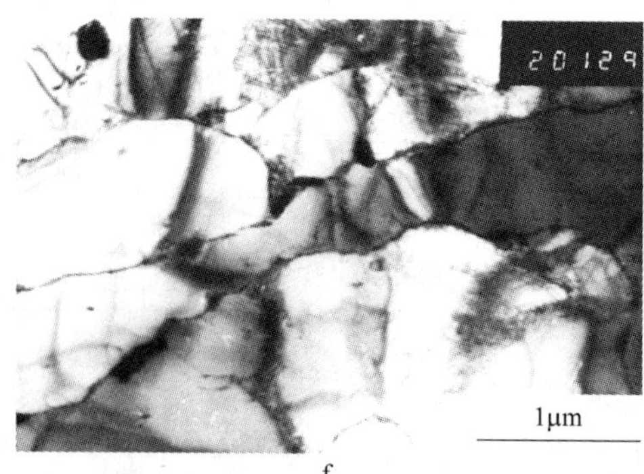

f

图 4-35　T23 钢 550℃蠕变后的显微组织 TEM 照片

a,b—S1;c—S9;d—S12;e—S13;f—S14

为进一步比较不同温度下持久试验对 T23 钢管显微组织变化的影响,挑选 550℃、600℃和 650℃持久断裂时间相近的试样进行对比,试样具体试验条件列于表 4-7 和表 4-8,比较结果列于表 4-9 和表 4-10。通过比较可以看出,在不同温度下进行持久试验过程中,T23 钢管的显微组织演变规律相同,但温度越高,组织演变进程加快。从目前的试验结果看,持久温度 650℃时 T23 钢管的组织演变过快。

表 4-7　T23 钢管可对比试样组 1 具体试验条件

试样编号	温度/℃	应力/MPa	断裂时间/h	伸长率/%	断面收缩率/%
S9	550	200	1176	28	81
H16	600	140.11	1929	18.8	41.24
D4	650	80	1781	14	39

表 4-8　T23 钢管可对比试样组 2 具体试验条件

试样编号	温度/℃	应力/MPa	断裂时间/h	伸长率/%	断面收缩率/%
S12	550	170	5115	15	53
H7	600	115.06	6533.5	12.7	34.35
D6	650	120	5109	12	33

表 4-9　T23 钢管可对比试样组 1 具体比较结果

试样编号	试验条件			显微组织变化				
	温度/℃	应力/MPa	时间/h	贝氏体铁素体		有无亚晶	原奥氏体小岛中的马氏体板条	位错密度
				回复	再结晶			
S9	550	200	1176	有	无	无	有	高
H16	600	140.11	1929	有	有	少量	基本观察不到	高
D4	650	80	1781	有	有	较多	无	较低

注:D4 中有部分 $M_{23}C_6$ 向 M_6C 过渡。

表 4-10　T23 钢管可对比试样组 2 具体比较结果

试样编号	试验条件			显微组织变化				
	温度/℃	应力/MPa	时间/h	贝氏体铁素体		有无亚晶	原奥氏体小岛中的马氏体板条	位错密度
				回复	再结晶			
S12	550	170	5115	有	开始	极少	有	高
H7	600	115.06	6533.5	有	有	少量	基本观察不到	较低
D6	650	120	5109	有	有	多	无	低

注：H7 中有少量 $M_{23}C_6$ 向 M_6C 过渡，D6 中有少量 M_6C 生成。

图 4-36 为 T23 钢 600℃时效 1000 h（试样编号 2 号）、5000 h（试样编号 4 号）和 10000 h（试样编号 6 号）冲击试样宏观断口照片，时效 5000 h 后断口仍为韧性断口，时效 10000 h 后冲击断口中的纤维区仍高达 80%。采用 SEM 对上述试样进一步观察发现，时效 1000 h 和 5000 h 试样的冲击断口中的纤维区均由韧窝组成，如图 4-37a、b 所示。时效 10000 h 断口中的纤维区也为韧窝，为准解理特征，如图 4-37c、d 所示。

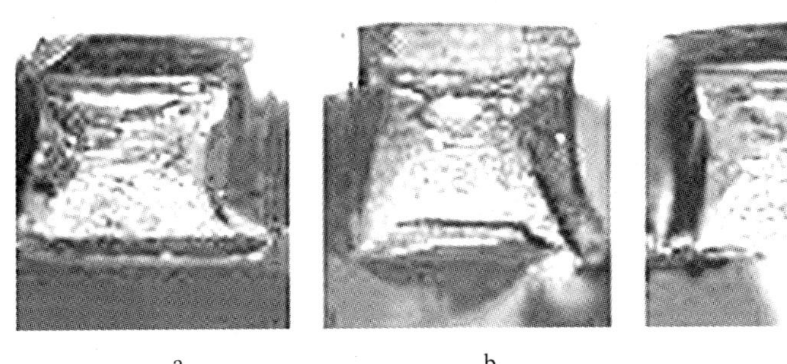

a　　　　b　　　　c

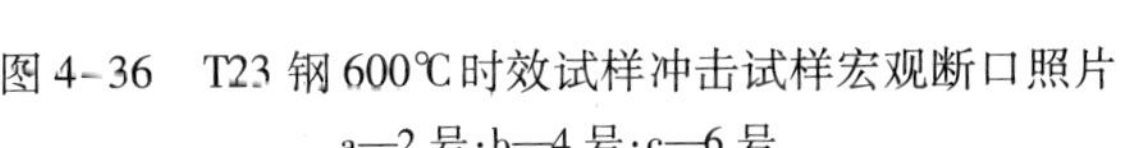

图 4-36　T23 钢 600℃时效试样冲击试样宏观断口照片

a—2 号；b—4 号；c—6 号

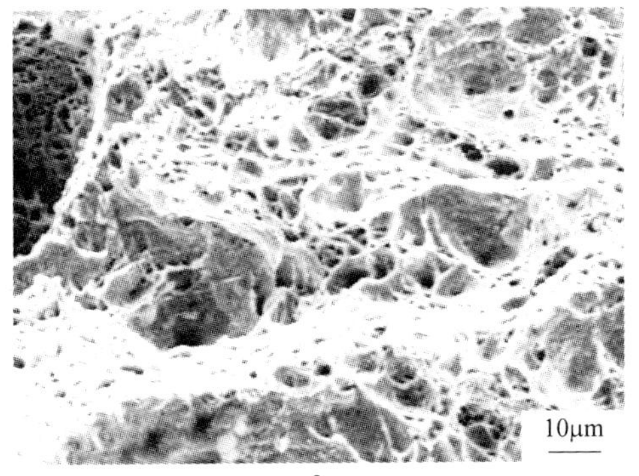

a

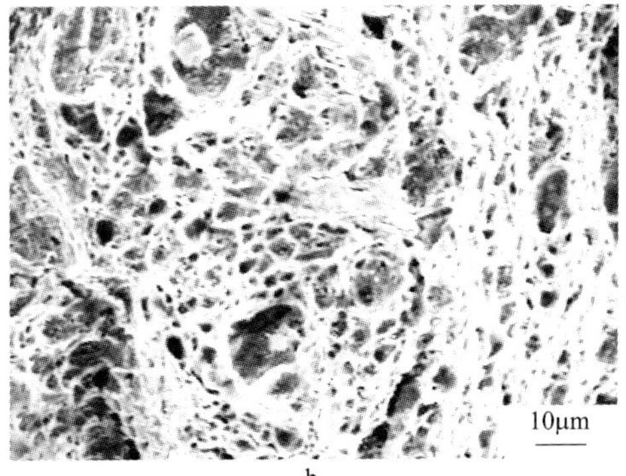

b

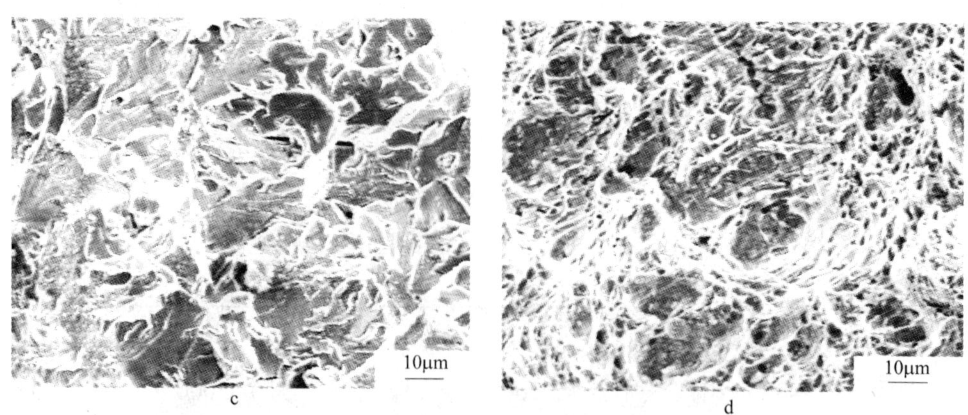

c　　　　d

图 4-37　T23 钢 600℃时效试样冲击断口 SEM 照片

a—纤维区(2 号);b—纤维区(4 号); c—准解理特征区(6 号);d—纤维区(6 号)

图 4-38 是 T23 钢 600℃时效试样的组织照片,时效 1000 h 对 T23 钢的组织和碳化物影响不大。时效时间为 5000 h 时,碳化物有所长大,但基体组织仍为贝氏体。

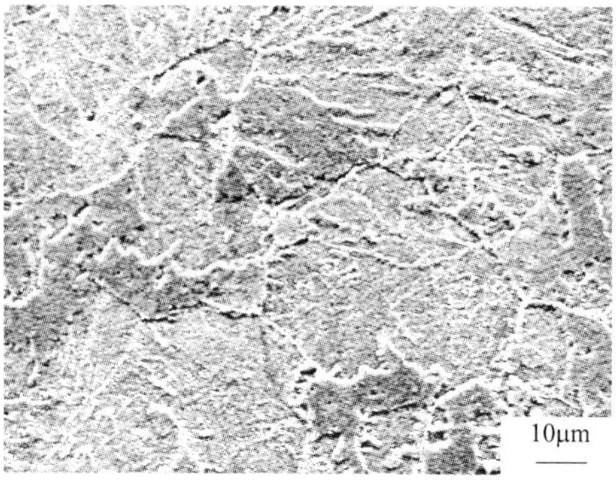

10μm　a　　10μm　b

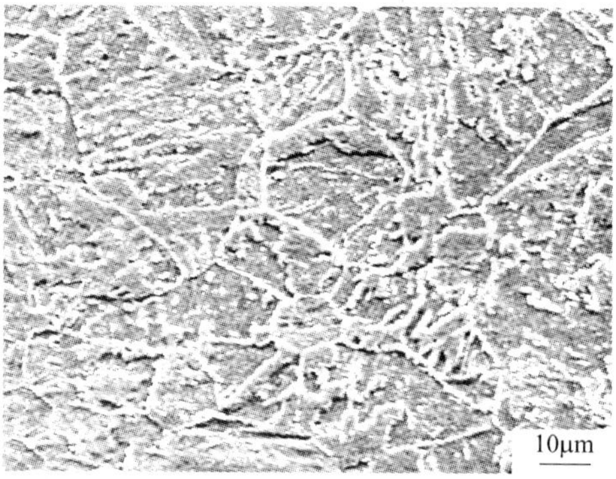

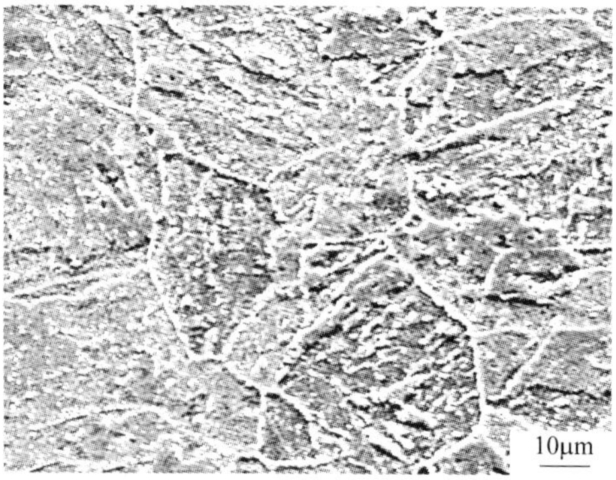

10μm　c

图 4-38　T23 钢 600℃时效试样组织的 SEM 照片

a—2 号;b—4 号;c—6 号

对上述时效处理后的试样进行透射电镜观察,600℃时效 1000 h 后 T23 钢管的组织没有明显变化(图4-39a 和 b)。当时效时间延长至5000h,原奥氏体小岛中马氏体在高温应力作用下,虽仍保持板条特征,但宽度变宽(图 4-39c),贝氏体铁素体由于发生回复和再结晶,开始出现少量亚晶(图 4-39d)。当时效时间进一步延长至 10000h,原奥氏体小岛中马氏体板条进一步宽化(图 4-39e),贝氏体铁素体在回复和再结晶的作用下,亚晶数量增多(图 4-39f)。由于细小的 MX 碳氮化物具有强烈的钉扎位错的能力,延缓了位错的湮灭速度(图 4-39g)。

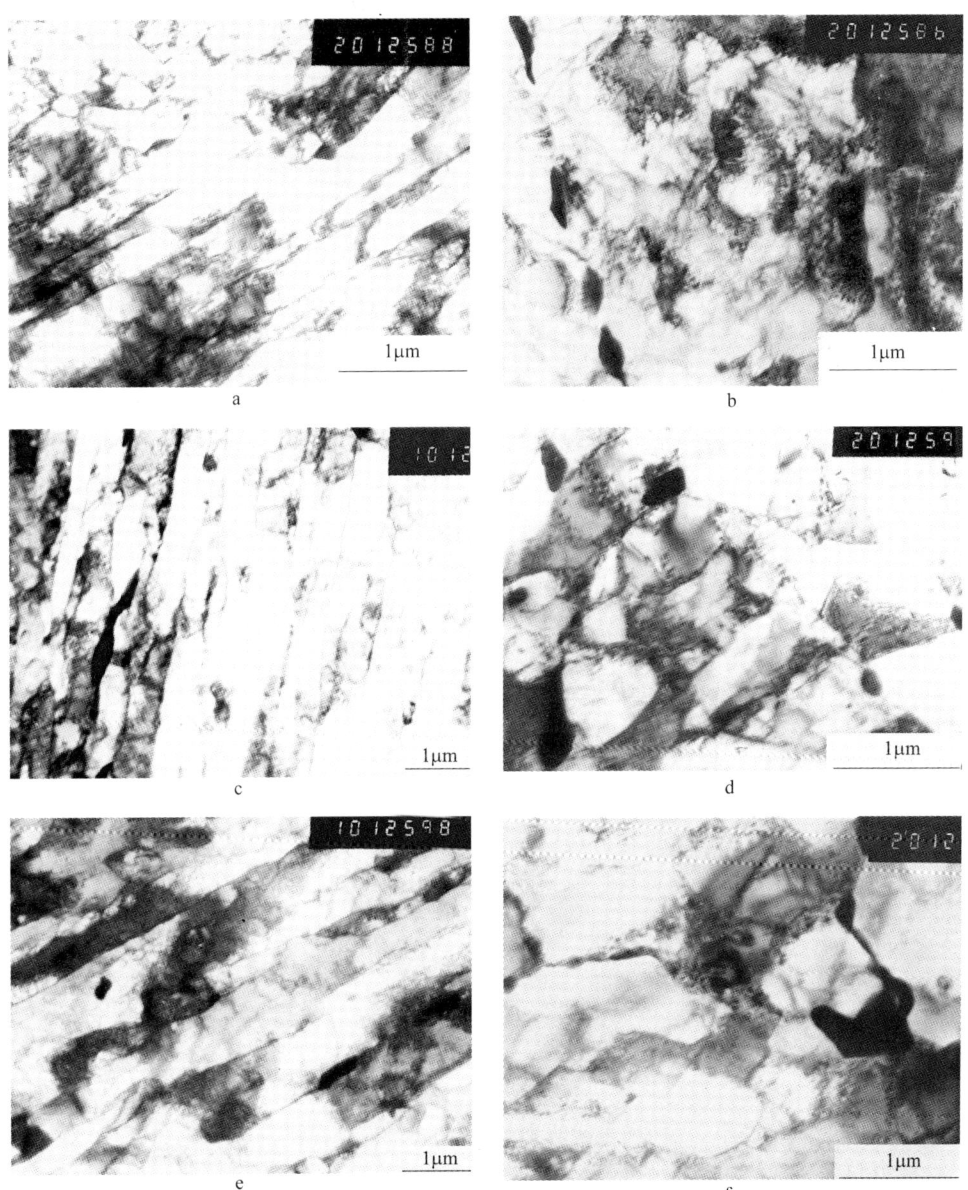

a b c d e f

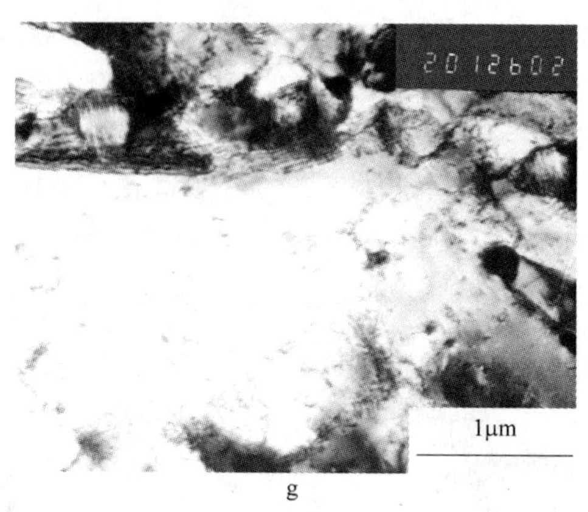

g

图 4-39　T23 钢 600℃时效后的显微组织 TEM 照片
a,b—2 号;c,d—4 号;e,f,g—6 号

4.4　T23 钢管焊接接头性能

为研究 T23 钢管焊接接头性能,对尺寸规格为 ϕ60.3 mm × 12.5 mm 样管的焊接接头一部分进行 740℃保温 50 min 热处理(试样号为 H),保留另一部分为焊态(试样号为 W),对这两种状态的焊接头分别进行试验研究。该样管的焊接方法为热丝自动 TIG 焊,焊接材料为 ϕ1.0 mm 的 T-HCM2S,焊丝的化学成分见表 4-11,焊接坡口形式见图 4-40,焊接规范见表 4-12,焊缝的化学成分见表 4-13。

表 4-11　T23 焊丝化学成分(质量分数,%)

牌号	批号	C	Si	Mn	S	P	Cr	Mo	W	V	Cu	Ni	Nb + Ta
T-HCM2S	6736	0.05	0.57	0.49	0.002	0.006	2.30	0.09	1.57	0.25	0.27	0.46	0.03

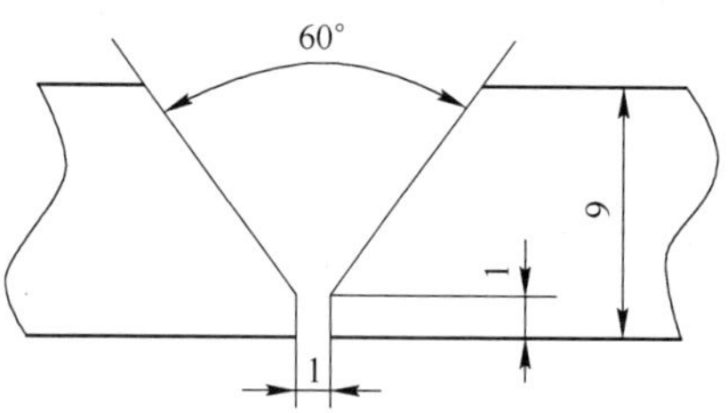

图 4-40　T23 钢管焊接坡口示意图

表 4-12　T23 钢管焊接规范

焊接方法	电源极性	焊接电流/A	焊接电压/V	保护气体
热丝 TIG	直流	一层:160 ~ 170;二层、三层:150 ~ 160	9.5 ~ 10	纯氩气

注:焊前未预热,焊后无焊后热处理。

表 4-13　T23 钢管焊缝化学成分(质量分数,%)

试样号	C	Si	Mn	P	S	Cr	Mo	W	V	Nb	B	Cu
H	0.07	0.52	0.50	0.008	0.004	2.35	0.14	1.53	0.25	0.060	0.002	0.24
W	0.06	0.56	0.52	0.007	0.002	2.23	0.11	1.52	0.23	0.040	0.001	0.24

T23 钢管焊接接头的力学性能试验结果列于表 4-14。分别对两种管接头试样(H 和 W)纵向剖面焊缝区各 23 个点进行了维氏硬度测试,焊缝区硬度(HV5)曲线见图 4-41。焊态(W)的焊缝区硬度 HV5 在 299～284 之间,经焊后热处理的焊缝(W)硬度 HV5 在 274～251 之间,这两组数据之间的差别在工程实践上值得特别注意。

表 4-14　T23 钢管焊接接头力学性能

试样号	状　态	接头拉力		A_{KV}/J (焊缝)(20℃)	弯曲 $d=3T$
		R_m/MPa	断裂位置		
W	焊　态	640 650	焊缝外	16 24 40	正弯:50° 未裂 50° 未裂 反弯:50° 未裂 50° 未裂
H	740℃ 保温 50min 后空冷	585 610	焊缝外	62 80 72	正弯:50° 未裂 50° 未裂 反弯:50° 未裂 50° 未裂

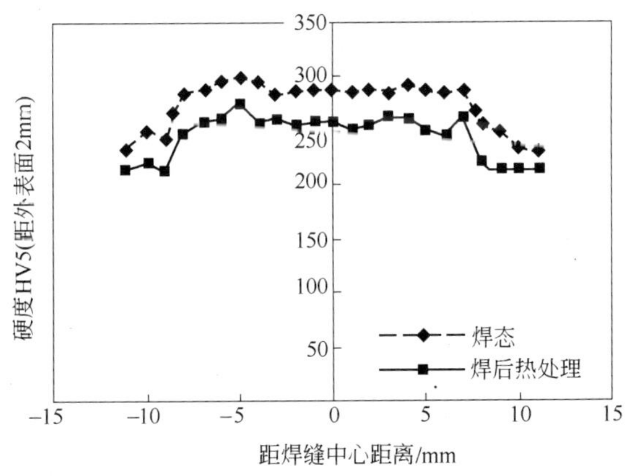

图 4-41　T23 钢管焊接接头区域硬度曲线

对 T23 钢管焊接接头试样进行了高温拉伸性能测试,受样管尺寸规格的限制,

高温拉伸试样采用 ϕ6.25mm 标距 25mm 的试样，试验在岛津 AG－250KNE 电子拉伸试验机上进行，测试结果列于表 4–15。高温拉伸的测试结果表明，T23 钢管焊态接头短时高温拉伸强度与母材相当，经焊后热处理的 T23 钢管焊接接头短时高温拉伸强度较母材稍低，但仍具有比较令人满意的数值。

表 4–15 T23 钢管焊接接头短时高温力学性能

试验温度/℃		拉伸性能				断裂位置
		R_m/MPa	$R_{p0.2}$/MPa	A/%	Z/%	
500	W	472	433	18	76	焊缝外
		472	442	17	79	焊缝外
	H	448	399	21	77	焊缝外
		434	376	21	77	焊缝外
550	W	432	407	17	79	焊缝外
		412	393	17	79	焊缝外
	H	394	357	22	81	焊缝外
		386	353	22	84	焊缝外
600	W	385	373	17	81	焊缝外
		362	350	18	79	焊缝外
	H	333	313	22	56	焊缝外
		353	340	22	70	焊缝外
650	W	313	310	21	82	焊缝外
		317	315	20	87	焊缝外
	H	293	292	25	87	焊缝外
		290	284	26	88	焊缝外

同样按 GB/T2039—1997《金属高温拉伸蠕变及持久试验方法》，在 RD2－3 高温蠕变持久试验机上进行 T23 钢管焊接接头 600℃持久试验，H 试样（经焊后热处理）和 W 试样（焊态）的 600℃持久强度试验结果分别列于表 4－16 和表 4–17。

表 4–16 T23 钢管焊接接头 H 试样 600℃持久强度试验结果

应力/MPa	170	160	150	140	130	120	110	110	100	100	90
断裂时间/h	40	116	256	305	648	937	3246	1909	4050	2568	6885
断裂位置	母材	母材	热影响区	热影响区	热影响区	热影响区	热影响区	热影响区	热影响区	热影响区	热影响区

表 4-17　T23 钢管焊接接头 W 试样 600℃持久强度试验结果

应力/MPa	170	160	150	140	130	120	110	110	100	90
断裂时间/h	266	422	696	706	1036	2219	2478	2544	3020	6450
断裂位置	母材	母材	热影响区	热影响区	热影响区	热影响区	热影响区	热影响区	热影响区	热影响区

对表 4-16 中数据进行线性回归计算,得出 H 试样在 600℃持久强度外推方程为:

$$\lg\sigma = 2.459232 - 0.127061\lg\tau$$

据此方程计算出 H 试样 600℃10 万小时外推持久强度值为 66.7MPa,外推曲线见图 4-42 所示。对表 4-17 中数据进行线性回归计算,得出 W 试样在 600℃的持久强度外推方程为:

$$\lg\sigma = 2.741434 - 0.20604\lg\tau$$

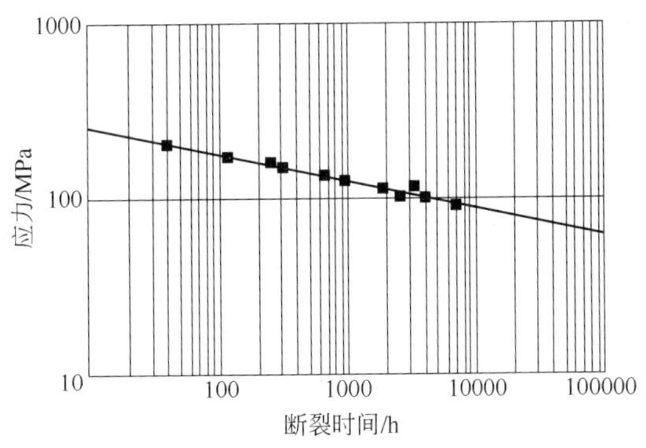

图 4-42　T23 钢管焊后热处理焊接接头持久强度曲线

据此方程计算出 W 试样 600℃10 万小时外推持久强度值为 51.4MPa,外推曲线见图 4-43 所示。两组 T23 钢管焊接接头 600℃持久强度试验结果表明经焊后热处理后焊接接头 10 万小时持久强度外推值高于焊态接头相同情况下的外推持久强度值。

国外资料介绍 T23 钢管焊接接头可不进行焊后热处理,但 ASME Code Case 2199-1 规定 T23 钢管的焊后热处理应按照 ASME Code 第 1 卷 PW-39 执行,而 PW-39 规定 T23 钢管需焊前预热到 150℃以上温度,才可免除焊后热处理。在实际生产中小口径钢管焊前不便于预热,因此实际生产中应进行焊后热处理。从焊接接头的安全和稳定性考虑,T23 钢管焊接接头也应进行焊后热处理。

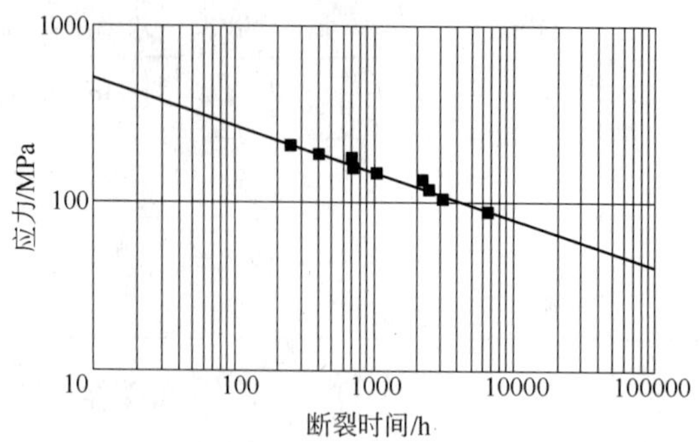

图 4-43　T23 钢管焊态焊接接头持久强度曲线

4.5　T23 钢管在中国的应用

我国研制的 T23 高压锅炉管已在国内电站锅炉的建设中获得大批量应用，图 4-44 显示了国内主要锅炉厂最近几年选用宝钢股份公司生产的 T23 高压锅炉管实绩。近年，国内外 T23 高压锅炉管在电站使用过程中也暴露出一些问题，未来一段时间我国需要重点研究、评估和进一步优化 T23 钢管的成分体系和包括焊接工艺在内的生产工艺技术，以进一步提高 T23 钢管的综合性能。

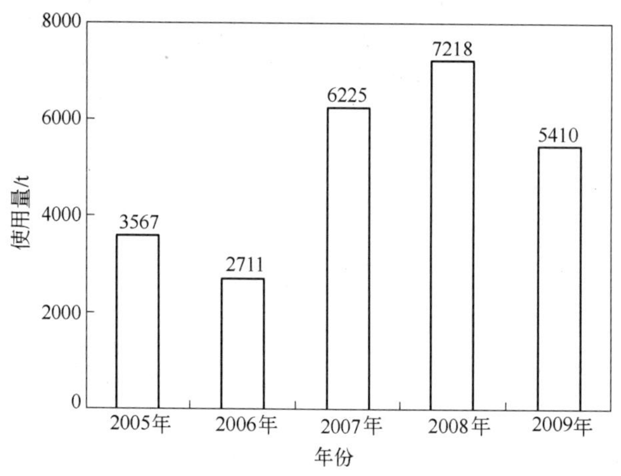

图 4-44　国内锅炉厂应用宝钢 T23 钢管实绩

4.6　T24 钢管的研究和开发

T24 钢是在 T22 钢的基础上，通过适当减少含碳量，添加微合金元素钒、钛、硼等，限制和降低了磷、硫等杂质含量而开发的钢种，该钢经过适当的加工和热处理工艺可获得良好综合性能，T24 钢管适合制作火电机组锅炉水冷壁等。2% Cr 系锅炉钢的化学成分规范列于表 4-18。与 T22 钢相比，由于降低了碳含量和杂质元素含量，使 T24 钢的焊接性能提高，焊态下热影响区的最高硬度也在 350HV 以下。与 T23 钢相比，T24 钢中不含钨元素，而是沿用钼元素的固溶强化。从图 4-45 可以看出，当温度低于 580℃时，T24 钢管的 10 万小时外推持久强度值高于 T23 钢管。而当温度高于 580℃时，T24 钢管的 10 万小时外推持久强度值低于 T23 钢管，这可能与这两种锅炉钢管成分设计时选用的强化机理不同有关。另外，需要注意的是 T23 钢和 T24 钢的钛和氮元素的选择上也有差别。

表 4-18 2% Cr 系锅炉钢化学成分规范（质量分数，%）

标 准	C	Si	Mn	P	S	Cr	W	Mo
T22 ASME SA-213	0.05 ~ 0.15	≤ 0.50	0.30 ~ 0.60	≤0.025	≤0.025	1.90 ~ 2.60		0.87 ~ 1.13
T23 ASME SA-213	0.04 ~ 0.10	≤ 0.50	0.10 ~ 0.60	≤0.030	≤0.010	1.90 ~ 2.60	1.45 ~ 1.75	0.05 ~ 0.30
T23 CC 2199-4	0.04 ~ 0.10	≤ 0.50	0.10 ~ 0.60	≤0.030	≤0.010	1.90 ~ 2.60	1.45 ~ 1.75	0.05 ~ 0.30
T24 ASME SA-213	0.05 ~ 0.10	0.15 ~ 0.45	0.30 ~ 0.70	≤0.020	≤0.010	2.20 ~ 2.60		0.90 ~ 1.10
GB5310 G102	0.08 ~ 0.15	0.45 ~ 0.75	0.45 ~ 0.65	≤0.030	≤0.030	1.60 ~ 2.10	0.30 ~ 0.55	0.50 ~ 0.65
标 准	V	Nb	N	B	Al	Ni	Ti	
T22 ASME SA-213								
T23 ASME SA-213	0.20 ~ 0.30	0.02 ~ 0.08	≤ 0.030	0.0005 ~ 0.006	≤ 0.030			
T23 CC 2199-4	0.20 ~ 0.30	0.02 ~ 0.08	≤ 0.015	0.0010 ~ 0.006	≤ 0.030	≤ 0.40	0.005 ~ 0.060	
T24 ASME SA-213	0.20 ~ 0.30		≤ 0.012	0.0015 ~ 0.0070	≤ 0.020		0.05 ~ 0.10	
GB5310 G102	0.28 ~ 0.42			0.002 ~ 0.008			0.08 ~ 0.18	

注：ASME Code Case 2199-4 对 T23 成分要求 Ti/N≥3.5。

宝钢股份公司试制和生产 T24 钢管产品的主要生产工艺过程为转炉炼钢→炉外精炼→模铸→初轧→制管→钢管热处理→钢管矫直→无损检验→验收→包装入库。在这一生产工艺过程中,冶炼及制管工艺是十分重要的。为获得良好工艺性能,制定正确的热处理规范也是非常重要的。

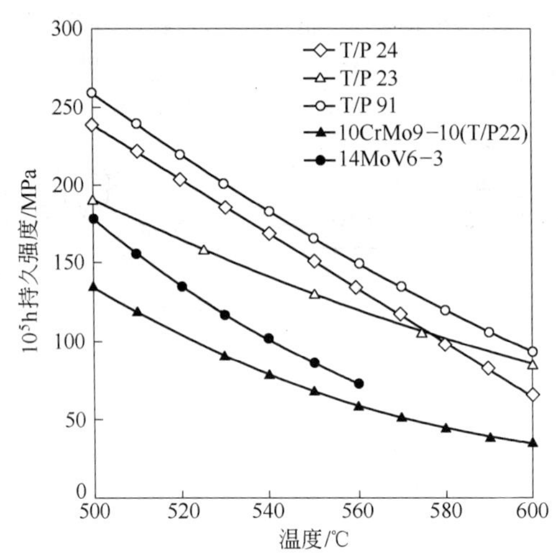

图 4-45　2% Cr 系锅炉钢持久强度比较

ASME SA-213 标准规定 T24 钢的热处理制度为正火 + 回火。一般情况下,正火温度高于 980℃,回火温度高于 730℃。常规力学性能要求屈服强度高于 415 MPa、抗拉强度高于 585 MPa、伸长率高于 20%、硬度低于 250HBW。按照宝钢股份公司上述生产工艺试制生产了规格为 ϕ38.1 mm × 6.8 mm 和 ϕ70 mm × 12 mmT24 钢管,其检测化学成分见表 4-19,经正火 + 回火热处理后获得的常规力学性能值见表 4-20,T24 钢管的微观组织如图 4-46 所示。从表 4-20 可以看出,试制 T24 钢管的常温拉伸性能以及 550℃、600℃高温拉伸性能均满足 ASME 标准要求。常温下,宝钢本批生产的 T24 钢管的强度偏高而塑性偏低,强塑性能的匹配可通过热处理制度的调整加以改进。如图 4-46 所示,试制的 T24 钢管的金相组织为贝氏体。

表 4-19　宝钢生产 T24 钢管化学成分(质量分数,%)

元　素	C	Si	Mn	P	S	Cr	Mo	V	N	B	Al	Ti
ASME SA-213 T24	0.05 ~ 0.10	0.15 ~ 0.45	0.30 ~ 0.70	≤0.020	≤0.010	2.20 ~ 2.60	0.90 ~ 1.10	0.20 ~ 0.30	≤ 0.012	0.0015 ~ 0.0070	≤ 0.020	0.05 ~ 0.10

续表 4-19

元 素	C	Si	Mn	P	S	Cr	Mo	V	N	B	Al	Ti
T24	0.07	0.26	0.44	0.009	0.002	2.47	1.02	0.23	0.0057	0.0034	0.010	0.065

表 4-20 宝钢试制 T24 钢管力学性能

试验温度/℃	屈服强度/MPa	抗拉强度/MPa	伸长率/%	断面收缩率/%
20	639, 637	709, 711	23, 22	77, 76
550	409, 462	457, 496	20, 20	81, 80
600	382, 380	405, 402	20, 20	86, 84

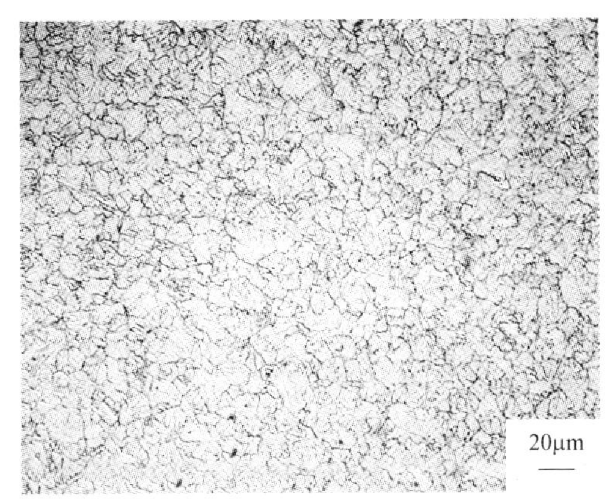

图 4-46 宝钢 T24 钢管显微组织光学显微镜照片

按 GB/T2039—1997 标准《金属高温拉伸蠕变及持久试验方法》对 ϕ70 mm × 12 mm 规格 T24 钢管纵向 ϕ5 mm 圆柱形标准试样在 RD2-3 型蠕变持久试验机上进行了 550℃ 持久强度试验，测试的持久强度曲线见图 4-47。用最小二乘法对测试的数据进行拟合，得到 550℃ 下 T24 钢管的持久强度外推方程式如下：

$$\lg\sigma = 2.7171829 - 0.095748\lg t$$

据此公式，可计算得出 T24 钢管在 550℃ 下 10 万小时外推持久强度为 173MPa。将宝钢试制的 T24 钢在 550℃ 下持久试验外推数据与相同条件下宝钢 T23 钢持久试验外推数据进行对比（图 4-47），T24 钢管外推 10 万小时持久强度比 T23 钢管高出约 50 MPa。

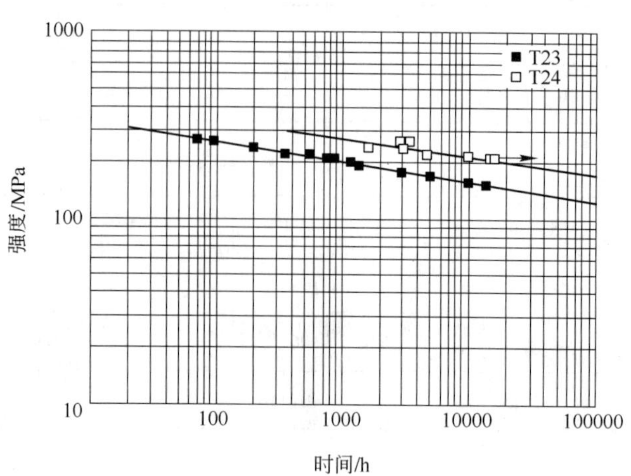

图 4-47　宝钢 T24 钢管与 T23 钢管 550℃持久强度曲线对比

采用铁研试验测试 T24 钢的焊接冷裂纹倾向，分别进行了预热温度为 180℃、150℃、125℃、100℃的冷裂纹试验。T24 钢管的焊接工艺参数如表 4-21 所示（本节中其他焊接试验均按表 4-21 工艺参数进行）。T24 钢焊后放置 24 h，不同预热温度下 T24 钢的焊接实物照片如图 4-48 所示，不同预热温度下 T24 钢焊接冷裂纹的试验结果列于表 4-22，试验结果表明当焊接前的预热温度高于 125℃时，T24 钢焊后不出现冷裂纹。将试验用 T24 钢板进行双 V 形坡口平板对接，间距 4 mm，对接平板周围固定，预热达到 180℃，根据冷裂纹试验结果，该预热温度下施焊发生冷裂纹的可能性很小。焊接工艺采用双面焊接，每面焊接两层，层间温度达到 300℃，焊后无裂纹。在间隙达到 4 mm 的情况下，预热 180℃，层间温度约 350℃，焊后放置 24 h 也没有发生裂纹。

采用铁研试验来测试 T24 钢管再热裂纹敏感性。将 T24 钢板预热到 180℃温度后进行铁研焊接试验，焊后热处理温度为 730 ~ 760℃，试验结果如表 4-23 所示，T24 钢再热裂纹敏感性试验宏观照片如图 4-49 所示。试验结果表明 T24 钢没有再热裂纹倾向，至少在热处理温度区间没有在热裂纹倾向。

表 4-21　T24 钢焊接工艺参数

电流/A	电压/V	焊接速度 /mm · min^{-1}	焊条直径/mm	焊条预热温度/℃	室温/℃
170	24	150	4.0	180	8

表 4-22 T24 钢不同预热温度焊接冷裂纹试验结果

预热温度/℃	100	125	150	180
表面裂纹率/%	100	100	0	0
横截面裂纹率/%		100	0	0
根部裂纹率/%			0	0
焊缝间隙/mm	2.05	2.05	2.16	2.03
备　注	焊后立刻出现裂纹	焊后约 12 h 产生裂纹	无裂纹	无裂纹

a

b

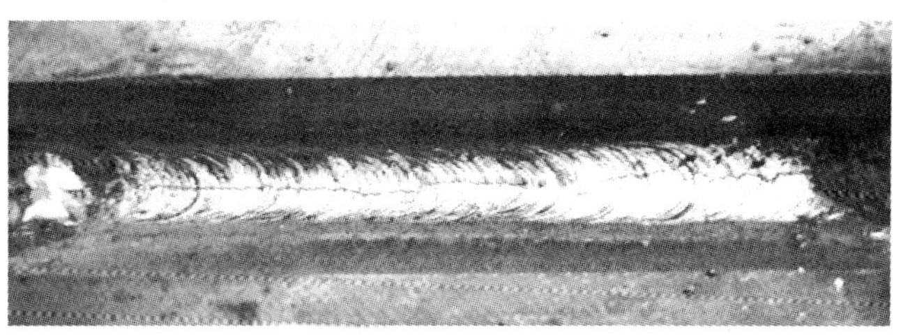
c

图 4-48 T24 钢不同预热温度焊后宏观照片

a—预热温度 150℃;b—预热温度 125℃;c—预热温度 100℃

表 4-23 T24 钢再热裂纹敏感性试验结果

表面裂纹率/%	0	根部裂纹率/%	0
横截面裂纹率/%	0	焊缝间隙/mm	2.16,2.07

图 4-49　T24 钢再热裂纹敏感性试验宏观照片

将工业化生产的 T24 钢管进行对接焊手工氩弧焊(GTAW)和对接焊热丝氩弧焊(GTAW(HW)),焊后对上述两种焊接 T24 钢管进行 730 ~ 760℃热处理,热处理后 T24 钢管的性能数据列于表 4-24 ~ 表 4-27。试验结果表明,热丝氩弧焊焊后抗拉强度降低为原母材的 90.67% (631MPa),手工氩弧焊后抗拉强度降低为原母材的 92.67% (645MPa)。高温抗拉强度、屈服强度和冲击韧性值都表明采用手工氩弧焊工艺相对更好一些,其原因在于热丝氩弧焊热输入量相对较大,但是这两种焊接方法焊后 T24 钢管的性能均能达到 ASME 标准要求。

表 4-24　T24 钢管对接焊后性能数据表(GTAW)

焊缝拉伸试验				弯曲试验	
温度/℃	屈服强度/MPa	抗拉强度/MPa	断裂位置	$D=4T, \alpha=180°$	
室　温		645	焊缝外	面,背	合　格
室　温		646	焊缝外	面,背	合　格
640	332	346	焊缝外	面,背	合　格
640	299	317	焊缝外	面,背	合　格

表 4-25　T24 钢管对接焊后冲击、硬度性能数据表(GTAW)

冲击试验					硬度试验	
温度/℃	类型	位置	尺寸/mm × mm × mm	结果/J	位置	HV
室　温	A_{KV}	焊缝	5 × 10 × 55	125,121,106	母材	201,196,198
		热区	5 × 10 × 55	120,118,116	热区	251,254,256
					焊缝	216,218,220

表 4-26 T24 钢管对接焊后性能数据表(GTAW(HW))

焊缝拉伸试验				弯 曲 试 验	
温度/℃	屈服强度/MPa	抗拉强度/MPa	断裂位置	$D=4T,\alpha=180°$	
室 温		624	焊缝外	面,背	合 格
室 温		639	焊缝外	面,背	合 格
640	307	322	焊缝外	面,背	合 格
640	316	326	焊缝外	面,背	合 格

表 4-27 T24 钢管对接焊后冲击、硬度性能数据表(GTAW(HW))

冲 击 试 验					硬 度 试 验	
温度/℃	类型	位置	尺寸/mm × mm × mm	结果/J	位置	HV
室 温	A_{KV}	焊缝	5 × 10 × 55	99,105,103	母材	198,196,198
		热区	5 × 10 × 55	127,118,40	热区	224,230,228
					焊缝	223,226,220

参考文献

[1] 王起江,邹凤鸣,赵群义,等. 宝钢 T23 高压锅炉管的研制[J]. 宝钢技术,2006(1):59 ~ 62.

[2] 王起江,邹凤鸣,邓永清,等. T23 钢组织演变对性能影响的研究[J]. 宝钢技术,2006(3):18 ~ 22.

[3] 李红英,曾翠婷,魏冬冬,等. T23 钢过冷奥氏体连续冷却转变曲线[J]. 材料热处理学报,2010,31(8):77 ~ 80.

[4] 王起江,邹凤鸣,张科. T23 高压锅炉管的研制[J]. 钢管,2005,34(3):16 ~ 19.

[5] 机械工业发电设备中心. 宝钢 T23 高压锅炉管评定研究报告,2005.

[6] 上海锅炉厂有限公司. 宝钢 T23 高压锅炉管评定试验报告,2004.

[7] 东方锅炉(集团)股份有限公司. T23 高压锅炉管应用技术研究,2005.

[8] 哈尔滨锅炉厂有限责任公司. 宝钢 T23 钢管评定试验研究报告,2004.

[9] 宝山钢铁股份有限公司,上海大学. T23 钢时效和持久试样的微观组织研究,2005.

[10] Yongqing Deng, Lihui Zhu, Qijiang Wang, et al. Study of property degradation of T23 heat-resistant steel based on microstructural evolution during creep[J]. *Steel Research International*, 2006, 77(11): 844 ~ 848.

[11] 邓永清,朱丽慧,王起江,等. 国产 T23 钢高温时效时组织和力学性能的研究[J]. 金属热处理,2007,32(9):21 ~ 26.

[12] 邓永清,朱丽慧,王起江,等. 国产 T23 钢高温组织演变及其对性能的影响[J]. 钢铁研究学报,2007,19(8):46 ~ 50.

[13] Lili Wang, Lihui Zhu, Yongqing Deng, et al. Microstructural evolution and mechanical properties of T23 Heat-resistant steel during aging at 600℃[J]. Journal of High Temperature Materials and Processes,2008,27(1):11 ~ 17.

[14] 王崇斌,周丽萍,等．锅炉用 ASME SA213 – T23 高强度钢管性能[J]．锅炉技术,1998:27 ~ 32.

[15] Bendick W, et al. New low alloy heat resistant ferritic steels T/P23 and T/P24 for power plant application[J]. International Journal of Pressure Vessels and Piping 2007(84): 13 ~ 20.

[16] 洪杰,王起江,武冬兴,等. T24 高压锅炉管的研制[J]. 第四届宝钢学术年会论文集,2010.

[17] 杨富,章应霖. 新型耐热钢焊接[M]. 北京:中国电力出版社,2007.

5 中国 T/P91 锅炉钢研制进展

5.1 我国 T/P91 锅炉钢研究历史

T/P91 耐热钢的研制成功是超超临界火电机组发展史上的重要里程碑之一。在 T/P91 耐热钢研制成功之前，火电厂广泛使用的是铁素体锅炉钢（如 T/P22、G102 等）和奥氏体锅炉钢（如 TP304H 等）。前者热导率高、线膨胀系数小、价格低廉，但热强性低、抗腐蚀性能差、淬透性小，受持久强度和抗蒸汽腐蚀的影响，通常用于 580℃以下；后者热强性高、抗腐蚀性能好，但热导率低、线膨胀系数大、抗热疲劳性能差、价格昂贵，通常在 650℃及以上温度选用。在 580 ~ 650℃之间，需要开发一种铁素体型锅炉钢以连接 2% Cr 型铁素体锅炉钢和奥氏体锅炉钢，解决超超临界火电机组建设的急需问题。20 世纪 70 年代，美国橡树岭国家实验室（ORNL）和燃烧工程公司（CE）在 9Cr-1Mo（P9）钢的基础上，通过添加少量的 Nb、V 微合金化元素并控制 N 元素的含量开发了 T/P91 锅炉钢。该钢热强性好，达到了奥氏体锅炉钢持久强度的水平，强韧性匹配好，热导性高，线膨胀系数低，具有良好的淬透性和可焊性，抗蒸汽腐蚀性能和价格居于 T/P22 和 TP304H 之间。T/P91 钢的成功开发填补了 T/P22 和 TP304H 之间的空白。T91 和 P91 锅炉钢分别于 1983 年和 1984 年被纳入 ASTM A213、ASME SA213、ASTM A335 和 ASME SA335 标准。随后该钢迅速在美、欧、日多国的超临界和超超临界火电机组的过热器、再热器、主蒸汽管道、集箱等高温承压部件制造上获得应用。德国 Mannesmann 公司、日本住友金属公司和法国 Vallourec 公司等先后掌握了生产制造 T/P91 锅炉管技术，积累了丰富的经验[1]。

我国 1987 年开始从国外进口 T/P91 锅炉钢管，国家"八五"计划期间，曾在国家重点攻关项目"材料和大型锻件国产化关键技术攻关"下，作为子课题之一对 T91 钢开展国产化研制。1995 年 T/P91 钢以 10Cr9Mo1VNb 牌号列入国家 GB5310 标准中。1993 ~ 1997 年间钢铁研究总院程世长、刘正东、王春旭等人[2~6]对 T91 钢的国产化试制进行了系统研究，深入研究了 V 含量变化对 T91 钢组织和性能的影响，发现 V 含量变化对 $M_{23}C_6$ 析出相影响不大，对 MX 析出物中的（Nb，Mo）N 相影响很小，而对 MX 析出物中的 VX 相影响很大。随着钢中 V 含量的增加，发生两方面的变化，一方面是由 VN 相向 V（C，N）相转化，另一方面是 V（C，N）相含量增加。V 元素对 T91 钢强度的影响主要是对 MX 相密度的影响,其次是对 VX 相的结构变化和翼状 MX 相形态的影响。1996 年钢铁研究总院与长城特殊钢有限公司合作率先在国内开展 T91 锅炉钢管的试制。宝钢股份公司从 1999 年开始研制 T91 锅炉钢管,天津钢管集团有限公司从 2005 年开始研制 P91 锅炉钢管。同期,江阴兴澄特种钢铁有限公司开始了连铸 T91 钢生产工艺试制。图 5-1 为百万千瓦(1000MW)超超临界机组建设所需高压锅炉管品种比例,可见铁素体和奥氏体锅炉钢管约占机组所需钢管的 60%,其中 T91 锅炉钢管比例为 17%。

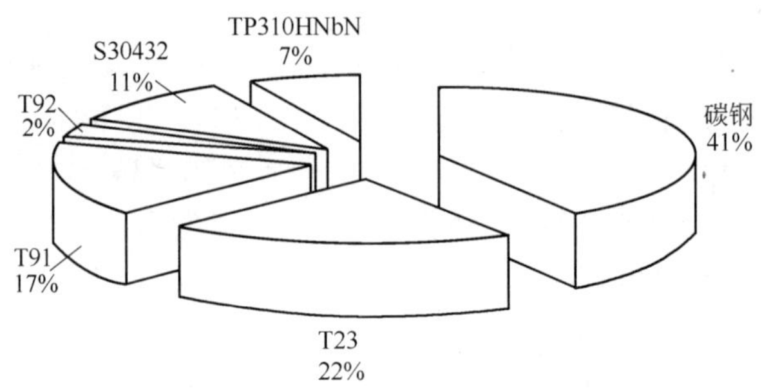

图 5-1　1000MW 超超临界机组所需钢管品种

5.2　宝钢股份公司 T91 锅炉钢管研制进展[7]

5.2.1　宝钢 T91 锅炉钢管研制工艺流程

T91 钢的标准化学成分列于表 5-1,T91 钢是在 9Cr-1Mo 钢的基础上添加 V、Nb、N 合金元素,提高了钢的持久强度。T91 钢中 Al、Ti 元素含量过高,可造成析出相(Nb,V)(C,N)分布不均匀和体积份额的降低,从而可能引起持久强度的降低。试验研究表明,在 T91 钢中随 V 含量的增加持久强度将下降,S 元素是引起原晶界弱化的主要杂质元素之一。宝钢 T91 锅炉钢管冶炼与管坯轧制工艺流程如图 5-2 所示,制管工艺流程如图 5-3 所示。在 T91 制管过程中,环形炉加热制度的制定、穿孔机工艺制度的制定及临界压下率的制定,对控制 T91 钢管内表面缺陷十分重要。

表 5-1　T91 钢标准化学成分(质量分数,%)

标准	C	Si	Mn	S	P	Cr	Mo	V	Ni	Al	Nb	N
ASME SA-213	0.08 ~ 0.12	0.20 ~ 0.50	0.30 ~ 0.60	≤0.010	≤0.020	8.00 ~ 9.50	0.85 ~ 1.05	0.18 ~ 0.25	≤0.40	≤0.040	0.06 ~ 0.10	0.030 ~ 0.070
GB5310	0.08 ~ 0.12	0.20 ~ 0.50	0.30 ~ 0.60	≤0.010	≤0.020	8.00 ~ 9.50	0.85 ~ 1.05	0.18 ~ 0.25	≤0.40	≤0.040	0.06 ~ 0.10	0.030 ~ 0.070

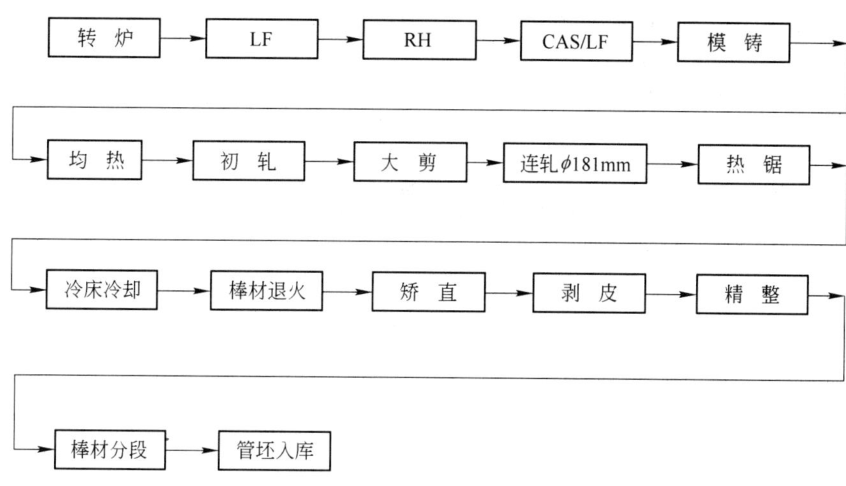

图 5-2 宝钢 T91 锅炉钢管冶炼与管坯轧制工艺流程

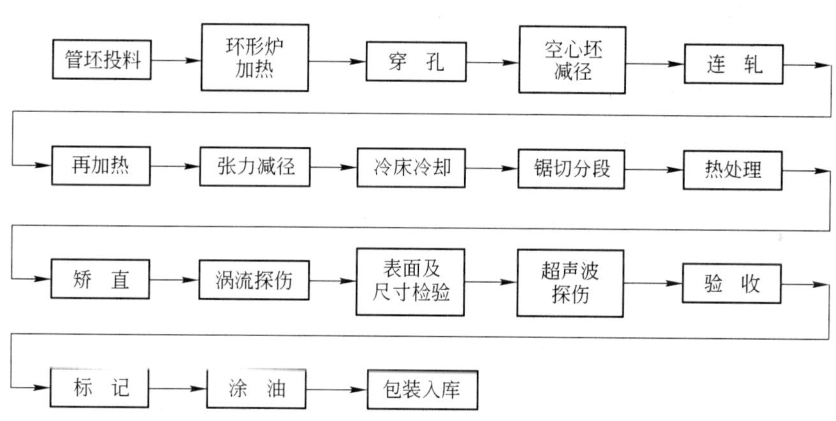

图 5-3 宝钢 T91 钢管制管工艺流程

5.2.2 宝钢 T91 钢管热处理工艺制度研究

ASME SA-213 标准规定 T91 钢的热处理制度是正火温度≥1040℃和回火温度≥730℃。T91 钢的常规力学性能要求是屈服强度≥415 MPa、抗拉强度≥585 MPa、伸长率≥20%、硬度≤250HB。对 T91 钢试样进行正火和回火试验研究,试验结果如图 5-4 所示。在不同温度回火时,T91 钢的性能变化呈"马鞍形"曲线。对照上述标准规定的 T91 钢管的各项常规性能,可以确定适合的热处理制度。

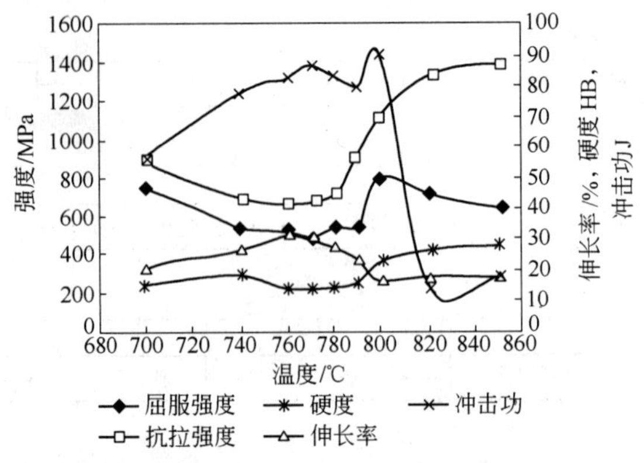

图 5-4　宝钢 T91 钢性能随回火温度的变化

5.2.3　宝钢 T91 钢管性能试验与研究

在宝钢生产的 T91 钢管上按 GB/T 4338—1995《金属材料 高温拉伸试验方法》取弧形比例试样，进行高温拉伸试验，试验结果如图 5-5 所示。宝钢 T91 钢管高温拉伸性能钢符合相关标准要求。系列冲击试样取自生产过程中的 T91 钢荒管（荒管规格为 ϕ184 mm × 17 mm），试样为标准夏比 V 形缺口冲击试样，按 GB/T229—1994《金属夏比缺口冲击试验方法》进行试验，试验结果如图 5-6 所示，脆性转变温度 FATT50 为 -59℃，能量转变温度 ETT50 为 -75℃。对 T91 钢管进行 625℃ ±3℃高温时效处理，500 h、1000 h、3000 h、5000 h、8000 h、10000 h 保温后分别取出，加工成相应的力学性能试样，进行性能测试，试验结果见图 5-7。625℃ 10000 h 的试验表明，T91 钢管的冲击韧性、硬度、强度与塑性指标都未发生明显变化，说明 T91 钢管钢性能稳定，适于制造锅炉管。

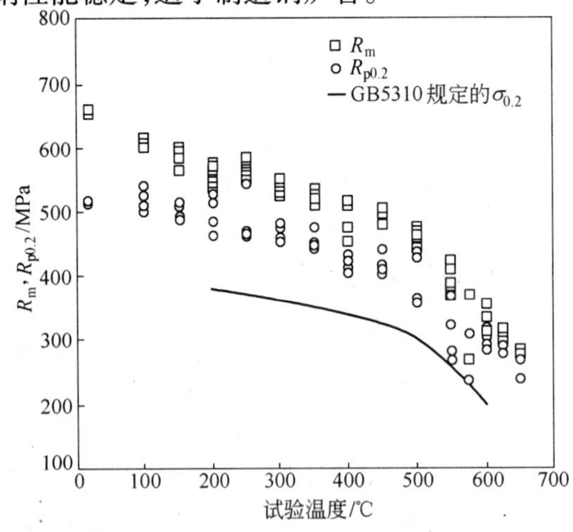

图 5-5　宝钢 T91 钢管高温拉伸性能

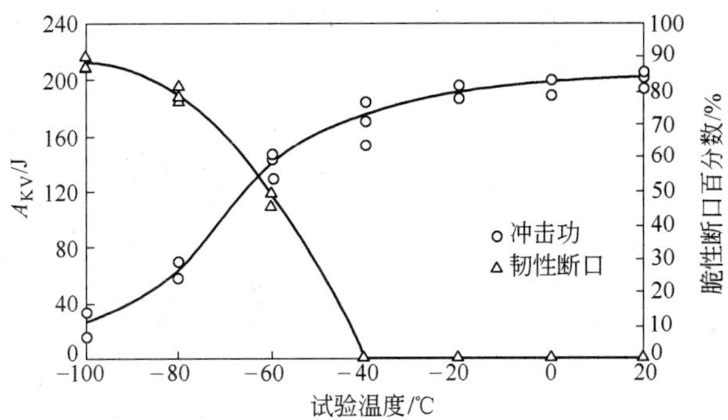

图 5-6 宝钢 T91 钢管系列温度冲击试验曲线

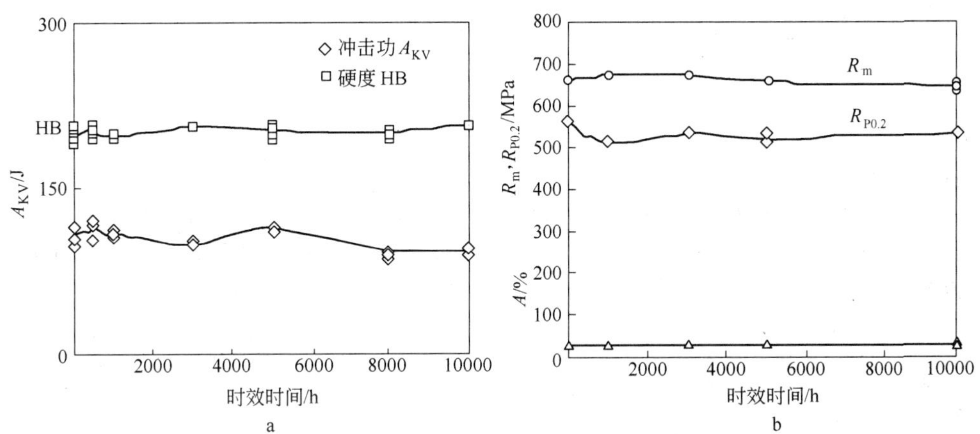

图 5-7 宝钢 T91 钢管时效后性能变化曲线

a—时效后硬度和冲击性能变化曲线；b—时效后强度变化曲线

把宝钢 T91 钢管加工成弧形比例试样，承载部位横截面为 10 mm × 8 mm。按 GB/T2039—1997《金属高温拉伸蠕变及持久试验方法》在 RD2 -3 高温蠕变持久试验机上进行 600℃、625℃、650℃、700℃下的持久强度试验，试验结果如图 5-8 所示。用最小二乘法对上述试验数据进行拟合，可分别得到 600℃、625℃、650℃ 10 万小时 T91 钢持久强度外推方程如下：

$$\lg\sigma_{600℃} = 2.5221 - 0.1105\lg t$$

$$\lg\sigma_{625℃} = 2.3316 - 0.0896\lg t$$

$$\lg\sigma_{650℃} = 2.3572 - 0.1205\lg t$$

式中 σ——材料的持久强度；

t——材料持久强度试验时间。

据此可外推宝钢 T91 钢管 600℃、625℃、650℃下 10 万小时持久强度分别为 93.2MPa、76.5MPa、56.8MPa，这些数值均满足 ASME 和 GB5310 标准要求的 T91 钢管相应温度下持久强度要求值 93MPa(600℃)、68MPa(625℃)和 44MPa(650℃)。

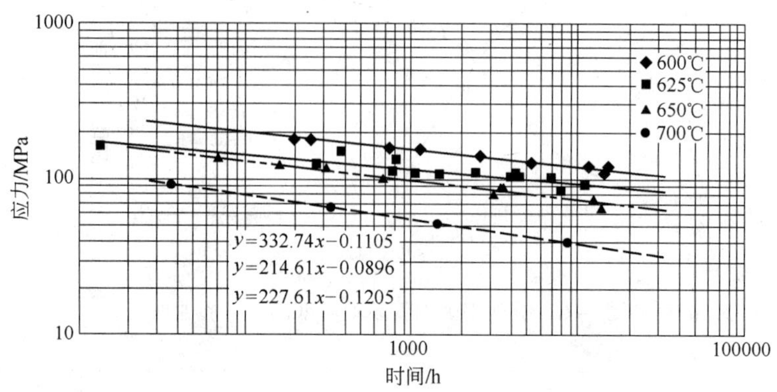

图 5-8　宝钢 T91 钢管持久强度曲线

对 T91 钢管按 GB/T13303—1991《钢的抗氧化性能测定方法》进行抗氧化性能试验，试样为 ϕ10 mm × 20 mm 圆柱形，在 625℃下采用增重法进行抗氧化性试验。试验实测保温温度为 625℃ ±3℃，分别在 100 h、500 h、1000 h、3000 h、5000 h、6000 h、8000 h、10000 h 对试样进行测重，试验结果如图 5-9 所示。在整个试验过程中，试样表面一直保持极薄的蓝灰色氧化膜，且与表面附着牢固。按稳定增速阶段(3000 ~ 10000 h)计算，增重率(单位面积单位时间质量的变化)为 0.00019 g/(m^2 · h)。符合 1 级“完全抗氧化性”[<0.1 g/(m^2 · h)]，即 T91 钢具有较高的抗氧化性能，换算出的腐蚀深度指标为 0.00055 mm/a。

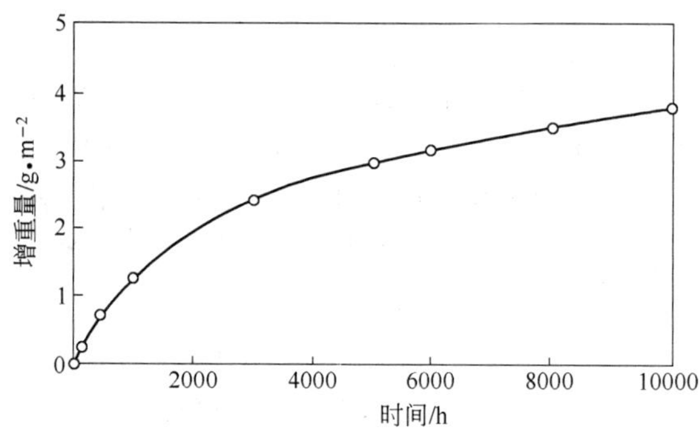

图 5-9　宝钢 T91 钢管 625℃抗氧化增重曲线

T91 钢在 625℃分别进行 500 h、1000 h、3000 h、5000 h、8000 h、10000 h 的组织稳定性试验。1 万小时时效后 T91 钢的微观组织与 500 h 时效后的组织接近(图 5-10)，表明 T91 钢管的组织非常稳定。

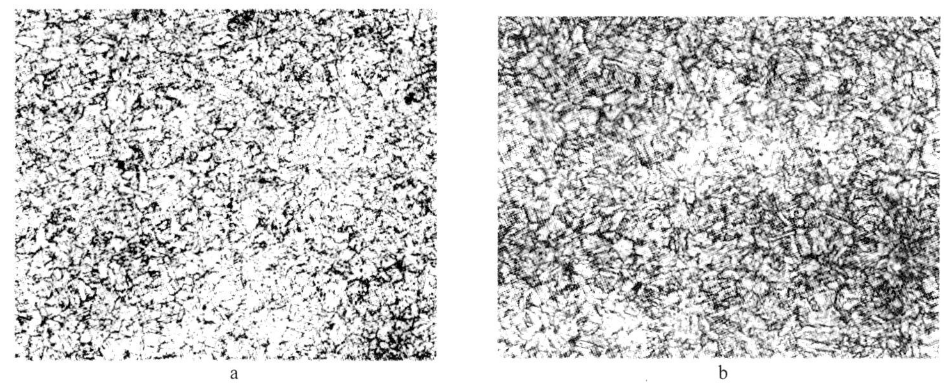

图5-10 宝钢T91钢管625℃时效组织稳定性

a—625℃,500 h, ×300 ;b—625℃,10000 h, ×300

5.2.4 宝钢T91钢管实物质量和推广应用

宝钢1980年引进高压锅炉管生产设备,经不断改造和更新,使设备达到并保持了当前世界先进水平。在锅炉钢冶炼方面,通过采用脱硫铁水、炉外精炼和脱气技术,使有害元素和气体含量得到了有效控制。以S含量控制为例,宝钢T91钢管S含量控制水平达到了世界先进水平,从图5-11中可以看出宝钢T91钢中S含量控制水平与日本T91钢管产品相当,优于欧洲T91钢管产品。

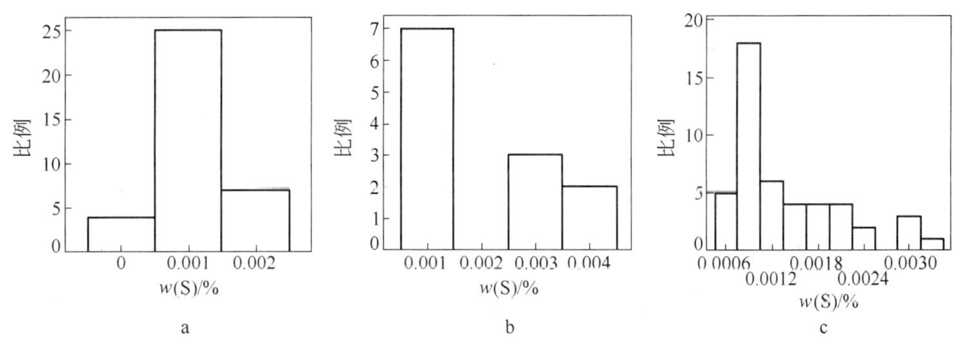

图5-11 宝钢T91锅炉管硫含量控制水平与国外同类产品对比

a—日本进口T91(36炉);b—欧洲进口T91(12炉);c—宝钢T91(47炉)

在常规性能方面,图5-12为宝钢T91钢管力学性能与进口T91钢管力学性能的比较。从对比中可以看出宝钢T91锅炉管力学性能达到或接近进口管的水平。压扁、扩口及弯管试验也证明宝钢T91具有良好的工艺性能。宝钢T91锅炉管已在超超临界火电机组建设中获得了广泛的应用。

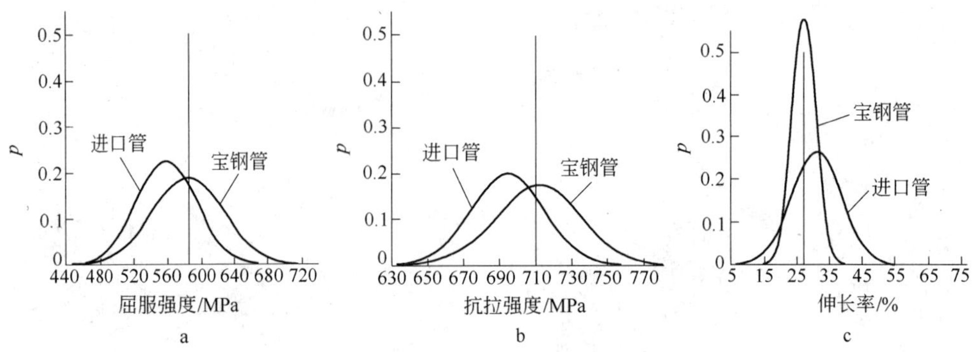

图 5-12　宝钢 T91 钢管与进口 T91 钢管性能比较

a—屈服强度比较；b—抗拉强度比较；c—伸长率比较

5.3　天津钢管集团公司 T/P91 锅炉钢管研制进展[8,9]

5.3.1　天管公司 T/P91 锅炉钢管研制工艺流程

随着 460PQF 和 720 旋轧机组的相继投产，天津钢管集团股份有限公司（天管公司）具备了生产大口径高附加值钢管产品的能力。天管公司自 2005 年开始试制 ASME SA335 P91 锅炉钢管。其生产工序包括炼钢、轧管、热处理和性能评价等。炼钢工艺流程为 EAF→LF→VD（RH）→模铸→锻造→管坯检验，轧管工艺流程为管坯加热→穿孔→连轧→定径→冷却→锯切→矫直→漏磁探伤→检验→入库，热处理工艺流程为正火→回火→矫直→超声波探伤→水压试验→测长、称重、喷标、打捆→入库。天管公司生产 T/P91 钢管制管工艺流程如图 5-13 所示，其中生产的 P91 钢管的尺寸规格包括 ϕ133 mm × 20 mm、ϕ168 mm × 30 mm、ϕ168 mm × 35 mm、ϕ219 mm × 18 mm、ϕ219.1 mm × 25.4 mm、ϕ219 mm × 35 mm、ϕ219 mm × 40 mm、ϕ219 mm × 43 mm、ϕ219 mm × 45 mm、ϕ219 mm × 48 mm、ϕ273 mm × 30 mm、ϕ273 mm × 35 mm、ϕ355.6 mm × 34 mm、ϕ457 mm × 16 mm 等。

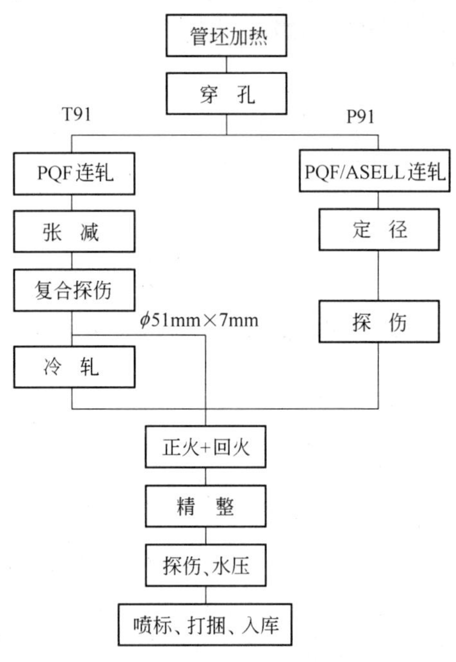

图 5-13　天管公司 T/P91 钢管制管工艺流程

5.3.2　天管公司 T/P91 钢管热处理试验研究

轧制后的钢管经探伤合格后进行热处理。热处理工艺为正火温度 1040 ~ 1060℃和回火温度 770 ~ 790℃。热处理在步进梁式热处理炉或保护气氛辊底式连续热处理炉中进行,热处理后的钢管表面质量良好。

为研究回火温度对 P91 钢管性能的影响,在 200 ~ 800℃温度区间每隔 50℃进行回火处理,保温时间为 5 h,空冷。试验所需试样取自 ϕ457 mm × 42 mm 规格 P91 钢管,回火处理后对试样进行冲击、拉伸和硬度试验,拉伸和冲击试样取向为钢管横向。按 GB/T228—2002《金属材料室温拉伸试验方法》进行拉伸试验,试验结果如图 5-14 所示。从图 5-14 中可以看出,在 750℃以下,回火温度对 P92 钢管的抗拉强度与屈服强度影响很小,抗拉强度在 710 MPa 左右,屈服强度在 600 MPa 左右。当回火温度超过 750℃后,P91 钢管的抗拉强度和屈服强度开始显著下降。回火温度对 P91 钢冲击韧性的影响如图 5-15 所示,在 200 ~ 800℃温度区间进行回火处理时,P91 钢管的冲击功较高。回火温度为 800℃时,冲击功最大,达到 251 J。回火

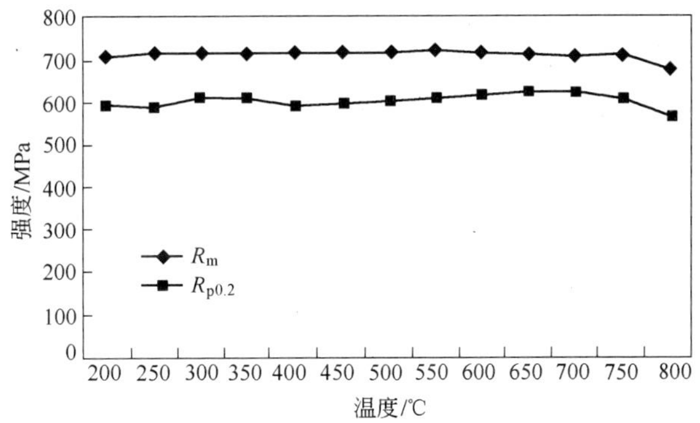

图 5-14　回火温度对 P91 钢管拉伸性能的影响

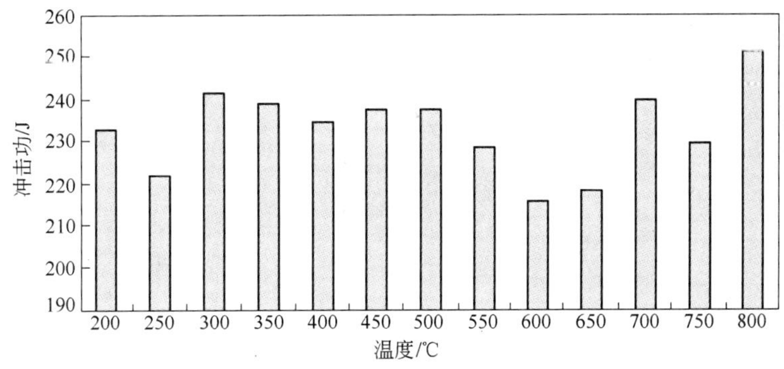

图 5-15　回火温度对 P91 钢管冲击性能的影响

温度为 600℃时，冲击功最小，为 215.3 J。回火温度对 P91 钢管硬度的影响如图 5-16 所示，当回火温度低于 750℃时，钢管的硬度变化幅度不大，但当回火温度高于 750℃以后，钢管的硬度开始明显下降。

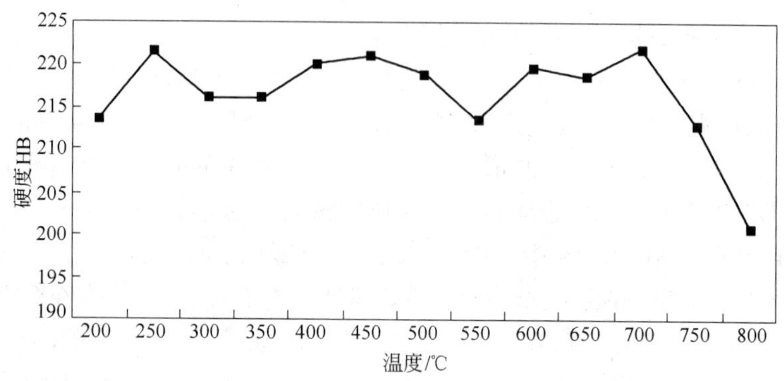

图 5-16　回火温度对 P91 钢管硬度的影响

在天管公司生产的 T91 钢管取样，在 600℃进行时效热处理试验，时效最长时间点达到 7000 h。时效处理对 T91 钢管常温力学性能的影响绘于图 5-17。随着时效时间的增加，T91 钢管的抗拉强度基本不变，屈服强度总体呈下降趋势，而 T91 钢管的延伸率在 0 到 3000 h 范围内下降明显，3000 ~7000 h 之间趋于稳定。

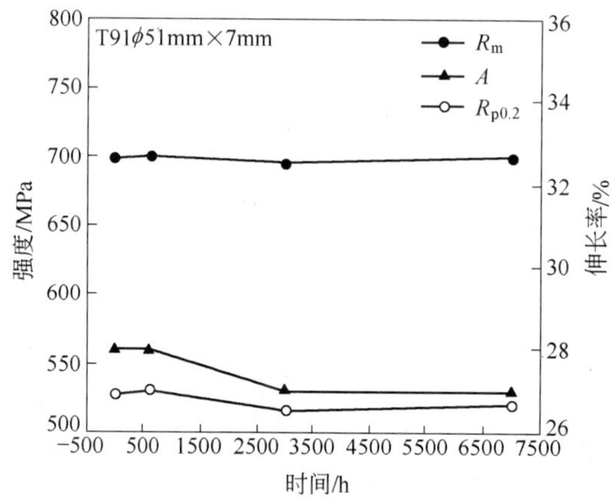

图 5-17　时效处理对 T91 钢管常温力学性能的影响

5.3.3　天管公司 T/P91 钢管性能试验与研究

对天管公司生产的 T/P91 钢管在距钢管表面 1/4 厚度处取样，进行化学成分测试,试验结果见表 5-2 和表 5-3,该 P91 钢管化学成分符合 ASME SA335M 要求,有害元素含量比较低。T/P91 锅炉钢管一般以正火 + 回火状态交货。

表 5-2 天管公司 P91 钢管测试化学成分(质量分数,%)

元　素	ASME SA - 335M	φ219 mm × 48 mm	φ457 mm × 42 mm
C	0.08 ~ 0.12	0.09	0.11
Si	0.20 ~ 0.50	0.33	0.28
Mn	0.30 ~ 0.60	0.41	0.41
P	≤0.020	0.015	0.011
S	≤0.010	0.003	0.004
Ni	≤0.40	0.09	0.08
Cr	8.00 ~ 9.50	8.17	8.25
Mo	0.85 ~ 1.05	0.92	1.03
Al	≤0.04	0.011	<0.015
V	0.18 ~ 0.25	0.20	0.21
Nb	0.06 ~ 0.10	0.07	0.081
N	0.030 ~ 0.070	0.0391	0.067
Ti		<0.01	<0.01

表 5-3 天管公司 P91 钢管测试气体和有害元素含量(质量分数,%)

元　素	H	O	As	Sb	Sn	Pb	Bi
φ219 mm × 48 mm	0.00019	0.0035	0.0093	0.0058	0.0036	<0.0010	<0.0010
φ457 mm × 42 mm	0.00019	0.0053	<0.005	<0.003	<0.005	<0.005	<0.005

对 P91 钢管距表面 1/4 厚度处取样进行金相组织和晶粒度检查,并据 GB/T10561—2005/ISO4967:1998(E)《钢中非金属夹杂物含量的测定标准评级图显微检验法》标准进行了钢管的非金属夹杂物检测。检测结果列于表 5-4 和表 5-5,P91 钢管的金相组织照片见图 5-18。P91 钢管的金相组织、晶粒度和夹杂物均满足 GB5310—2008 相关要求。

表 5-4 天管生产的 P91 钢管的金相组织和晶粒度

标准及实测值	金相组织	晶粒度	两个试片上晶粒度最大级别与最小级别差
GB5310—2008	回火马氏体或回火索氏体	≥4 级	不超过 3 级
φ219 mm × 48 mm	回火索氏体	8.5	
φ457 mm × 42 mm	回火索氏体	6 ~ 7 级	1 级

表 5-5　天管生产的 P91 钢管的非金属夹杂物

标准及实测值	A 类	B 类	C 类	D 类	DS 类
	氧(硫)化物	氧化铝类	硅酸盐类	环状氧化物类	单颗粒球状类
GB5310—2008	≤2.5 级	≤2.5 级	≤2.5 级	≤2.5 级	≤2.5 级
ϕ219 mm × 48 mm	1.0	0	0	1.0	0
ϕ457 mm × 42 mm	1.0	0.5	0.5	1.0	0.5

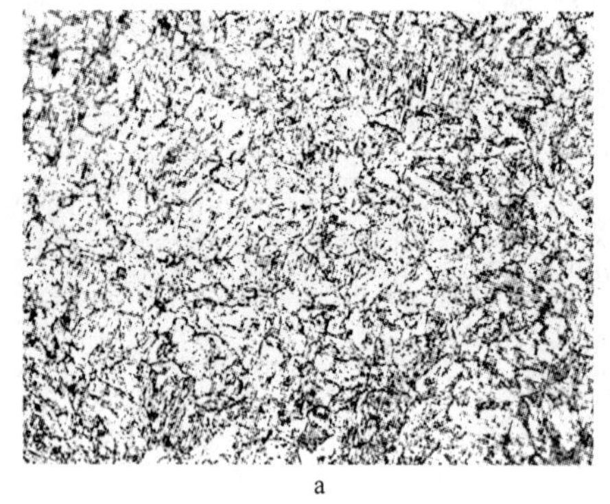
a

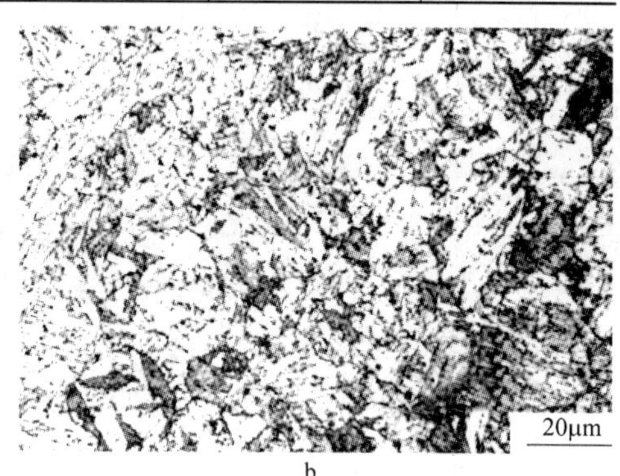

b

图 5-18　天管公司 T/P91 钢管金相组织

a—ϕ219 mm × 48 mm P91 钢管，×500；b—ϕ457 mm × 42 mm P91 钢管，×500

天管公司生产的 P91 锅炉钢管的常温拉伸试验采用沿管纵向拉伸试样，试验结果列于表 5-6。试验结果表明钢管屈服强度和抗拉强度都明显高于 ASME SA 335M 标准规定值，具有较大的富余量，钢管表层和芯部力学性能基本接近。按 ASME SA-370 标准对 P91 钢管试样进行测量测试，试验结果见表 5-7，可见 P91 钢管硬度满足 ASME SA 335M 要求，钢管内外表层硬度差别不大。

表 5-6　天管公司生产 P91 钢管常温力学性能

规格 \ 力学性能		$R_{p0.2}$/MPa	R_m/MPa	A/%
ASME SA 335M		≥415	≥585	≥14
ϕ219 mm × 48 mm		540	730	23
ϕ457 mm × 42 mm	表　层	628，632	725，729	24，23
	芯　部	637，648	719，724	24，24

表 5-7　天管公司生产 P91 钢管硬度测试值

标准及实测值		硬　度　值					平　均　值
ASME SA335M		≤250HB/25HRC					
ϕ219 mm × 48 mm		16.9	16.6	17.2	16.9	16.3	16.8
ϕ457 mm × 42 mm	外表面	223	220	219	214	216	218.4
	内表面	214	214	208	210	207	210.6

按 GB/T299—1994《金属夏比缺口冲击试验方法》对 P91 钢管进行横向夏比 V 形缺口冲击试验，试样规格为 10 mm × 10 mm × 55 mm，测试结果列于表 5-8。试验结果表明 P91 钢管冲击吸收功高，具有良好的冲击韧性，冲击功数值满足 GB5310—2008 要求。对天管公司生产的 T91 和规格为 ϕ219 mm × 48 mm 的 P91 进行系列冲击试验，试验结果绘于图 5-19。对系列冲击功数值和断面剪切比进行分析，得出 T91 钢的脆性转变温度 $FATT_{50}$ 为 -60℃，而 P91 钢的脆性转变温度 $FATT_{50}$ 为 -27℃，可见 T91 钢管比 P91 钢管具有更好的冲击韧性。

表 5-8 天管公司生产 P91 钢管冲击功测试值

		A_{KV}/J	平均值/J	备 注
GB5310—2008		≥40(纵向) ≥27(横向)	≥40(纵向) ≥27(横向)	
ϕ219 mm × 48 mm		233,239,230	234	纵 向
ϕ457 mm × 42 mm	外表层	222,220,230	224	横 向
	芯部	216,217,220	217.7	

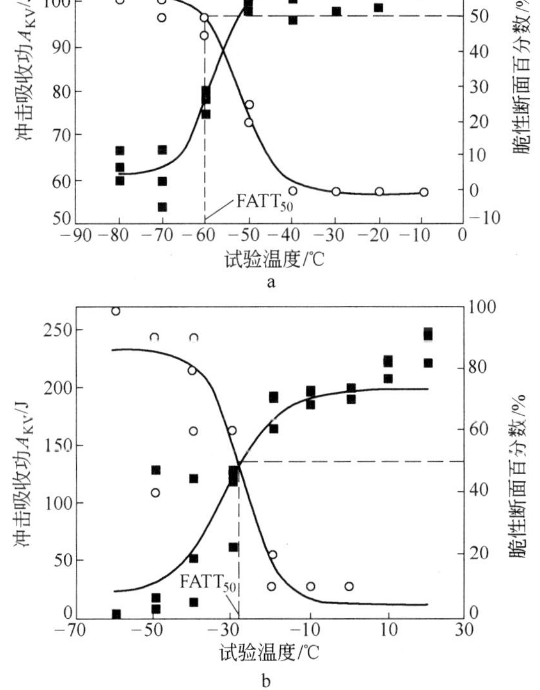

图 5-19 天管公司 T/P91 钢管脆性转变温度曲线

a—T91 钢管；b—P91 钢管

○—A_{KV}；■—脆性断面百分数

在 T91 钢管和 P91 钢管上取样，按标准 GB/T4338—1995《金属材料高温拉伸试验》进行高温拉伸性能试验，试样采用 ϕ10 mm 标准圆棒试样，试样取向为横向，试验结果绘于图 5-20，T91 钢管和 P91 钢管的短时高温拉伸性能均完全符合 GB5310—2008 标准要求，其中 T91 钢管的短时高温拉伸性能明显高于 P91 钢管的短时高温拉伸性能。

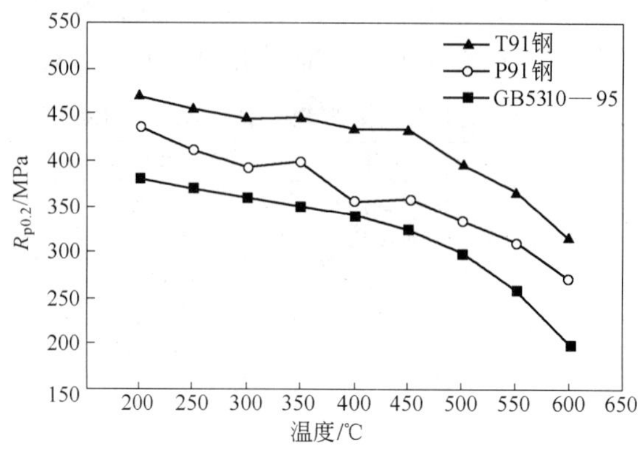

图 5-20　天管公司 T/P91 钢高温拉伸性能

在天管公司生产的规格为 ϕ51 mm × 7 mm 的 T91 钢管和规格为 ϕ219 mm × 48 mm 的 P91 钢管上取样进行高温持久试验，试验温度分布为 590℃ 和 620℃，测试结果绘制于图 5-21。根据测试数据，按照 ASME 有关规定进行线性回归计算，外推得到 590℃ 下 T91 钢管 10 万小时外推持久强度值为 115.9 MPa，P91 钢管 10 万小时外推持久强度值为 117.1 MPa，大于 GB5310—2008 中对 10Cr9 Mo1VNbN 钢管要求的 103.0 MPa。620℃ 下 T91 钢管 10 万小时外推持久强度值为 73.06 MPa，P91 钢管 10 万小时外推持久强度值为 82.1 MPa，大于 GB5310—2008 标准中规定的 73.0 MPa。

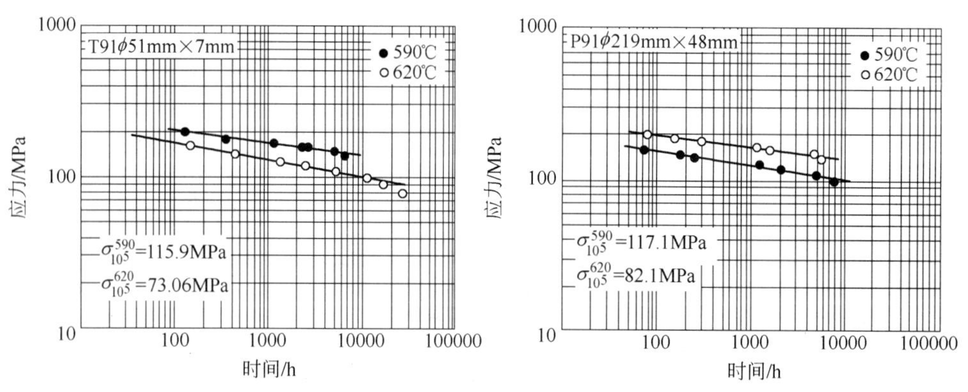

图 5-21　天管公司 T/P91 钢管持久强度曲线

5.3.4 天管公司 T/P91 钢管焊接试验研究

按 GB4675.1—84《斜 Y 形坡口焊接裂纹试验方法》对钢管进行焊接试验。采用 ϕ4.0 mmThyssen Chromo 9 V 焊条,焊接电流和电压分别为 170 ±10 A 和 24 ±2 V,焊接速度为(150 ±10) mm/min。斜 Y 形坡口焊接试验结果列于表 5-9,在室温和 160℃预热时,检测钢管焊缝表面及断面裂纹率为 100%。在 180℃预热时,检测钢管焊缝表面和断面裂纹率分别为 6.25% 和 2%。在 180℃预热并进行焊后消氢处理或者在 200℃预热时,才能完全避免检测钢管的焊缝表面和断面出现裂纹。可见,T/P91 钢的焊接冷裂纹倾向比较大。为避免焊接时发生冷裂纹,T/P91 钢管焊接时最低预热温度应为 200℃左右,考虑到实际生产时的各种不利因素,推荐最低焊接预热温度为 250℃。如果焊后及时进行(300 ~350)℃ ×2 h 的焊后热处理,最低焊接预热温度可降低到 200℃左右。

表 5-9 T/P92 钢管斜 Y 形坡口焊接试验结果

编号	预热温度/℃	环境温度/℃	根部间隙/mm	解剖结果		裂纹率/%	
				解剖片数	裂纹片数	表面	断面
A1	室温	23	2.0 ~2.1	5	5	100	100
A2	160	23	2.0 ~2.15	5	5	100	100
A3	180	26	2	5	1	6.25	2
A4	180①	27	1.95 ~2.0	5	0	0	0
A5	200	28	1.90 ~2.0	5	0	0	0

① 此试样在 180℃预热条件下焊接,并对其进行 200 ~400℃/2 h 消氢处理。

按 GB4675.5—84《焊接热影响区最高硬度试验方法》对上述焊接试样进行硬度测试,试验结果见表 5-10,在 180℃预热条件下,热影响区最高硬度为 464 HV,硬度较大,焊接接头冷裂纹倾向大。在 200℃预热条件下,热影响区最高硬度为 451 HV。在 180℃预热并进行焊后消氢处理条件下,热影响区最高硬度为 442 HV。提高预热温度和焊后消氢处理能降低热影响区的最高硬度,从而减小焊缝发生冷裂纹的可能性。

表 5-10 T/P92 钢管斜 Y 形坡口焊接试样硬度检测结果

试 样 编 号	预热温度/℃	环境温度/℃	硬度最高值 HV10
A1	180	26	464
A2	180①	26	442
A3	200	28	451

① 此试样在 180℃预热条件下焊接,并对其进行 200 ~400℃/2 h 消氢处理。

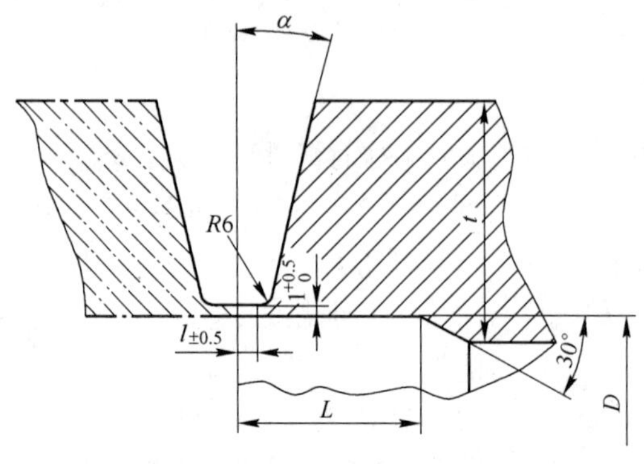

图 5-22　P91 钢管环焊缝 U 形焊接坡口示意图

对 T/P91 钢管开展了环缝焊接工艺试验，环缝对接焊采用 U 形坡口，坡口形状和尺寸见图 5-22 与表 5-11。焊接预热温度为 155℃（GTAW）和 200 ~ 220℃（SMAW，SAW），焊接时层间温度为 230℃ ≤ T≤300℃，焊接方法和焊接材料的选择见表 5-12，背部保护气流量为 6 ~ 12 L/min，2 层氩弧焊焊接完成后可以取消根背部保护气体。在允许的范围内应该选择较大电流，采取较快焊接速度和较薄的焊层厚度，焊后消氢处理制度为(300 ~ 350)℃ ×2 h。焊接试验时，预热温度、层间温度及焊后热处理温度控制工艺如图 5-23 所示。

表 5-11　P91 钢管环焊缝 U 形焊接坡口尺寸

集箱壁厚 t/mm	坡口角度 α/(°)	内膛直段 L/mm	钝边直段 l/mm	内膛直径 D/mm
42	10	50	3	381

表 5-12　P91 钢管环焊缝焊接规范与焊接材料

焊层	焊接方法	焊 接 材 料	焊 接 规 范		
			电流/A	电压/V	速度/mm · min^{-1}
1 ~ 2	GTAW	Thermanit MTS 3 ϕ2. 4 mm	100 ~ 160	10 ~ 18	30 ~ 75
3 ~ 7	SMAW	Thyssen Chromo 9V ϕ4. 0 mm	152 ~ 154	21. 8 ~ 24. 7	170 ~ 179
其余	SAW	Thermanit MTS 3 ϕ2. 5 mm + Marathon 543	310 ~ 350	29 ~ 32	300 ~ 600

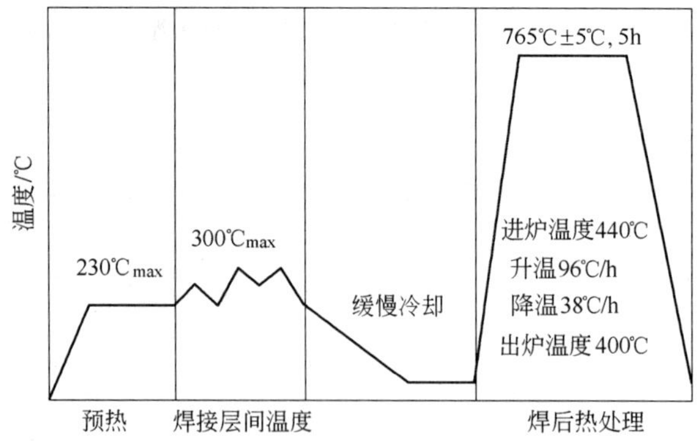

图 5-23　P91 钢管环焊缝预热温度、层间温度及焊后热处理温度

P91 钢管对接接头宏观和微观组织检测未发现裂纹，焊缝和热影响区微观组织均为回火索氏体，焊接接头的宏观金相照片如图 5-24 所示，微观金相组织如图 5-25 所示。

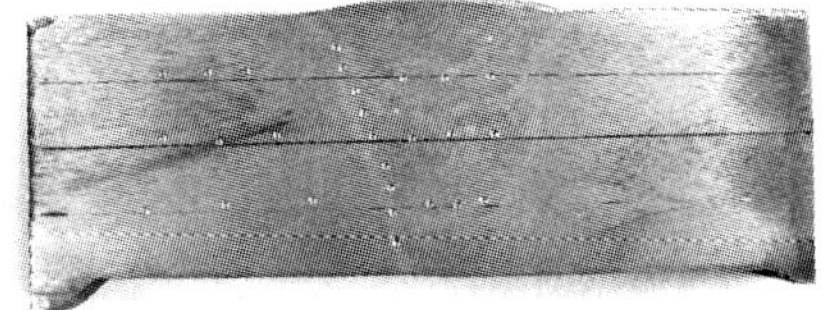

图 5-24 P91 钢管环焊缝宏观金相照片

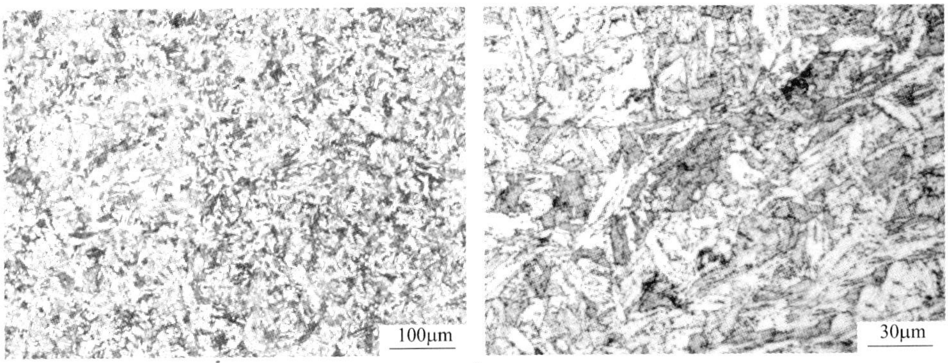

100μm　30μm

a

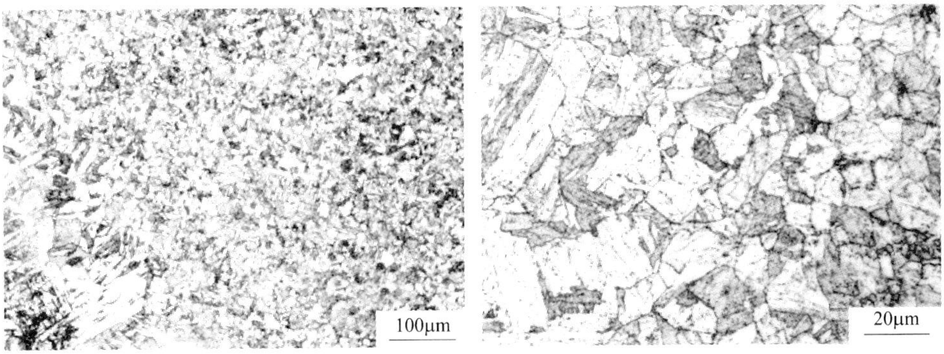

100μm　20μm

b

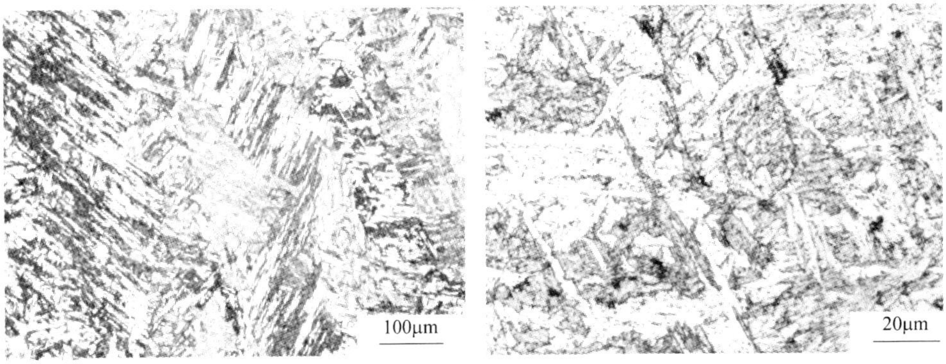

100μm　20μm

c

图 5-25 P91 钢管焊接接头各部位的微观金相照片

a—母材；b—热影响区；c—焊缝

按 GB/T228—2002《金属材料室温拉伸试验方法》和《蒸汽锅炉安全技术监察规程》对 P91 钢管焊接接头进行拉伸试验，拉伸试样为全截面试样。试验结果列于表 5-13，焊接接头的屈服强度和抗拉强度的平均值分别为 584.5 MPa 和 708.5 MPa。按 GB2654—88《焊接接头及堆焊金属硬度试验方法》对 P91 钢管焊接接头进行硬度测试，试验结果列于表 5-14，并绘于图 5-26。焊接接头各层硬度差别不大。在中层，焊接热影响区的硬度值最大，在上层和下层，焊缝的硬度值最大，最大硬度值位于焊缝的下层，数值为 233.7 HB。在本试验规范下，P91 钢管焊接接头的硬度可达到母料相关标准要求。按 GB/T299—1994《金属夏比缺口冲击试验方法》P91 钢管焊接接头分层进行冲击试验，试样取向为纵向，试验结果列于表 5-15，并绘于图 5-27。冲击试验结果表明，在整个焊接接头中焊缝金属的冲击韧性较低，为焊接接头的薄弱部位。

表 5-13　P91 钢管焊接接头常温拉伸性能

试样号	$R_{p0.2}$/MPa	R_m/MPa	断裂位置
1	586	713	焊缝上
2	583	704	焊缝上
平均值	584.5	708.5	—

表 5-14　P91 钢管焊接接头硬度试验结果(HB)

位置	母材			热影响区			焊缝		
	上层	中层	下层	上层	中层	下层	上层	中层	下层
硬度	204 206 210	207 211 212	207 211 210	210 211 208	222 226 229	216 216 220	226 222 218	222 223 217	236 237 228
平均值	206.7	210	209.3	209.7	225.7	217.3	222	220.7	233.7

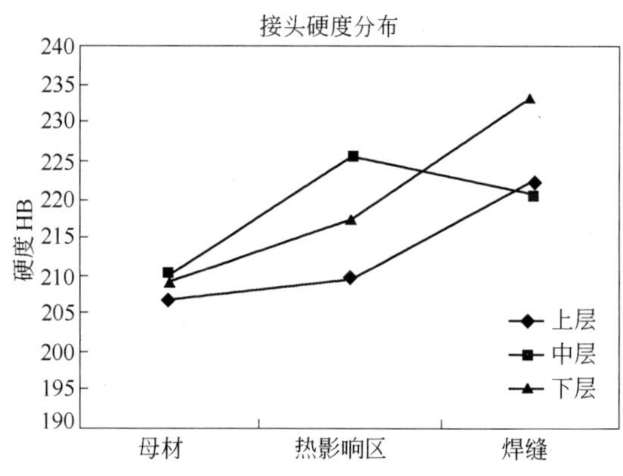

图 5-26　P91 钢管焊接接头硬度分布

表 5-15 P91 钢管焊接接头冲击试验结果

位　置		冲击吸收功/J	平均值/J
焊　缝	上　层	88、38、76	67.3
	下　层	44、47、40	43.7
热影响区	上　层	240、249、260	249.7
	下　层	89、147、68	101.3
母　材	上　层	222、220、230	224
	下　层	216、217、220	217.7

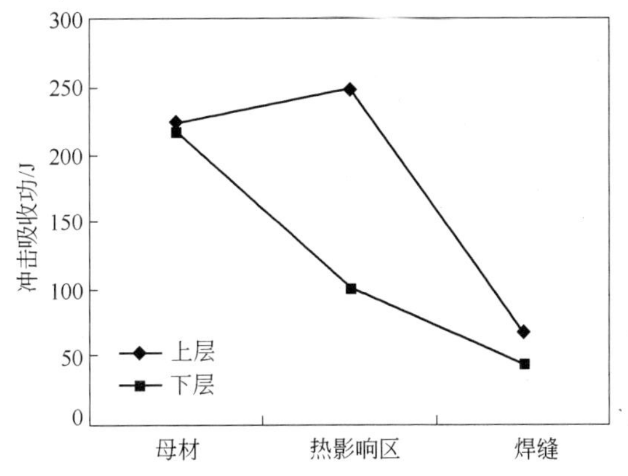

图 5-27 P91 钢管焊接接头冲击分布

5.4 江阴兴澄特种钢铁有限公司连铸 T91 锅炉钢坯研制进展[10]

江阴兴澄特种钢铁有限公司(兴澄特钢)在国内率先采用连铸工艺流程试制和生产了 T91 钢坯。兴澄特钢采用的工艺路线为铁水 + 废钢→100 t 直流电炉(EAF)→100 tLF 精炼炉→100 t VD 真空脱气炉→五机五流连铸(CCM)320 mm × 300 mm→缓冷→连铸坯加热→十七机架高刚度轧机轧制→锯切→缓冷→退火→矫直剥皮→探伤→棒材精整。生产的 T91 钢坯的主要化学成分控制水平列于表 5-16,五害元素的控制水平列于表 5-17。可见 T91 钢主要合金元素的控制水平符合 ASME 标准要求,有害元素 P、S、Cu 元素及五害元素含量均较低。

表 5-16 兴澄特钢 T91 钢坯化学成分控制水平(质量分数,%)

特征值	C	Si	Mn	P	S	Cr	Ni	Mo
标准范围	0.08 ~ 0.12	0.20 ~ 0.50	0.30 ~ 0.60	≤0.020	≤0.010	8.00 ~ 9.50	≤0.15	0.85 ~ 1.05
最大值	0.11	0.32	0.42	0.017	0.010	9.00	0.09	0.95
最小值	0.08	0.23	0.37	0.010	0.003	8.34	0.06	0.90
平均值	0.09	0.27	0.40	0.012	0.006	8.62	0.07	0.92

续表 5-16

特征值	Cu	Al	V	Nb	O	N	H
标准范围	≤0.16	≤0.015	0.18～0.25	0.06～0.10	≤0.0040	0.030～0.070	≤0.0002
最大值	0.11	0.011	0.223	0.087	≤0.0030	0.04614	0.0002
最小值	0.06	0.008	0.192	0.072	≤0.0030	0.03066	0.00009
平均值	0.08	0.010	0.20	0.0791	≤0.0030	0.03895	0.00014

表 5-17　兴澄特钢 T91 钢坯五害元素控制水平(质量分数,%)

分类	Pb	As	Sn	Sb	Bi	As + Sn + Sb + Pb + Bi
最大	0.0009	0.0174	0.0106	0.0064	0.0111	0.0443
最小	0.0002	0.0125	0.0061	0.0031	0.0074	0.0311
平均	0.0004	0.0152	0.0084	0.0042	0.0095	0.0377

针对 T91 锅炉钢的特点,兴澄特钢在连铸过程中采用了结晶器电磁搅拌、末端电磁搅拌技术、低过热度控制、连铸二冷段优化冷却等技术手段,力求减少铸坯柱状晶比例,减少连铸坯低倍组织缺陷。对 31 炉连铸 T91 钢坯取样进行低倍组织和夹杂物含量检验,检验结果列于表 5-18 和表 5-19,可以看出无论是平均水平还是最高级别,钢坯的一般疏松、中心疏松和偏析水平都控制得很好,基本在 1.5 级以下。同时,T91 钢连铸坯的夹杂物控制水平也比较理想。

表 5-18　兴澄特钢 31 炉连铸 T91 钢坯低倍组织检验

分　类	一般疏松	中心疏松	偏　析
	级	级	级
最　大	2.0	1.5	1.5
最　小	0.5	0.5	0.5
平　均	0.8	0.8	0.9

表 5-19　兴澄特钢 31 炉连铸 T91 钢坯夹杂物控制水平

分　类	A 类(级)		B 类(级)		C 类(级)		D 类(级)	
	细	粗	细	粗	细	粗	细	粗
最　大	1.5	0.0	2.0	2.0	0.0	0.0	1.0	1.5
最　小	0.5	0.0	0.5	0.0	0.0	0.0	0.0	0.0
平　均	1.1	0.0	1.2	0.1	0.0	0.0	0.5	0.4

宝钢集团上海钢管有限公司采用兴澄特钢生产的 T91 管坯生产了成品锅炉管,T91 钢管主要的生产工艺为热穿孔、冷拔和正火、回火。T91 钢管规格为 ϕ38 mm × 5.6 mm。对该 T91 钢管的性能进行检测,检测结果列于表 5-20。可见采用兴澄特钢

连铸管坯制造的T91钢管的常规力学性能满足ASME SA－213M要求。关于是否可以采用连铸坯制造T91或T92锅炉钢管问题，目前正在探索过程中，还没有得出一致性的结论。

表5-20 T91成品锅炉管质量指标（ϕ38 mm×5.6 mm，正火＋回火）

类别	抗拉强度/MPa	屈服强度/MPa	伸长率/%	硬度HRC	压扁试验	扩口试验	探伤ET＋UT
SA－213要求	≥585	≥415	≥20.0	≤25	无裂纹	无裂纹	国标要求
成品管实测	675/680	520/530	22/22	9～7.5	合格	合格	合格

兴澄特钢从2005年5月开始连铸T91钢坯的试制，通过不断的技术改进已经掌握了连铸T91钢坯批量生产技术，已形成月产2500 t（3万吨/年）T91连铸坯的生产能力，连铸T91钢坯已经供应市场。

5.5 生产工艺对P91锅炉钢管性能影响问题

过去十多年间中国有多种试制和生产大口径P91锅炉钢管的工艺流程，如武汉471厂的钢锭冲孔＋顶管工艺、攀钢集团成都钢铁有限责任公司（成都65厂）的锻造管坯＋皮尔格轧机轧管工艺、扬州诚德钢管有限公司的锻造管坯＋二辊一次斜轧制管工艺[11]、内蒙古北方重工业集团公司[12]和河北宏润重工集团有限公司[13]的钢锭锻造成棒＋镗孔工艺等。同期，国外大口径锅炉钢管的主流生产工艺为以美国Wyman Gordon公司3.5万吨立式挤压机为代表的热挤压工艺。内蒙古北方重工业集团公司建设的世界最大3.6万吨立式挤压机已经投产，并且探索采用热挤压工艺生产P91大口径锅炉钢管正在进行中[14]。

扬州诚德钢管有限公司采用东北特钢/宝钢股份公司特殊钢事业部P91高锻造比锻坯，二辊斜轧一火轧制成材，可保证钢管纵向、横向和厚度方向性能的稳定性和均匀性。供货规格为ϕ(219～914) mm×(10～100) mm，生产无缝钢管的外径壁厚比（D/T）可达到4～50。该生产线是全球最大的短流程热轧无缝钢管生产线，既能实现大批量生产作业，也可满足多规格小批量生产，尤其适合制造小口径厚壁管和大口径薄壁管。

东方锅炉厂戴黎等人[15]对不同生产工艺生产的国产P91钢管的性能进行了对比评价。选择了采用钢锭冲孔＋顶管法制造的规格为ϕ515 mm×84 mm钢管（W管）、采用锻造管坯＋二辊斜轧制管法生产的规格为ϕ508 mm×78 mm钢管（J管）、采用钢锭锻造成棒＋镗孔工艺生产的规格为ϕ609.6 mm×100 mm钢管（B管）和采用锻造管坯＋皮尔格轧机轧管法生产的规格为ϕ457 mm×45 mm钢管（C管）等。各国产P91钢管600℃持久试验数据和600℃10万小时持久强度外推计算结果列于表5-21，部分国产P91钢管的持久强度曲线绘于图5-28。AMSE SA－335M给出600℃P91钢管的许用应力值为61.7 MPa（内插值），而国产 P91 钢管相同温度下 10 万小时持久强度外推值的平均值为 93 MPa(最低值为 77.5 MPa),可见上述工艺制造的国产 P91 钢管的持久性能均满足 ASME 规范要求。

表 5-21　不同生产工艺生产的 P91 钢管 600℃持久性能测试数据

钢管	应力/MPa	180	170	160	150	140	130	120	110	100	95
W 管	断裂时间/h	104		712	2190	3389	10743	11118	>10000	>14100	
	断后伸长率/%	26		34	23	28	31	30			
	持久强度	$\lg\sigma = 2.476772 - 0.09792\lg\tau$,10 万小时持久强度为 97.1 MPa									
J 管	断裂时间/h	73	84	118	108	915	2280	2743	6828		>12000
	断后伸长率/%	39	34	22	22	36	27	23	22		
	持久强度	$\lg\sigma = 2.420702 - 0.100118\lg\tau$,10 万小时持久强度为 83.2 MPa									
B 管	断裂时间/h	123	151		724	978	2530	5709	7553	>20000	
	断后伸长率/%	23	22		21	23	22	19	26		
	持久强度	$\lg\sigma = 2.45281 - 0.102175\lg\tau$,10 万小时持久强度为 87.5 MPa									

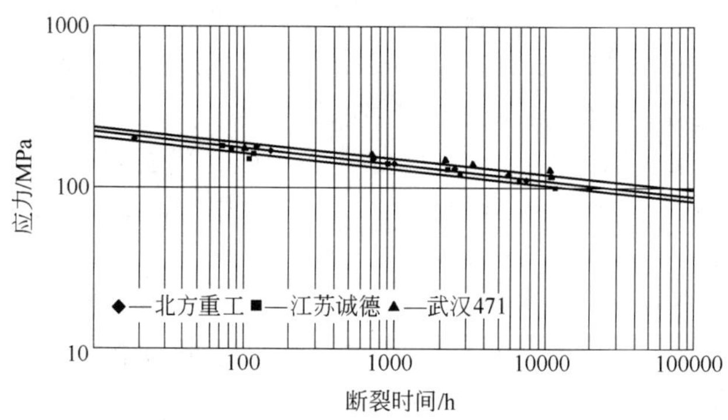

图 5-28　不同生产工艺生产的 P91 钢管 600℃持久强度曲线

对比试验的结果还表明虽然选择的国产 P91 钢管的化学成分存在一些差异(均在标准规定的范围内)和制管工艺流程不同,导致 P91 钢管的性能有一定差异,但参与试验的国产 P91 钢管 600℃下 10 万小时持久强度的外推值均高于 77.5 MPa,远高于 ASME 规范设计标准要求的许用值,且钢管的持久塑性高,钢管的综合性能良好。由此可见,只要 P91 钢管化学成分符合技术条件要求,主要强化元素匹配适当,采用的制管工艺流程和热加工 - 热处理工艺适当,不同生产工艺生产的国产 P91 钢管的综合性能都能满足电站锅炉设计和选用要求。

参考文献

[1] 束国刚,刘江南,石崇哲,等. 超临界锅炉用 T/P91 钢的组织性能与工程应用[M]. 西安:陕西科学技术出版社,2006.

[2] 程世长,林肇杰,刘正东. 10Cr9Mo1VNb(T91)高压锅炉管用钢[J]特殊钢,1994, 15(6):96 ~97.

[3] Yutaka Jsuch ida. 具有优异强度和韧性的改良型9Cr - 1Mo 钢板的开发及 BOF 生产工艺[J]. 刘正东译. 宽厚板, 1995,1(1):43 ~47.

[4] 刘正东,程世长,林肇杰. 超临界和超超临界电站锅炉用钢管的选用[J]. 特殊钢,1995, 16(4):59.

[5] 王春旭. 钒对 T91 钢强性的影响研究[D]. 北京:钢铁研究总院,1996.

[6] 程世长,林肇杰,王春旭. 钒对 T91 钢强度影响机理的探讨,冶金工业部钢铁研究总院技术研究报告,北京,1997.

[7] 王起江. 宝钢股份公司技术研究报告. 上海,2010.

[8] 肖功业. 天津钢管集团有限公司技术研究报告. 天津,2010.

[9] 肖功业. T/P91 电站锅炉用管研制开发. 600MW/1000MW 超超临界机组新型钢国产化研讨会,中国扬州,2009.

[10] 李国忠,惠荣. 铁素体型耐热钢凝固与铸坯质量控制技术开发. 江阴兴澄特种钢铁有限公司技术研究报告,2010.

[11] 王鹏展,王俊杰,徐银庚. 超(超)临界机组关键材料 P91/P92 研制及国产化. 600MW/1000MW 超超临界机组新型钢国产化研讨会,中国扬州,2009.

[12] 周仲成. 采用锻造镗孔技术制造大口径厚壁 9% Cr 无缝钢管. 600MW/1000MW 超超临界机组新型钢国产化研讨会,中国扬州,2009.

[13] 赵敬彬. 超(超)临界机组用大口径厚壁 P91/P92 钢管的研制与生产. 600MW/1000MW 超超临界机组新型钢国产化研讨会,中国扬州,2009.

[14] 刘正东. 依托大型先进挤压机,开发大口径厚壁高压锅炉管. 360 垂直挤压大口径厚壁无缝钢管技术展示暨高层论坛,内蒙古包头,2010.

[15] 戴黎. 国产 P91 钢管试验研究,中国动力工程学会材料专委会 2009 年年会文集[M]. 中国上海,2009.

6 中国 T/P122 锅炉钢研制进展

6.1 概述

HCM12A 铁素体型耐热钢是由日本住友金属和三菱重工在 20 世纪 90 年代初期开发，主要用于制造超临界或超超临界火电机组过热器管、再热器管、集箱等高温高压部件。HCM12A 钢于 1999 年纳入 ASME Code Case2180-2，2001 年纳入 ASME SA-213 和 SA-335，以及 ASTM A-213 和 A-335，命名为 T/P122 钢。Gr122 钢板于 2004 年纳入 ASME SA-1017。

钢铁研究总院于 2002 年开始系统研究 T/P122 钢。2003 年国家科技部 863 计划“高效超临界火电机组关键用材研制”课题立项，钢铁研究总院（简称钢研院）、宝钢股份有限公司特殊钢分公司（简称宝特）和哈尔滨锅炉厂（简称哈锅）共同承担 HCM12A（即 T122 钢）和 Super304H 钢（即 S30432 钢）的研制工作。2005 年钢研院、宝特和哈锅共同完成 T122 钢研制并试制出 T122 钢管[1]。

T122 钢 600℃ $\times 10^5$ h 的持久强度是 T91 钢的 1.3 倍[2]，其强化方式包括 W、Mo 固溶强化、$M_{23}C_6$ 型碳化物析出强化、Laves 金属间化合物析出强化和纳米级 MX 相析出强化等。T122 钢抗氧化和耐腐蚀性能优于 9% Cr 系的 T91、E911 和 T92 等钢种[3]。

T122 钢 Cr 含量增加，W、Mo、V、Nb 等强化元素均是促进铁素体化元素，使钢中易形成 δ 铁素体。Cr 含量增加以及加工工艺过程对 δ 铁素体形成有直接影响，Cu 的加入有助于抑制 δ 铁素体形成。δ 铁素体含量过高，会导致钢的持久强度下降[4]。

近年来对 9% ~12% Cr 钢中 Z 相（CrNbN）的研究表明[5]，随着 Cr 含量增加，Z 相的析出速率增加，Z 相的析出消耗大量细小弥散 MX 相，使持久强度下降明显。欧洲蠕变委员会（ECCC）于 2005 年下调了 T/P122 钢的许用应力，把 T122 钢分为单相和双相两类，双相钢的许用应力下调幅度更大。而 T/P92 钢的许用应力下调幅度较小[6]。

6.2 T/P122 锅炉钢管应用业绩

T/P122 钢主要用于制造壁温 <650℃的过热器管、再热器管及主蒸汽管道、集箱等部件。其在国内外主要应用业绩如下：

（1）最早应用于日本 156 MW 亚临界锅炉过热器。T122 钢管尺寸为 ϕ38.1 mm × 7.4 mm，锅炉最大蒸汽压力为 19.2 MPa，出口温度为 570 ℃[7,8]。

（2）中国粤电珠海电厂两台 700 MW 亚临界锅炉末级再热器，T122 钢管尺寸为 ϕ63.5 mm × 3.5 mm，过热蒸汽参数 18.2 MPa/541℃，再热蒸汽参数 4.5 MPa/568℃，投产时间分别是 2000 年 4 月和 2001 年 2 月[9]。

（3）日本电源开发公司的橘湾 2 号机组。P122 用于主蒸汽管道和末级过热器出口集箱，锅炉参数 25 MPa/600℃/610℃，2000 年投运。

（4）浙江玉环超超临界电站。P122 用于主蒸汽管道，主蒸汽参数为 27.46 MPa/600℃/605℃，2006 年 12 月投运[10]。

6.3 T/P122 钢技术条件

T122 钢的化学成分及技术标准演变见表 6-1，从 2006 年 CC2180-3 开始，Cr 含量上限值由 12.5% 降至 11.5%。Al 含量由≤0.040% 降至≤0.020%。Ti 和 Zr 含量均≤0.010%。标准规定 T122 钢的室温力学性能见表 6-2。许用应力变化较大，CC2180-2 和 CC2180-3 调高了 -20～100°F（-29～49℃）至 1050°F（538℃）的许用应力。CC2180-4 降低了 1050°F（566℃）至 1200°F（649℃）的许用应力（表 6-3）。该钢锻件和管道的技术标准分别见 ASME SA-182 和 ASME SA-335。

表 6-1 T122 钢成分范围（质量分数，%）

标准	C	Mn	P	S	Si	Ni	Cr	Mo	V
ASME CC2180-1 (1997-05-23)	0.07～0.14	≤0.70	≤0.020	≤0.010	≤0.50	≤0.50	10.0～12.5	0.25～0.60	0.15～0.30
ASME CC2180-2 (1999-05-04)	0.07～0.14	≤0.70	≤0.020	≤0.010	≤0.50	≤0.50	10.0～12.5	0.25～0.60	0.15～0.30
ASME CC2180-3 (2006-04-18)	0.07～0.14	≤0.70	≤0.020	≤0.010	≤0.50	≤0.50	10.0～11.5	0.25～0.60	0.15～0.30
ASME CC2180-4 (2006-08-04)	0.07～0.14	≤0.70	≤0.020	≤0.010	≤0.50	≤0.50	10.0～11.5	0.25～0.60	0.15～0.30
标准	B	Nb	N	Al	W	Cu	Ti	Zr	
ASME CC2180-1 (1997-05-23)	≤0.005	0.04～0.10	0.04～0.10	≤0.040	1.50～2.50	0.30～1.70			
ASME CC2180-2 (1999-05-04)	≤0.005	0.04～0.10	0.04～0.10	≤0.040	1.50～2.50	0.30～1.70			

续表 6-1

标　准	B	Nb	N	Al	W	Cu	Ti	Zr	
ASME CC2180 -3 (2006 -04 -18)	≤ 0.005	0.04 ~ 0.10	0.04 ~ 0.10	≤ 0.020	1.50 ~ 2.50	0.30 ~ 1.70	≤ 0.010	≤ 0.010	
ASME CC2180 -4 (2006 -08 -04)	≤ 0.005	0.04 ~ 0.10	0.04 ~ 0.10	≤ 0.020	1.50 ~ 2.50	0.30 ~ 1.70	≤ 0.010	≤ 0.010	

表 6-2　T122 钢力学性能

标　准	拉伸性能			硬　度
	抗拉强度/MPa	屈服强度/MPa	伸长率/%	HB, HV, HRC
ASME Case 2180 ASTM A213	≥620 MPa	≥400 MPa	20	≤250, 265, 25

表 6-3　ASME 标准规定的许用应力

华氏温度 /°F	摄氏温度 /℃	最大许用应力/MPa			
		CC2180 -1	CC2180 -2	CC2180 -3	CC2180 -4
-120	-78	155.25	177.33	177.33	177.33
200	93	155.25	177.33	177.33	177.33
300	149	151.11	172.5	172.5	172.5
400	204	146.28	166.98	166.98	166.98
500	260	142.83	163.53	163.53	163.53
600	316	139.38	159.39	159.39	159.39
650	343	138	158.01	158.01	158.01
700	371	135.93	155.25	155.25	155.25
750	399	133.86	152.49	152.49	152.49
800	427	130.41	149.04	149.04	149.04
850	454	126.96	145.59	145.59	145.59
900	482	122.82	140.07	140.07	140.07
950	510	117.99	134.55	134.55	134.55
1000	538	111.78	127.65	127.65	127.65
1050	566	104.19	115.92	115.92	99.36
1100	593	89.01	89.01	89.01	73.14
1150	621	64.17	64.17	64.17	49.68
1200	649	42.78	42.78	42.78	31.05

6.4　我国 T/P122 钢研发历程

6.4.1　T122 钢合金元素优化

T122 钢的成分设计借鉴了 T91 钢和 X20 CrMoV 121 钢的成分特点。三种钢的典型化学成分对比见表 6-4。T122 钢在 X20 CrMoV 121 和 T91 钢的基础上，优化 C 含量，降低 Mo 含量，采用 W－Mo 复合强化，优化 V、N 含量，并添加 B、Cu 元素。

表 6-4　三种钢的典型化学成分(质量分数,%)

钢　号	C	Si	Mn	Cr	Ni	Mo	W	Nb	V	N	B	Cu	Co
T/P91	0.10	0.25	0.35	9.0	0.20	1.0		0.05	0.20	0.06			
X20 CrMoV121	0.20	0.50	1.00	12.0	0.20	1.0			0.3				
T/P122	0.10	0.25	0.35	11.00	0.20	0.40	2.0	0.05	0.19	0.05	0.0020	0.90	

注:Fe 为余量。

T122 钢中主要合金元素的作用如下：

(1) 铬的作用:铬主要用它来提高钢的抗蒸汽氧化性能及耐腐蚀性能。高铬铁素体耐热钢中铬含量在 9%～12%，使钢在 600℃具有较好的抗氧化能力和耐腐蚀性能。

铬含量对于耐热钢的持久强度也有明显影响。低合金耐热钢中铬含量接近 1.25%～2.25%时持久强度显著提高，随后趋于降低。当铬含量为 3%～3.5%时降至最低值，铬含量继续增加时持久强度变化不大，铬含量增至 7%时，持久强度又缓慢回升[11]，600～650℃的使用温度下最佳铬含量为 8%～10%[12]。

(2) 钨和钼的作用:高铬铁素体耐热钢中添加钨能提高其蠕变强度。一部分钨原子形成 Fe_2W 相，剩余部分固溶于基体中，起到固溶强化的作用。Fe_2W 相的尺寸比 $M_{23}C_6$和 MX 相尺寸大，Fe_2W 相对蠕变强度的贡献较小。钨的固溶强化机理与位错强化有关，钨添加可降低马氏体转变点温度，并产生细晶亚结构。由于含钨铁素体钢中 $M_{23}C_6$型粒子密度大，且在亚晶界附近的钉扎作用显著，从而使亚结构能够长时保持稳定[13]。

钼也是提高耐热钢热强性的重要元素之一，而且钼还能够增加钢的淬透性、降低钢的热脆倾向。当前研究认为，钨钼复合添加的作用优于单独添加钨或钼，在相同钼当量(Mo%＋1/2W%)情况下，钨量比钼量多时钢的持久强度要高。当前的 9%～12%铬系耐热钢都采用钨钼复合强化[14]。

(3) 硼的作用:高铬铁素体耐热钢中添加少量的硼可提高其持久强度。硼原子的添加抑制了 $M_{23}C_6$型粒子的粗化，同时也能稳定亚晶粒结构。大多数硼原子固溶于基体内,并与空位结合,降低自扩散系数。硼原子在位错附近形成 Cottrell 气团,并且增加了蠕变抗力。此外,硼的添加对晶界也有强化作用,但是耐热钢在长时高温服役过程中,晶界偏聚的硼逐渐扩散到晶内,因此,耐热钢中硼强化晶界的作用相对于低碳钢中硼的作用要弱一些[15]。

硼与氮的结合能力强,高铬铁素体耐热钢中硼与氮含量超过一定程度容易结合生成氮化硼夹杂物,大尺寸氮化硼夹杂物可能会对钢的塑性和持久强度造成不利影响[16,17]。为有效地利用硼避免形成大量硼化物,可在钢中添加微量的钛,使其优先与氮结合起到充分发挥硼的作用。

(4) 钒和铌的作用:在高铬铁素体钢中添加钒和铌,主要形成 MX 相。钢中细小、稳定的 MX 型粒子析出并弥散分布于晶粒内,长时间内保持稳定,对于维持亚晶粒结构的稳定和提高钢的持久强度具有重要作用。

对比钒和铌的析出强化效果,在低温短时间下铌作用明显,但在长时高温下钒有作用。钒铌添加存在最佳配比的问题,当钒、铌单独添加的情况下,高温长时间下效果变小,而钒铌复合添加时,各自强化作用叠加,使得强度提高显著[18]。目前,9% ~12% 铬系耐热钢中普遍采用钒铌复合添加的微合金化方式。

(5) 铜的作用:铜是奥氏体化元素,高铬铁素体耐热钢中添加铜的目的是抑制 δ 铁素体形成。近来有研究认为铜的添加对持久强度也有贡献[19,20],研究中发现蠕变过程中可能是富铜相沿马氏体板条析出,抑制了位错滑移,保持了马氏体板条结构稳定。持久强度和蠕变断裂时间随着铜含量的增加而增加,但铜含量超过 2% 降低了塑性导致晶间断裂裂纹形成[19],铜含量过高也同时影响钢的冷、热加工性能[21]。

(6) 其他元素的作用:高铬铁素体耐热钢中减少硅、锰和镍含量对持久强度也有利,近来也有学者研究 9% 铬耐热钢加入 0.7% 硅,能显著提高抗腐蚀性能。δ 铁素体出现降低耐热钢的持久强度和硬度,Co、Cu 的添加能抑制 δ 铁素体形成,而且添加钴对于钢的持久性能也有利。添加铼能使基体中难熔元素 W、Mo 的含量增加,对持久性能也有益。

6.4.2 T122 钢热处理制度研究

6.4.2.1 T122 钢连续冷却转变曲线

T122 钢连续冷却曲线测试结果见表 6-5,连续冷却曲线见图 6-1。可以看出,T122 钢的 $A_{c1}=820℃$,$A_{c3}=925℃$,$M_s=290℃$,T122 钢具有优良的淬透性,以 0.13℃/s 速度冷却仍然没有发生铁素体或珠光体转变,维氏硬度在 400 HV 以上,而生成铁素体的临界冷却速度接近 0.052℃/s,此时维氏硬度降至 231 HV。

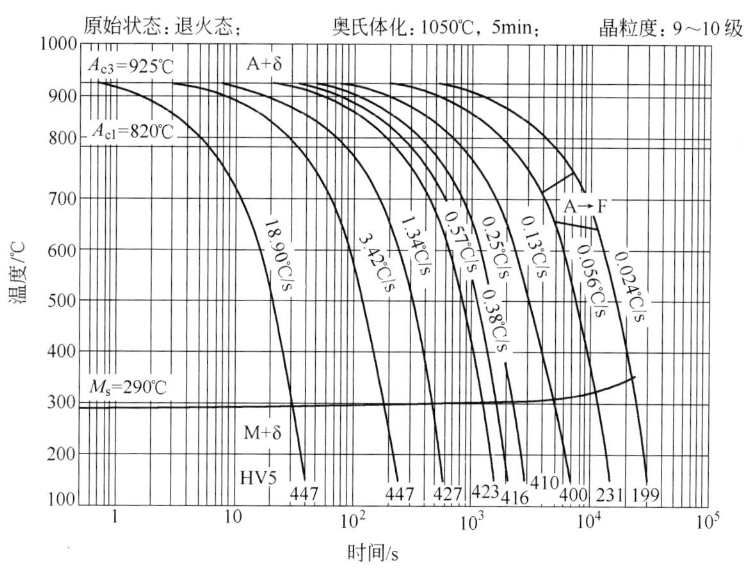

图 6-1　T122 钢连续冷却转变曲线

表 6-5　连续冷却转变曲线测定试验结果

试样编号	冷速/℃ · s^{-1}	M_s/℃	M_f/℃	A_{r3}/℃	A_{r1}/℃	HV5	组　织
1	18. 90	290	189			447	M + δ
2	3. 42	290	190			447	M + δ
3	1. 34	295	190			427	M + δ
4	0. 57	291	193			423	M + δ
5	0. 38	295	201			416	M + δ
6	0. 25	299	198			410	M + δ
7	0. 13	306	226			400	M + δ
8	0. 052	325	226	718	652	231	M + δ + α
9	0. 024	364	228	756	540	199	M + δ + α

注：HV5—加载 5 kg 压头所得到的维氏硬度；M—马氏体；δ—δ 铁素体；α—α 铁素体。

不同冷速下的组织均为马氏体 + δ 铁素体组织，冷速 0. 052℃/s 和 0. 024℃/s 时组织表明，钢中出现 α 铁素体，因此硬度明显下降。

T122 钢奥氏体化后的组织为奥氏体 + δ 铁素体双相组织，冷却速率≥0. 13℃/s 时，奥氏体转变为马氏体，无 α 铁素体形成。冷速≤0. 052℃/s 时，钢中 α 铁素体形成。T122 钢中高温时形成的 δ 铁素体冷却过程中不发生转变，δ 铁素体形成与化学成分和加热温度有关[22]。

T122 钢具有较高的 A_{c1} 和 A_{c3} 温度，有研究认为马氏体耐热钢的组织稳定性由其稳定系数确定[23]，稳定系数 $P = a_1 + a_2\exp\left(-\frac{1}{A_{c1}}\right) + a_3\exp\left(-\frac{1}{A_{c3} - A_{c1}}\right)$，可以看出提高 A_{c1} 温度，以及（$A_{c3} - A_{c1}$）范围较宽，可以提高马氏体耐热钢的稳定系数，而使钢获得较高的长时组织稳定性。

6.4.2.2　奥氏体化温度和回火温度对组织的影响

奥氏体化温度 950～1200℃对晶粒尺寸的影响见图 6-2。随着奥氏体化温度升高，原奥氏体晶粒尺寸长大，由 950℃到 1050℃试验钢的晶粒尺寸明显增加，在 1050～1100℃晶粒尺寸增加不明显，1100℃以上晶粒尺寸又逐渐增大。T122 试验钢 1050℃30 min 油冷，淬火后的组织为马氏体 + δ 铁素体（图 6-3a）。1000℃和 1100℃淬火组织相比较，淬火温度 1000℃时，原奥氏体晶粒内部板条马氏体密度较高，板条束宽度较小，淬火温度 1100℃时，由于温度升高，晶粒尺寸长大，板条马氏体密度降低，板条束宽度增加（图 6-4）。TEM 观察也发现，试验钢 1000～1100℃奥氏体化后的组织中仅有少量碳化物析出（图 6-3），W、Mo、V 等大部分合金元素均固溶在基体中，合金元素的充分固溶也有利于析出相的析出，对持久强度有益[24,25]。

T122 试验钢的回火态组织为回火马氏体 + δ 铁素体（图 6-3b）。透射电镜微观组织观察，淬火得到板条马氏体经回火后，原子扩散运动以及碳化物析出，使原板条马氏体界发生迁移、合并，与图 6-4 淬火态板条比较，回火态板条界变得不清晰（图 6-5）。由 710℃到 770℃，随回火温度升高，板条内位错密度明显降低，板条束的宽度和数量没有明显变化（图 6-5）。770℃回火后，马氏体板条界面及晶粒内的析出相颗粒数量较 710℃回火有明显增加（图 6-5 中箭头所示析出相）。

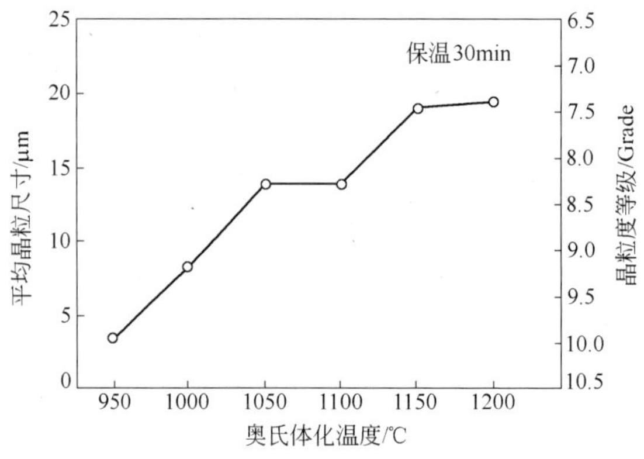

图 6-2　T122 钢奥氏体化温度与奥氏体晶粒尺寸的关系

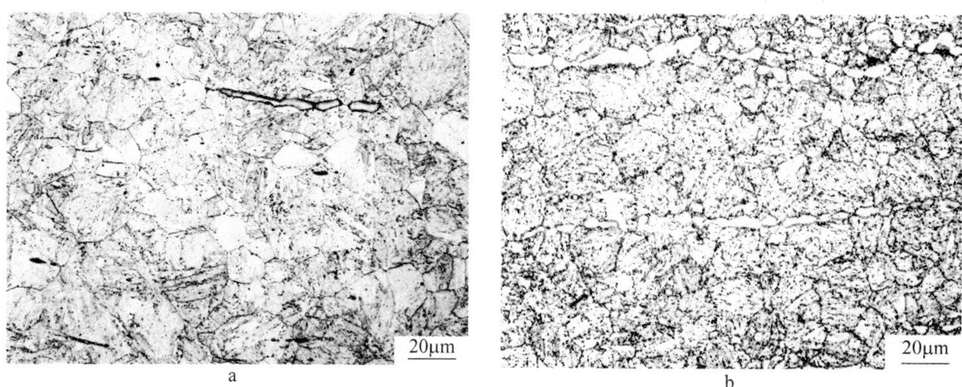

图 6-3 T122 钢光学金相组织(1050℃,30 min,油冷 +770℃ ,3 h 空冷)

a—淬火态;b—回火态

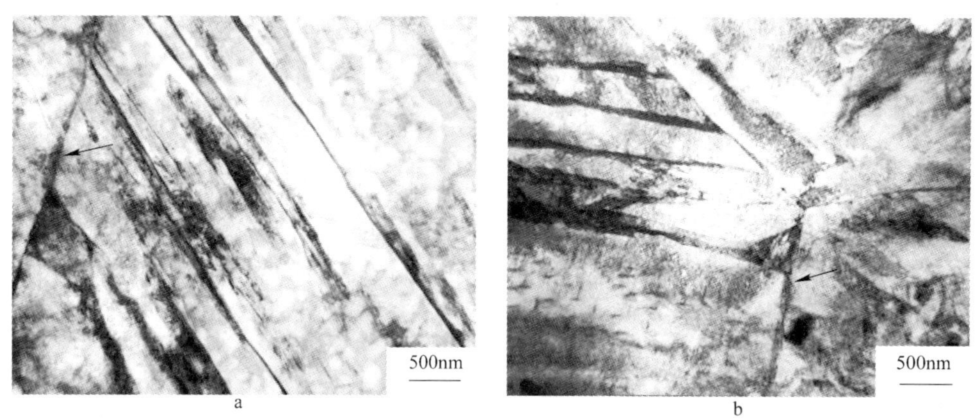

图 6-4 T122 钢淬火态组织

a—1000℃;b—1100℃

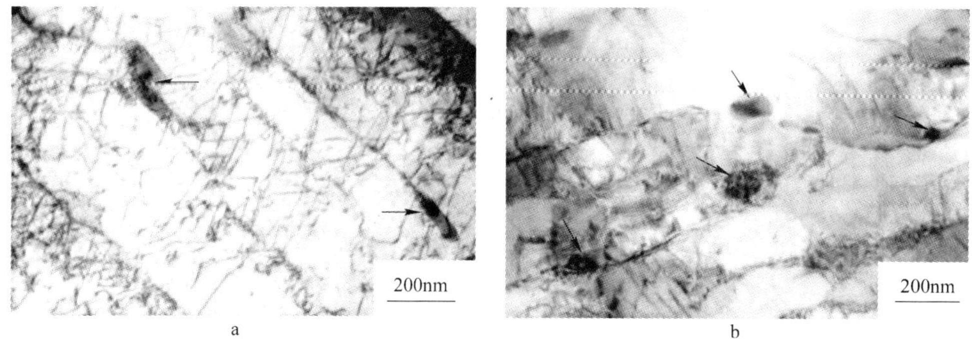

图 6-5 试验钢回火态 TEM 微观组织

a—710℃;b—770℃

除了上述组织变化，金相观察还发现（图 6-6），随奥氏体化温度升高，8 号和 8A 钢化学成分见图 6-7 图例中 δ 铁素体含量（面积百分比）先下降后升高，由 950～1050℃逐渐降低，1010～1050℃时含量较低，高于 1050℃时，钢中 δ 铁素体含量略有增加，1100℃以上奥氏体化，δ 铁素体含量明显增加。而 D1 钢在 950～1100℃奥氏体化，钢中不含 δ 铁素体。由此可见，热处理温度和成分对钢中 δ 铁素体含量影响明显。

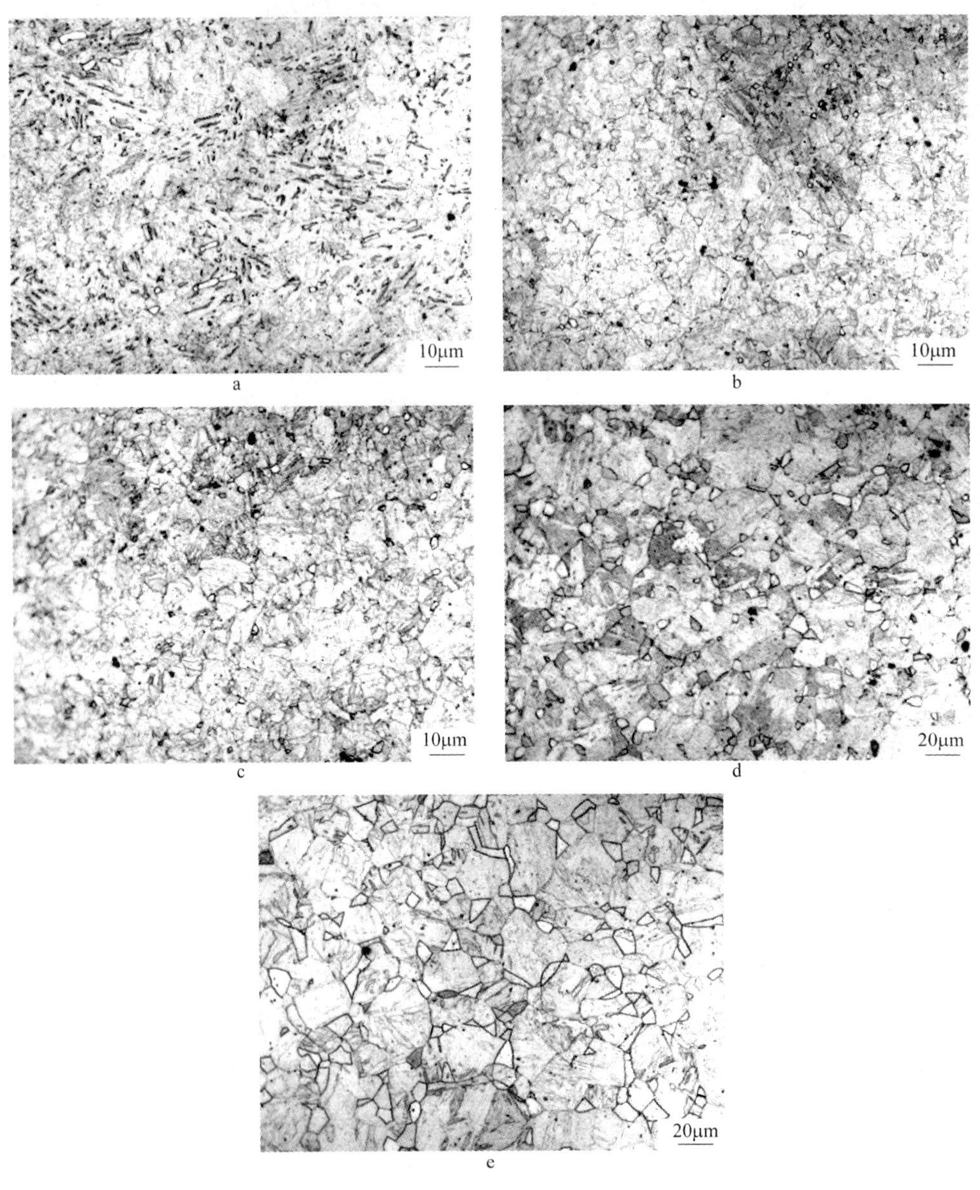

图 6-6　淬火态金相组织（8 号钢）

a—950℃；b—1000℃；c—1050℃；d—1100℃；e—1200℃

钢中含有 δ 铁素体影响高温持久强度，因而应尽量避免 δ 铁素体形成，成分确定情况下，应在热处理过程中使 δ 铁素体含量最低。根据试验结果（图 6-7），1050℃奥氏体化时钢中 δ 铁素体含量较低。除了奥氏体化温度的影响，化学成分也是重要影响因素[22,26]，D1 钢在正常热处理温度范围内，不含 δ 铁素体。

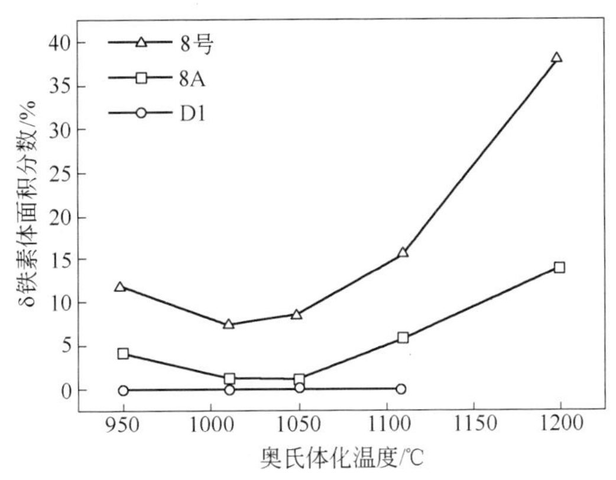

图 6-7 奥氏体化温度对 δ 铁素体含量的影响

（8 号：0.091% C - 0.37% Si - 0.60% Mn - 0.0064% P - 0.006% S - 11.98% Cr - 0.31% Ni - 0.40% Mo - 1.90% W - 0.050% Nb - 0.23% V - <0.005% Ti - 0.0019% B - 0.92% Cu - 0.098% N - <0.005% Al - Fe 余；
8A：0.11% C - 0.29% Si - 0.53% Mn - 0.0071% P - 0.007% S - 12.07% Cr - 0.32% Ni - 0.37% Mo - 1.87% W - 0.052% Nb - 0.23% V - 0.034% Ti - 0.0025% B - 0.90% Cu - 0.065% N - 0.0090% Al - Fe 余；
D1：0.12% C - 0.32% Si - 0.56% Mn - 0.0057% P - 0.007% S - 10.05% Cr - 0.32% Ni - 0.39% Mo - 1.85% W - 0.066% Nb - 0.19% V - <0.005% Ti - 0.0029% B - 0.92% Cu - 0.085% N - 0.020% Al - Fe 余）

6.4.2.3 奥氏体化温度和时间对硬度的影响

奥氏体化温度对试验钢淬火硬度的影响见图 6-8。三种不同成分的试验钢的淬火硬度表现出相同的变化规律。900℃到 950℃硬度增加明显，950℃以上，硬度增加较小，1010 ~ 1070℃之间硬度值较高，高于 1070℃时，硬度逐渐下降，1200℃时，硬度明显下降。试验结果表明，T122 钢在 1010 ~ 1070℃之间淬火硬度较高。

根据 CCT 曲线，900℃奥氏体化低于 A_{c3} 点温度（925℃），因而不能充分奥氏体化，所以淬火硬度较低。随着温度升高，奥氏体化充分后，试验钢淬火后硬度较高，超过 1100℃后，奥氏体晶粒尺寸明显长大，钢中马氏体板条宽度也会增加。根据 Hall-Petch 关系，晶粒尺寸和板条的宽度与硬度相关，晶粒尺寸小，板条宽度

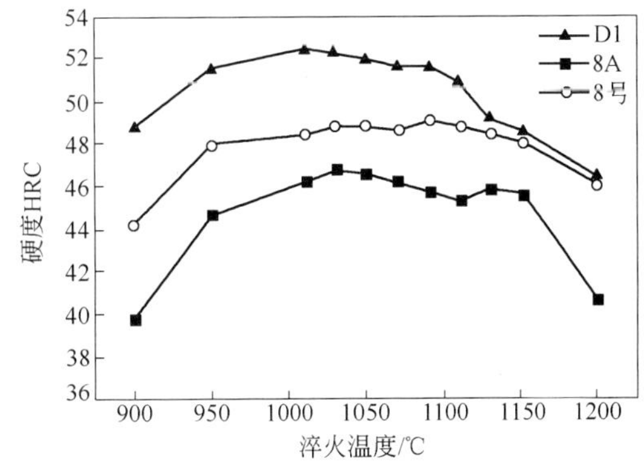

图 6-8 奥氏体化温度对硬度的影响

小，密度大，则硬度较高，反之则硬度下降。

硬度的变化与钢的晶粒度和马氏体板条束的宽度有关，成分不同 D1、8A 和 8 号试验钢的硬度均表现了相同变化规律，说明了试验钢在 1010～1070℃之间，奥氏体化温度对晶粒度的影响规律基本相同，在 1050℃附近具有均匀的晶粒尺寸（图 6-2）。因而，在 1050～1070℃之间奥氏体化，能获得均匀晶粒，较高的淬火硬度，而且较高的奥氏体化温度，也有利于合金元素的充分固溶。

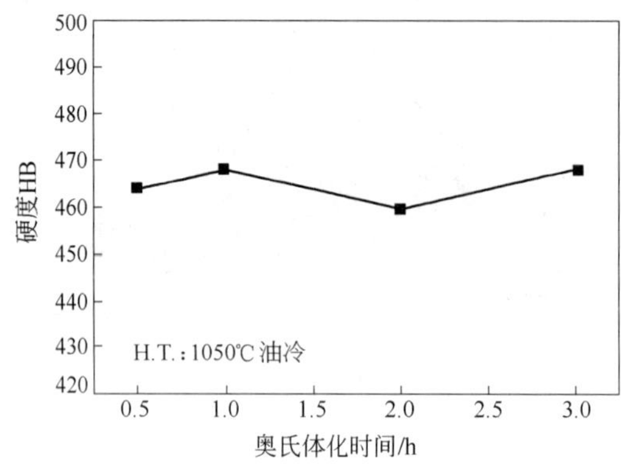

图 6-9　奥氏体化时间对硬度的影响

对试验钢采用 1050℃奥氏体化，奥氏体化时间对硬度的影响见图 6-9。由图可见，硬度随奥氏体化保温时间在 460～468 HB 之间变化，硬度值变化较小，说明保温时间 0.5 h 奥氏体化基本充分，保温时间超过 0.5 h 后，对硬度影响不大。

根据奥氏体化温度对晶粒尺寸、δ 铁素体含量、微观组织以及硬度的影响，试验钢在 1050℃保温 30 min，可以获得均匀的晶粒尺寸，最低 δ 铁素体含量，钢中合金元素固溶充分，并可以获得较高的硬度，因此选择 1050℃保温 30 min 奥氏体化。

6.4.2.4　回火温度对硬度的影响

试验钢经 1050℃30minOQ 处理，回火温度对硬度的影响见图 6-10。试验钢的硬度随回火温度升高，从 710℃到 800℃，逐渐下降，710～770℃之间，硬度下降明显，770℃到 800℃，硬度下降较小，说明随着回火温度升高试验钢逐渐软化，软化的

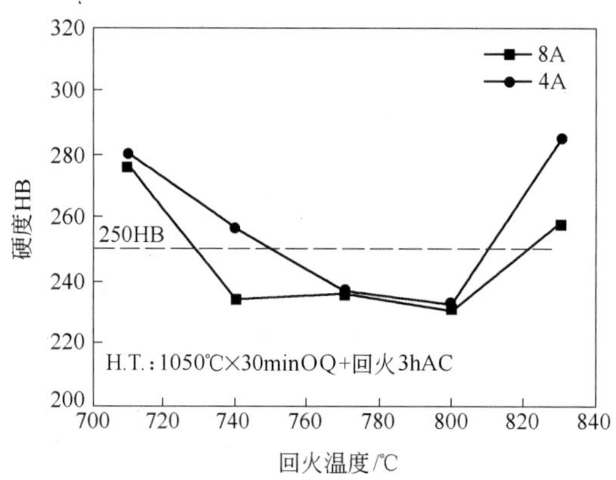

图 6-10　回火温度对硬度的影响

（4A：0.11%C－0.29%Si－0.50%Mn－0.0080%P－0.006%S－11.97%Cr－0.31%Ni－0.38%Mo－1.90%W－0.050%Nb－0.19%　－0.036%Ti－0.0023%B－0.90%Cu－0.058%N－0.0068%Al－Fe 余）

原因是由于位错密度下降导致 830℃ 回火后，硬度明显提高的原因是 830℃ 回火超过了钢的 A_{c1} 点温度（825℃），试验钢奥氏体化，T122 钢淬透性好，空冷得到马氏体组织，因此硬度值升高。

ASME 标准规定硬度≤250 HB，由试验结果可见，回火温度高于 740℃ 才能达到标准要求。

淬火和回火温度不同，使试验钢的晶粒尺寸不同，板条束宽度变化，钢中位错密度和析出颗粒的数量发生变化，因而不同的淬火和回火温度对应的力学性能也发生变化。

6.4.2.5 淬火和回火温度对室温强度和塑性的影响

测定不同淬火、回火热处理后试验钢强度和塑性，得出最佳热处理温度范围。使 122 钢的力学性能满足 ASME 标准要求：抗拉强度 $R_m \geqslant 620$ MPa，屈服强度 $R_{p0.2} \leqslant 400$ MPa，伸长率 $A \geqslant 20\%$，硬度 HB≤250 HB。淬火和回火温度对 T122 试验钢室温强度和塑性的影响，见图 6-11。由图可见，710 ~ 740℃ 回火时，R_m 和 $R_{p0.2}$ 随奥氏体化温度在 1010 ~ 1070℃ 之间逐渐升高，高于 1070℃，呈下降的趋势。770 ~ 800℃ 回火，R_m 和 $R_{p0.2}$ 随奥氏体化温度升高变化不明显。不同热处理制度下，试验钢的室温强度均超过 ASME 标准规定的 $R_m \geqslant 620$ MPa，$R_{p0.2} \geqslant 400$ MPa。

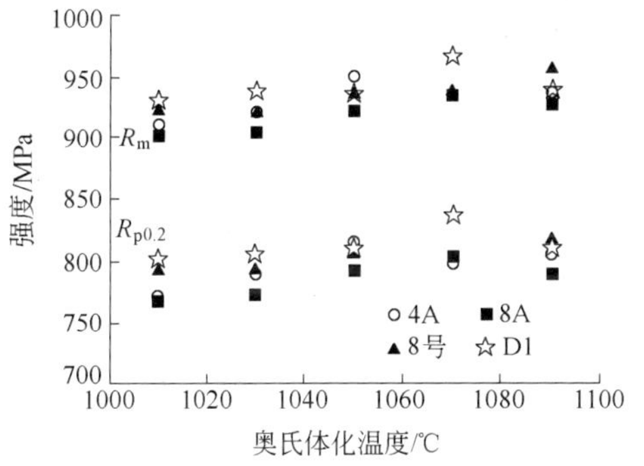

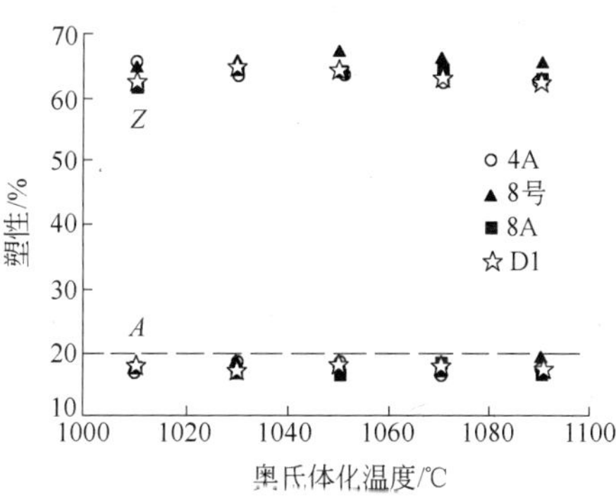

a

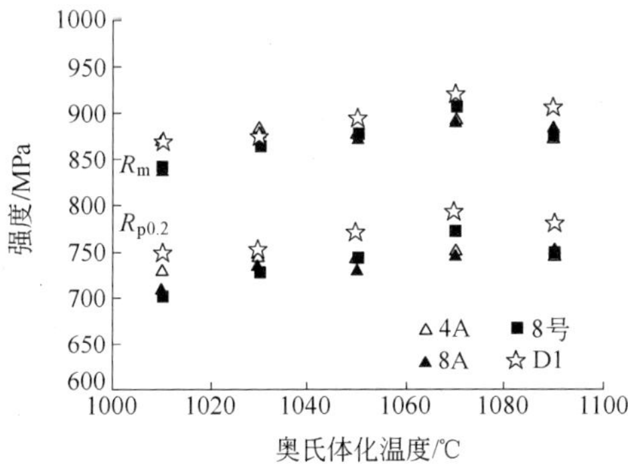

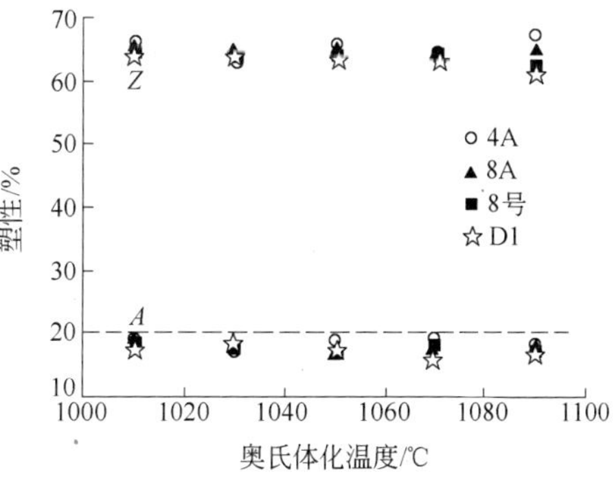

b

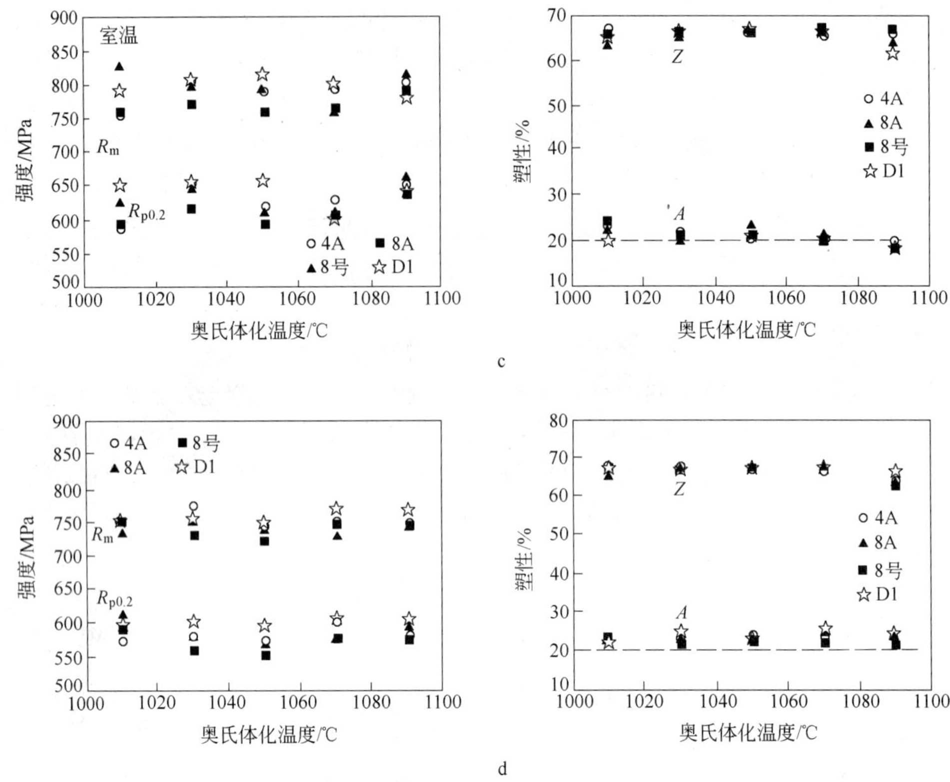

图 6-11　淬火和回火温度对试验钢室温强度和塑性的影响

a—710℃；b—740℃；c—770℃；d—800℃

回火温度对试验钢室温强度和塑性的影响。710℃回火时，试验钢 R_m 为 860 ~ 950 MPa，$R_{p0.2}$ 为 740 ~ 810 MPa，740℃回火时，R_m 为 820 ~ 920 MPa，$R_{p0.2}$ 为 620 ~ 760 MPa，770℃回火时，R_m 为 760 ~ 850 MPa，$R_{p0.2}$ 为 590 ~ 670 MPa，800℃回火时，R_m 为 720 ~ 770 MPa，$R_{p0.2}$ 为 530 ~ 610 MPa。回火温度与室温抗拉强度和屈服强度关系，见图 6-12，R_m 和 $R_{p0.2}$ 数值分布，随回火温度升高，试验钢的 R_m 和 $R_{p0.2}$ 逐渐下降。

室温塑性的变化与室温强度的变化基本呈反比，室温强度下降，塑性升高。断面收缩率基本在 60% ~ 70% 之间小幅度变化，而伸长率变化明显，710 ~ 740℃时，伸长率 A 值基本在 20% 以下，770℃时伸长率 A 值基本在 20% 以上，800℃时伸长率均在 20% 以上。

通过上述淬火和回火温度对室温力学性能的影响，可以看出 T122 钢回火温度对室温强度和塑性影响明显，而不同成分的试验钢的性能变化规律基本相同。

按照 ASME 要求室温塑性 ≥ 20%，室温强度规定 $R_m \geq 620$ MPa，$R_{p0.2} \geq 400$ MPa。可以看出，不同热处理制度下，强度值均能满足要求，而塑性值在 710℃和 740℃回火均不能满足要求，只有在 770℃及以上回火才能满足要求。

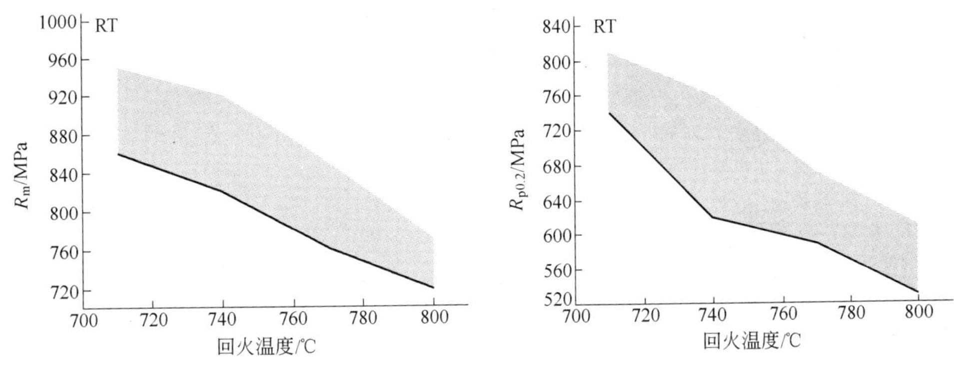

图 6-12 T122 钢回火温度与室温强度的关系

综上所述，在满足 ASME 标准规定的力学性能基础上，奥氏体化温度确定应考虑高温组织的稳定。奥氏体化温度影响晶粒尺寸，在低于晶粒粗化温度 1100℃ 的前提下，尽可能地选择较高的奥氏体化温度，以利于合金元素的固溶，有利于析出相强化。因此选择在 1050 ~ 1070℃ 奥氏体化。

回火温度对 T122 钢中位错密度影响明显，在较低温度回火，位错密度高，钢的室温强度高，但塑性低于 ASME 规定的 20%。而且析出相颗粒数量较少，能够对位错起钉扎作用的粒子数量也较少，那么在高温服役过程中，位错更容易运动，使钢的高温强度下降。因而，要保持位错的高温稳定性，必须在较高温度下回火，使钢中有足够的析出相颗粒析出，对位错起钉扎作用，使钢具有更稳定的长时高温强度。有研究表明[27]，在较低温度回火时，短时时效具有较高的持久强度，而长时时效后，由于缺少析出相颗粒对位错的钉扎，使持久强度明显下降。回火温度也不能过高，800℃ 回火将会促进 Z 相（CrNbN）形成，不利于高温长时持久强度[28]，因此，选用 770 ~ 780℃ 回火处理。

6.4.3 T/P122 钢最佳化学成分范围的研究

T/P122 钢是多元素复合强化耐热钢。合金元素对钢的高温性能影响显著。研发 T/P122 钢的过程中，对钒、铜、铬以及碳氮含量对 T/P122 钢组织和性能的影响进行了研究，并确定了最佳化学成分范围。

6.4.3.1 钒含量对组织和性能的影响

钒是强碳化物形成元素，也是铁素体化元素。T122 钢标准范围内钒含量为 0.15% ~0.30%。钒含量变化对组织和力学性能变化影响明显[29]。T122 钢中钒含量增加明显影响钢中 δ 铁素体含量[29]，而 δ 铁素体含量不同，又会影响钢的力学性能，尤其是持久强度。除此之外，钒易于形成碳化物，钒含量变化会影响含钒析出相的稳定性、强化作用。钒在 T122 钢中主要形成 $M_{23}C_6$ 碳化物和 MX 相，钒含量不同，析出相的组成元素含量、结构式等会发生变化，从而引起析出相的强化或弱化[30,31]。

A　钒含量对微观组织的影响

试验钢的显微组织见图 6-13。可以看出,试验钢的显微组织均为回火马氏体 + δ 铁素体 + 析出物,δ 铁素体沿锻造方向呈带状分布。试验钢的晶粒细小,晶粒度在 9 ~ 10 级。在原奥氏体晶界、晶粒内部及 δ 铁素体晶界均有细小的颗粒析出。

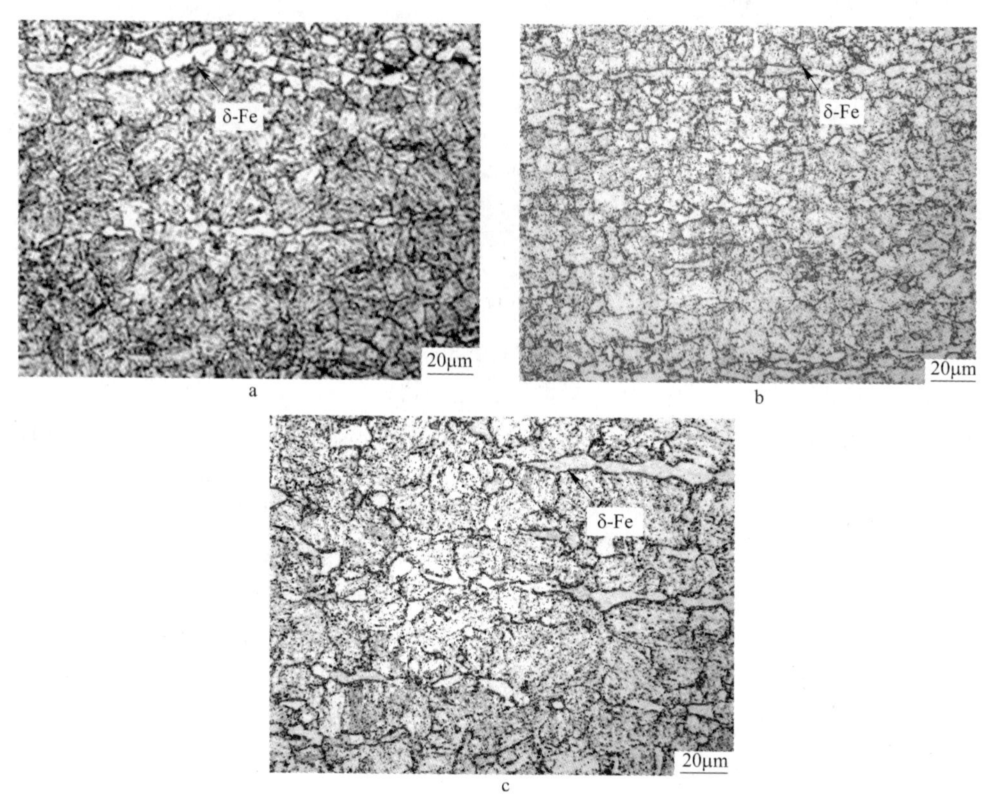

图 6-13　试验钢回火态金相组织(1050℃ 0.5 h OQ + 770℃ 3 h AC)

a—0.14% V (7A);b—0.19% V (4A);c— 0.27% V (9A)

随着钒含量增加,试验钢中 δ 铁素体含量逐渐增加,如图 6-14 所示,试验钢由 0.14% V(7A 钢),0.19% V(4A 钢)到 0.27% V(9A 钢)钢中 δ 铁素体含量逐渐增加。经分析,0.14% V 时含 δ 铁素体约 19.08%,0.19% V 时含 δ 铁素体约 30.5%,0.27% V 时含 δ 铁素体约 44.54%,可见试验钢中 V 含量增加对钢中 δ 铁素体的含量影响明显。除了含量,δ 铁素体的尺寸也明显增加。

时效后钒含量对微观组织的影响。通过金相显微镜观察,650℃ 时效 100 h、300 h、1000 h 和 3000 h 后的组织与时效前组织比较(即回火态组织,图 6-13),没有明显变化,仍为回火马氏体 + δ 铁素体组织。

由图 6-15 可见,650℃ 时效 3000 h 后,金相组织的类型与回火态比较没有变

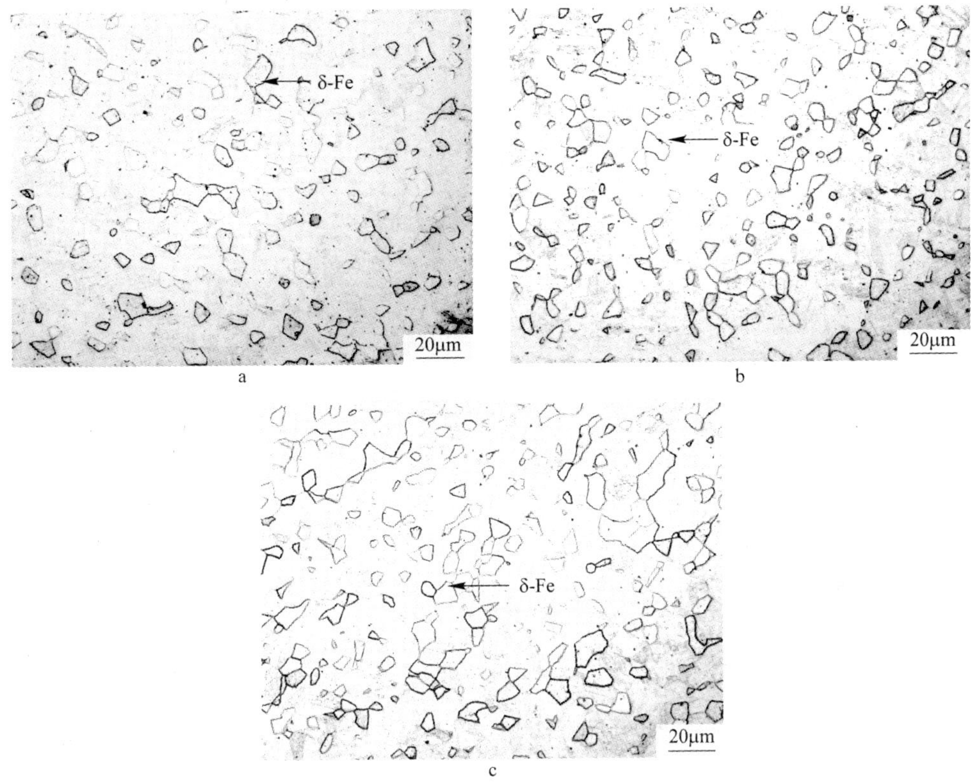

图 6-14 试验钢中的 δ 铁素体(横截面, 1050℃ 0.5 h O Q)
a—0.14% V(7A);b—0.19% V(4A);c—0.27% V(10A)

化。析出相颗粒的密度略有增加。不同钒含量试验钢均表现出相同的变化趋势。

由于光学显微镜的放大倍数和分辨率限制,因此采用 SEM 和 TEM 电镜观察析出相颗粒形貌和分布特征以及长时时效后析出颗粒的变化情况。

原奥氏体晶界(PAGB)和 δ 铁素体/马氏体界面处的析出相颗粒形貌见图 6-16。原奥氏体晶界处析出颗粒尺寸小于 500 nm,大部分呈球形,晶内也分布细小析出相颗粒,尺寸比晶界处细小。δ 铁素体或马氏体界面处的析出相颗粒尺寸在 500 nm 左右,明显高于原奥氏体晶界处析出相。δ 铁素体内没有明显颗粒析出,马氏体内弥散分布细小析出相颗粒。

原奥氏体晶界处和 δ 铁素体与马氏体界面处的颗粒均为富 Cr 碳化物。利用 TEM 析出相的衍射花样确定原奥氏体晶界处析出的颗粒为 $M_{23}C_6$碳化物(图 6-17)。

晶内细小析出相颗粒为 MX 相,分布在晶界附近和晶粒内部,尺寸大约为 50 nm, 这与 Masaki Taneike[32,33]等人的研究结果是一致的。

通过对微观组织的观察,不同钒含量试验钢的组织,除了 δ 铁素体含量不同,

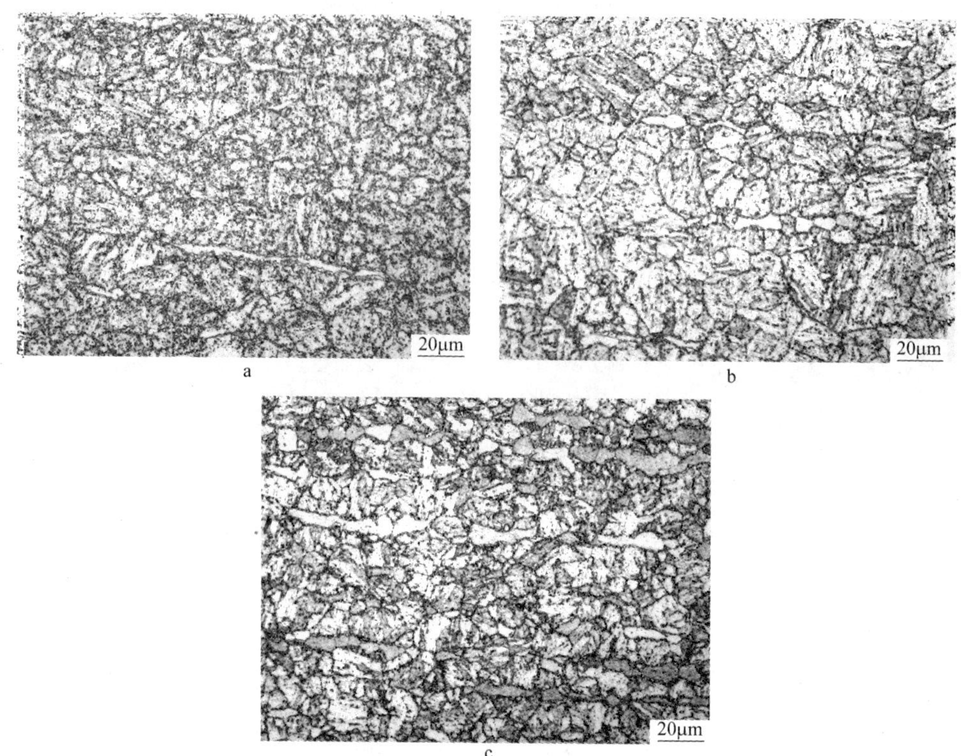

图 6-15　试验钢时效 3000h 后的金相组织(1050℃ 0.5h OQ +770℃ 3h AC +650℃ 3000h)

a—0.14% V(7A); b—0.19% V(4A); c—0.27% V(10A)

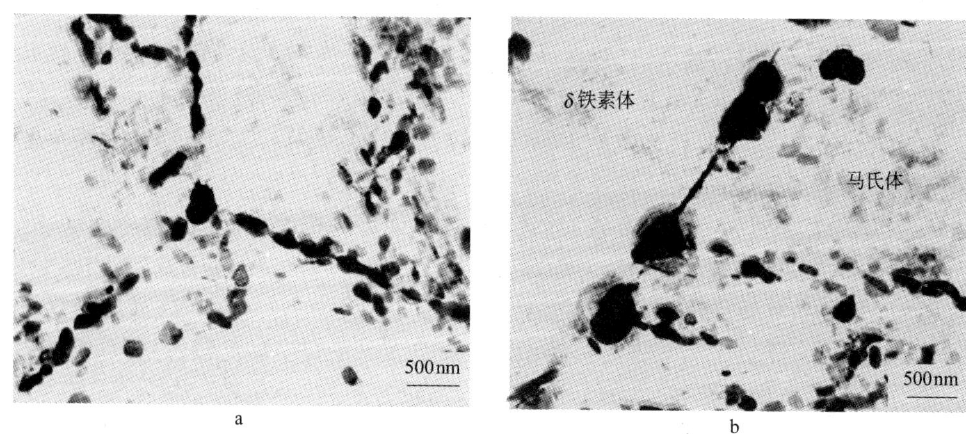

图 6-16　回火态析出相萃取复型形貌

a—原奥氏体晶界处;b—δ - Fe/M 界面处

组织形貌和析出相分布特征均相似(图 6-18)。

原奥氏体晶界及晶内的析出相颗粒的变化见图 6-19。650℃时效 100h 后原

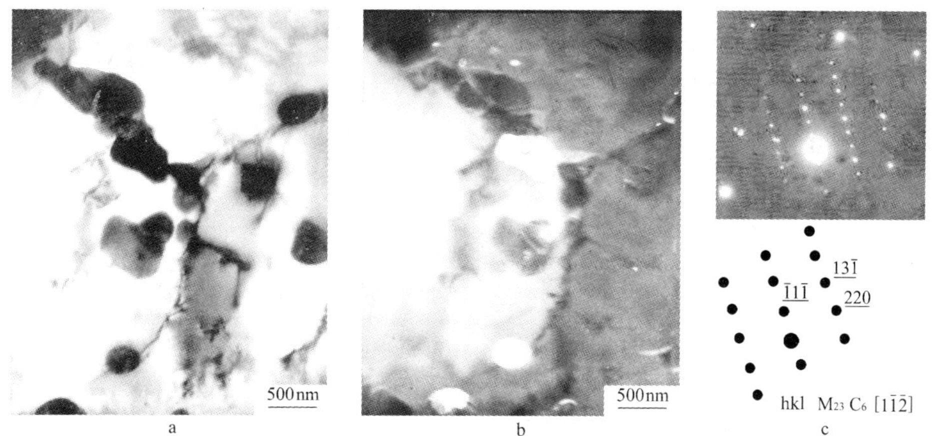

图 6-17 回火态晶界上 $M_{23}C_6$ 相形貌(1050℃ 0.5 h OQ + 770℃ 3 h AC)

a—明场;b—暗场;c—衍射斑

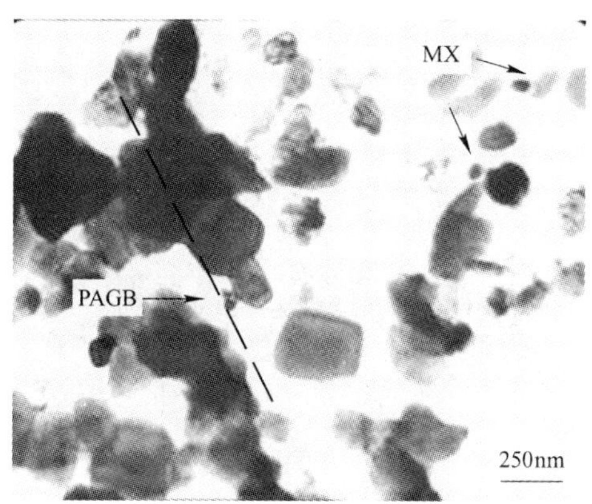

图 6-18 MX 相复型形貌

奥氏体晶界及晶粒内部析出颗粒数量、形态与时效前相比没有明显变化。650℃时效 300 h 后,原奥氏体晶界较大尺寸的球形颗粒形貌与时效前相比,长大的现象不

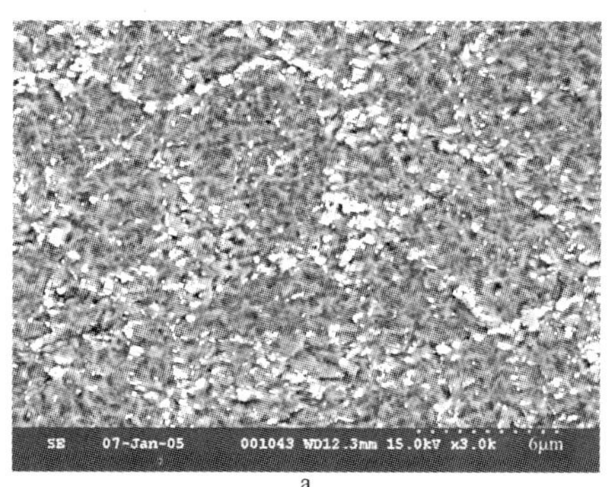

a

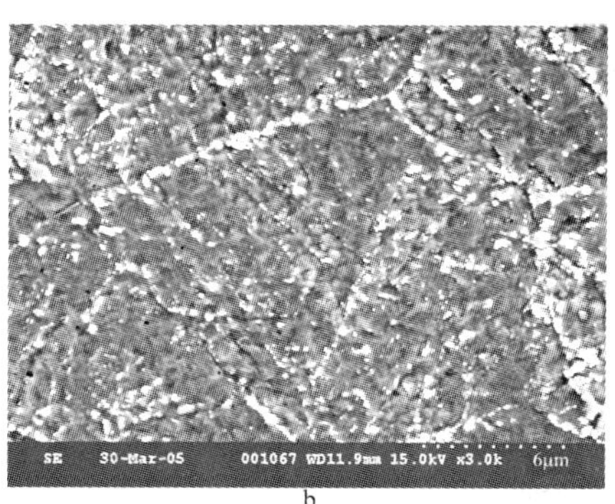

b

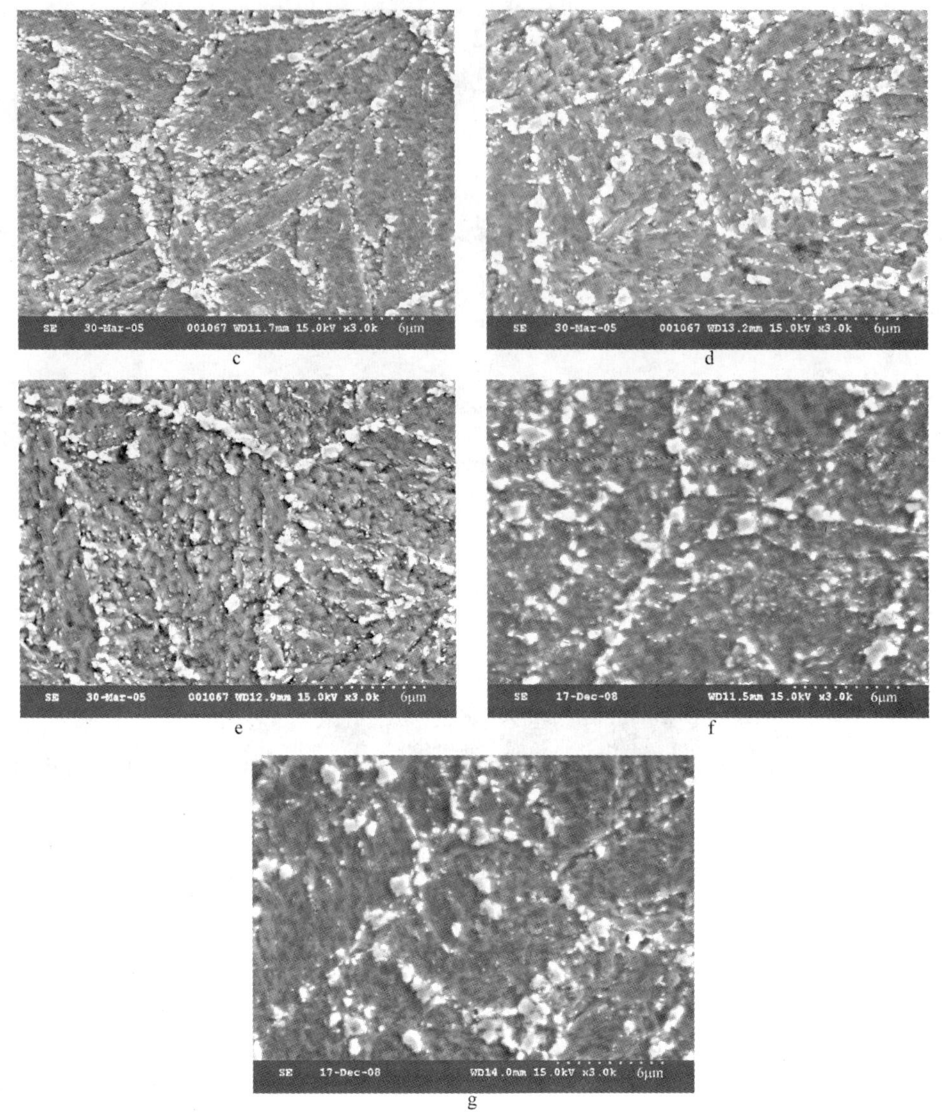

c　d　e　f　g

图 6-19　原奥氏体晶界和晶内析出相形貌

a—回火态；b—100 h；c—300 h；d—1000 h；e—3000 h；f—6000 h ；g—10000 h

明显，晶内的小尺寸颗粒数量较时效前有所增加。650℃时效 1000 h 后，原奥氏体晶界和晶粒内部较大尺寸的球形析出颗粒长大。时效 3000 h 后原奥氏体晶界和晶粒内部较大尺寸析出颗粒尺寸与时效 1000 h 后的比较，变化不大，而尺寸较小析出颗粒数量略有增加。650℃时效 6000 h 和 10000 h 后的组织没有明显变化，与时效 3000 h 后组织比较，可以看出，原奥氏体晶界处析出相颗粒略有长大，晶内细小析出相颗粒尺寸也略有长大。

δ 铁素体晶界与回火马氏体界面处析出相的变化见图 6-20。650℃时效 100 h 后，δ 铁素体晶界与回火马氏体界面处的析出颗粒形状发生变化，由圆球形长大变成扁平短棒状颗粒。时效 300 h 后，圆球形析出颗粒长大呈圆棒状，颗粒与颗粒之间还有逐渐长大并连接到一起的趋势。时效 1000 h 后，δ 铁素体晶界与回火马氏体界面处的一部分析出颗粒长大并连接到一起。时效 3000 h 后，δ 铁素体晶界的析出颗粒形貌与时效 1000 h 相比较没有明显变化。时效 6000 h 和时效 10000 h 后的析出相形貌没有明显变化，但与时效 3000 h 后的组织相比，界面处析出相颗粒尺寸略有长大。

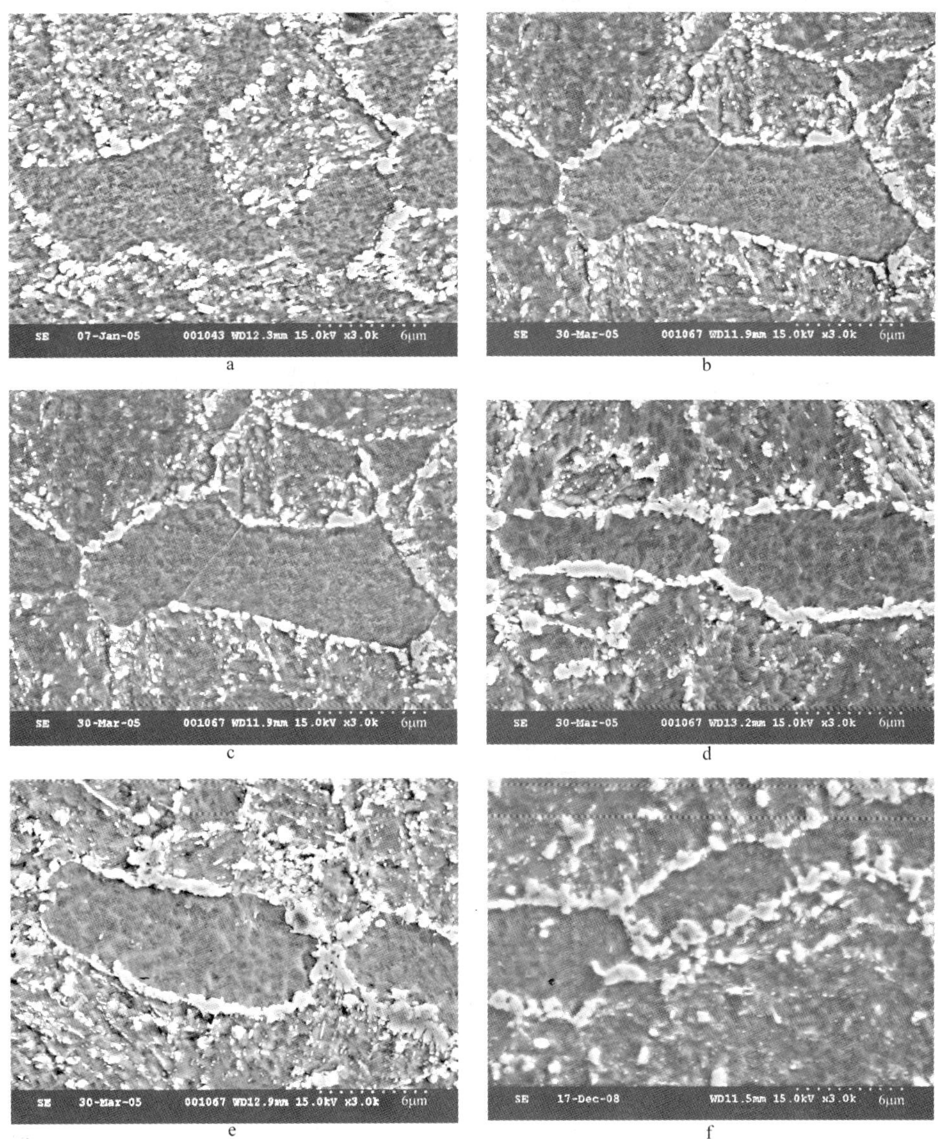

a　b　c　d　e　f

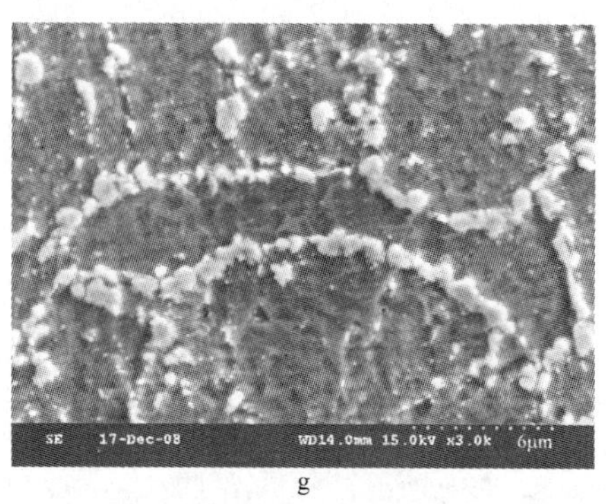

g

图 6-20 回火马氏体 - δ 铁素体界面处析出相形貌

a—回火态；b—100 h；c—300 h；d—1000 h；e— 3000 h；f— 6000 h ；g— 10000 h

通过上述观察，T122 钢中原奥氏体晶界及晶粒内部的析出颗粒，长时时效后仅尺寸增加，回火马氏体与 δ 铁素体界面处的析出颗粒长大速度快，且时效 1000h 后发生明显的粗化和聚集现象。因此，原奥氏体晶界和晶内析出相比回火马氏体与 δ 铁素体界面处析出相要稳定，且时效后，原奥氏体晶界及晶粒内部细小析出颗粒的数量、密度增加，长时时效后保持稳定，没有明显的长大、粗化现象。

钒含量对析出相的影响采用定量化学相分析的方法，对试验钢回火态和 650℃，3000h 时效态的析出相种类、组成和含量进行了研究。

萃取试验钢中析出相粉末进行 X-Ray 衍射分析，其定性分析结果见表 6-6，析出相所属晶系和点阵常数见表 6-7。分析结果显示，试验钢中的析出相有 $M_{23}C_6$、MX 和 Laves 相，MX 相中包括 Nb(C,N)、VC、VN、NbC。回火态，7A ~ 10A 钢中没有分析到 VN 析出相，9A 和 10A 钢中没有检测到 Laves 相。650℃时效 3000h 后，分析到 VN 和 Laves 析出相。

表 6-6 XRD 定性相分析结果

热 处 理	炉号 - 钒含量/%	析出相类型
回火态 1050℃ ×0.5 h OQ + 770℃ ×3 h AC	7A -0.14	$M_{23}C_6$、NbC、Nb(C,N)、VC、Laves
	4A -0.19	$M_{23}C_6$、NbC、Nb(C,N)、VC、Laves
	8A -0.23	$M_{23}C_6$、NbC、Nb(C,N)、VC、Laves
	9A -0.27	$M_{23}C_6$、NbC、Nb(C,N)、VC
	10A -0.31	$M_{23}C_6$、NbC、Nb(C,N)、VC
时效 3000 h 1050℃ ×0.5 h OQ + 770℃ ×3 h AC 650℃ ×3000 h AC	7A -0.14	$M_{23}C_6$、NbC、Nb(C,N)、VC、VN、Laves
	4A -0.19	$M_{23}C_6$、NbC、Nb(C,N)、VC、VN、Laves
	8A -0.23	$M_{23}C_6$、NbC、Nb(C,N)、VC、VN、Laves
	9A -0.27	$M_{23}C_6$、NbC、Nb(C,N)、VC、VN、Laves
	10A -0.31	$M_{23}C_6$、NbC、Nb(C,N)、VC、VN、Laves

表 6-7 析出相的晶系及点阵常数

析出类型	晶　系	点阵常数/nm
$M_{23}C_6$	复杂面心立方	$a_0=1.064\sim1.066$
Nb(C,N)	面心立方	$a_0=0.442\sim0.443$
VC	面心立方	$a_0=0.418$
VN	面心立方	$a_0=0.410\sim0.411$
NbC	面心立方	$a_0=0.442\sim0.443$
Laves	六　方	$a_0=0.476\sim0.484$, $c_0=0.771\sim0.793$, $c=0.162\sim0.164$

表 6-8 给出了不同钒含量钢中 $M_{23}C_6$、MX 及 Laves 析出相中各元素占钢的质量分数。表 6-9 为析出相的组成结构式。

a　$M_{23}C_6$碳化物

钒含量对 $M_{23}C_6$碳化物中合金元素含量变化的影响见图 6-21,回火态试验钢的 $M_{23}C_6$中,Cr 含量随 V 含量升高逐渐下降。V 含量小于 0.23% 时,Fe、W 含量接近,V 高于 0.23% 时,Fe 含量增加,W 含量增加更明显。Mo 含量变化规律与 W 接近。C 含量随 V 含量增加逐渐下降,V 含量 >0.27% 时,C 含量变化较小。V 含量对 N 含量的影响较小。

3000 h 时效态,Cr、Fe 和 W 含量比回火态明显增加。钒含量对时效后析出相中元素含量影响的变化规律与回火态相似。Mo 和 V 含量时效后与回火态比较变化不大。C 含量时效后明显增加。时效后 N 含量,在 0.19% V 和 0.23% V 钢增加较明显,其他炉号仅略有升高。

$M_{23}C_6$碳化物在钢中的总量与钒含量的关系,见图 6-22。回火态,$M_{23}C_6$含量随钒含量增加逐渐下降,含 0.23% V 时最低,钒含量升高,$M_{23}C_6$含量又逐渐增加。3000 h 时效态 $M_{23}C_6$含量较时效前明显增加,不同钒含量试验钢中 $M_{23}C_6$的增量基本相同,时效后含钒 0.14% 钢中 $M_{23}C_6$含量最高,其他炉号含量接近。

分析上述变化规律,V 含量升高,$M_{23}C_6$相中 Cr 含量减少,Fe、W 和 Mo 置换,取代部分 Cr 原子,形成 $M_{23}C_6$。可以认为 V 含量增加,促进了 Fe、W 和 Mo 扩散进入 $M_{23}C_6$相。对于 V 含量≤0.23% 试验钢,时效后 W 含量增加明显,Mo 含量没有明显变化,V 含量≥0.27% 试验钢,回火态 W、Mo 含量明显高于较低 V 含量的试验钢,时效后 W 的增量较小,Mo 增量较明显。

研究认为 W 能延缓 $M_{23}C_6$相的长大,而 Mo 能加速 $M_{23}C_6$长大[34]。对于较低 V 含量钢,时效过程中 W 大量进入 $M_{23}C_6$,可能会减缓其长大,对于 V 含量较高试验钢,W 在时效过程中增量较少,对 $M_{23}C_6$长大的抑制作用可能会减弱,而且 Mo 含量明显高于较低 V 含量的试验,由于 Mo 促进 $M_{23}C_6$长大的作用,可能会使较高 V 含量试验钢中 $M_{23}C_6$的稳定性下降。

表 6-8　析出相中各元素占合金的质量分数

相类型	编号	相中各元素占合金的质量分数/%												总和
		Fe	Mn	Ni	V	Nb	Ti	Cr	W	Mo	C	B	N	
$M_{23}C_6$	7A	0. 3898	0. 0248	0. 0042	0. 0250			1. 4255	0. 0510	0. 0234	0. 0851	微	0. 0320	2. 0608
	4A	0. 3765	0. 0211	0. 0043	0. 0260			1. 2865	0. 0831	0. 0193	0. 0779	0. 0010	0. 0302	1. 9249
	8A	0. 3734	0. 0214	0. 0040	0. 0334			1. 2205	0. 0765	0. 0208	0. 0709	微	0. 0339	1. 8549
	9A	0. 4153	0. 0193	0. 041	0. 0357			1. 0801	0. 2127	0. 0440	0. 0712	微	0. 0300	1. 9124
	10A	0. 4304	0. 0215	0. 0041	0. 0360			1. 1113	0. 2193	0. 0447	0. 0742	微	0. 0300	1. 9715
	7A①	0. 4197	0. 0245	0. 0048	0. 0137			1. 5389	0. 2008	0. 0185	0. 0950	微	0. 0320	2. 3479
	4A①	0. 4290	0. 0224	0. 0044	0. 0275			1. 3720	0. 0880	0. 0240	0. 0852	0. 0011	0. 0339	2. 0828
	8A①	0. 4048	0. 0223	0. 0042	0. 0275			1. 3535	0. 2005	0. 0200	0. 0824	微	0. 0340	2. 1492
	9A①	0. 4741	0. 0217	0. 0046	0. 0370			1. 2450	0. 2300	0. 0470	0. 0799	微	0. 0361	2. 1754
	10A①	0. 4336	0. 0220	0. 0040	0. 0383			1. 2571	0. 2400	0. 0503	0. 0831	微	0. 0310	2. 1594
MC	7A				0. 0494	0. 0537	0. 0347	0. 0030	0. 0004	0. 0002	0. 0061		0. 0256	0. 1731
	4A				0. 0680	0. 0567	0. 0462	0. 0030	0. 0004	0. 0002	0. 0165		0. 0224	0. 2134
	8A				0. 0899	0. 0560	0. 0388	0. 0030	0. 0004	0. 0002	0. 0149		0. 0280	0. 2312
	9A				0. 1590	0. 0556	0. 0367	0. 0050	0. 0006	0. 0003	0. 0294		0. 0300	0. 3166
	10A				0. 1607	0. 0558	0. 0354	0. 0052	0. 0006	0. 0003	0. 0295		0. 0300	0. 3175

续表 6-8

相类型	编号	相中各元素占合金的质量分数/%												总和
		Fe	Mn	Ni	V	Nb	Ti	Cr	W	Mo	C	B	N	
MX	7A①				0.0560	0.0528	0.0344	0.0029	0.0004	0.0002	0.0046		0.0289	0.1802
	4A①				0.0710	0.0570	0.0437	0.0030	0.0004	0.0002	0.0166		0.0224	0.2143
	8A①				0.0930	0.0552	0.0374	0.0030	0.0004	0.0002	0.0126		0.0310	0.2328
	9A①				0.1363	0.0511	0.0366	0.0052	0.0006	0.0003	0.0235		0.0300	0.2836
	10A①				0.1424	0.0550	0.0345	0.0054	0.0006	0.0003	0.0249		0.0300	0.2931
Laves	7A	0.0895	0.0010	0.0003	0.0057			0.0570	0.1970	0.0330				0.3835
	4A	0.0677	0.0036	0.0001	0.0179			0.0265	0.1440	0.0250				0.2818
	8A	0.0672	0.0036	0.0001	0.0240			0.0270	0.1490	0.0280				0.2959
	9A													
	10A													
	7A①	0.6115	0.0118	0.0031	0.0230			0.2390	1.0990	0.2060				2.3479
	4A①	0.6254	0.0109	0.0031	0.0193			0.1623	0.9662	0.2142				2.0014
	8A①	0.5910	0.0108	0.0031	0.0380			0.2170	1.0786	0.1923				1.9355
	9A①	0.6240	0.0100	0.0041	0.0270			0.1750	1.0788	0.1721				2.0461
	10A①	0.0621	0.0125	0.0036	0.0285			0.2155	1.0855	0.1780				2.1437

① 650℃时效3000 h。

表 6-9　析出相组成结构式

相类型	试样号	组成结构式
$M_{23}C_6$	A	$(Fe_{0.194}Mn_{0.013}Ni_{0.002}V_{0.014}Cr_{0.763}W_{0.008}Mo_{0.007})_{23}(C_{0.756}N_{0.244})_6$
	B	$(Fe_{0.204}Mn_{0.012}Ni_{0.002}V_{0.015}Cr_{0.748}W_{0.014}Mo_{0.006})_{23}(C_{0.751}N_{0.249})_6$
	C	$(Fe_{0.210}Mn_{0.012}Ni_{0.002}V_{0.021}Cr_{0.736}W_{0.013}Mo_{0.007})_{23}(C_{0.709}N_{0.291})_6$
	D	$(Fe_{0.240}Mn_{0.011}Ni_{0.002}V_{0.023}Cr_{0.671}W_{0.037}Mo_{0.015})_{23}(C_{0.735}N_{0.265})_6$
	E	$(Fe_{0.242}Mn_{0.012}Ni_{0.002}V_{0.022}Cr_{0.670}W_{0.037}Mo_{0.015})_{23}(C_{0.743}N_{0.257})_6$
	A①	$(Fe_{0.192}Mn_{0.011}Ni_{0.002}V_{0.007}Cr_{0.755}W_{0.028}Mo_{0.005})_{23}(C_{0.776}N_{0.224})_6$
	B①	$(Fe_{0.211}Mn_{0.011}Ni_{0.021}V_{0.015}Cr_{0.724}W_{0.013}Mo_{0.006})_{23}(C_{0.746}N_{0.254})_6$
	C①	$(Fe_{0.204}Mn_{0.011}Ni_{0.002}V_{0.015}Cr_{0.731}W_{0.031}Mo_{0.006})_{23}(C_{0.739}N_{0.261})_6$
	D①	$(Fe_{0.240}Mn_{0.011}Ni_{0.002}V_{0.021}Cr_{0.677}W_{0.035}Mo_{0.014})_{23}(C_{0.721}N_{0.279})_6$
	E①	$(Fe_{0.222}Mn_{0.011}Ni_{0.002}V_{0.021}Cr_{0.691}W_{0.037}Mo_{0.015})_{23}(C_{0.757}N_{0.243})_6$
MC	A	$(V_{0.415}Nb_{0.248}Ti_{0.310}Cr_{0.025}W_{0.001}Mo_{0.001})(C_{0.217}N_{0.783})$
	B	$(V_{0.449}Nb_{0.205}Ti_{0.325}Cr_{0.020}W_{0.001}Mo_{0.001})(C_{0.462}N_{0.538})$
	C	$(V_{0.545}Nb_{0.186}Ti_{0.250}Cr_{0.018}W_{0.001}Mo_{0.001})(C_{0.383}N_{0.617})$
	D	$(V_{0.680}Nb_{0.130}Ti_{0.167}Cr_{0.021}W_{0.001}Mo_{0.001})(C_{0.533}N_{0.467})$
	E	$(V_{0.686}Nb_{0.131}Ti_{0.161}Cr_{0.022}W_{0.001}Mo_{0.001})(C_{0.535}N_{0.465})$
	A①	$(V_{0.447}Nb_{0.232}Ti_{0.294}Cr_{0.023}W_{0.001}Mo_{0.001})(C_{0.157}N_{0.893})$
	B①	$(V_{0.467}Nb_{0.206}Ti_{0.306}Cr_{0.019}W_{0.001}Mo_{0.001})(C_{0.464}N_{0.536})$
	C①	$(V_{0.560}Nb_{0.182}Ti_{0.239}Cr_{0.018}W_{0.001}Mo_{0.001})(C_{0.322}N_{0.678})$
	D①	$(V_{0.653}Nb_{0.134}Ti_{0.187}Cr_{0.024}W_{0.001}Mo_{0.001})(C_{0.477}N_{0.523})$
	E①	$(V_{0.663}Nb_{0.140}Ti_{0.171}Cr_{0.025}W_{0.001}Mo_{0.001})(C_{0.492}N_{0.508})$
Laves	A	$(Fe_{0.566}Mn_{0.046}Ni_{0.002}V_{0.040}Cr_{0.387})_2(W_{0.757}Mo_{0.243})$
	B	$(Fe_{0.581}Mn_{0.005}Ni_{0.001}V_{0.168}Cr_{0.244})_2(W_{0.750}Mo_{0.250})$
	C	$(Fe_{0.545}Mn_{0.005}Ni_{0.001}V_{0.214}Cr_{0.235})_2(W_{0.725}Mo_{0.265})$
	D	
	E	
	A①	$(Fe_{0.673}Mn_{0.013}Ni_{0.003}V_{0.028}Cr_{0.283})_2(W_{0.736}Mo_{0.264})$
	B①	$(Fe_{0.749}Mn_{0.013}Ni_{0.004}V_{0.025}Cr_{0.209})_2(W_{0.702}Mo_{0.298})$
	C①	$(Fe_{0.672}Mn_{0.012}Ni_{0.003}V_{0.047}Cr_{0.265})_2(W_{0.745}Mo_{0.255})$
	D①	$(Fe_{0.729}Mn_{0.012}Ni_{0.005}V_{0.035}Cr_{0.220})_2(W_{0.766}Mo_{0.234})$
	E①	$(Fe_{0.690}Mn_{0.014}Ni_{0.004}V_{0.035}Cr_{0.257})_2(W_{0.761}Mo_{0.239})$

① 650℃时效 3000 h。

b　MX 相

MX 相的种类有 NbC、Nb(C,N)、VC、VN。MX 相中各元素随 V 含量增加的变化规律见图 6-23。随钢中 V 含量增加，MX 相中 V 含量逐渐增加，V 含量≤0.23%时，时效后 MX 相中 V 含量与回火态比较仅略有增加，V 含量>0.23%时，

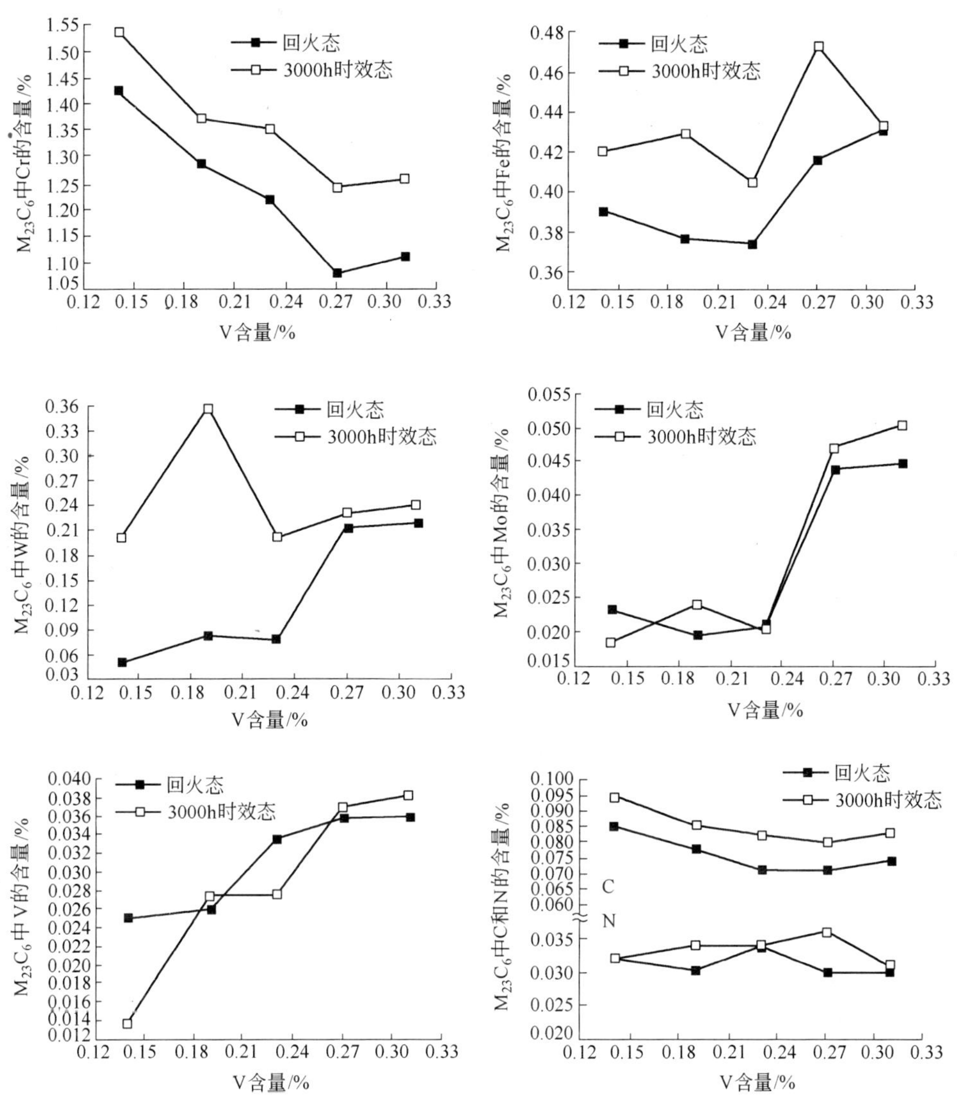

图 6-21 V 含量对 $M_{23}C_6$碳化物组成元素含量的影响

时效后 MX 相中 V 含量较回火态略有下降。MX 相中 Nb 含量没有明显变化,钢中的 Nb 基本全部形成 NbC 或 Nb(C,N)。MX 相中 Ti 含量在含 0.19% V 时最高。钢中 Ti 含量时效后略有降低。MX 相中含有微量 Cr,含量在 10^{-6}级,时效前后 Cr 含量变化不大。MX 相中 W 和 Mo 含量均在 10×10^{-6}以下,可以认为 W、Mo 对 MX 相影响很小。MX 相中 C 含量随 V 含量增加逐渐增加,V 含量 >0.23% 时,时效后 MX 中的 V 含量增量更加显著。时效后,含 0.14% V 和 0.23% V 钢 MX 相中 N 含量增加较明显,其他试验钢 N 含量变化不明显。

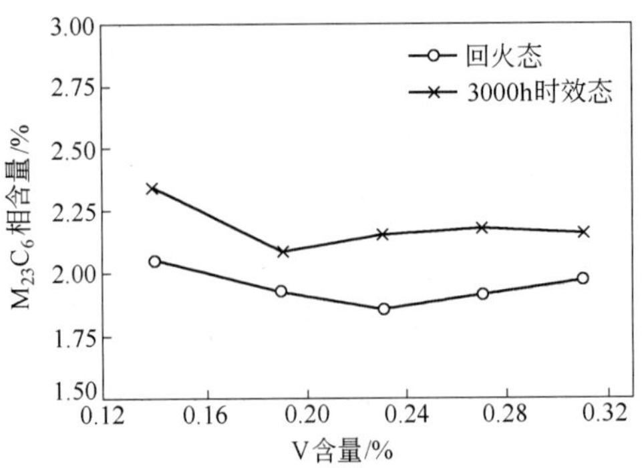

图 6-22　V 含量对 $M_{23}C_6$ 碳化物含量的影响

MX 相总量随 V 含量增加的变化规律如图 6-24 所示。随 V 含量增加，钢中 MX 相含量逐渐升高。3000h 时效态，含 0.14% ~0.23% V 的试验钢中 MX 相含量没有明显变化，含 0.27% ~0.31% V 试验钢中 MX 相含量略有下降。

通过分析 MX 相中各元素的变化规律，Nb 含量在 MX 相中保持稳定，因此可以认为 NbC、Nb(C,N) 析出相在时效过程中保持稳定，而 V 含量时效 3000h 后明显略有下降，且 C 含量也有下降，含 V 析出相的量有所下降，但同时钢中 N 含量有所增加，说明 VN 有析出。研究也认为 VN 在高温长时时效过程中二次析出，更利于时效过程中的强化[22]。

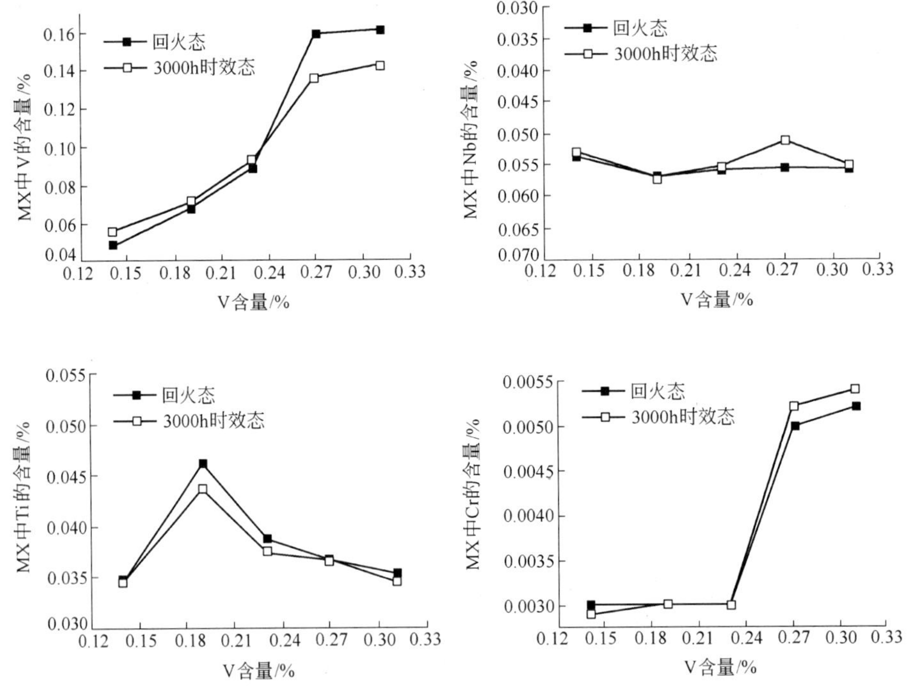

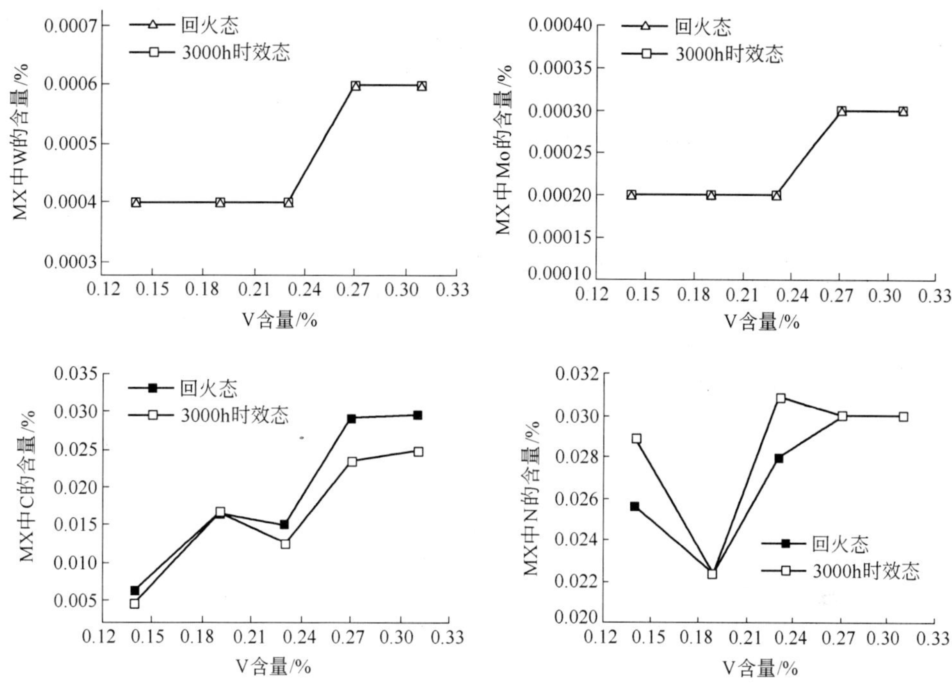

图 6-23 V 含量对 MX 相组成元素含量的影响

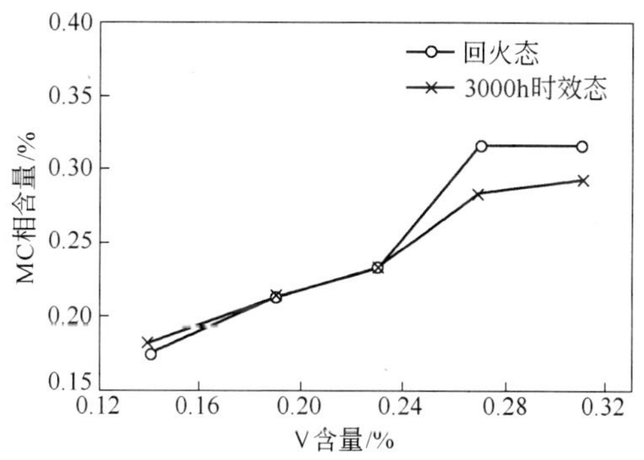

图 6-24 V 含量对 MX 相含量的影响

c Laves 相

Laves 相又称 AB_2 相,该相中"A"是由原子半径较大的 W、Mo、Ti、Zr 等元素组成,"B"是由 Fe、V、Mn、Ni、Si 等元素组成。钒含量变化引起 Laves 相中元素含量的变化见图 6-25。由图可见,V 含量变化对 Laves 中 Fe 含量没有明显影响,时效后 Fe 含量较回火态明显增加。Mn 含量变化与 Fe 相似,受 V 的影响较小,时效后 Mn 含量较回火态明显增加。回火态 Laves 中 Ni 含量很低,低于 0.0005%,时效后 Ni 含量增加,在 0.0035% 左右,虽然含量仍较低,但也表明了一种变化趋势。Laves 中

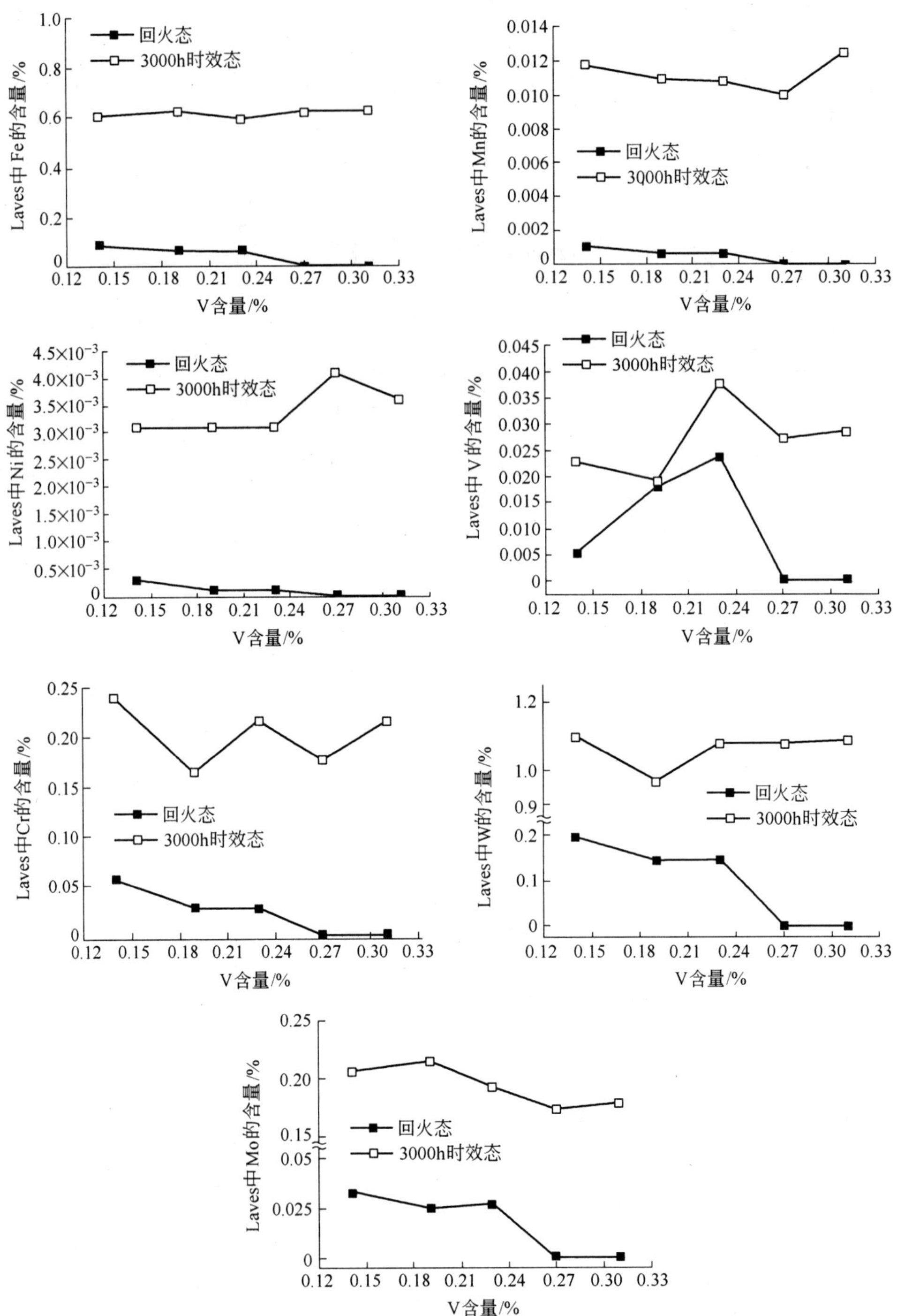

图 6-25　V 含量对 Laves 相组成元素含量的影响

的 V 含量随钢中 V 含量增加呈逐渐增加趋势，3000h 时效态，V 含量略有增加。Laves 相中 Cr 含量随 V 含量增加在一定范围内波动，没有明显变化，时效后 Cr 含量较回火态明显增加。V 含量对 Laves 相中 W、Mo 含量有显著影响。

试验钢中 V 含量变化对 Laves 含量影响的规律见图 6-26。3000 h 时效后，Laves 相含量明显增加。

通过分析 Laves 相中各元素含量的变化，可以看出 Laves 相的析出与 V 含量没有明显关系。Laves 相在时效过程中不断析出，Laves 相时效后增加量在几种析出相中最高。Laves 相中的主要元素为 W、Mo 和 Fe，W、Mo 含量影响钢中 Laves 相的析出量[35]。

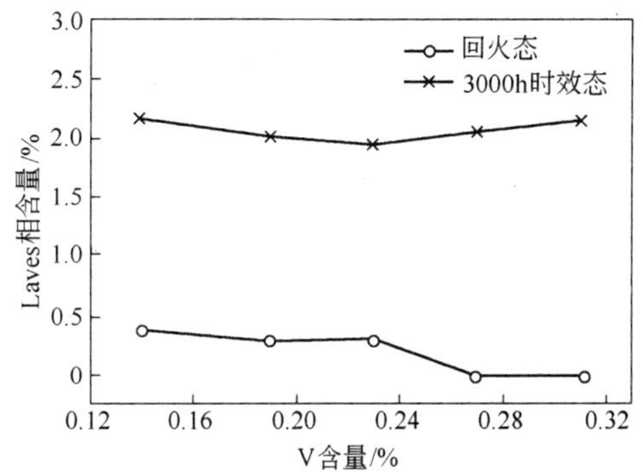

图 6-26 V 含量对 Laves 相含量的影响

B 钒含量对钢的短时室温和高温力学性能的影响

图 6-27 为钒含量变化对室温强度（R_m、$R_{p0.2}$）和塑性（A、Z）的影响。随钒含量升高，断面收缩率和伸长率变化不大。

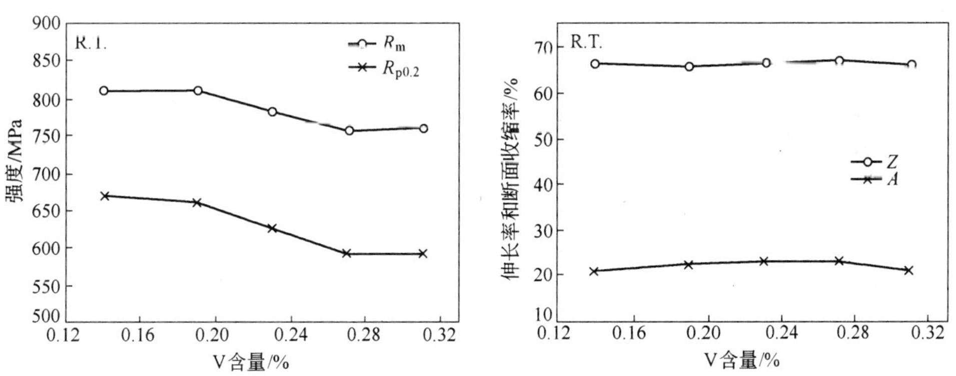

图 6-27 钒含量变化对室温强度和塑性的影响（1050℃ 0.5 h OQ + 770℃ 3 h AC）

钒含量较低钢的室温强度高于钒含量较高的钢。钒引起强度变化的主要原因可能由于钢中 δ 铁素体含量的变化。随着钒含量增加钢中 δ 铁素体含量由 14% 逐渐升高到40%，使强度下降。回火态时，低钒含量试验钢中 $M_{23}C_6$ 碳化物含量较高，可能对室温强度也有一定的影响，而且析出相中组成元素含量不同，引起强化效果也不同。

图6-28 为钒含量对 T122 钢650℃高温强度和塑性的影响。650℃高温抗拉强度和屈服强度随钒含量增加先上升，在0.19%钒含量处出现强度峰，后随钒含量增加呈逐渐下降的趋势。高温强度的变化规律与室温强度变化规律基本相似。断后伸长率变化与强度变化相反。随着强度降低，断面收缩率和伸长率略有升高的趋势。

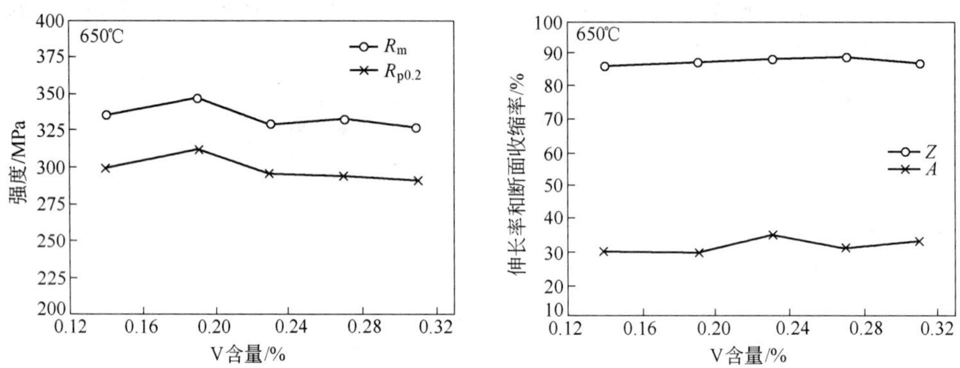

图6-28　钒含量对650℃高温强度和塑性的影响(1050℃ 0.5h OQ + 770℃ 3h AC)

C　钒含量对持久强度的影响

图6-29 为钒含量对 T122 钢持久强度的影响。低钒含量钢的持久断裂时间较高含钒量钢的持久断裂时间要长。在研究应力范围内，中间含钒量钢(0.19% V)的持久强度较高。

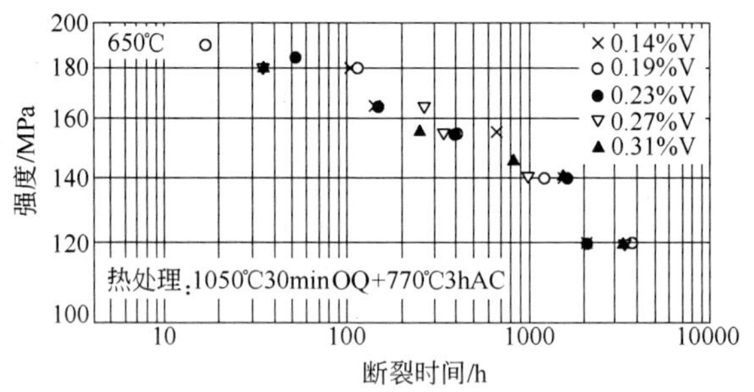

图6-29　钒含量对持久强度的影响

试验钢650℃持久断裂时间－持久塑性的关系，见图6-30。随着持久断裂时间增加，持久塑性指标伸长率和断面收缩率基本呈逐渐下降的趋势，不同钒含量钢的变化趋势大致相似。中间钒含量钢(0.19% V)，持久塑性最好，长时持久试验过程中，塑性下降缓慢、稳定。

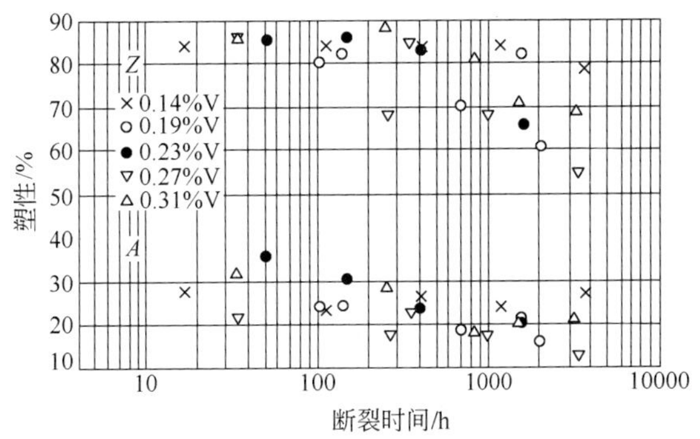

图 6-30　持久断裂时间 - 持久塑性关系

D　时效后钒对力学性能的影响

对 T122 试验钢分别进行 650℃ ×100 h、300 h、1000 h 和 3000 h 时效试验,研究长时时效后,钒含量对室温和高温力学性能的影响。

图 6-31a 为 650℃长时时效对 T122 钢室温强度的影响。可以看出,从回火态到时效 300h,室温强度显著下降。随后强度值稳定。从 300 h 到 3000 h,强度逐渐趋于稳定,没有出现明显的下降。

钒含量对时效后强度的影响,时效 300 h 内,钒含量越高,钢的强度下降越显著。时效 300 h,强度逐渐趋于稳定后,钢的强度随钒含量增加逐渐下降。时效 3000 h 后,下限钒含量钢强度最高,中限钒含量钢次之,上限钒含量钢的强度最低。

图 6-31b 为 650℃长时时效对 T122 钢室温塑性的影响。回火态到时效 300 h,断面收缩率和伸长率下降较明显,300 h 以后塑性逐渐趋于稳定。钒含量增加,伸长率和断面收缩率略有升高。钒含量较低钢伸长率较高,其他试验钢伸长率接近,伸长率变化基本与强度变化规律相反,强度越高伸长率越低。

图 6-32 为长时时效对 T122 钢 650℃高温强度和塑性的影响。由图可见,钒

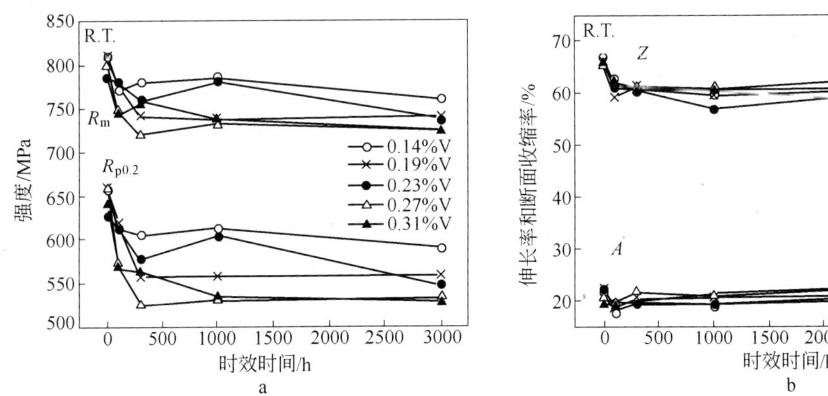

图 6-31　650℃长时时效对室温强度和塑性的影响

含量不同的试验钢强度在 0～300 h 内强度值迅速下降,300～1000 h 强度值基本趋于稳定,1000 h 以后到 3000 h 强度逐渐稳定。

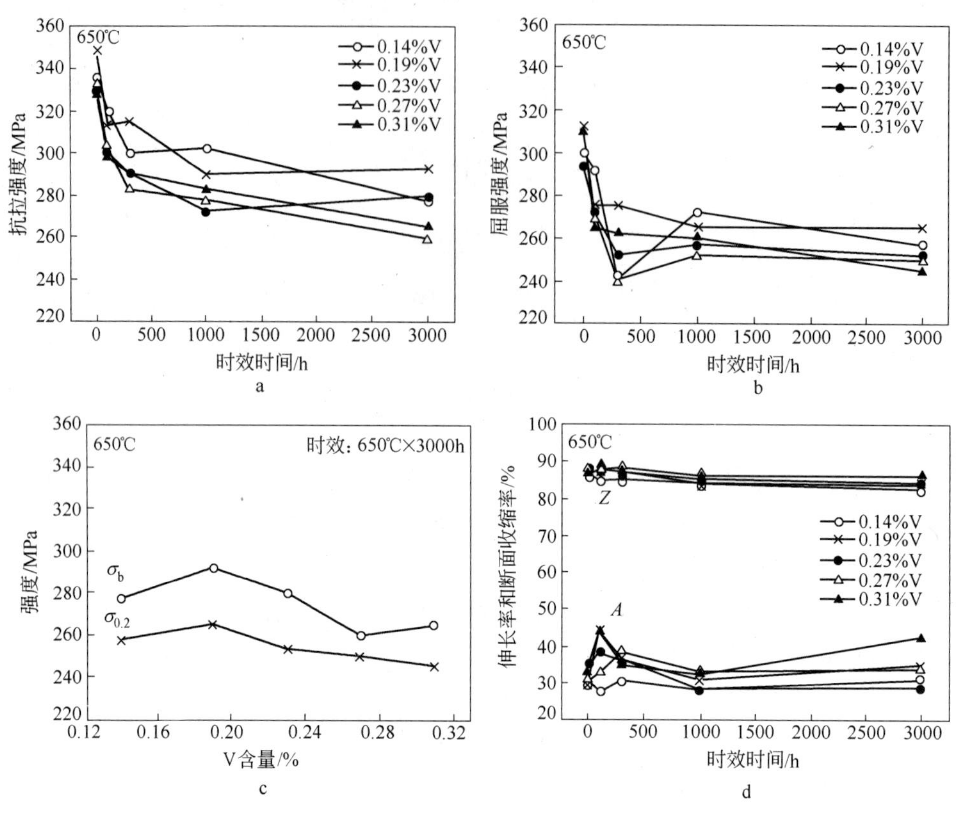

图 6-32　长时时效性能

a,b,c—高温强度;d—塑性

从图中也可以看出钒含量变化对钢的力学性能的影响,从回火态到时效100 h,不同钒含量钢的强度差别不明显,时效 300 h 后强度的差异变化明显,整体趋势是钒含量 0.14%、0.19% 钢的强度高于 0.23% 及以上钒含量钢的强度。时效1000 h后,钢的强度趋于稳定。3000 h 后强度对比见图 6-32c。含 0.19% V 钢的强度最高,当 V 含量高于 0.19% 时,钢的高温强度逐渐下降。

时效后钢的 650℃ 高温塑性变化(图 6-32d),不同钒含量钢的断面收缩率和伸长率随时效时间增加,变化不明显。时效 300h 后,钒含量变化对伸长率的影响较明显。钒含量低的试验钢的塑性略低于钒含量高的试验钢。

通过钒含量对 T122 钢组织和性能影响的研究,得出以下结论:

(1) 随着钒含量的增加,试验钢中 δ 铁素体量显著增多,MX 相含量逐渐增加,$M_{23}C_6$ 含量变化不大。时效时间对钒含量不同试验钢回火马氏体 + δ 铁素体组织无明显影响,但对不同类型析出相的含量与颗粒尺寸影响显著。时效0~300h后,析出相颗粒尺寸急剧长大,时效300~1000h后析出相颗粒长大速度减缓,时效1000~3000h后析出相颗粒尺寸基本不变。

(2)当钒含量处于中下限时,时效前T122钢具有较高的室温强度和高温强度,钒含量增加则强度下降,钒含量变化对塑性和冲击韧性影响不大;不同钒含量T122钢的室温、高温强度及冲击韧性时效0~300h后急剧下降,在时效300~1000h后下降逐渐趋于平缓,而在时效1000~3000h后强度和冲击韧性都趋于稳定。

(3)对于不同钒含量的T122钢,δ铁素体含量和MX、$M_{23}C_6$等析出相的稳定性是影响其室温、高温力学性能和持久强度的主要原因。δ铁素体增加,使组织不均匀性增加,马氏体/δ铁素体界面增多,界面处$M_{23}C_6$碳化物容易粗化,使强化效果下降。

(4)在ASME标准0.15%~0.30%钒含量内,钒含量为0.19%的T122钢在时效后的室温与高温综合力学性能最好、持久强度和持久塑性最高。

6.4.3.2 铜含量对组织和性能的影响

起初T122钢中添加适量铜的目的是抑制δ铁素体形成[22],近年来研究人员又发现,长时时效过程中,Cu从基体中析出,形成富铜相,对提高持久性能有益,但添加过量的铜对塑性产生不良影响[19,20]。文中研究的T122试验钢的化学成分见表6-10。

表6-10 T122试验钢化学成分(质量分数,%)

	C	Si	Mn	P	S	Cr	Ni	Mo
成分范围	0.07~0.14	≤0.50	≤0.70	≤0.020	≤0.010	10.0~12.5	≤0.5	0.25~0.60
1号	0.11	0.29	0.50	0.0095	0.006	12.05	0.31	0.36
2号	0.12	0.32	0.56	0.0065	0.006	11.97	0.32	0.36
3号	0.11	0.30	0.50	0.0068	0.006	12.02	0.30	0.37
4号	0.11	0.29	0.50	0.0080	0.006	11.97	0.31	0.38
5号	0.11	0.28	0.50	0.0083	0.006	11.88	0.32	0.37
6号	0.11	0.31	0.43	0.0088	0.006	11.85	0.30	0.38

	W	Nb	V	Ti	B	Cu	N
成分范围	1.5~2.5	0.04~0.10	0.15~0.30		≤0.005	0.3~1.7	0.04~0.10
1号	1.85	0.067	0.19	0.019	0.0036		0.062
2号	1.84	0.049	0.19	0.034	0.0029	0.32	0.060
3号	1.85	0.049	0.19	0.037	0.0030	0.50	0.063
4号	1.90	0.050	0.19	0.036	0.0023	0.90	0.058
5号	1.87	0.054	0.19	0.034	0.0022	1.32	0.055
6号	1.90	0.054	0.20	0.030	0.0031	1.77	0.059

A　铜含量对微观组织的影响

试验钢淬火态金相组织为马氏体 + δ 铁素体，如图 6-33 所示。1 号钢（0% Cu）δ 铁素体的体积分数约占 40%，4 号钢（0.90% Cu）中 δ 铁素体约占 24%，6 号钢（1.77% Cu）中 δ 铁素体约占 6%，由此表明，随铜含量增加，钢中 δ 铁素体含量降低。

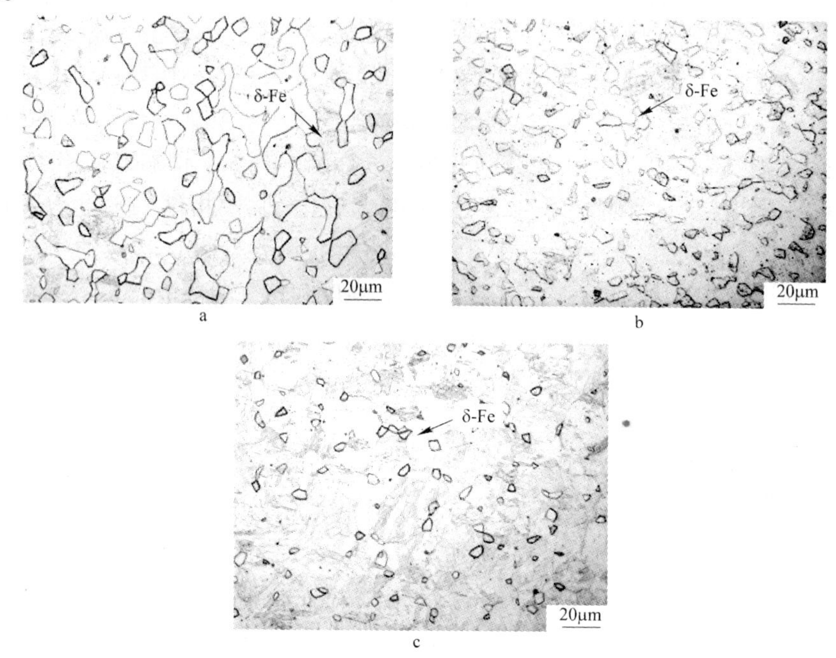

图 6-33　试验钢的金相组织

a—1 号钢；b—4 号钢；c—6 号钢，淬火态

试验钢回火态组织为回火马氏体 + δ 铁素体和弥散析出的微小颗粒。X 射线定性分析结果显示，钢中析出相有 $M_{23}C_6$ 碳化物、Laves 相、MX 相以及富铜相[30,31]。

经 650℃ 长时时效后，回火马氏体 + δ 铁素体组织没有明显变化。时效 1000h 和 3000h 后，与回火态相比，钢中析出相颗粒的尺寸增大。钢中析出相颗粒尺寸和密度没有明显变化（图 6-34）。

利用扫描电镜对回火态试验钢中铜元素的分布进行面扫描分析，得到了铜元素的分布情况，如图 6-35a、b 和 c 所示，试验钢 2 号含铜 0.32%、4 号含铜 0.90% 和 6 号钢含铜 1.77%，随铜含量增加，铜元素在钢中的分布越来越密，含铜相的数量逐渐增加。

B　铜含量对室温、短时高温力学性能的影响

图 6-36a、b 为铜含量对室温强度和塑性影响的曲线，随铜含量增加，室温抗拉强度（R_m）和屈服强度（$R_{p0.2}$）明显升高，铜含量 ≥0.90% 时，试验钢的强度增加不

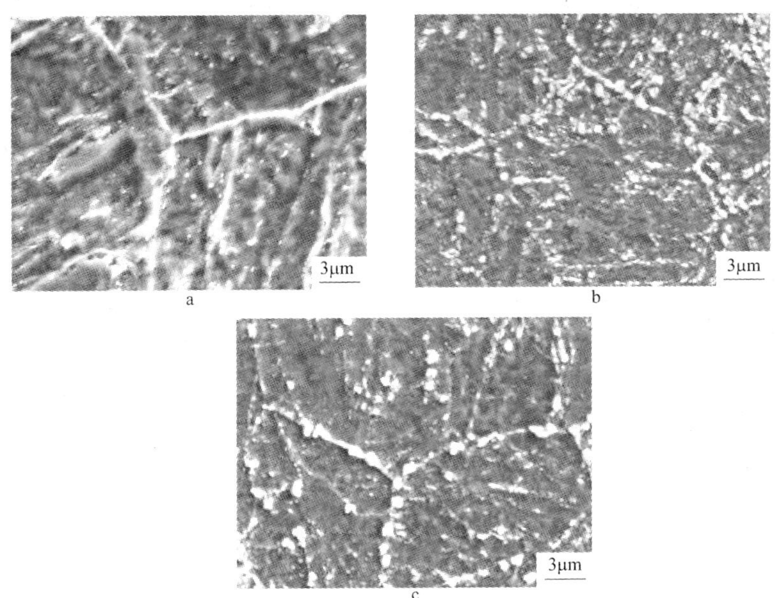

图 6-34 4 号钢回火态和时效后微观组织

a—回火态；b—时效 1000 h；c—时效 3000 h

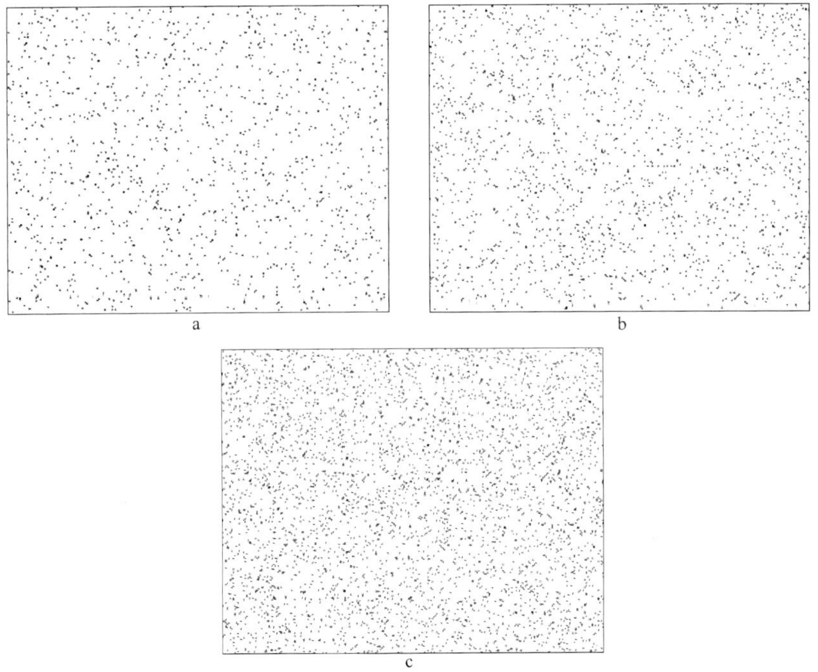

图 6-35 钢中铜元素面分布

a—2 号钢；b—4 号钢；c—6 号钢

明显,强度值接近。铜含量低于 0.90%,试验钢伸长率(A)和断面收缩率(Z)略高于其他炉次试验钢。铜含量增加到 0.90% 后,试验钢的塑性呈下降的趋势。

图 6-36c、d 为铜含量变化对 650℃ 短时高温强度和塑性影响的曲线,表明,随铜含量增加,R_m 和 $R_{p0.2}$ 明显增加,当铜含量超过 0.90% 时,R_m 和 $R_{p0.2}$ 值没有明显变化,强度值处于一个平台。试验钢的塑性与强度变化规律相反,铜含量低于 0.90% 时,塑性指标 A 和 Z 较高,超过 0.90% 时,A 和 Z 值明显下降。

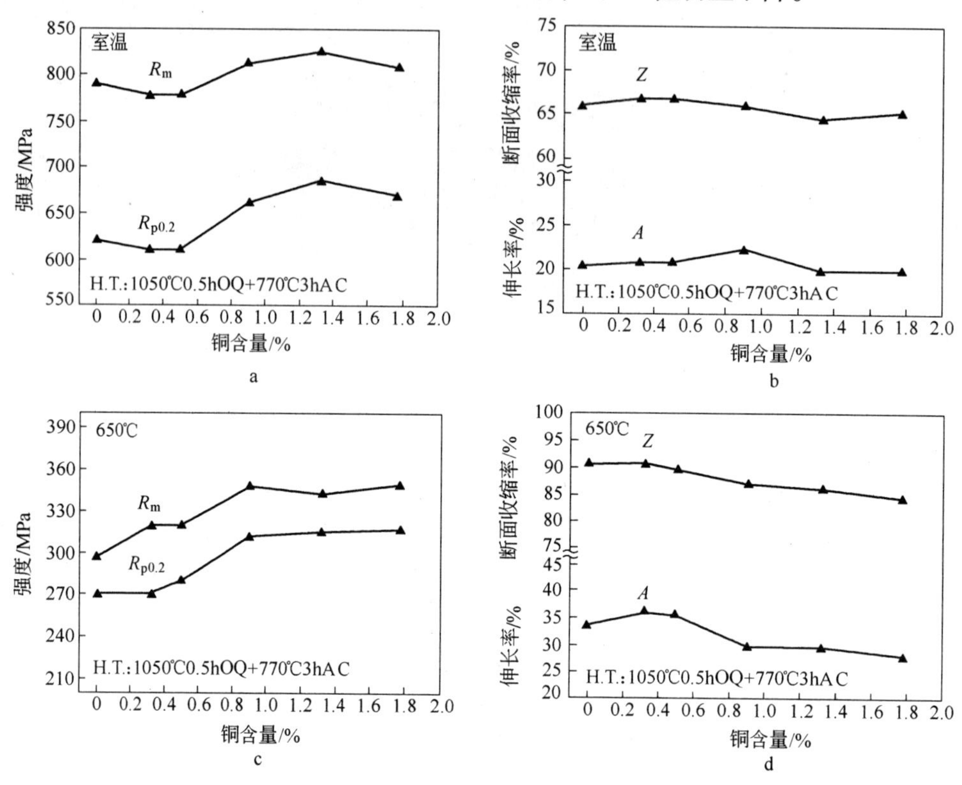

图 6-36　铜对室温、高温强度和塑性的影响

a,b—室温;c,d—高温

C　铜含量对持久性能的影响

图 6-37a、b 为铜含量变化对持久强度和塑性的影响,铜含量增加,钢的持久强度逐渐增加。不含铜的 1 号钢持久强度最低,含铜 1.77% 的 6 号钢持久强度最高。铜对持久塑性的影响较小,除不含铜的 1 号钢持久塑性略高外,其他炉号的持久塑性接近。

D　铜含量对时效后高温强度和塑性的影响

图 6-38a、b 为时效时间对 650℃ 高温强度和塑性的影响。在时效 300h 之前,随时效时间增加,试验钢的 R_m 和 $R_{p0.2}$,均有不同程度的下降,时效 1000h 后强度变

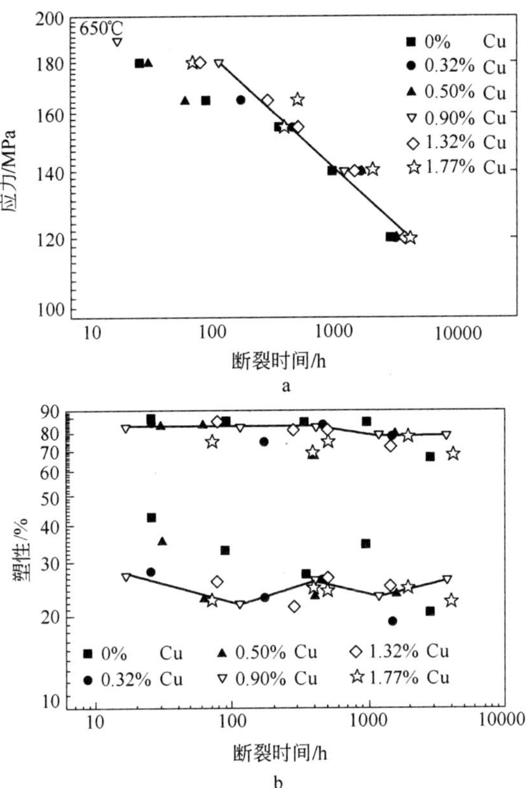

图 6-37 铜对持久强度和持久塑性的影响

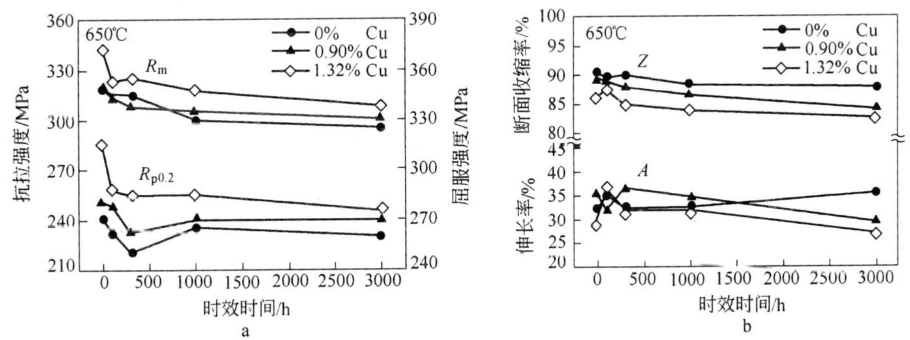

图 6-38 时效时间对 650℃ 高温强度和塑性的影响

化趋于平稳，时效 3000 h 和时效 1000 h 的强度值没有明显变化。铜对时效后的高温强度值影响明显，铜含量越高，不同时效时间对应的强度值也较高。

时效 3000 h 的塑性值与时效前相比，变化不大。时效时间增加对塑性值 A 和 Z 的影响较小，铜含量越高 A 和 Z 值越低。

铁素体化元素和奥氏体化元素的含量决定了 T122 钢中的铬当量（Creq），Creq

影响钢中 δ 铁素体的含量。钢中加入奥氏体化元素铜后,随着铜含量的增加,会降低钢的 Creq,根据经验公式 Creq = Cr + 11V + 12Al + 6Si + 4Mo + 1.5W + 5Nb - 40C - 30N - 8Ti - 4Ni - 2Mn - Cu - 2Co,试验钢的 Creq 为:1 号 12.52%(0% Cu),4 号 11.55%(0.90% Cu),6 号 11.02%(1.77% Cu),钢中的 δ 铁素体含量是 1 号 40%,2 号 24%,6 号 6%。由此表明,随着钢中铜含量的增加,钢的 Creq 相应地降低,钢中 δ 铁素体含量也相应地减少。

图 6-39 示出铜含量、δ 铁素体含量和持久断裂时间的关系。随铜含量增加和 δ 铁素体含量降低,试验钢的持久断裂时间延长,即持久强度提高。试验结果与 K. Kimura 等人[25]的结果是一致的,T122 钢 650℃ 10^4 h 的持久强度,含 δ 铁素体的钢是 70 MPa,不含 δ 铁素体的钢是 90 MPa。由此可见,不含 δ 铁素体钢的持久强度明显提高。

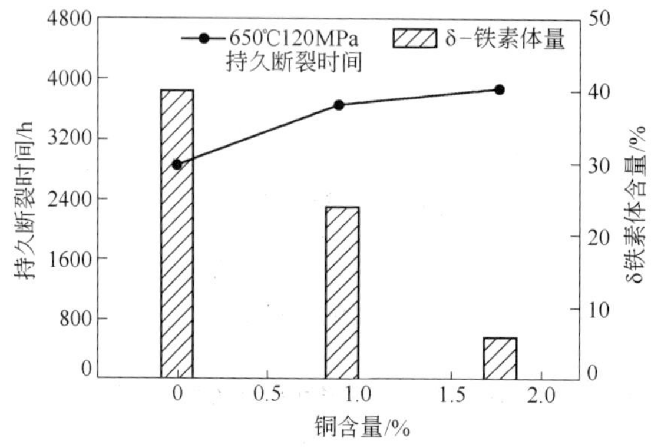

图 6-39　铜含量与 δ 铁素体含量的持久关系

富铜相的组成、分布和作用机制仍然不清晰,世界各国正在开展研究。通过对 650℃时效 3000 h 的 T122 钢进行化学萃取相分析确定,$M_{23}C_6$、MX 和 Laves 相中均不含铜[30],说明铜以单独的富铜相形式析出。Mats Hättestrand 等人[36]利用 TEM 观察到 P122 钢(与 T122 钢成分相同,钢管直径不同)中存在大量富铜相,采用 EDX 能谱分析,确定富铜相中铜含量超过 90%,还含有 1.9% Mn。用原子探针分析基体中铜含量,650℃ 时效前为 0.387% Cu,时效 1000h 后为 0.11% Cu,时效 10000h 后为 0.08% Cu,由此表明时效过程中,钢基体中的铜含量不断减少,以富铜相析出,说明富铜相含量增加。图 6-37 至图 6-39 表明,随着铜含量的提高,钢在 650℃长时时效后的高温强度和高温持久强度都随之提高,这正是由于高温长时和应力条件下富铜相不断析出的结果,这种规律与 Futamura 等人[19]对马氏体含铜钢 (0.006C - 9Cr - (0 ~ 4) Cu - 0.01N - Fe) 和杨岩等人[37]对奥氏体含铜钢 Super304H(18Cr - 8Ni - (2 ~ 5) Cu)的研究结果是一致的。

图 6–36 表明，钢中加入不同含量的铜对钢的室温和高温力学性能有明显的影响，在 0 ~ 0.90% Cu 范围内，室温和高温强度随铜含量的增加而明显提高，在 ≥ 0.90% Cu 时，强度值增加不明显。铜含量对室温塑性影响不明显，伸长率基本都处于 20% 左右，断面收缩率为 65% 左右，随着铜含量的增加，高温塑性总体上是下降趋势，变化较为缓慢，而且伸长率 ≥25%，断面收缩率 ≥85%，都表现出较高的塑性值。图 6–38 表明，在 650℃ 长时时效后含 0.90% Cu 钢的高温强度处于无铜钢和含 1.32% Cu 钢之间，高温塑性也是如此，而且随时效时间增加，下降变化的幅度较小，与上述两炉钢的数值差距不大。而图 6–37 和图 6–39 的高温持久强度及持久塑性表明，≥0.90% Cu 钢的持久强度值接近，0.90% Cu 钢的持久塑性最高。综合以上试验结果表明，0.90% Cu 钢具有最佳的高温强度和塑性匹配。

Habibi 等人研究[38]确定在马氏体钢中析出的富铜相为面心立方结构，并与马氏体基体满足 K – S 关系 {110} M // {111} γ，与基体呈共格关系。杨岩[37]在 Super304H 奥氏体钢中，观察到球形富铜相析出形成无衬度带，也证明富铜相与基体呈共格关系。富铜相尺寸在 5 ~ 40 nm 之间。这种纳米级富铜相与基体呈共格关系使钢得到了强化。

研究表明[19,38]，P122 钢和 9% Cr – 4% Cu 钢中，马氏体板条界、板条内析出大量富铜相。富铜相在板条界的大量析出，强化了马氏体板条界，延缓了马氏体板条的回复。晶内析出的富铜相与位错和层错缠结在一起，相互作用，阻碍了位错运动，从而稳定位错和亚结构。随时效时间增加，基体中铜含量明显下降[9]，表明富铜相不断由基体中析出，从而阻碍了钢高温长时强度的弱化，正是由于上述富铜相的三方面作用，使钢高温力学性能缓慢下降，如图 6–38 所示，试验钢时效后高温力学性能在 1000 h 后基本保持稳定。

因此，T122 钢中富铜相的强化机理主要是纳米级的富铜相与马氏体基体呈共格关系，起到强化作用；富铜相在马氏体板条界和位错附近析出，阻碍了马氏体板条回复和位错运动，延缓了马氏体板条和位错的消失；随高温时效时间增加，基体中不断析出富铜相，提高了钢的强度。正是由于这三方面的作用，延缓了钢高温长时力学性能的弱化。

6.5　T122 钢的热加工工艺研究

合金元素对 T/P122 钢的微观组织和力学性能影响，国外已进行了大量的研究。在钢管生产和制造过程中，会采用热锻、热轧、热挤压等加工方法。需要确定钢的加工工艺参数。而且热加工组织具有遗传性，对产品的组织和性能有很大影响。控制热加工过程是获得所希望的组织与性能的关键手段之一。目前关于其热加工的研究，公开报道的文献很少。因此，需要对 T/P122 钢热加工工艺进行研究，为工业试制奠定基础。钢铁研究总院对 T122 钢的热加工工艺进行了研究[61]。

6.5.1　T122 钢热加工工艺研究

6.5.1.1　T122 钢平衡相转变的热力学计算

T122 钢缺少可参考的较详细的相图，为此，采用瑞典皇家工学院开发的用于相平衡计算和热力学评估软件 Thermo - Calc 及最新钢铁材料数据库 TCFE3，计算出不同成分的 T122 耐热钢在 500 ~ 1500 K 范围内可能出现的相的吉布斯自由能和各组元化学位，并计算出在不同温度下可能出现的相和相的含量。

计算的相图如图 6-40 和图 6-41 所示，分别代表了不同温度下基体的平衡态相组成和平衡转变过程中的析出相及其相变规律。

通过与实测的 A_{c1} 温度和析出相数量比较，表明 T122 耐热钢在加热过程中的组织变化应接近计算结果。由此可初步判定 T122 钢的热加工加热温度范围为 950 ~ 1200℃。同时也表明在此温度范围内，存在一定数量 δ 铁素体，由此在加工过程中可能出现热裂纹缺陷，应予以重视。此外，为降低 δ 铁素体，减少其引起的热裂纹缺陷，合金成分中 Cr 含量应控制在 11% ~11.5% 之间（质量分数），且应严格控制 Al 含量。

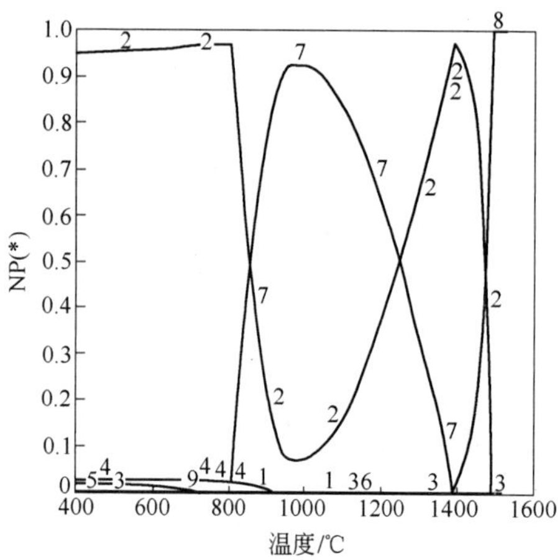

图 6-40　T122 钢平衡转变过程中基体相的变化

1—T -273.15，NP(ALN)；
2—T -273.15，NP(BCC_A2)；
3—T -273.15，NP(FCC_A1 #2)；
4—T -273.15，NP(M23C6)；
5—T -273.15，NP(M2B_TETR)；
6—T -273.15，NP(MNS)；
7—T -273.15，NP(FCC_A1 #1)；
8—T -273.15，NP(LIQUID)；
9—T -273.15，NP(LAVES_PHASE_C14)

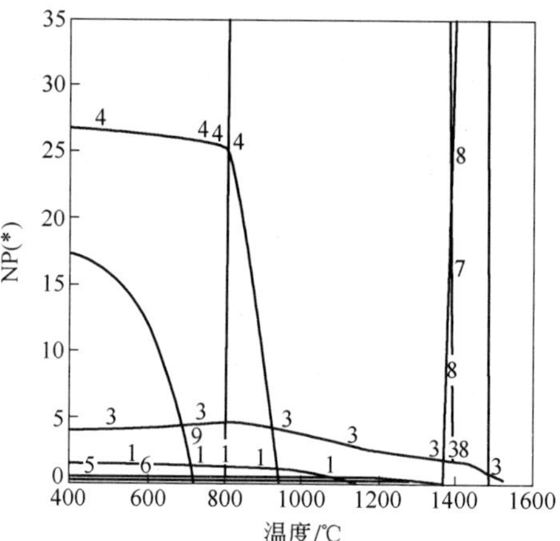

图 6-41　T122 钢平衡转变过程中析出相及其变化

1—T -273.15，NP(ALN)；
3—T -273.15，NP(FCC_A1 #2)；
4—T -273.15，NP(M23C6)；
5—T -273.15，NP(M2B_TETR)；
6—T -273.15，NP(MNS)；
7—T -273.15，NP(FCC_A1 #1)；
8—T -273.15，NP(LIQUID)；
9—T -273.15，NP(LAVES_PHASE_C14)

6.5.1.2 T122 钢加热过程中奥氏体晶粒尺寸变化

通过对试验成分的 T122 钢不同温度、不同保温时间及不同加热速率的试验，得到了不同加热参数下原奥氏体晶粒尺寸的变化规律，如图 6-42 所示。

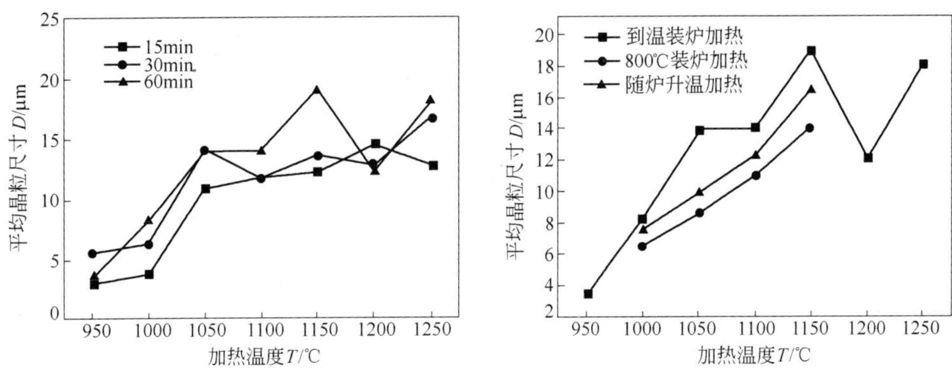

图 6-42 不同加热参数下平均晶粒尺寸的变化

上述结果表明在加热过程中该钢发生明显晶粒长大的起始温度约为 1000℃，此温度值与计算的 $M_{23}C_6$溶解温度是相一致的。但由于 MX 相的钉扎及 δ 相的抑制，其晶粒尺寸即使加热到 1150 ~ 1200℃也还处于一个相对较小的值。但是组织观察及分析表明，在 1050℃左右，高的加热速率会造成某些晶粒发生异常长大（如图 6-43 所示），因此，在此温度范围内进行热处理时应采用较慢的加热速度。

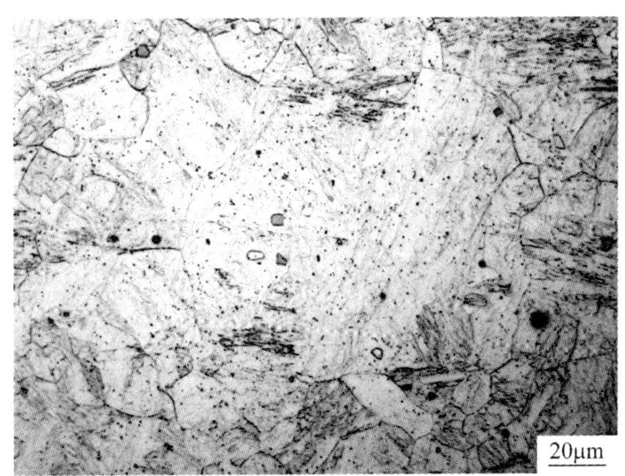

图 6-43 加热过程中出现的异常大晶粒（1050℃，60 min）

6.5.1.3 T122 钢加热过程中 δ 铁素体的变化

δ 铁素体是影响 T122 耐热钢的使用性能和加工性能的主要因素之一。采用金相法测量了不同加热温度下 δ 铁素体的含量并与计算值进行了比较，其结果如图 6-44 所示。

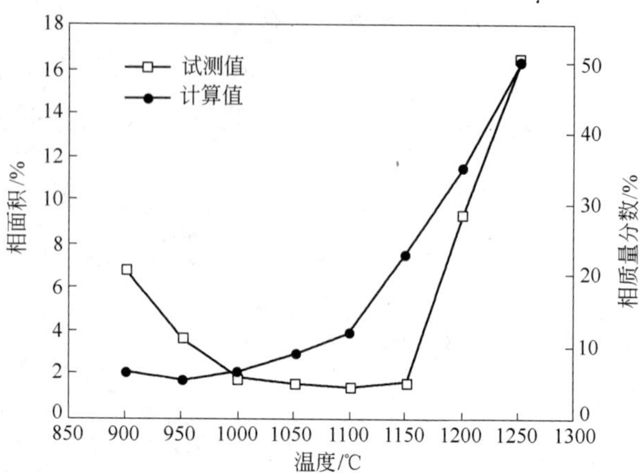

图 6-44　加热过程中 δ 铁素体含量的变化

从图 6-44 可以看出，δ 铁素体含量随加热温度不同而变化，在 1000～1100℃ 的温度范围内，其含量较低。因此，坯锭在加工前的加热过程中，应在此温度范围内作较长时间保温，然后快速加热到预期加热温度。

6.5.2　T122 钢热变形规律

6.5.2.1　T122 钢的热塑性

在 Gleeble 热模拟试验机上，进行了不同温度下的热拉伸试验，获得了 T122 钢的热塑性曲线，从图 6-45 可以看出 T122 耐热钢在 1100～1200℃ 范围内热塑性较好，适宜高温热加工。

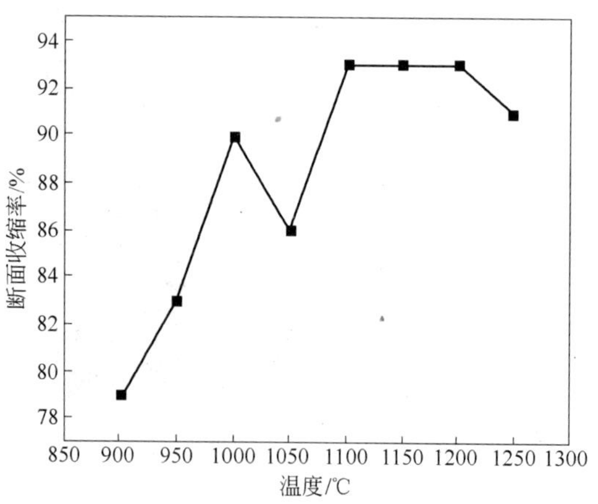

图 6-45　T122 耐热钢热塑性

6.5.2.2　T122 钢应力－应变曲线

为了进一步研究 T122 耐热钢热加工特性，在 Gleeble－3500 热模拟试验机上进行了不同温度和不同变形速率的热压缩试验,其真应力 - 真应变流变曲线如图 6-46所示。

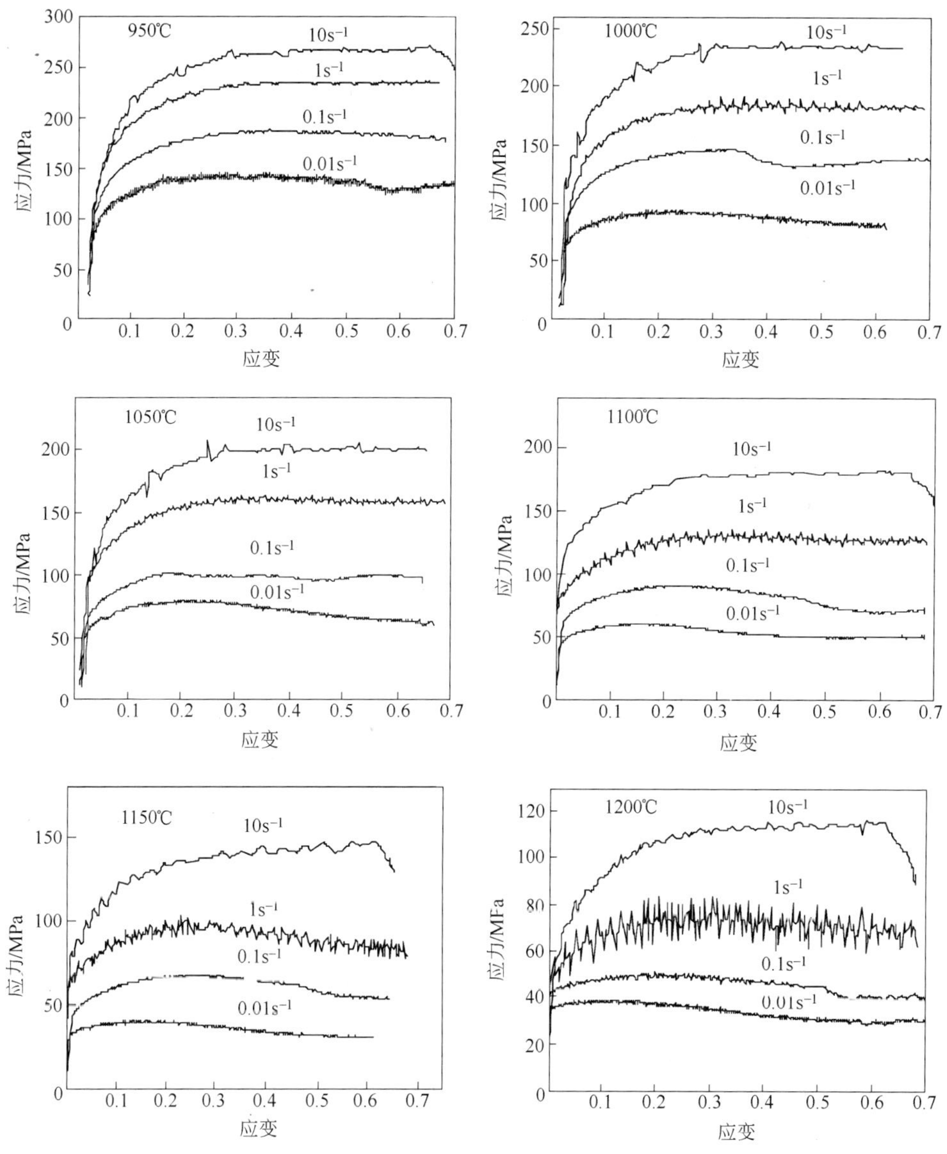

图 6-46 T122 耐热钢热压缩流变应力曲线

从图 6-46 结果看,当真应变超过一定值后,多数变形条件下,真应力进入一个稳定阶段,即流变曲线上没有特别明显的表征发生动态再结晶的流变应力峰,只有在某些高温和低应变速率条件下(如 1150 ~ 1200℃,0.01 ~ 0.1/s)发生动态再结晶。因而动态回复应是 T122 耐热钢工业生产时热加工软化的主要回复机制。因此在实际生产过程中应采用较高的加工温度和较低的加工速度。

6.5.2.3　变形速率和变形温度对 T122 耐热钢流变应力的影响

变形温度和变形速度是材料热加工的两个重要参数,它们对材料的变形抗力和热加工组织起着决定性的作用。变形温度和变形速率对 HCM12A 耐热钢稳态流变应力的影响如图 6-47 和图 6-48 所示。从图 6-47 和图 6-48 可以看出,变形温度和变形速度对 T122 耐热钢流变应力的影响符合一般规律,即流变应力随变形温度的升高和变形速率的降低而下降。

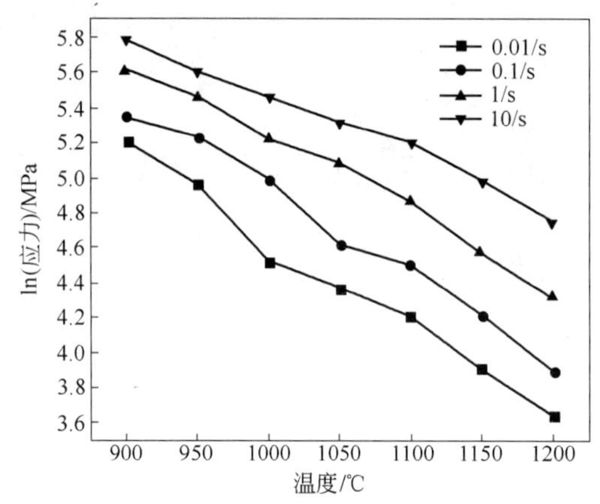

图 6-47　变形温度对 T122 耐热钢稳态流变应力的影响

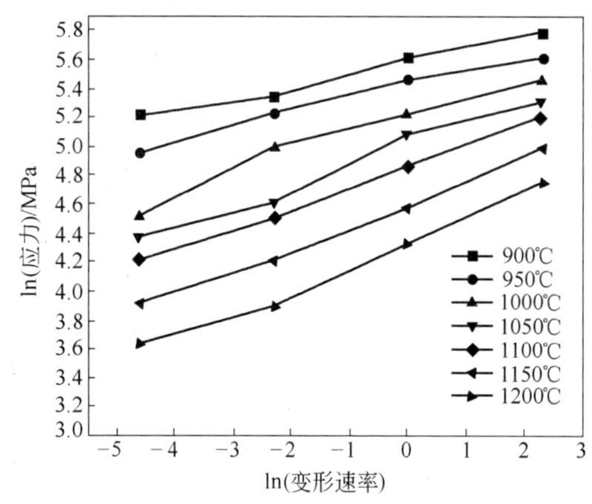

图 6-48　变形速率对 T122 耐热钢稳态流变应力的影响

6.5.2.4　变形条件对 T122 耐热钢高温变形组织的影响

图 6-49 为 T122 耐热钢在不同变形条件下热变形后快速冷却后的组织。图中表明,随变形温度升高,晶粒尺寸增大。随变形量增加,晶粒形貌由等轴状逐渐向拉长状变化。

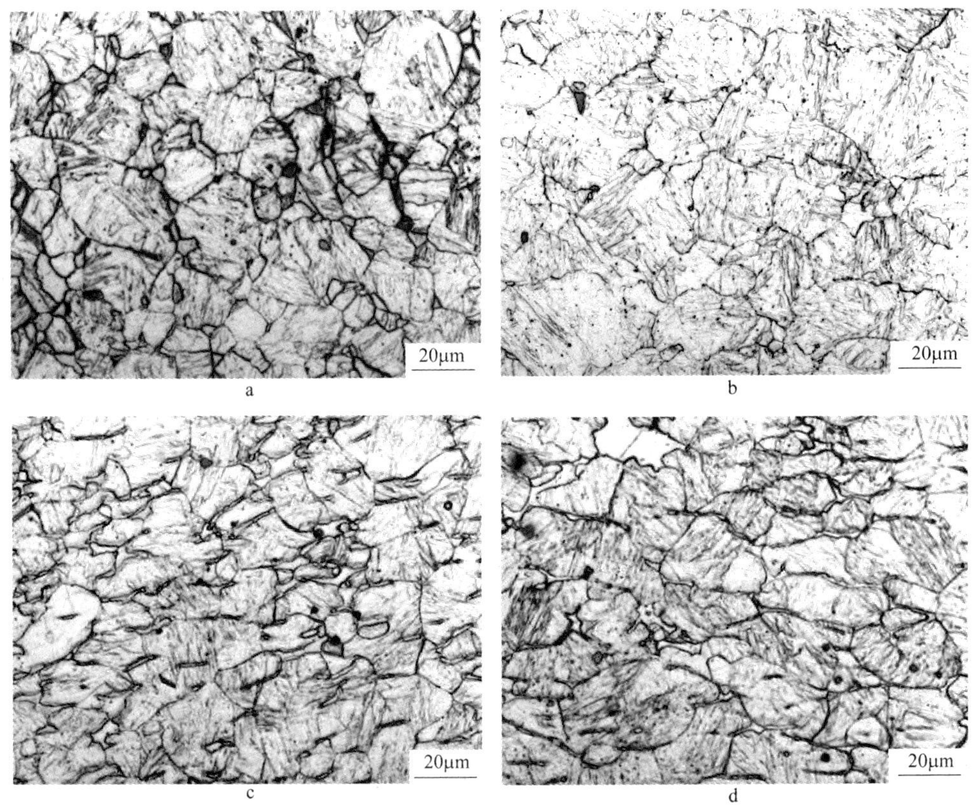

图 6-49 T122 热变形组织

a—1150℃, 1/s, $\varepsilon=0.1$; b—1150℃, 1/s, $\varepsilon=0.3$;
c—1150℃, 1/s, $\varepsilon=0.7$; d—1200℃, 1/s, $\varepsilon=0.7$

6.5.2.5 T122 耐热钢稳态流变应力本构关系

应用位错反应理论和 Avrami 方程，建立 T122 钢应变硬化和动态回复阶段，以及动态再结晶阶段的本构方程，稳态流变应力本构方程如下：

(1) 应变硬化和动态回复阶段（$\varepsilon \leqslant \varepsilon_c$）

$$\sigma_{(e)}=\sigma_0+(\sigma_s-\sigma_0)\left[1-\exp\left(-\frac{\varepsilon}{\varepsilon_r}\right)\right]^{1/2}$$

$$\varepsilon_r=\frac{\lambda}{b}\left(\frac{\sigma_s-\sigma_0}{\alpha\mu}\right)^2$$

对于固溶体：
$$\varepsilon_r=\frac{\lambda}{b}\left(\frac{\sigma_s-\sigma_0}{\alpha\mu}\right)^2$$

(2) 动态再结晶阶段（$\varepsilon>\varepsilon_c$）

$$\sigma=\sigma_{(e)}-(\sigma_s-\sigma_{ss})\left\{1-\exp\left[-\left(\frac{\varepsilon-\varepsilon_c}{\varepsilon_{xr}-\varepsilon_c}\right)^m\right]\right\}$$

其中：

$$\varepsilon_c = A\left(\frac{Z}{\sigma_s^2}\right)^{n_1},\ \varepsilon_{xr} = B\left(\frac{Z}{\sigma_s^2}\right)^{n_2} + \varepsilon_c$$

式中　ε_r——瞬态松弛应变；

ε_c——发生动态再结晶临界应变量；

ε_{xr}——发生第一轮动态再结晶所需要的应变量。

$$\varepsilon_r = 0.011582 + 0.080272\dot{\varepsilon}^{-0.01141}$$

$$\varepsilon_c = 1.6264 \times 10^{-6} \times \left(\frac{Z}{\sigma_s^2}\right)^{0.42062}$$

$$\varepsilon_{xr} = 18.252 \times \left(\frac{Z}{\sigma_{ss(e)}^2}\right)^{-0.13635} + \varepsilon_c$$

$$Z = \dot{\varepsilon}\exp\left(\frac{Q}{RT}\right)$$

式中　σ_s——动态回复饱和应力；

σ_{ss}——动态再结晶稳态应力。

σ_0，σ_s，σ_{ss}，采用双曲线方程 $A''[\sinh(\alpha\sigma)]^n = \varepsilon\exp(Q/RT)$ 表征。

其中：

$$\sigma_s = 252.525 \times \sinh^{-1}\left(\frac{Z}{6.831 \times 10^{18}}\right)^{0.146}$$

$$\sigma_{ss} = 291.7238 \times \sinh^{-1}\left(\frac{Z}{6.408 \times 10^{16}}\right)^{0.1845}$$

$$\sigma_0 = 11.933 \times \sinh^{-1}\left(\frac{Z}{30289}\right)^{0.148}$$

式中　σ_0——起始应力。

6.6　T122 钢的工业试制

2005 年宝钢股份特殊钢分公司、钢铁研究总院联合对 T122 钢管进行了试制，并对试制钢管的组织和性能进行了检测[39]。

6.6.1　工业试制技术条件

工业试制技术要求按 ASTM A213/A213M—01《无缝铁素体和奥氏体合金钢锅炉管、过热器管和热交换器管标准规范》，对 T122（HCM12A）钢管的技术要求。

（1）材料化学成分见表 6-11。

（2）力学性能。正火 + 回火后的力学性能见表 6-12。

（3）扩口、压扁试验按 GB/T242—1997、GB/T246—1997 技术条件进行扩口、压扁试验，应无裂口。

表 6-11 T122 钢的化学成分要求（质量分数，%）

钢 号	C	Mn	P	S	Si	Cr	Ni	N
HCM12A	0.07 ~ 0.14	≤0.70	≤0.020	≤0.010	≤0.50	10.00 ~ 12.50	≤0.50	0.040 ~ 0.100
钢 号	Nb	Al	B	Cu	Mo	W	V	
HCM12A	0.04 ~ 0.10	≤0.040	0.0005 ~ 0.005	0.30 ~ 1.70	0.25 ~ 0.60	1.50 ~ 2.50	0.15 ~ 0.30	

表 6-12 正火 + 回火后的力学性能

R_m/MPa	$R_{p0.2}$/MPa	A/%	最大硬度
≥620	≥400	≥20	25HRC

6.6.2 T122 钢试制工艺流程

20tEAF + 20tAOD + LF 炉 → 模铸 2.3t 锭 → 热送初轧开坯 180mm^2→初轧坯全剥皮→热轧管坯→ 斜轧穿孔→钢管冷加工→钢管热处理→检验→入库。

6.6.3 T122 钢试制过程及结果

6.6.3.1 冶炼

在 EAF 炉中对原料通电熔化，在熔化过程中适当吹氧助熔，熔清后进行还原。成分调整至内控要求、扒清还原渣后出钢。

脱碳、去气、去夹杂等冶炼过程在 AOD 分步实施。高碳时氧气和惰性气体按 4:1比例吹入，脱碳中期采用 1:1 比例吹入，后期采用 1:2 比例吹入，终点碳严格按内控要求控制。终点碳达内控要求后，进行还原渣料，主要是石灰和 Si - Fe。吹氩充分还原后拉渣，拉渣完毕，进还原渣料石灰、萤石和铝锭，配比按设计要求。成分、温度微调在 LF 炉中进行，调整达标后，镇静 5 ~ 8 min，出钢浇注 2.3t 钢锭，浇注过程采用防止二次氧化的保护浇注工艺措施。冶炼成分控制结果见表 6-13。

表 6-13 T122 钢化学成分要求及实际成分（质量分数，%）

项 目	C	Mn	P	S	Si	Cr	Ni	N
标 准	0.07 ~ 0.14	≤0.70	≤0.020	≤0.010	≤0.50	10.00 ~ 12.50	≤0.50	0.040 ~ 0.100
熔 炼	0.10	0.47	0.008	0.002	0.20	10.48	0.28	0.044
成 品	0.09	0.47	0.008	0.003	0.20	10.51	0.28	0.041
项 目	Nb	Al	B	Cu	Mo	W	V	O
标 准	0.04 ~ 0.10	≤0.040	0.0005 ~ 0.005	0.30 ~ 1.70	0.25 ~ 0.60	1.50 ~ 2.50	0.15 ~ 0.30	
熔 炼	0.05	0.003	0.0020	0.95	0.39	1.87	0.19	
成 品	0.06	0.003	0.0023	0.92	0.39	1.87	0.19	0.0041

从成分结果来看，冶炼过程工艺控制合理，所有成分均达标准控制要求，且氧含量为 41×10^{-6}，纯洁度较高。

6.6.3.2　初轧开坯工艺及结果

钢锭在规定的时间内脱模，热送至初轧厂进行开坯。装炉炉温为 700℃，最高加热钢温为 1220℃，保温时间为 4 h，压下规程按预设计划进行，以保证钢坯表面质量。开坯规格为 180 mm × 180 mm。轧后热装退火，钢坯精整后热轧管坯。

6.6.3.3　管坯轧制

180 mm × 180 mm 钢坯，在步进炉中进行加热，加热温度为 1180℃ ± 10℃。严格控制出钢节奏，确保钢坯烧透和温度均匀，轧制 ϕ100 mm 管坯，轧后缓冷并及时退火，退火在连续炉中进行，最高加热温度 810℃，退火时间 23 h。管坯质量检验结果见表 6-14 和表 6-15。

表 6-14　管坯低倍及晶粒度检验结果

炉　号	轧制规格/mm	一般疏松(级)	中心疏松(级)	偏析(级)	晶粒度(级)
571 - 1698	ϕ100	0.5	0.5	0	6.0
		0.5	0.5	0	6.0

表 6-15　夹杂物检验结果

炉　号	试样号	A(级)		B(级)		C(级)		D(级)	
		细系	粗系	细系	粗系	细系	粗系	细系	粗系
571 - 1698	1 号	0.5	0	0.5	0	0	0	1.0	0
	2 号	0.5	0	0.5	0	0	0	1.0	0

6.6.3.4　钢管试制

采用斜轧穿孔工艺制管。将 ϕ100 mm 管坯按计划钢管长度进行落料剥皮至 ϕ97 mm，打好定心孔，荒管规格 ϕ102 mm × 11.5 mm。1060℃ 加热温度下，热穿孔变形抗力较大，一次咬入条件不佳，荒管头部轻微扭曲，但内外表面质量良好。1080 ~ 1150℃ 加热温度下，热穿孔顺利，荒管内外壁表面质量优良，说明 T122 高温热塑性范围是很宽的。

T122 钢管的冷加工工序变形道次及变形尺寸见表 6-16。结果表明，T122 在按预定退火工艺处理后，钢管的冷轧和冷拔均正常，钢管质量良好。

表 6-16　T122 钢管冷加工工序

道次	设备型号	变形尺寸	工序备注
0		ϕ102 mm × 13.5 mm	打头、酸洗、润滑
1	65T	ϕ92 mm × 10.75 mm，连拔 ϕ98 mm	冷拔、去油、热处理、矫直、切管、酸洗、润滑
2	LG80	ϕ68 mm × 9.5 mm	冷拔、去油、打头、热处理、矫直、酸洗、润滑
3	65T	ϕ60 mm × 9 mm	去油、取样

6.6.4 成品管热处理工艺与组织性能

对成品管进行了如表 6-17 中计划的热处理试验,并对比不同回火工艺下的力学性能。

表 6-17 T122 试验钢热处理工艺

工艺编号	热处理工艺
1	1050℃ ×25 min 空冷 +670℃ ×3 h 空冷
2	1050℃ ×25 min 空冷 +700℃ ×3 h 空冷
3	1050℃ ×25 min 空冷 +730℃ ×3 h 空冷
4	1050℃ ×25 min 空冷 +760℃ ×3 h 空冷
5	1050℃ ×25 min 空冷 +790℃ ×3 h 空冷

T122 钢管经上述热处理工艺处理后,测定室温和高温力学性能,图 6-50 是 T122 正火 + 高温回火后室温力学性能曲线。可以看出,随着回火温度的提高,钢

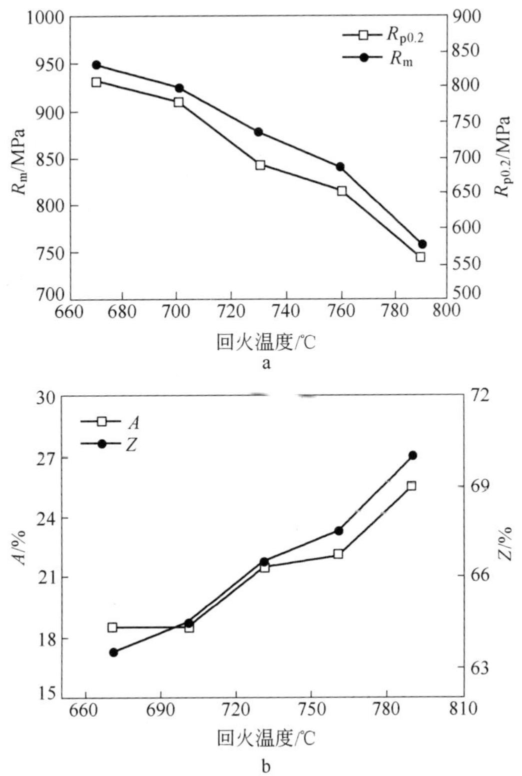

图 6-50 T122 固溶后不同回火温度下室温力学性能

a—强度指标;b—塑性指标

的强度下降,塑性提高。图 6-51 是 T122 正火 + 高温回火后 620℃ 的高温力学性能曲线,可以看出,随着回火温度的提高,钢的高温强度下降;高温塑性变化与回火温度有关,在 670 ~ 730℃ 温度范围内高温塑性变化不明显,在 760 ~ 790℃ 温度范围内,高温塑性指标明显提高。因此采用 760℃ 以上的高温回火工艺对改善 T122 的高温塑性指标是有益的。

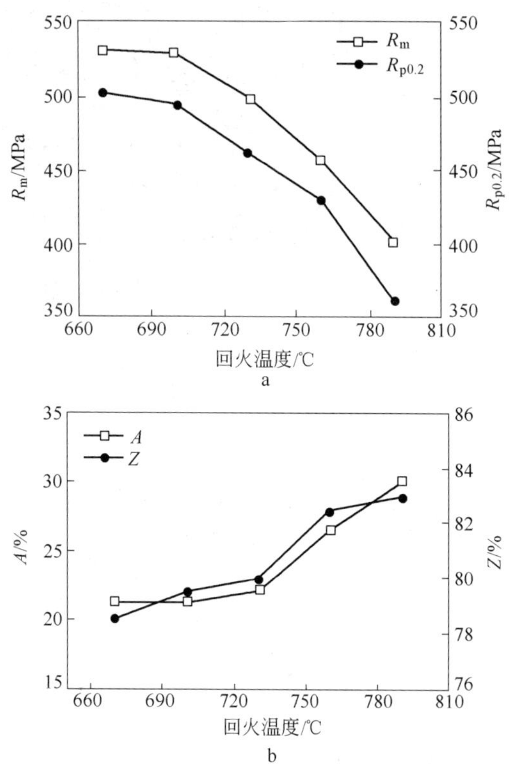

图 6-51　T122 固溶后不同回火温度下高温力学性能

a—强度指标;b—塑性指标

T122 钢管经 1050℃ 正火热处理后,晶粒度为 7.0 级,其组织为回火马氏体组织(见图 6-52)。

因此,确定 T122 成品管的正火温度为 1050℃,高温回火温度 780℃。按此工艺处理后,钢管的力学性能数据见表 6-18。按 GB/T242—1997、GB/T246—1997 技术条件进行扩口压扁试验,无裂口出现。

表 6-18　T122 钢管的室温力学性能

炉　号	规格/mm × mm	试样号	R_m/MPa	$R_{p0.2}$/MPa	A/%
471 - 1698	$\phi60 \times 9$	1	775	635	23.5
		2	760	620	24.0

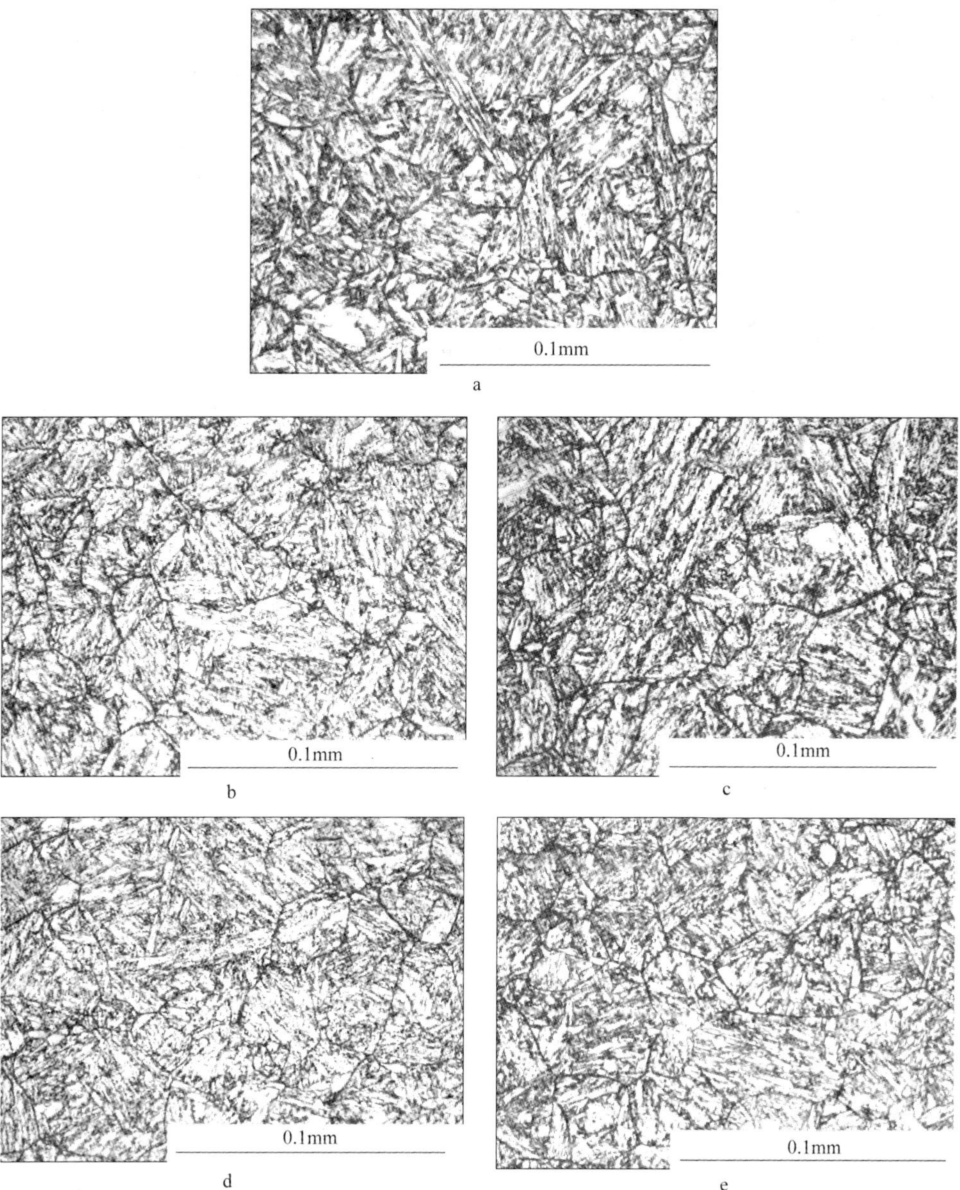

图 6-52 不同回火温度下 T122 钢管的组织

a—回火温度 670℃,500×;b—回火温度 700℃,500×;c—回火温度 730℃,500×;
d—回火温度 760℃,500×;e—回火温度 790℃,500×

在对 T122 钢管的试验过程中,通过对若干技术问题的研究,得出结论如下:

(1) 采用 EAF + AOD + LF 冶炼工艺,强化去气去夹杂过程,冶炼的 T122 钢中的 S、Si、Al、O 含量可控制在较低的水平,钢的纯洁度控制良好。

（2）T122 的热加工性能，1220℃开坯加热温度和 1180℃管坯热轧加热温度合理，钢坯和管坯表面质量良好。

（3）T122 斜轧穿孔的最佳穿孔温度范围很宽，加热 1080 ~ 1150℃穿管，荒管内外壁表面及内部质量良好。

（4）T122 钢的冷加工工艺性良好。

（5）T122 成品管的正火温度为 1050℃，回火温度 780℃时比较好，在此工艺下，各项指标符合技术要求。

（6）按照研发工艺路线生产的 T122 钢管的化学成分和各项性能指标完全符合超（超）临界机组锅炉用钢管技术条件要求。

参考文献

[1] 钢铁研究总院，宝钢股份有限公司特钢分公司，哈尔滨锅炉厂. HCM12A 研制报告，2005.

[2] 吴祖乾. 超临界锅炉用 9% -12% 铬含钨铁素体钢管的发展，发电设备[J]，1995，9:2 ~6.

[3] Viswanathan R, Bakker W T , Materials For Boilers In Ultra Supercritical Power Plants, Proceedings of 2000[C],International Joint Power Generation Conference, Miami Beach, Florida, 2000, IJPGC2000 ~15049.

[4] Kimura K. A method of long-term creep rupture data analysis for high Cr ferritic creep resistant steel [C]. Symposium on Ultra Super Critical (USC) Steels for Fossil Power Plants 2005, Beijing, 2005: 145 ~156.

[5] Hald J. Behaviour of Z phase in 9% -12% Cr steels[J], Energy Materials, 2006,1(1): 49 ~57.

[6] ECCC data sheet, 2005.

[7] Masuyama F,et al. Development and applications of a high – strength 12% Cr steel tubing with improvement weldability, Mitsubishi Heavy Industries Ltd. , Technical Review, Oct. 1986:229 ~237.

[8] Kaori M, Fujimitsu M,et al. Microstural evolution of a12Cr – 2W – Cu – V – Nb steel during three-year servicee exposure [J]. ISIJ Int ,2000, 40(11): 1156 ~1163.

[9] 袁力. T122 钢许用应力下降对锅炉安全的影响[J]. 热力发电,2009,36(7):11 ~12,17.

[10] 邵天佑，李法众，韩克刚. 华能玉环电厂 4×1000MW 超超临界机组锅炉用钢[J]. 热力发电，2006，12: 73 ~74.

[11] 刘荣藻. 低合金热强钢的强化机理[M]. 北京:冶金工业出版社,1981:7 ~54.

[12] Abe F. Key Issues for Development of Advanced Ferrite Steels for Thick Section Boiler Components In USC Power Plant at 650℃[C]. Symposium on Ultra Super Critical (USC) Steels for Fossil Power Plants 2005,Beijing, 2005: 19 ~28.

[13] Maruyama K, Kots Sawada, Koike J. Strengthening mechanisms of creep resistant tempered martensitic steel[J], ISIJ Inter. , 2001, 41(6): 641 ~653.

[14] Bhadeshia H K D H. Design of Ferritic Creep – resistant Steels, ISIJ Inter. , 2001, 41(6): 626 ~640.

[15] Tamura M, Sakasegawa H, Kato Y, Kohyama A, et al. Relation Between Creep Rupture Strength

and Substructure of Heat Resistant Steel[J]. ISIJ Inter., 2002, 42(12): 1444 ~ 1451.

[16] Sakuraya Kazuyuki ,Okada Hirokazu , Abe Fujio. Coarse Size BN Inclusions Formed in High Cr Ferritic Heat Resistant Steel[C]. The Second International Conference on Advanced Structural Steels 2004,Shanghai,2004:772 ~ 776.

[17] 包汉生，程世长，刘正东，等. T122 耐热钢中氮化硼(BN)化合物的探讨[J]. 钢铁，2005，40(10):68 ~ 71.

[18] Mayor K H, Bendick W,et al. New Materials for Improving the Efficiency of Fossil – field Thermal Power Stations. New York, ASME, 1988: 250 ~ 256.

[19] Yuichi Futamura, Toshihiro Tsuchiyama and Setsuo Takaki. Strengthening Mechanism of Cu Bearing Heat Resistant Mar-tensitic Steels [J]. ISIJ International,2001,(41) Supplement: S106.

[20] 包汉生，谭舒平，程世长，等. 铜含量对 T122 耐热钢中 δ 铁素体含量及力学性能的影响[J]. 钢铁研究学报，2010，2(22):28 ~ 33.

[21] 孙珍宝，等. 铜在钢中的作用. 合金钢手册(上册)[M]. 北京:冶金工业出版社，1984.

[22] 太田定雄著，张善元，张绍林译. 铁素体系耐热钢[M]. 北京: 冶金工业出版社，2003: 60 ~ 315.

[23] Cerjak H, Hofer PandSchaffernak B. materials for advanced power engineering 1998[J]. ed. by J. Lecomte-Beckers et al. Forschungszentrum julich GmbH, Julich,1998:287 ~ 295.

[24] Iseda A, Teranish H, Yoshikawa k, et al. Effects of chemical compositions and heat treatments on creep rupture strength of 12 wt% Cr heat resistant steels for boiler[J]. Tetsu – To – Hagane, 1990, 76(7): 1076 ~ 1083.

[25] Kimura K, Sawada K, Kushima H, et al. Degradation behaviour and long – term creep strength of 12Cr ferritic creep resistant steels[C]. Proceedings of the 8th liege conference on materials for advanced power engineering 2006, Liege, Belgium, 2006: 120 ~ 128.

[26] 包汉生，程世长，刘正东，等. 化学成分和热处理温度对 T122 耐热钢中 δ – 铁素体含量的影响[J]，钢铁，2009，44(12):74 ~ 78.

[27] Horst CERJAK. Peter HOFER, Bernhard SCHAFFERNAK. The Influence of Microstructural Aspects on the Service Behaviour of Advanced Power Plant Steels[J], ISIJ International, 1999, 39(9):874 ~ 888.

[28] Sawada K, Suzuki K,Kushima, et al. Effect of tempering temperature on Z – phase formation and creep strength in 9Cr – 1Mo – V – Nb – N steel[J]. Materials and science engineering A, 2008, 480:558 ~ 563.

[29] 刘正东，程世长，包汉生，等. 钒对 T122 铁素体耐热钢组织和性能的影响[J]. 特殊钢，2006，27(1):7 ~ 10.

[30] 包汉生. 钒对 T122 铁素体型耐热钢组织与性能的影响[D]，秦皇岛/北京:燕山大学/钢铁研究总院，2005.

[31] 包汉生. T122 马氏体耐热钢组织稳定性与性能的研究[D]，北京:钢铁研究总院，2009.

[32] Masaki Taneike,Masayuki Kondoand Tatsuo Morimoto. Accelerated coarsening of MX carbonitrides in 12% Cr steels during creep deformation [J]. ISIJ International, 2001, 41(Supplement): 111 ~ 115.

[33] Masaki Taneike, Kota Sawada, Fujio Abe. Effect of carbon concentration on precipitation behavior of $M_{23}C_6$ carbides and MX carbonitrides in martensitic 9Cr steel during heat treatment[J], Metallurgical and Materials Transactions A, 2007,35(4):1255 ~ 1262.

[34] 刘兴阳,藤田利夫.鉄と鋼[J].1987,73:1034.

[35] Fujio Abe, Torsten-Ulf Kern and Viswanthan R. Creep-resistant steels[M]. Woodhead Publishing Limited,Cambridge England,2008.

[36] Mats Hättestrand, Martin Schwind, Hans-Olof Andrén. Microanalysis of two creep resistant 9% - 12% chromium steels [J], Materials Science and Engineering A, 1998, (250): 27 ~ 36.

[37] 杨岩. 铜含量对 Super304H 钢性能影响的研究[D], 北京:钢铁研究总院, 2001.

[38] Habibi H R. Atomic Structure of the Cu precipitates in two stages hardening in maraging steel[J], Materials letters, 2005,59:1824 ~ 1827.

[39] 徐松乾. HCM12A(T122)钢工业试制技术报告,2005.

7 中国 T/P92 锅炉钢研制进展

7.1 T/P92 钢化学成分

20 世纪 70 年代 T91 钢的研制成功是锅炉钢历史上一个具有里程碑意义的重要进展。T91 钢在理论上进一步证明了“多元复合强化”在耐热钢研制上的适用性，同时 T91 钢也填补了 580 ~ 600℃蒸汽参数超超临界火电机组锅炉管选材上的一个重要空白，即 T91 钢在工程上成功地连接了含 2.25% Cr 的铁素体型锅炉钢和含 18% Cr 的奥氏体锅炉钢。T/P91 锅炉钢已经大量应用于世界各地的超(超)临界火电机组，长期的实践结果已经证明 T/P91 钢管可以满足 600℃以下蒸汽参数超(超)临界火电机组的设计和使用要求。然而，在研究和使用过程中也发现 T/P91钢管在高温长时服役过程中持久强度存在明显拐点，如图 7-1 所示。当持久试验的温度超过 600℃和试验时间超过 1 万小时，T91 钢的持久强度明显向下偏离设计预测曲线，这就意味着 T/P91 钢管在 600℃以上蒸汽参数超超临界火电机组中长期使用后可能存在安全隐患。

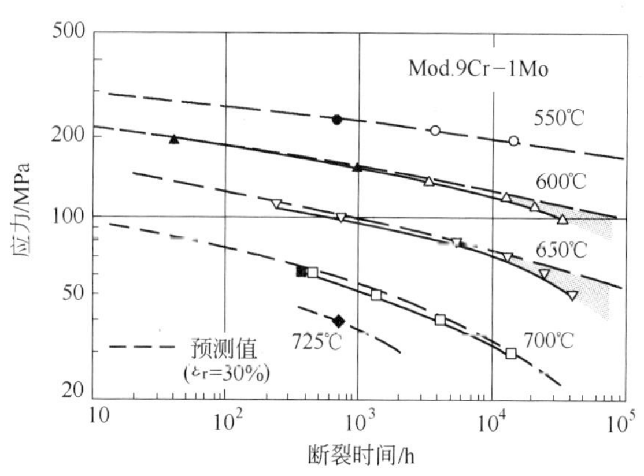

图 7-1 T91 钢高温长时服役后持久强度曲线拐点[1]

日本学者对 T/P91 钢的上述现象进行深入研究后发现，高温长时服役后 T/P91 钢持久强度出现拐点主要是由于晶界组织退化所致，如果钢管组织由两相组织组成则可能加剧 T/P91 钢的这种由组织退化而引起的持久强度弱化。为了解决 T/P91 钢上述问题，同时研发在相同使用温度下持久强度更高或在更高的使用温度下具有相当的持久强度的新钢种，日本在 T/P91 的基础上成功研发了性能更高的 T/P92 钢。

为方便计，本章以下部分以 P92 为主展开说明。T92 和 P92 在钢种的研究上没有差别，但在工程应用上有差别。P91、P92、P122 和 P911 钢的化学成分范围列于表 7-1[2,3]。日本学者在研发 P92 钢过程中为确定其化学成分控制范围进行了大量的实验。与 P91 钢相比，P92 钢化学成分的一个显著改变就是适当降低了金属 Mo 的含量，加入了 1.5% ~2.0% 的金属 W，同时添加了 B 元素。Mo 和 W 均是固溶强化元素。与 Mo 元素相比，W 元素的原子序数较大，其在铁基合金中的固溶强化效果应强于 Mo 元素。大神正浩等人[3] 以 $w(\mathrm{C})=0.05\%$，$w(\mathrm{Cr})=9\%$，$w(\mathrm{V})=0.2\%$，$w(\mathrm{Nb})=0.05\%$，$w(\mathrm{B})=0.005\%$ 钢为基础成分，研究了 Mo 和 W 含量配比对持久强度等性能的影响。具体实验方法为采用 20 kg 真空感应炉冶炼试验钢，把钢锭热锻成 15 mm 厚板，进行 1050℃ 淬火和 775℃ 回火热处理，持久强度采用 1000 h 试验数据外推 10 万小时，其试验结果见图 7-2。由图 7-2 可见，在 Mo 含量从 0.5% 到 1.8% 和 W 含量从 0% 到 2.25% 范围变化中，当 Mo 含量为 0.5% 和 W 含量为 1.8% 左右时，试验钢有最高的持久强度，其 600℃ 10 万小时持久强度外推值高达 182 ~ 189 MPa。这就是表 7-1 中 P92 钢 Mo 和 W 控制范围的由来。

表 7-1 典型 9% ~12%Cr 铁素体锅炉钢的化学成分（质量分数，%）

钢号	UNS	C	Mn	P	S	Si	Cr	Mo	V
P91	K90901	0.08 ~ 0.12	0.30 ~ 0.60	≤0.020	≤0.010	0.20 ~ 0.50	8.0 ~ 9.5	0.85 ~ 1.05	0.18 ~ 0.25
P92	K92460	0.07 ~ 0.13	0.30 ~ 0.60	≤0.020	≤0.010	≤0.50	8.5 ~ 9.0	0.30 ~ 0.60	0.15 ~ 0.25
P122	K92930	0.07 ~ 0.14	≤0.70	≤0.020	≤0.010	≤0.50	10.0 ~ 12.5	0.25 ~ 0.60	0.15 ~ 0.30
P911	K91061	0.09 ~ 0.13	0.30 ~ 0.60	≤0.020	≤0.010	0.10 ~ 0.50	8.5 ~ 10.5	0.90 ~ 1.10	0.18 ~ 0.25
钢号	UNS	Ni	Al	N	Nb	W	B	Cu	Fe
P91	K90901	≤0.40	≤0.04	0.03 ~ 0.07	0.06 ~ 0.10				余
P92	K92460	≤0.40	≤0.04	0.03 ~ 0.07	0.04 ~ 0.09	1.50 ~ 2.00	0.001 ~ 0.006		余
P122	K92930	≤0.50	≤0.04	0.04 ~ 0.10	0.04 ~ 0.10	1.50 ~ 2.50	0.0005 ~ 0.005	0.30 ~ 1.70	余
P911	K91061	≤0.40	≤0.04	0.04 ~ 0.09	0.06 ~ 0.10	0.90 ~ 1.10	0.0003 ~ 0.006		余

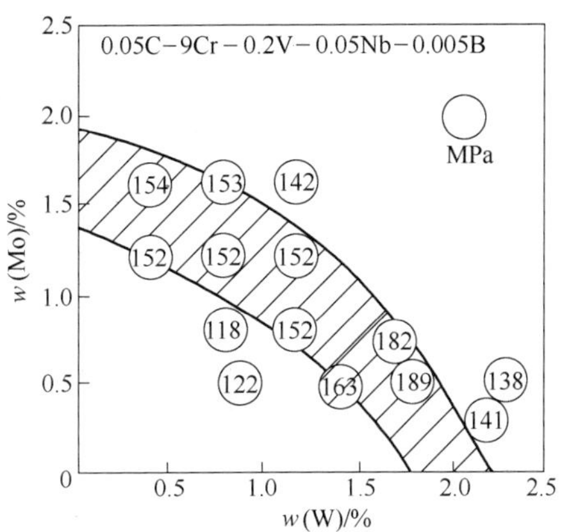

图 7-2 Mo 和 W 对 9Cr-V-Nb 钢 600℃10 万小时持久强度的影响[4]

关于 9%～12% 铁素体型锅炉钢中 Nb 和 V 的含量及其匹配问题，藤田利夫等[5]早在 20 世纪 80 年代就进行过深入系统的研究，得出了一个基本性的结论就是 Nb 和 V 含量分别控制在 0.05% 和 0.20% 左右。刘正东等人[6]也通过试验验证了上述结论的适用性。B 的主要作用是强化晶界。B 的加入应该对防止和缓解高温长时服役过程中 P92 钢晶界处组织的退化有益。

表 7-1 中列出了另外两种重要 9%～12% 铁素体型锅炉钢 P122 和 P911。P122 钢中 Cr 的控制含量为 12% 左右，与 9% Cr 钢相比，Cr 含量的提高增加了 P122 钢管的抗蒸汽腐蚀能力，但是同时也弱化了 P122 钢的持久强度。为弥补 P122 钢持久强度的下降，P122 钢中添加了 Cu 元素。P911 钢是欧洲研发钢种 E911 纳入 ASTM 和 ASME 标准后的代号。P911 钢中 Mo 和 W 元素的控制含量分别为 1.0% 和 1.0% 左右。根据图 7-2，Mo 和 W 元素的这种配比不能产生理想的高温持久强度。

表 7-2 典型 9%～12%Cr 铁素体锅炉钢的室温力学性能要求[2,3]

钢　号	R_m/ MPa	$R_{p0.2}$/ MPa	A/%（纵向）
P91	≥585	≥415	≥20
P92	≥620	≥440	≥20
P122	≥620	≥440	≥20
P911	≥620	≥440	≥20

P91、P92、P122 和 P911 钢的室温力学性能要求列于表 7-2。从该技术条件看，与 P91 钢相比，P92 钢在塑性指标保持不变的情况下，其抗拉强度提高 35 MPa，屈服强度提高 25 MPa。根据超超临界火电机组选材的工程惯例，P92 钢的持久强度一般可设定为 600℃10 万小时持久强度外推值为 100 MPa，或 625℃10 万小时持

久强度外推值为 87 MPa。

ASME 规范确定的 P92 钢的许用应力是 P91 钢许用应力的 1.3 倍，当金属温度为 610℃、蒸汽压力为 27.5 MPa、大口径锅炉管的内径为 400 mm 时，如设计选用 P91 钢管则其壁厚将达到 141.2 mm，如设计选用 P92 钢管则其壁厚只有 98.4 mm。壁厚的大幅度减薄，一方面是降低材料成本，另一方面也将大幅度减少加工、焊接和施工工作量。

为测试 P92 钢的抗蒸汽腐蚀性能，1992 年在德国的 Preussen Electra 的 Wilhelmshaven 锅炉过热器中进行了 P91 和 P92 钢管抗蒸汽腐蚀性能对比试验。试验时锅炉管金属的温度为 608℃，试验持续时间为 8458 h。试验测试结果表明 P91 钢管的氧化层厚度范围为 185 ~ 325 μm，P92 钢管的氧化层厚度范围为 180 ~ 315 μm，两种钢管的抗蒸汽腐蚀性能相当[7]。

7.2　P92 钢管成分优化设计问题

P92 钢是典型的采用“多元复合强化”理论设计的钢种，其成分构成中既有固溶强化元素 W、Mo，也有沉淀强化元素 Nb、V。此外，还引入了 N 和 B 元素以进一步提高钢的高温持久强度。具体工程实践中，P92 钢管的成分控制范围与钢管的几何尺寸和生产工艺过程密切相关。ASTM 或 ASME 规范只是一个宽泛的标准，实践已经证明仅仅满足 ASTM 或 ASME 规范要求并一定能生产出满足使用要求的锅炉钢管。

P92 钢管成分设计首要关注的问题就是要尽可能地确保钢管在高温高压腐蚀环境下长期服役过程中持久强度缓慢下降，尤其要避免钢管早期失效。9% ~12% Cr 铁素体型锅炉钢持久强度曲线出现拐点的主要原因是晶界组织失稳退化，而如果钢管组织中含有 δ 铁素体组织将加剧晶界组织的失稳和退化。表 7-1 中所列的 4 种 9% ~12% Cr 铁素体型锅炉钢的成分范围就在马氏体和铁素体临界点附近。在实际生产中如果控制不好，钢管中就会产生 δ 铁素体组织。进行 P92 钢管成分设计时，可采用优化铬当量和镍当量的方法确定各主要元素的最佳控制点。P92 钢的铬当量和镍当量可经验地表述为下式：

$$Cr_{eq} = Cr + 0.75W + 1.5Mo + 2Si + 5V + 1.75Nb + 1.5Ti + 5.5Al \qquad (7-1)$$

$$Ni_{eq} = 30C + Ni + Co + 0.5Mn + 0.3Cu + 25N \qquad (7-2)$$

把表 7-1 中列出的 P92 钢的化学成分上下限代入式(7-1)和式(7-2)，分别计算 P92 钢的铬当量和镍当量的上下限，然后把计算得到的 P92 钢的 4 个铬当量和镍当量的上下限值绘制到 Schaeffler 图中(图 7-3)。可见即使 P92 钢的所有化学成分均在 ASTM 或 ASME 规范之内，钢管的组织中也可能出现 δ 铁素体组织，从而可能诱发 P92 钢管服役过程中的早期失效。

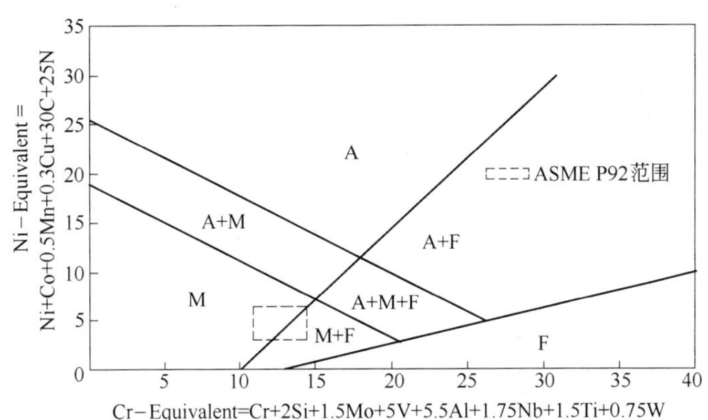

图 7-3 P92 钢 ASME 标准成分在 Schaeffler 图中的位置

从抗蒸汽腐蚀角度，应尽量提高 Cr 元素的含量。但是实验已经证明在 9%～12% Cr 之间的铁素体型锅炉钢中，当 Cr 元素的含量为 9% 时钢的强度最高。式(7-1)和图 7-3 表明，当 Cr 元素的含量偏高时，钢管组织中出现 δ 铁素体的可能性增大。在确定 P92 钢管 Cr 元素含量时要综合考虑上述因素。

强化元素 W、Mo、Nb、V 均促使 P92 钢的铬当量增大，这些强化元素是保障 P92 钢具有高持久强度的基础，其含量是不能过度减少的。为降低 P92 钢管中出现 δ 铁素体组织的可能性，在确定完 W、Mo、Nb、V 元素的含量后，要重点考虑钢中 C、Ni、Mn、N 的合适含量，尽可能地使 P92 钢管的镍当量高一些，这一点在图 7-3 中已经非常直观地表述清楚了。

P92 钢成分设计时 B 元素的作用需要引起足够重视。早在 20 世纪 60 年代，钢铁研究总院刘荣藻教授领导的耐热钢研究组在研发 G102 锅炉钢时就引入 B 元素，并对 B 元素在耐热钢中的作用机理进行了深入的研究[8]（图 7-4）。1980 年邓星临等[9]对 20 炉不同成分的 G102 钢（620℃10 万小时持久强度在 34～64 MPa 范围内变动）的持久强度与 B 和 Cr 元素含量之间的定量关系进行了逐步回归，得到最优回归方程如下：

$$\sigma_{100000}^{620℃} = 51.8238 - 0.0323\frac{1}{B} - 18.0604\mathrm{Cr} \qquad (7\text{-}3)$$

式(7-3)说明 G102 的持久强度与$\frac{1}{B}$和 Cr 相关程度很高。B 对持久强度影响最大，B 含量越高，钢的持久强度就越高。Cr 的影响次之，Cr 含量越高，钢的持久强度越低。为了直接对比 B 对钢热强性的影响，把 B 含量不同的钢在相同温度和应力下进行蠕变试验。结果表明含 B 低的钢无论是蠕变第一阶段的变形量还是第二阶段蠕变速度，都显著高于含 B 高的钢。

1985 年钢铁研究总院胡云华等[10]进一步研究了 B 元素对 G102 热强性的影

响，发现 B 对 G102 钢 620℃ 10 万小时持久强度 $\sigma_{100000}^{620℃}$ 的贡献约为 10 MPa。B 对 G102 钢持久强度和持久塑性产生影响的原因，一方面是，B 是内表面活性元素优先分布于晶界，从而与 Ti 共同抑制高温下晶界区的扩散过程，阻止晶界区碳化物和空穴的聚集长大，改善晶界状态从而强化晶界。另一方面主要是微量 B 通过对碳化物相数量、大小、形状和分布的影响，从而间接地影响钢的热强性。这两方面的影响均得到了实验结果的验证。中 B 钢中的粗大 $M_{23}C_6$ 相颗粒远比无 B 钢细小。在 620℃长期时效后，中 B 钢 MC 相颗粒大小基本保持原状，而无 B 钢 MC 相粒子则显著变大。虽然时效约 1 万小时后，无 B、中 B（B 含量为 42×10^{-6}）和高 B（B 含量为 110×10^{-6}）钢中碳化物相成分总量差别均不大。但是，中 B 钢在 620℃时效前后碳化物中元素含量变化最小，组织稳定性最好。与此相对应，中 B 钢的持久强度也最高。

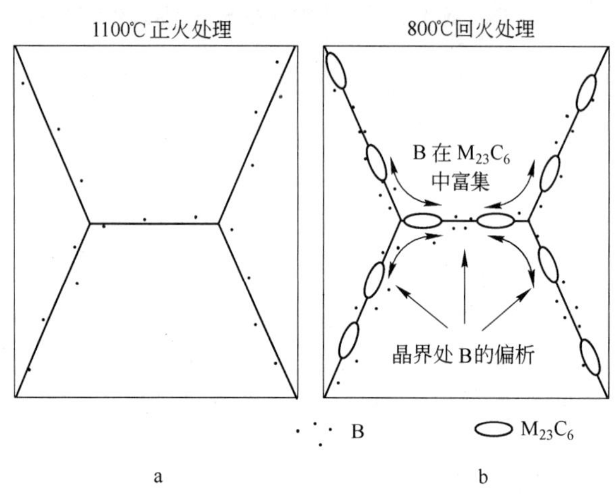

图 7-4　B 元素在 9Cr3W3Co 钢中的作用机理[11]

最近几年，日本金属材料研究所的 Abe 博士等[11]在研究 9Cr3W3Co 钢时，对钢中 B 的作用做了更进一步的探究。Abe 博士发现 B 元素主要是富集在晶界附近，而且 B 元素进入晶界附近析出的 $M_{23}C_6$ 碳化物中，形成 $M_{23}(C,B)_6$ 碳硼化物。而 $M_{23}(C,B)_6$ 碳硼化物在高温高压长期服役过程中长大的速度远低于 $M_{23}C_6$ 碳化物的长大速度，从而实现了晶界和钢的强化。这个研究结果实际上是在胡云华等人研究的基础上前进了一步。但是 B 元素在服役过程中的定量演变问题仍然需要深入研究。

B 和 N 元素在 P92 钢中均为强化元素。在钢中 B 和 N 元素配比失当的情况下，钢中可能会形成大块的 BN 夹杂物，对钢的持久强度和持久塑性均有不利影响。包汉生等人[12]在 9% ~12% Cr 锅炉钢的实验研究中，已经发现了大块 BN 的存在。大块 BN 有碎化现象，对钢的持久强度和持久塑性更为不利。日本学者 Sakuraya 等人[13]深入研究了 9% ~12% Cr 锅炉钢中 B 和 N 元素之间的配比关系，其研究结果绘于图 7-5。在 ASME 规范中，P92 钢中 B 的含量范围是（10 ~60）×

10^{-6},N的含量范围是(300~700)×10^{-6},P122钢中B的含量范围是(50~500)×10^{-6},N的含量范围是(400~1000)×10^{-6}。从图7-5中可以清晰看出,P92和P122钢中B和N元素的配比均处于易生成大块BN的区域之内,这些因素在工程实践中要引起足够的注意。

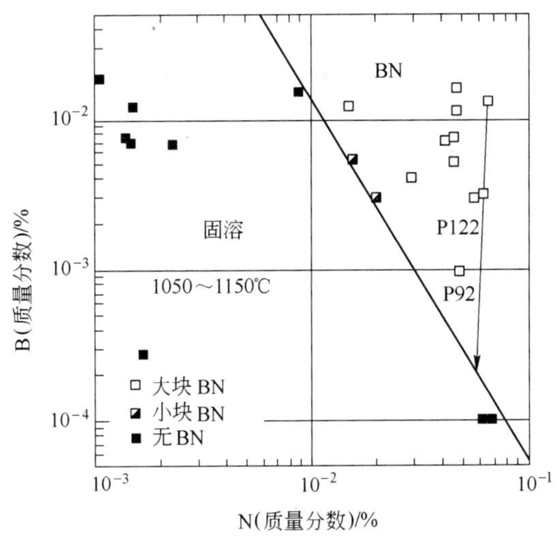

图7-5 9%~12%Cr锅炉钢中B和N元素之间的配比关系[13]

7.3 化学成分对T/P92钢性能的影响

ASTM和ASME标准中T/P92钢的化学成分范围是不断演变的,表7-3列出了过去几年ASTM和ASME不断改进T/P92钢化学成分控制范围的情况。ASME标准中规定T/P92钢的标准热处理制度为1040~1080℃正火和730~780℃回火。

表7-3 T/P92钢的标准成分(质量分数,%)

技术条件	C	Si	Mn	P	S	Cr	Ni	Nb	V	W	Mo	B	N	Al	Ti	Zr	Fe
ASTMA213/A213M-03	0.07~0.13	≤0.50	0.30~0.60	≤0.020	≤0.010	8.5~9.5	≤0.40	0.04~0.09	0.15~0.25	1.5~2.0	0.30~0.60	0.001~0.006	0.030~0.070	≤0.04			余
ASTMA213/A213M-08	0.07~0.13	≤0.50	0.30~0.60	≤0.020	≤0.010	8.5~9.5	≤0.40	0.04~0.09	0.15~0.25	1.5~2.0	0.30~0.60	0.001~0.006	0.030~0.070	≤0.02	≤0.01	≤0.01	余
ASMEA213/A213M-07	0.07~0.13	≤0.50	0.30~0.60	≤0.020	≤0.010	8.5~9.5	≤0.40	0.04~0.09	0.15~0.25	1.5~2.0	0.30~0.60	0.001~0.006	0.030~0.070	≤0.04			余
ASME CC2179-6	0.07~0.13	≤0.50	0.30~0.60	≤0.020	≤0.010	8.5~9.5	≤0.40	0.04~0.09	0.15~0.25	1.5~2.0	0.30~0.60	0.001~0.006	0.030~0.070	≤0.02	≤0.01	≤0.01	余

2003年以来,钢铁研究总院在T/P91和T/P122钢研究的基础上,系统地开展了T/P92钢化学成分优化研究工作。关于P92钢的成分优化问题,重点应考虑Cr、W、Mo、V、Nb、N、B等元素含量及其匹配对钢的高温长时性能的影响。Cr和Ni当量与δ铁素体之间的定量关系是成分设计的重点关注之一,应尽量避免δ铁素

体出现。在成分设计时，还要注意到 ASTM－03 和 ASTM－08 版本以及 ASME Code Case 之间关于 Al、Ti、Zr 元素的限制。P92 钢通常采用大锭型模铸，浇注凝固过程中钢的成分偏析也可能导致 δ 铁素体的产生。

根据上述认识，钢铁研究总院[14]设计了 12 炉试验 T/P92 钢，其设计化学成分见表 7-4。1、2、3 号试验钢研究 W 元素上、中、下限的影响；1、4、5 号试验钢研究 V 元素上、中、下限的影响；1、6、7 号试验钢研究 Nb 元素上－中－下限的影响；1、8、9 号试验钢研究 N 元素上、中、下限的影响；10 号试验钢研究 Zr 元素的影响；11 号和 12 号试验钢有多重研究目的；其中 12 号钢是设计的含有 δ 铁素体的试验钢。采用 25 kg 真空感应炉对上述 12 炉试验钢进行冶炼，对浇铸钢锭进行了化学成分分析，分析结果见表 7-5。

表 7-4　T/P92 试验钢设计冶炼成分（质量分数，%）

编号	C	Si	Mn	P	S	Cr	Ni	W	Mo	Nb	V	B	N	Al	Ti	Zr	Cu	Fe
1	0.10	0.35	0.45	<0.009	<0.002	9.0	0.25	1.75	0.45	0.065	0.20	0.0035	0.050	<0.02	<0.01	<0.01	<0.10	余
2	0.10	0.35	0.45	<0.009	<0.002	9.0	0.25	1.50	0.45	0.065	0.20	0.0035	0.050	<0.02	<0.01	<0.01	<0.10	余
3	0.10	0.35	0.45	<0.009	<0.002	9.0	0.25	2.00	0.45	0.065	0.20	0.0035	0.050	<0.02	<0.01	<0.01	<0.10	余
4	0.10	0.35	0.45	<0.009	<0.002	9.0	0.25	1.75	0.45	0.065	0.15	0.0035	0.050	<0.02	<0.01	<0.01	<0.10	余
5	0.10	0.35	0.45	<0.009	<0.002	9.0	0.25	1.75	0.45	0.065	0.25	0.0035	0.050	<0.02	<0.01	<0.01	<0.10	余
6	0.10	0.35	0.45	<0.009	<0.002	9.0	0.25	1.75	0.45	0.040	0.20	0.0035	0.050	<0.02	<0.01	<0.01	<0.10	余
7	0.10	0.35	0.45	<0.009	<0.002	9.0	0.25	1.75	0.45	0.090	0.20	0.0035	0.050	<0.02	<0.01	<0.01	<0.10	余
8	0.10	0.35	0.45	<0.009	<0.002	9.0	0.25	1.75	0.45	0.065	0.20	0.0035	0.030	<0.02	<0.01	<0.01	<0.10	余
9	0.10	0.35	0.45	<0.009	<0.002	9.0	0.25	1.75	0.45	0.065	0.20	0.0035	0.070	<0.02	<0.01	<0.01	<0.10	余
10	0.10	0.35	0.45	<0.009	<0.002	9.0	0.25	1.75	0.45	0.065	0.20	0.0035	0.050	<0.02	<0.01	0.030	<0.10	余
11	0.07	0.35	0.45	<0.009	<0.002	9.0	0.25	1.50	0.30	0.040	0.15	0.0010	0.030	<0.02	<0.01	<0.01	<0.10	余
12	0.07	0.50	0.30	<0.009	<0.002	9.5	0.10	2.00	0.60	0.090	0.25	0.0035	0.050	<0.02	<0.01	<0.01	<0.10	余

表 7-5　T/P92 试验钢化学分析实际成分（质量分数，%）

编号	C	Si	Mn	P	S	Cr	Ni	W	Mo	Nb	V	B	N	Al	Ti	Zr	Cu	Fe
1	0.097	0.34	0.50	0.0080	0.005	8.87	0.27	1.82	0.48	0.076	0.20	0.0032	0.058	<0.005	0.0057	<0.01	0.005	余
2	0.094	0.32	0.52	0.0082	0.005	8.91	0.28	1.58	0.49	0.076	0.20	0.0029	0.059	0.005	0.0084	<0.01	0.007	余
3	0.095	0.32	0.49	0.0081	0.005	8.90	0.28	2.11	0.49	0.076	0.20	0.0030	0.057	<0.005	0.0089	<0.01	<0.005	余
4	0.090	0.33	0.49	0.0076	0.005	8.93	0.27	1.83	0.49	0.072	0.15	0.0030	0.057	<0.005	0.0076	<0.01	0.0078	余
5	0.092	0.34	0.52	0.0076	0.005	8.92	0.27	1.77	0.49	0.077	0.24	0.0032	0.058	0.0074	0.020	<0.01	0.0088	余
6	0.098	0.34	0.51	0.0066	0.005	8.85	0.28	1.84	0.50	0.056	0.20	0.0030	0.059	0.0074	0.014	<0.01	<0.005	余
7	0.092	0.34	0.50	0.0072	0.005	8.83	0.28	1.72	0.48	0.097	0.20	0.0026	0.059	0.0069	0.016	<0.01	0.007	余
8	0.092	0.32	0.48	0.0084	0.005	8.72	0.28	1.90	0.50	0.078	0.20	0.0028	0.039	0.0078	0.012	<0.01	<0.005	余
9	0.093	0.32	0.50	0.0077	0.006	8.83	0.28	1.86	0.48	0.078	0.20	0.0026	0.078	0.0056	0.016	<0.01	0.007	余
10	0.098	0.34	0.52	0.0073	0.005	8.85	0.28	1.72	0.48	0.076	0.20	0.0034	0.055	0.0200	0.018	<0.01	0.008	余
11	0.075	0.30	0.49	0.0074	0.006	8.87	0.26	1.58	0.33	0.048	0.15	0.0011	0.038	0.0050	0.0058	<0.01	0.005	余
12	0.081	0.48	0.35	0.0068	0.006	9.37	0.11	1.94	0.60	0.100	0.24	0.0031	0.057	0.0070	0.015	<0.01	<0.005	余

采用公式(7-1)和公式(7-2),计算了上述 12 炉试验钢的铬当量和镍当量,并把计算结果绘于 Schaeffler 图中(如图 7-6 所示)。计算的结果表明,除 12 号试验钢外,其他 11 炉试验钢中均不应含有 δ 铁素体。

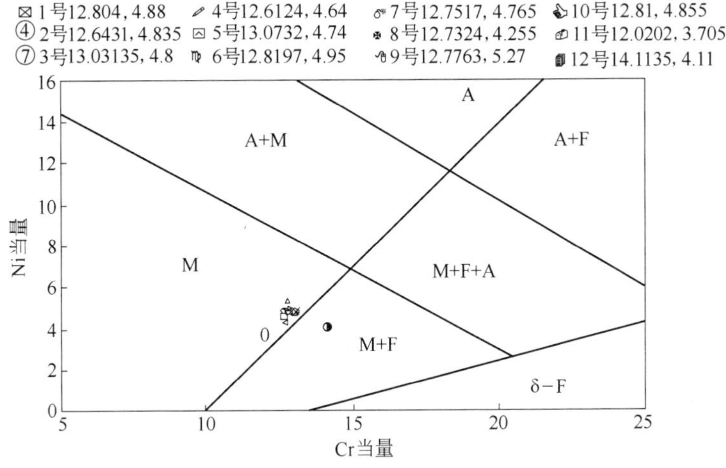

图 7-6　设计的 12 炉 P92 试验钢 Cr、Ni 当量图

值得注意的是采用 Schäffler-Schneider 图、铬当量和镍当量计算和热力学模拟软件预测钢管中是否含有 δ 铁素体只是一种经验方法。通过化学成分的优化,理论上可以达到控制 δ 铁素体含量的目的,但对于大铸锭厚壁 P92 管,实际生产中避免 δ 铁素体出现是比较困难的。如图 7-7 所示,用 Schäffler 图及铬当量和镍当量公式计算钢管中应无 δ 铁素体,但在成品管组织检测中却发现 δ 铁素体存在。

石如星等[15]对钢铁研究总院冶炼的 70 多炉 9% ~12% Cr 马氏体锅炉钢的金相组织进行了详细观察和研究,涉及的钢种包括 T/P92、T/P122、G111 和 G112,上述观察和研究的结果表明,在各种热履历状态下,从锅炉钢成品管或锻造棒材上取样,发现 δ 铁素体均沿加工方向呈长条状分布,如图 7-8 所示,据此可以推知,钢中 δ 铁素体可能在热加工之前就已形成,因此热加工之前的工艺过程(如浇铸过程)对 δ 铁素体形成的影响值得研究。

为研究主要元素对 P92 钢性能的影响,针对表 7-5 中的 12 炉 P92 试验钢试样,采用 1060℃ ×20 min 油冷淬火,然后分别按 700℃、730℃、760℃、780℃、800℃、820℃ ×3 h 空冷进行回火处理,对经上述热处理的试样测试室温强度、塑性、冲击韧性,同时测试 600℃下的高温强度和塑性。

W 元素对 P92 钢室温强度、室温塑性和室温冲击韧性的影响分别绘于图 7-9、图 7-10 和图 7-11,W 元素对 P92 钢高温强度和高温塑性的影响分别绘于图 7-12 和图 7-13。

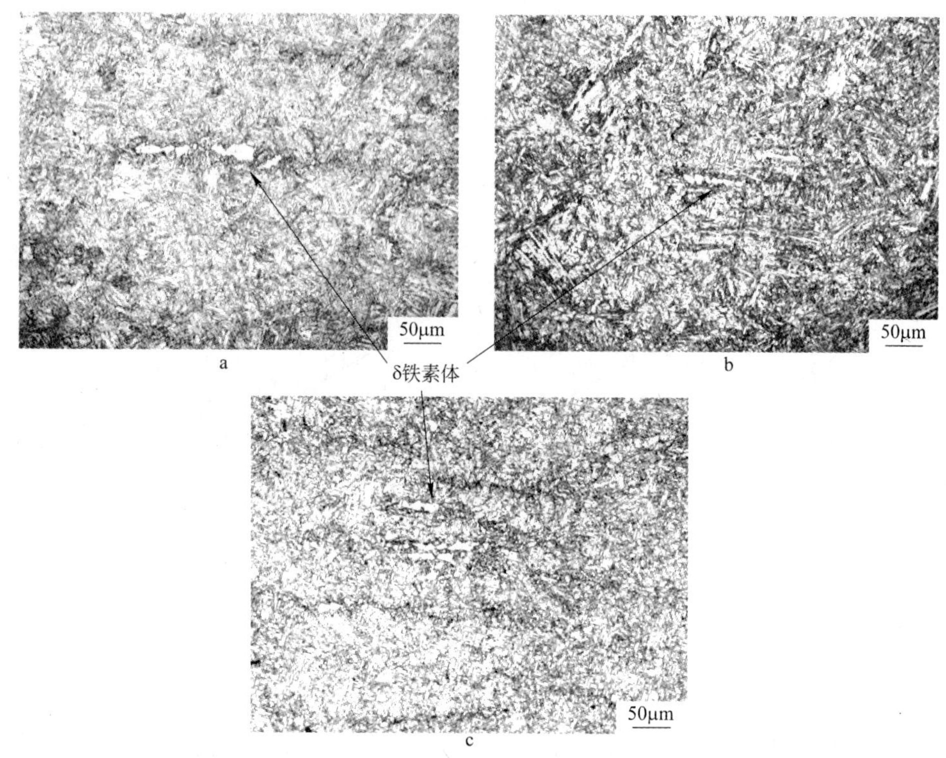

图 7-7　国内外生产的 P92 锅炉管中的 δ 铁素体

a—IBF(ϕ610 × 140 mm)；b—V&M(ϕ457 × 85 mm)；c—攀钢(ϕ298.5 × 33 mm)

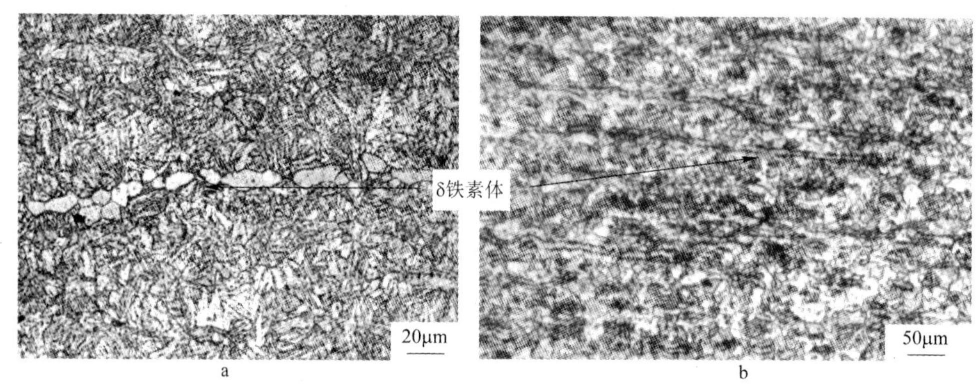

图 7-8　P92 钢管中条带状 δ 铁素体形貌

a—65 厂钢管 - 正火 + 回火；b—12 号试验钢 - 锻态 + 退火

从图 7-9 可见，在 W 元素含量 1.58% ~2.11% 范围内，随着 W 含量的增加，P92 钢的室温强度基本上呈增加趋势。在 700 ~ 820℃ 范围内，随着回火温度的升高，P92 钢屈服强度和抗拉强度单调下降，但是在 700 ~ 820℃ 回火温度范围内，P92

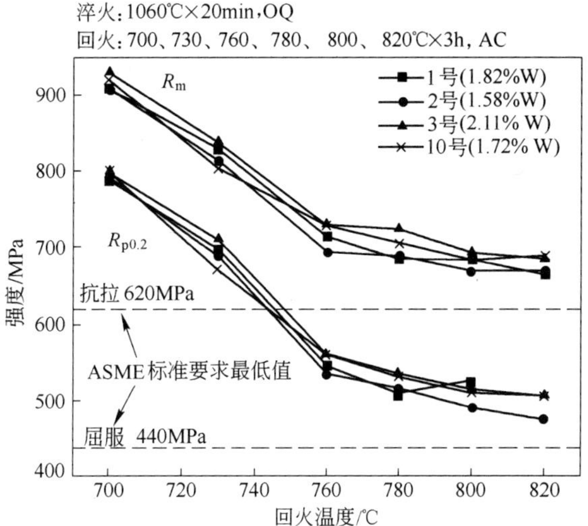

图 7-9 W 元素对 P92 钢室温强度的影响

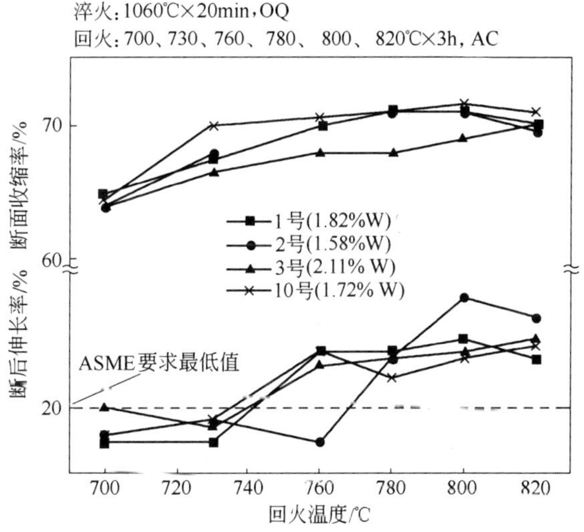

图 7-10 W 元素对 P92 钢室温塑性的影响

钢的室温强度值均满足 ASME 标准规范的要求。

从图 7-10 可见，在 W 元素含量 1.58% ~2.11% 范围内，P92 钢的室温断面收缩率随 W 含量的增加而减小，但 P92 钢的室温断后伸长率与 W 含量之间的对应关系不够清晰，尤其是 W 含量为 1.58% 时试样的测试结果反常。在 700 ~820℃ 范围内，随着回火温度的升高，P92 钢室温塑性总体升高，但是在 700 ~820℃ 回火温度范围内，当回火温度低于 740℃ 时，P92 钢的室温断后伸长率值不满足 ASME 标准规范的要求。与此对应,在 W 元素含量 1.58% ~2.11% 范围内,P92 钢的室温冲击韧性与 W 含量之间的对应关系也不够清晰,如图 7-11 所示。

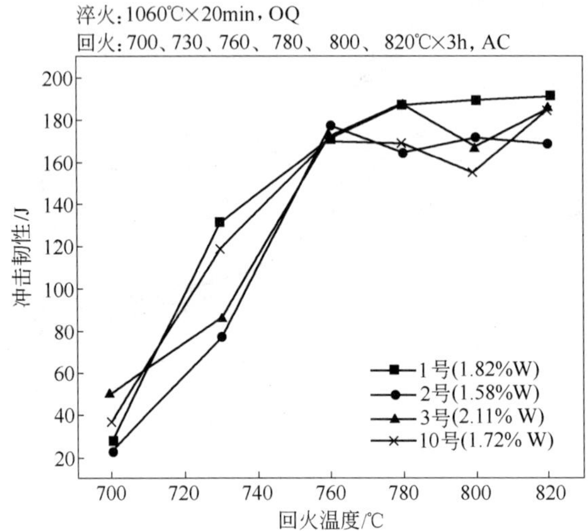

图 7-11　W 元素对 P92 钢冲击韧性的影响

从图 7-12 可见,在 W 元素含量 1.58% ~2.11% 范围内,随着 W 含量的增加,P92 钢的高温强度基本上呈增加趋势。在 700 ~ 820℃ 范围内,随着回火温度的升高,P92 钢高温屈服强度和高温抗拉强度基本上单调下降。

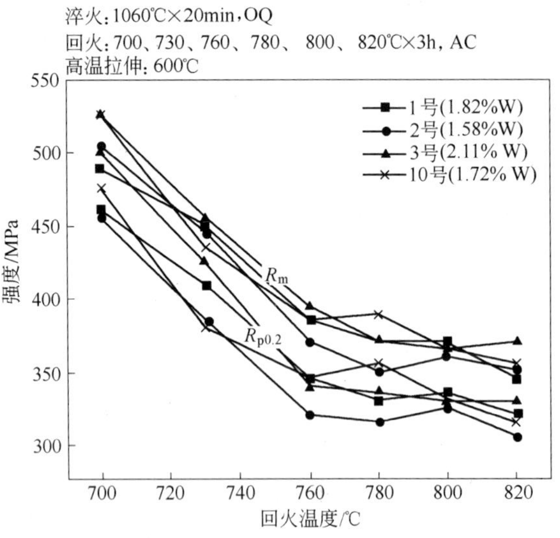

图 7-12　W 元素对 P92 钢高温强度的影响

从图 7-13 可见,在 W 元素含量 1.58% ~2.11% 范围内,P92 钢的高温断面收缩率随 W 含量的增加而减小,但 P92 钢的高温断后伸长率与 W 含量之间的对应关系不够清晰，W 含量为 1.58% 试样的测试结果也出现反常现象。在 700～820℃范围内，随着回火温度的升高，P92 钢室温塑性总体升高。

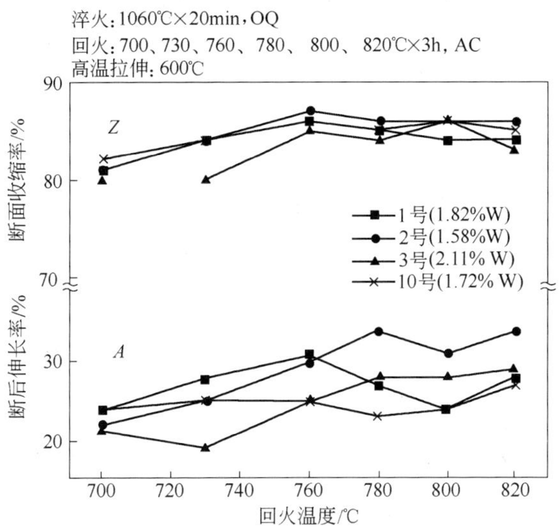

图 7-13 W 元素对 P92 钢高温塑性的影响

Nb 元素对 P92 钢室温强度、室温塑性和室温冲击韧性的影响分别绘于图 7-14、图 7-15 和图 7-16。Nb 元素对 P92 钢高温强度和高温塑性的影响分别绘于图 7-17 和图 7-18。

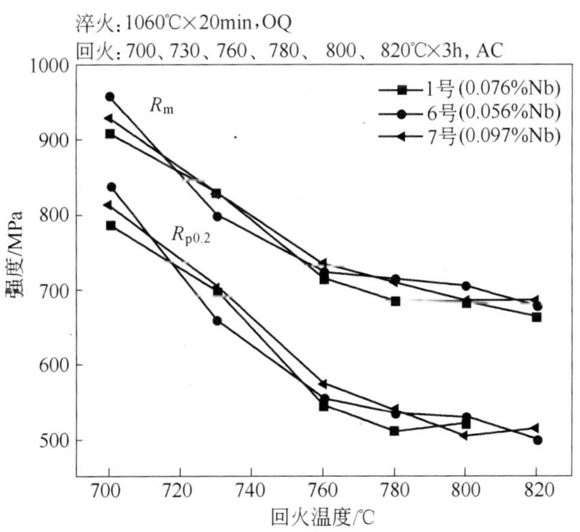

图 7-14 Nb 元素对 P92 钢室温强度的影响

从图 7-14 可见，在 Nb 元素含量在 0.056%～0.097% 范围内，随着 Nb 含量的增加，P92 钢的室温强度在不同的回火温度下呈现不同的结果，即使在 730～780℃

标准回火热处理温度范围内，Nb 元素与钢的室温强度之间也没有明显的对应关系。在 700～820℃范围内，随着回火温度的升高，P92 钢屈服强度和抗拉强度单调下降，P92 钢的室温强度值均满足 ASME 标准规范的要求。

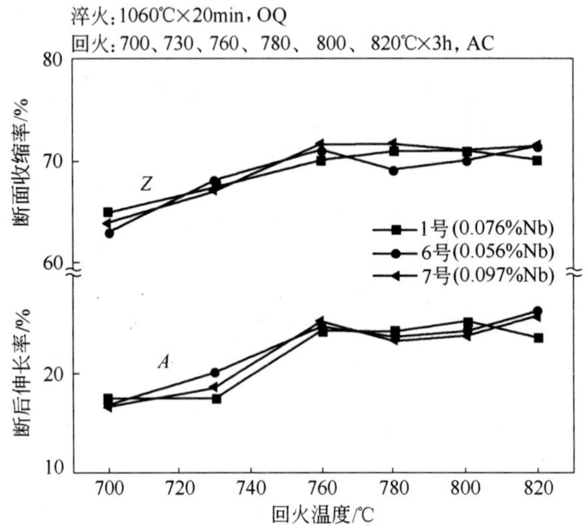

图 7-15　Nb 元素对 P92 钢室温塑性的影响

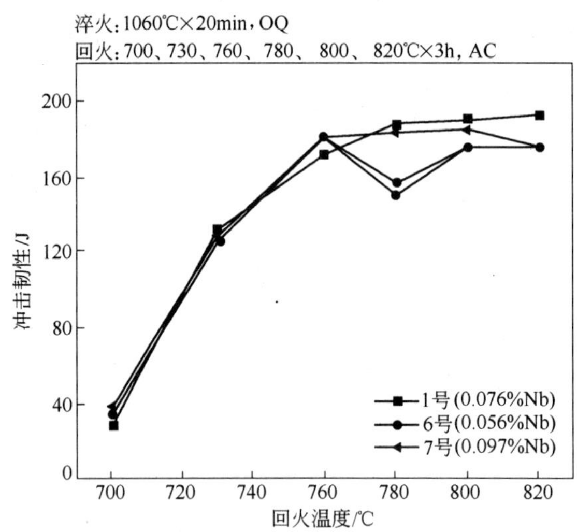

图 7-16　Nb 元素对 P92 钢室温冲击韧性的影响

从图 7-15 可见，在 Nb 元素含量为 0.056%～0.097% 范围内，P92 钢的室温断面收缩率和室温断后伸长率与 Nb 含量之间的对应关系不够清晰。在 700～820℃范围内，随着回火温度的升高，P92 钢室温塑性总体升高，但是在 700～820℃回火温度范围内，当回火温度低于 740℃时，P92 钢的室温断后伸长率值不满足 ASME

标准规范的要求。与此对应,在 Nb 元素含量 0.056% ~0.097% 范围内,P92 钢的室温冲击韧性与 Nb 含量之间的对应关系也不够清晰,如图 7-16 所示。Nb 含量为 0.056% 试验钢经 780℃ 回火后,其冲击韧性测试值明显偏低。对这种情况进行了重现性试验,发现测试的冲击韧性值仍然明显偏低,两个测试值均低于 160 J,而同样试验条件下,Nb 含量为 0.076% 和 0.097% 的试验钢的冲击韧性值均高于 180 J。

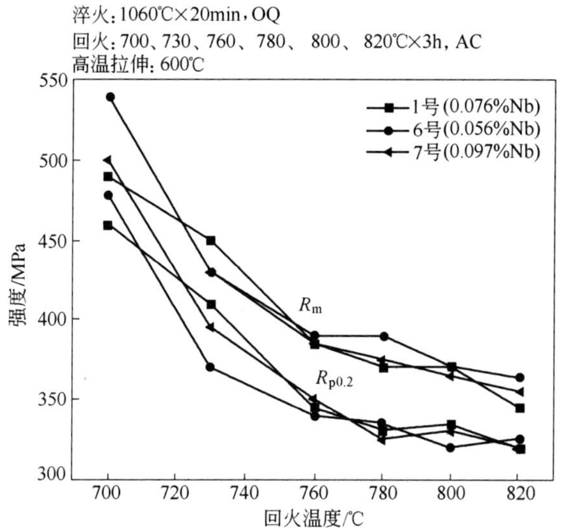

图 7-17 Nb 元素对 P92 钢高温强度的影响

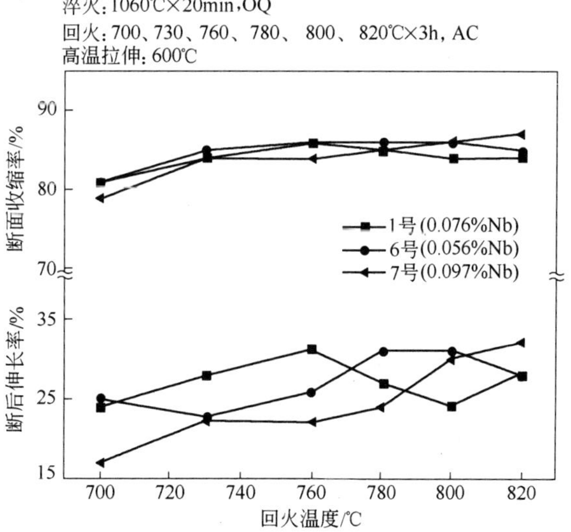

图 7-18 Nb 元素对 P92 钢高温塑性的影响

从图 7-17 可见，在 Nb 元素含量为 0.056% ~0.097% 范围内，Nb 含量的变化与 P92 钢的高温强度和高温塑性之间没有明显的对应关系。在 700 ~820℃ 回火温度范围内，随着回火温度的升高，P92 钢高温屈服强度和高温抗拉强度基本上单调下降。而在 700 ~780℃ 范围内，Nb 含量为 0.097% 的试验钢的高温塑性最低。

V 元素对 P92 钢室温强度、室温塑性和室温冲击韧性的影响分别绘于图 7-19、图 7-20 和图 7-21。V 元素对 P92 钢高温强度和高温塑性的影响分别绘于图 7-22 和图 7-23。

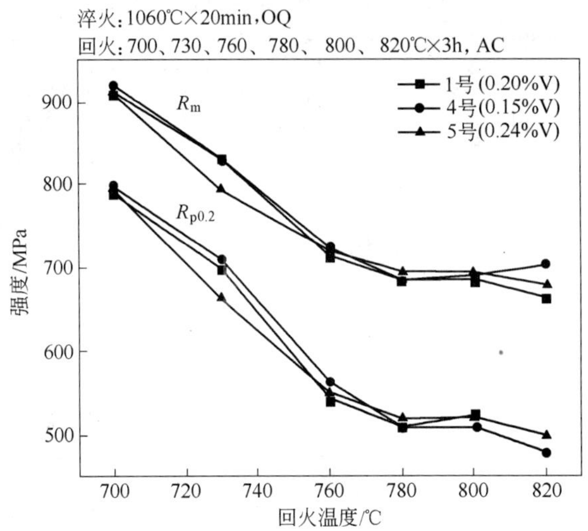

图 7-19　V 元素对 P92 钢室温强度的影响

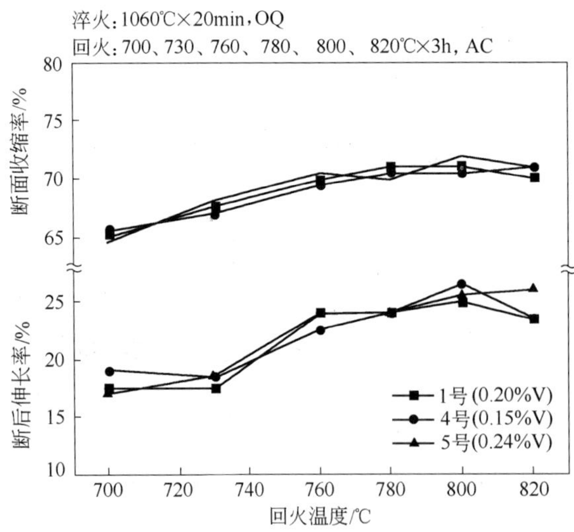

图 7-20　V 元素对 P92 钢室温塑性的影响

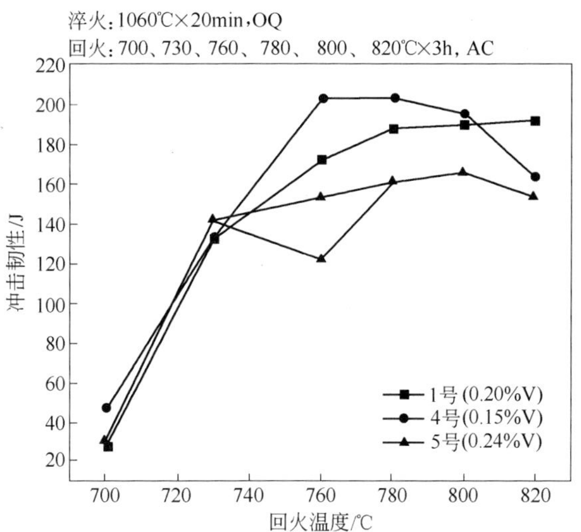

图 7-21 V 元素对 P92 钢室温冲击韧性的影响

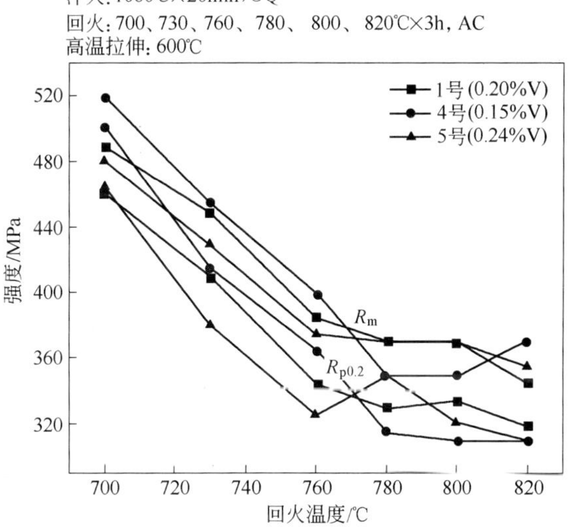

图 7-22 V 元素对 P92 钢高温强度的影响

从图 7-19 可见，在 V 元素含量为 0.15% ~0.24% 范围内，随着 V 含量的增加，P92 钢的室温强度在不同的回火温度下呈现不同的结果。当回火温度在 730 ~780℃之间时，随着 V 元素的增加，钢的室温强度降低。当回火温度在 780℃ 到 820℃之间时，室温强度与 V 含量之间没有明显的对应关系。在 700 ~820℃ 范围内，随着回火温度的升高，P92 钢屈服强度和抗拉强度单调下降，P92 钢的室温强度值均满足 ASME 标准规范的要求。

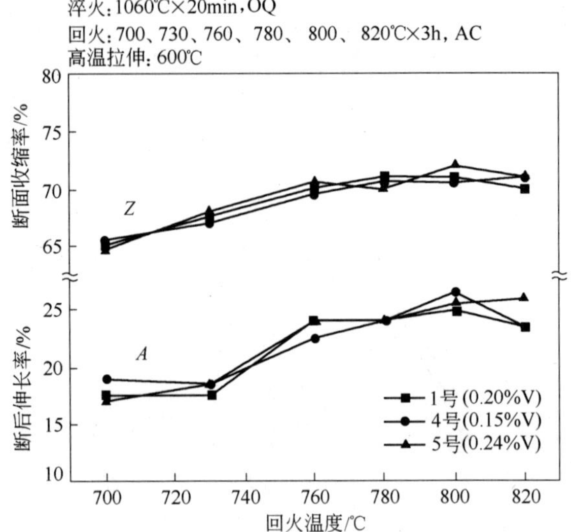

图 7-23　V 元素对 P92 钢高温塑性的影响

从图 7-20 可见，在 V 元素含量为 0.15% ~0.24% 范围内，P92 钢的室温断面收缩率和室温断后伸长率与 V 含量之间的对应关系不够清晰。在 700 ~820℃ 范围内，随着回火温度的升高，P92 钢室温塑性总体升高，但是在 700 ~820℃ 回火温度范围内，当回火温度低于 740℃ 时，P92 钢的室温断后伸长率值不满足 ASME 标准规范的要求。与此对应，在 V 元素含量为 0.15% ~0.24% 范围内，P92 钢的室温冲击韧性与 V 含量之间的对应关系也不够清晰，如图 7-21 所示。当在 730 ~820℃之间温度进行回火处理时，P92 钢的室温冲击值对钢中 V 含量的变化非常敏感，基本上表现为随 V 含量的增加，钢的冲击韧性值降低。试验钢经 780℃ 回火后，V 含量为 0.15% 的试验钢的冲击韧性测试值高于 V 含量为 0.24% 的试验钢的冲击韧性值 50 J 以上，达到 200 J 以上。在设计 P92 钢的合适 V 含量时，该试验结果值得重视。

从图 7-22 和图 7-23 可见，在 V 元素含量为 0.15% ~0.24% 范围内，V 含量的变化与 P92 钢的高温强度和高温塑性之间没有明显的对应关系。V 元素在 P92 钢中的作用机理需要进一步的研究。

N 元素对 P92 钢室温强度、室温塑性和室温冲击韧性的影响分别绘于图 7-24、图 7-25 和图 7-26。N 元素对 P92 钢高温强度和高温塑性的影响分别绘于图 7-27 和图 7-28。

从图 7-24 可见，在 N 元素含量为 0.039% ~0.078% 范围内，随着 N 含量的增加，P92 钢的室温强度在不同的回火温度下呈现不同的结果，没有明显的对应关系。在 700 ~820℃ 范围内，随着回火温度的升高，P92 钢屈服强度和抗拉强度单调下降,P92 钢的室温强度值均满足 ASME 标准规范的要求。

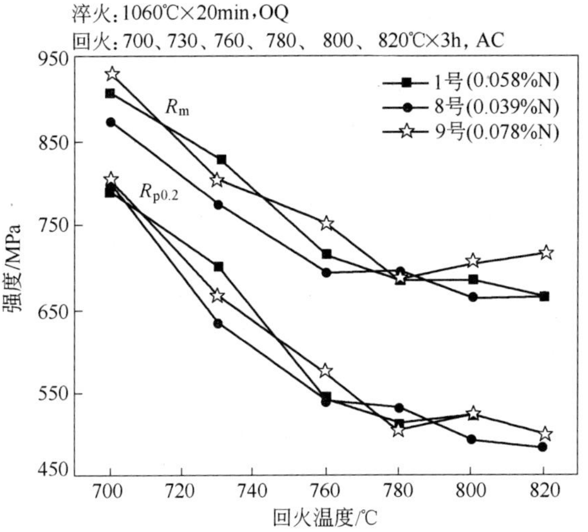

图 7-24 N 元素对 P92 钢室温强度的影响

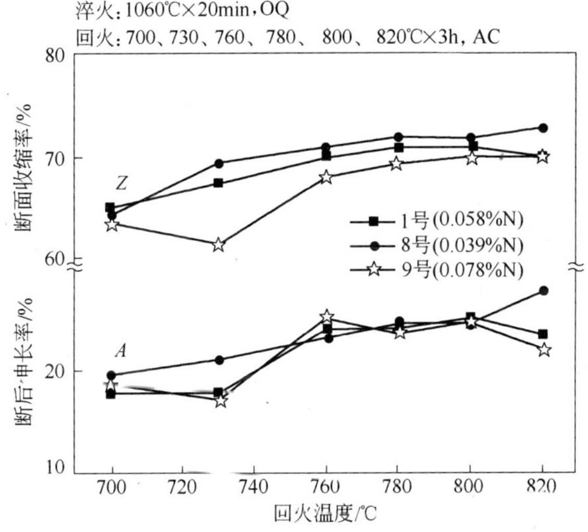

图 7-25 N 元素对 P92 钢室温塑性的影响

从图 7-25 可见,在 N 元素含量为 0.039% ~0.078% 范围内,P92 钢的室温断面收缩率与 N 含量之间存在明显相关性,N 含量越高,钢的断面收缩率越低。但是钢的室温断后伸长率与 N 含量之间的对应关系不够清晰。在 700 ~820℃ 范围内,随着回火温度的升高,P92 钢室温塑性总体升高,但是在 700 ~820℃ 回火温度范围内,当回火温度低于 740℃时,P92 钢的室温断后伸长率值不满足 ASME 标准规范的要求。

如图 7-26 所示，在 N 元素含量为 0.039% ~0.078% 范围内，P92 钢的室温冲击韧性与 N 含量之间存在明确对应关系。当在 760 ~820℃之间温度进行回火处理时，P92 钢的室温冲击值对钢中 N 含量的变化非常敏感，表现为随 N 含量的增加，钢的冲击韧性值降低。试验钢经 780℃回火后，N 含量为 0.039% 的试验钢的冲击韧性测试值高于 N 含量为 0.078% 的试验钢的冲击韧性值 40J 以上，达到190 J以上。

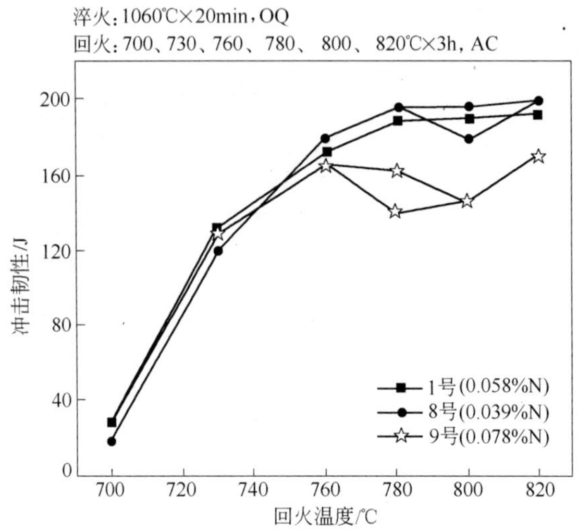

图 7-26　N 元素对 P92 钢室温冲击韧性的影响

从图 7-27 和图 7-28 可见，在 N 元素含量为 0.039% ~0.078% 范围内，N 含量的变化与 P92 钢的高温强度和高温塑性之间没有明显的对应关系。

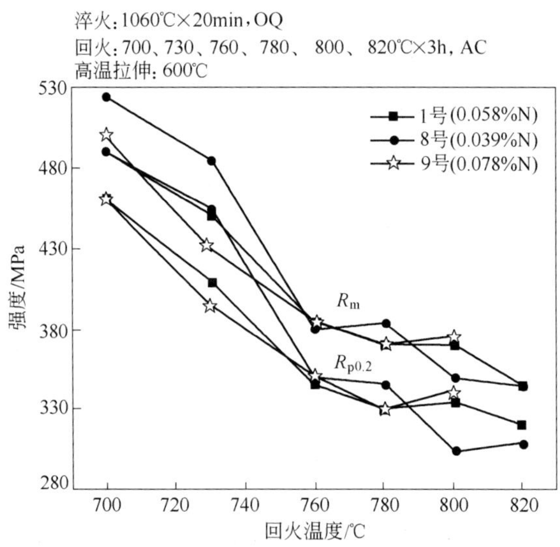

图 7-27　N 元素对 P92 钢高温强度的影响

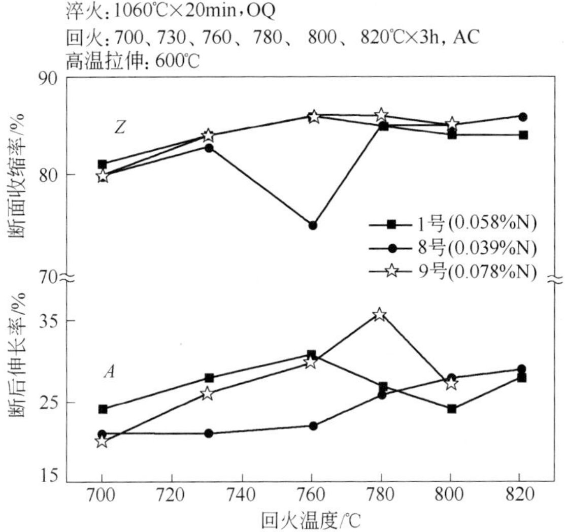

图 7-28 N 元素对 P92 钢高温塑性的影响

对表 7-5 中所列的 12 炉试验钢按 1060℃保温 20 min 油冷然后在 760℃和 780℃保温 3h 空冷进行热处理。对经上述热处理的试样测试 HB 硬度，测试结果绘制于图 7-29。尽管不同试验钢的硬度值不同，但是全部试验钢的硬度值均在 200 ~ 235 HB 之间。

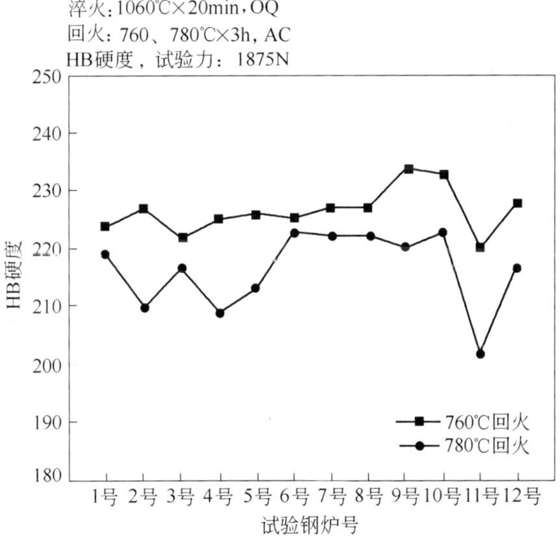

图 7-29 热处理后 P92 钢的硬度

7.4 T/P92 钢热处理制度优化研究

根据 ASTM 和 ASME 相关标准，T/P92 钢的标准热处理制度为 1040 ~ 1080℃

正火和 730 ~ 780℃ 回火。在上述热处理制度下钢的室温力学性能应满足表 7-2 中的规定。钢铁研究总院从早期的试验 T92 钢中选出一炉进行了 CCT 曲线测试，见图 7-30。

钢的奥氏体连续冷却曲线

T92（质量分数，%）

C	Si	Mn	P	S	Cr	Ni	Nb
0.13	0.26	0.48	0.008	0.006	8.97	0.11	0.062
N	V	Mo	Ti	B	W	Al	Te
0.058	0.18	0.43	0.038	0.0024	1.74	<0.0058	余

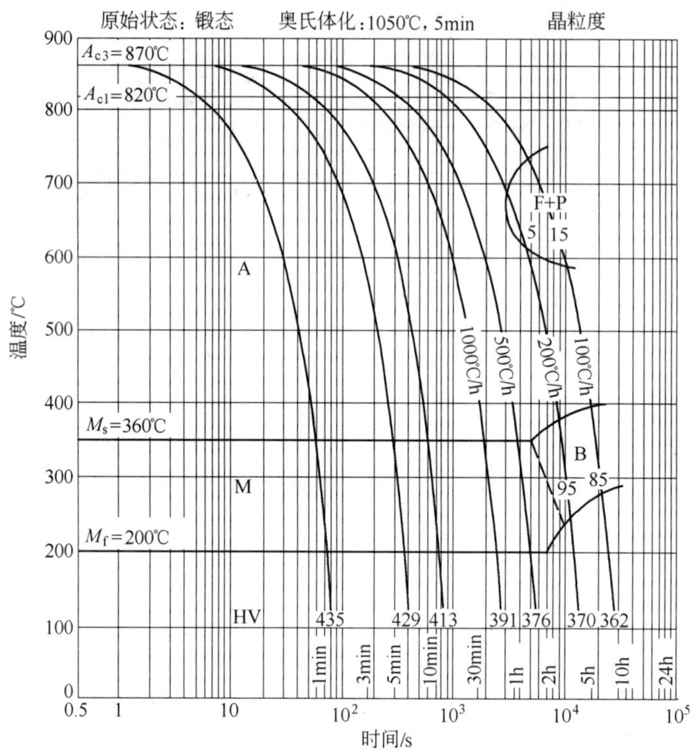

图 7-30　T/P92 试验钢测试 CCT 曲线

从图 7-30 中可知，T92 试验钢的 A_{c3} 温度为 870℃，A_{c1} 温度为 820℃，M_s 温度为 360℃，M_f 温度为 200℃。试验钢出现铁素体组织的临界冷却速度为 200℃/h 左右，出现贝氏体组织的临界冷却速度在 500℃/h 和 200℃/h 之间，当冷却速度高于 500℃/h，试验钢的组织应为单一马氏体。该试验钢不同冷却速度下获得的金相组织照片列于图 7-31。当冷却时间在 1000 s 以内时，钢的组织为单一马氏体组织，3 个冷却速度下的硬度值均高于 HV410。当冷却速度为 1000℃/h 和 500℃/h，试验钢的组织为马氏体组织，其硬度值在 HV390 和 HV370 之间。当冷却速度为 200℃/h 和 100℃/h，冷却速度已低于临界冷却速度，试验钢的组织中除马氏体组织外出现了贝氏体或/和铁素体组织，其硬度值低于 HV370。

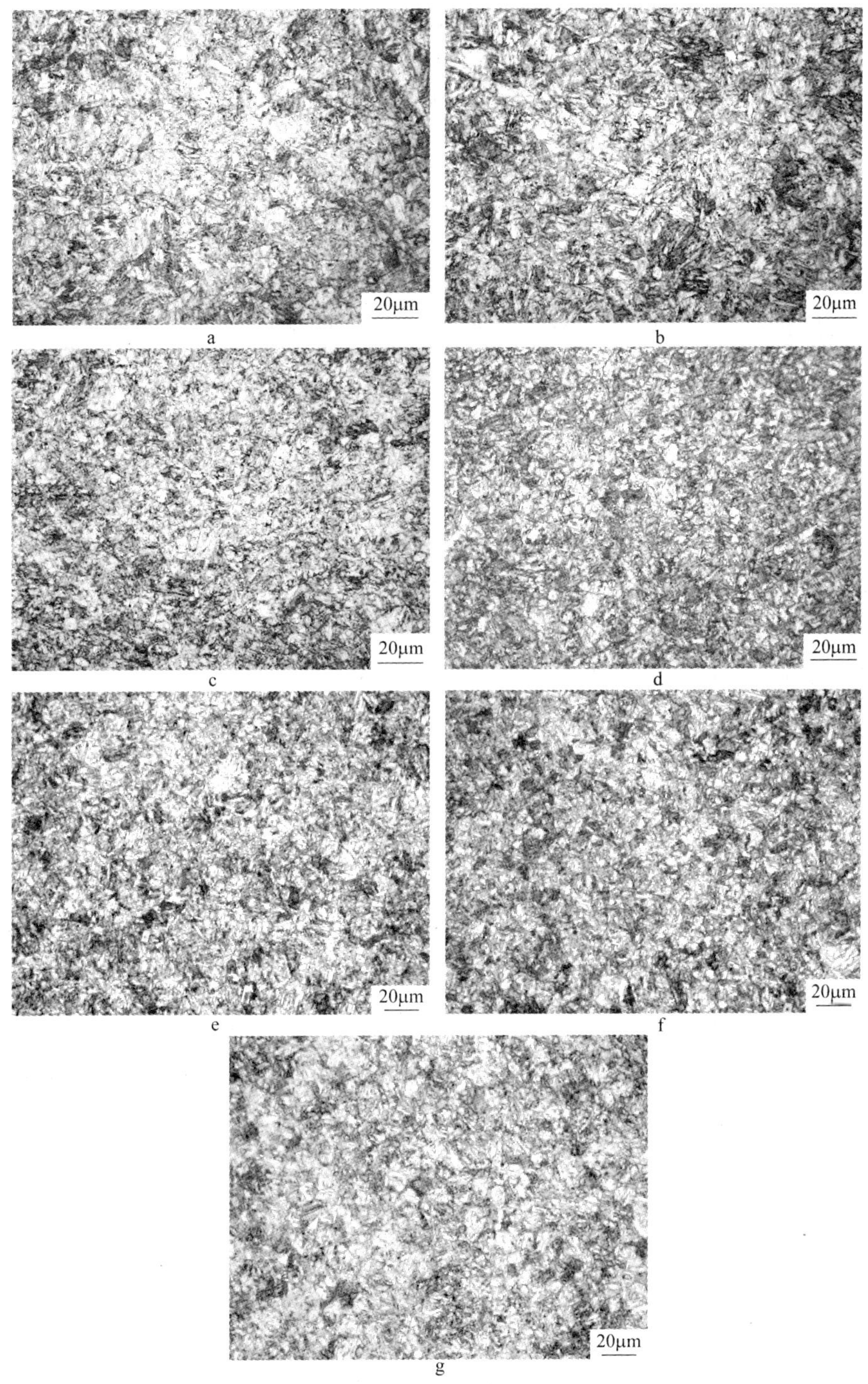

图 7-31 T/P92 试验钢不同冷却速度下的金相组织

a—100 s；b—500 s；c—1000 s；d—1000℃/h；e—500℃/h；f—200℃/h；g—100℃/h

为研究淬火温度对 T92 钢性能的影响，对 T92 试验钢试样在 1000℃、1030℃、1050℃、1070℃、1090℃和 1110℃温度下保温 20 min 进行油淬，测试试样的硬度值，测试结果列于表 7-6。从测试 4 点的平均硬度值可见，在淬火温度 1000℃到 1110℃区间，测试的硬度值接近，硬度值在 HRC43.6～45.1 之间变化。同时也研究正火温度对 T92 钢组织和性能的影响，如图 7-32 所示。T92 钢正火处理后组织为马氏体，当正火温度在 1030～1090℃之间时（保温时间为 30 min），随正火温度增加，正火组织的马氏体板条束密度降低，并在形态上逐渐向块状马氏体转变。

表 7-6　T92 试验钢在不同淬火温度下的硬度

热处理制度	HRC				平均值
1000℃ ×20 minOQ	43.9	45.1	44.1	43.8	44.2
1030℃ ×20 minOQ	44.4	43.7	44.0	44.5	44.2
1050℃ ×20 minOQ	43.4	44.7	44.4	45.0	44.4
1070℃ ×20 minOQ	44.8	44.2	46.3	43.2	44.6
1090℃ ×20 minOQ	43.9	45.0	45.7	45.6	45.1
1110℃ ×20 minOQ	42.5	45.0	43.0	43.8	43.6

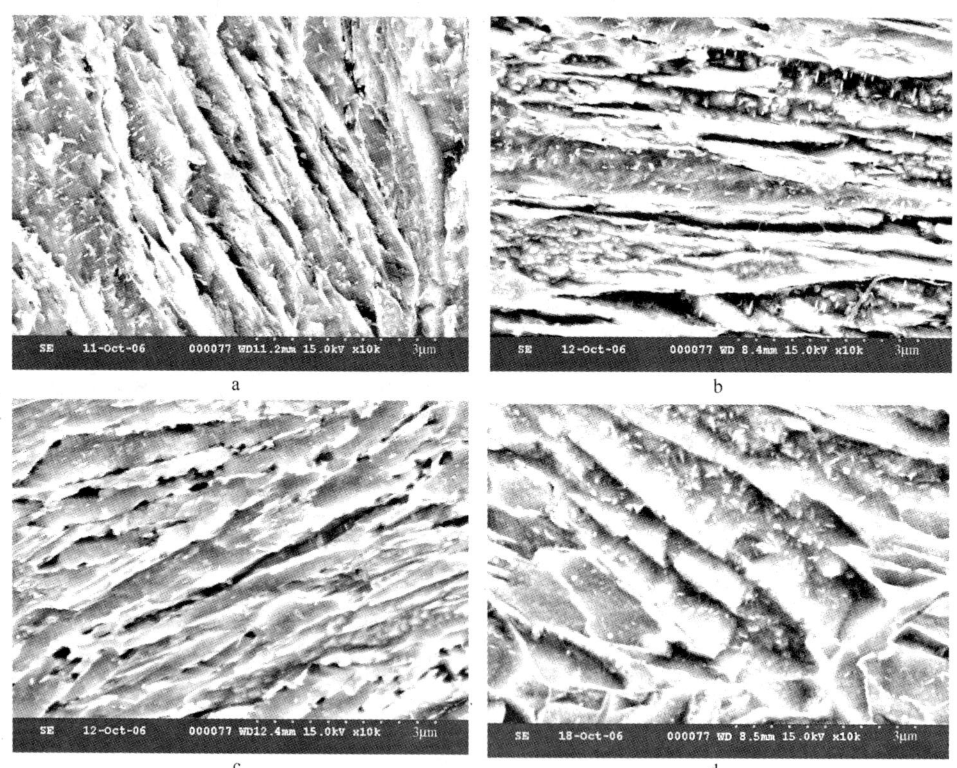

图 7-32　T92 试验钢正火态金相组织照片

a—1030℃30 min AC，×10000；b—1050℃30 minAC，×10000；
c—1070℃30 minAC，×10000；d—1090℃30 minAC，×10000

钢铁研究总院采用系统试验的方法优化研究了 T/P92 钢热处理制度与性能之间的对应关系。当正火温度为 1000℃、1030℃、1050℃、1070℃ 和 1090℃，保温 30 min空冷，然后分别对应回火处理制度为 740℃、770℃、800℃和 820℃保温 3 h 空冷，对经上述热处理的 T92 钢试样进行 4 点硬度测试，并取平均值，列于表 7-7。ASTM 和 ASME 相关标准规定 T/P92 钢的室温硬度值应不高于 250HB。分析表 7-7中的平均硬度值数据，除回火温度为 740℃ 时部分试样的硬度值略高于 250HB 之外，其余所有热处理条件下的平均硬度值均低于 250HB。同时，对经上述热处理的 T92 钢试样进行了室温下常规力学性能测试，测试结果列于表 7-8。ASTM 和 ASME 相关标准规定 T/P92 钢的室温抗拉强度高于 620 MPa、屈服强度高于 440 MPa、伸长率大于 20%。从表 7-8 中的数据可以看出，对所有的热处理制度 T92 钢的室温抗拉强度和屈服强度均远高于标准规定值，问题是测试的伸长率数据不高，在大部分热处理组合条件下伸长率低于 20%。从表 7-8 的试验数据可见，T/P92 钢的合理热处理制度应为 1040 ~ 1080℃ 正火和 740 ~ 780℃ 回火，这与 ASTM 和 ASME 标准中规定的范围一致。实际上，表 7-7 和表 7-8 所列数据对于 T/P92 钢管的工业热处理制度的制定具有非常重要的指导意义。

表 7-7 T92 试验钢在不同热处理条件下的硬度

热处理	硬度 HB				平均值
ASTM/ASME 标准					≤250HB
1000℃30 min AC + 740℃3 hAC	255	244	255	251.3	251.3
1000℃30 min AC + 770℃3 hAC	229	224	219	224.0	224.0
1000℃30 min AC + 800℃3 hAC	207	207	211	208.3	208.3
1000℃30 min AC + 820℃3 hAC	211	211	207	209.7	209.7
1030℃30 min AC + 740℃3 hAC	255	244	239	246.0	246.0
1030℃30 min AC + 770℃3 hAC	215	215	207	212.3	212.3
1030℃30 min AC + 800℃3 hAC	207	195	195	199.0	199.0
1030℃30 min AC + 820℃3 hAC	198	215	207	206.7	206.7
1050℃30 min AC + 740℃3 hAC	244	239	234	239.0	239.0
1050℃30 min AC + 770℃3 hAC	229	224	219	224.0	224.0
1050℃30 min AC + 800℃3 hAC	215	211	202	209.3	209.3
1050℃30 min AC + 820℃3 hAC	207	198	195	200.0	200.0
1070℃30 min AC + 740℃3 hAC	234	234	229	232.3	232.3
1070℃30 min AC + 770℃3 hAC	224	219	215	219.3	219.3
1070℃30 min AC + 800℃3 hAC	215	211	207	211.0	211.0
1070℃30 min AC + 820℃3 hAC	215	219	207	213.7	213.7
1090℃30 min AC + 740℃3 hAC	249	249	255	251.0	251.0
1090℃30 min AC + 770℃3 hAC	224	219	207	216.7	216.7
1090℃30 min AC + 800℃3 hAC	211	211	207	209.7	209.7
1090℃30 min AC + 820℃3 hAC	211	207	207	208.3	208.3

表 7-8　T92 试验钢的室温拉伸性能(试验温度 20℃)

热处理	R_m/MPa	$R_{p0.2}$/ MPa	A/%	Z/%
ASTM/ASME 标准	≥620	≥440	≥20	
1030℃30 minAC +710℃3 hAC	915 930	775 790	16.0 14.0	66.0 63.5
1030℃30 minAC +740℃3 hAC	815 800	655 625	19.0 19.5	66.5 68.0
1030℃30 minAC +760℃3 hAC	770 760	575 575	21.0 21.0	68.0 70.0
1030℃30 minAC +780℃3 hAC	745 730	575 545	22.5 23.0	69.0 69.5
1030℃30 minAC +800℃3 hAC	720 710	530 510	23.0 22.0	70.0 69.5
1050℃30 minAC +710℃3 hAC	915 920	780 780	16.5 15.5	66.5 64.5
1050℃30 minAC +740℃3 hAC	820 800	650 635	19.0 20.0	67.5 68.0
1050℃30 minAC +760℃3 hAC	765 740	575 545	20.5 22.0	67.5 69.0
1050℃30 minAC +780℃3 hAC	720 745	520 550	22.0 21.5	70.0 69.0
1050℃30 minAC +800℃3 hAC	715 735	515 535	23.5 23.5	69.5 70.5
1070℃30 minAC +710℃3 hAC	930 925	790 785	15.0 16.0	64.0 64.5
1070℃30 minAC +740℃3 hAC	795 820	625 655	21.0 18.5	68.0 67.0
1070℃30 minAC +760℃3 hAC	750 830	560 680	20.0 17.0	66.5 66.5
1070℃30 minAC +780℃3 hAC	720 720	530 525	23.5 23.5	70.5 71.0
1070℃30 minAC +800℃3 hAC	725 715	525 510	22.0 22.5	70.0 69.5
1090℃30 minAC +710℃3 hAC	945 950	810 810	14.5 15.5	61.0 65.0
1090℃30 minAC +740℃3 hAC	805 830	645 680	18.0 18.5	67.0 67.0
1090℃30 minAC +760℃3 hAC	795 755	620 570	19.0 20.5	66.5 69.5
1090℃30 minAC +780℃3 hAC	725 735	525 545	21.5 22.0	68.0 70.0
1090℃30 minAC +800℃3 hAC	710 710	520 515	22.5 24.0	70.0 70.5

7.5　P92 钢管生产现场热处理问题讨论

T92 钢管口径小、壁厚薄，在工业生产上采用正火工艺基本可以满足钢管性能要求。P92 钢管口径大、壁厚厚，是超临界、超超临界火电机组锅炉集箱、蒸汽管道等大口径厚壁管件首选用钢之一，在工业生产上仅采用正火工艺可能难以满足性能要求，因此 P92 钢管的工业热处理问题需要特别关注。

由于 P92 钢中含有较多的 Cr、V、W、Mo、Nb 等铁素体形成元素，使其相图较为复杂且组织内容易生成 δ 铁素体。在工业生产中，δ 铁素体含量对 P92 钢性能的影响规律及其含量的控制技术均为 P92 国产化过程中面临的亟待解决的关键问题。国内外有关 P92 钢的研究报道主要集中在强化机理、析出相的演变及长时高温蠕变性能上，而对 δ 铁素体相关问题研究较少。钢铁研究总院[16]采用 Thermo-Calc 热力学软件计算与试验相结合的方法，研究了加热温度对 P92 钢中 δ 铁素体含量的影响规律，并利用 Thermo-Calc 热力学软件计算的准平衡态相图加以解释说明，以期为该钢种的热加工及热处理工艺提供有益参考。

采用试验钢的化学成分见表 7-9。试验料 651 号取自工业生产料，经电弧炉 + 电渣重熔冶炼后，浇铸成钢锭，锻造开坯后热轧穿管制成 ϕ298.5 mm × 33 mm（外径 × 壁厚）钢管；试验料 12 号为试验室对比料，经 25 kg 真空感应炉冶炼钢锭并锻造成 ϕ15 mm 的圆棒（即表 7-5 中的 12 号试验钢）。沿钢管及棒材的纵向取 15 mm（沿轧向）× 10 mm × 5 mm 的金相试样块，分别在 950℃、1000℃、1030℃、1050℃、1070℃、1090℃、1100℃、1150℃、1200℃温度下保温 30 min，试样出炉后油冷。研磨抛光试样块面积最大一面，用饱和苦味酸侵蚀 1 min，利用 LeicaMEF4M 金相显微镜及 Sisc IAS V8.0 金相图像分析仪对侵蚀后的试样进行显微组织观察和分析。参照 GB/T 13305—1991《奥氏体不锈钢中 α 相面积含量金相测定法》，测定 P92 试样中 δ 铁素体的面积百分含量，检测面积不小于 10 mm^2。使用商用热力学 R 版本的 Thermo-Calc 软件（此版本采用了全局最小化技术），数据库为 TCFE6（TCS Steel/Fe-Alloy Database），对试验钢 δ 铁素体含量及准平衡态相图进行了热力学计算。

表 7-9　P92 钢 δ 铁素体研究试验钢化学成分（质量分数，%）

元素	C	Si	Mn	P	S	Cr	Ni	W	Mo	Nb	V	B	N	Fe
651 号	0.100	0.24	0.41	0.014	0.003	8.86	0.09	1.80	0.42	0.078	0.20	0.0043	0.044	Bal
12 号	0.081	0.48	0.35	0.0082	0.005	9.37	0.11	1.94	0.60	0.100	0.24	0.0031	0.057	Bal

采用 Thermo-Calc 热力学软件计算 P92 试验钢加热温度对钢中 δ 铁素体含量影响如图 7-33 所示。12 号试验钢中的 δ 铁素体含量随着加热温度的升高先减少后增加，呈 U 字形分布，在 1000 ~ 1050℃ 加热温度范围内出现一个低谷值。而对 651 号试验钢，当加热温度低于 1150℃ 时，δ 铁素体含量为零，加热温度为 1200℃

时 δ 铁素体含量约为 3.6%，当加热温度高于 1200℃后，随着加热温度的升高，δ 铁素体含量快速增加。

采用试验方法测定的试验钢中 δ 铁素体含量随加热温度变化曲线见图 7-34，其中 2 号试验钢中 δ 铁素体含量随淬火温度的升高先减少后增加，呈 U 字形变化规律，在加热温度 1050℃附近出现最小值。651 号试验钢也略微呈现 U 字形规律，δ 铁素体含量在加热温度 1050℃左右出现最小值，当加热温度超过 1150℃后，随着加热温度的升高，δ 铁素体含量增加较快。

对比图 7-33 和图 7-34，可见两个图中加热温度对 δ 铁素体含量影响的变化趋势是相同的，但是应该注意到采用 Thermo-Calc 热力学软件计算钢中 δ 铁素体含量的单位是质量百分数，而试验方法测定的则是 δ 铁素体在组织中所占的面积百分数，这两者之间的差别必须明确。

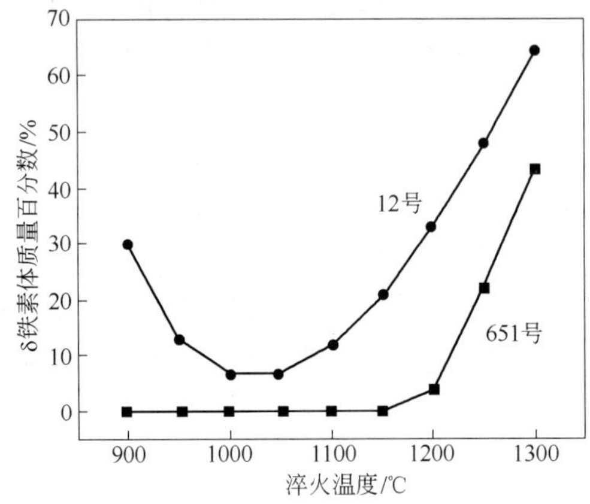

图 7-33　Thermo-Calc 软件计算正火温度对钢中 δ 铁素体含量的影响

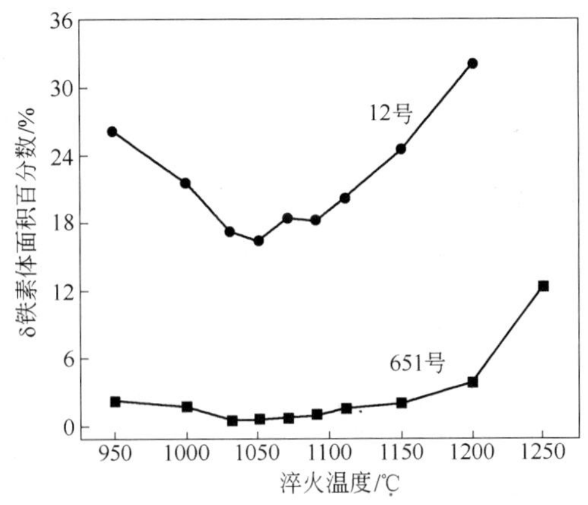

图 7-34　试验测定加热温度对钢中 δ 铁素体含量的影响

不同加热温度下的试验钢中 δ 铁素体的微观组织形貌如图 7-35 和图 7-36 所示。金相照片均为光学显微镜 200 倍率下采集的微观组织，可见 δ 铁素体形貌基本上沿热加工方向呈长条带状分布。加热温度为 1250℃ 和 1200℃ 时，钢中的 δ 铁素体含量明显增加而且几何尺寸粗大。图 7-37a 和 b 分别为利用 Thermo-Calc 热力学软件计算的 651 号和 12 号试验钢的准平衡态相图，由于 P92 钢中含有较多合金元素，其平衡相图为多元相图，较为复杂。图 7-37 是利用 Thermo-Calc 热力学软件计算得到的一个变温垂直截面相图。相对于 Fe-C 相图，由于 P92 钢中含有较多 Cr、V、W、Mo、Nb 等铁素体形成元素，其相图中 δ（铁素体）相区相对扩大，而 γ（奥氏体）相区相对缩小。又因 12 号试验钢中的铁素体形成元素含量（主要是金属 Cr 的含量）明显高于 651 号试验钢，故与图 7-37a 比较，图 7-37b 中的奥氏体相区右移并变小，其铁素体相区扩大。

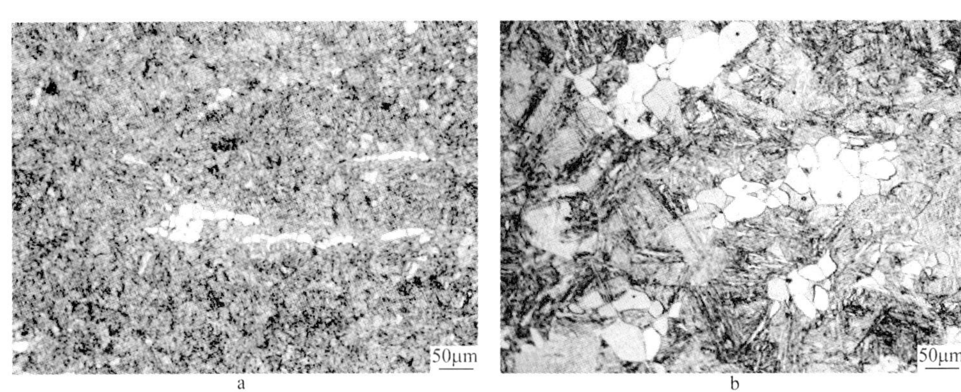

图 7-35　651 号试验钢不同加热温度下的 δ 铁素体形貌

a—1050℃；b—1250℃

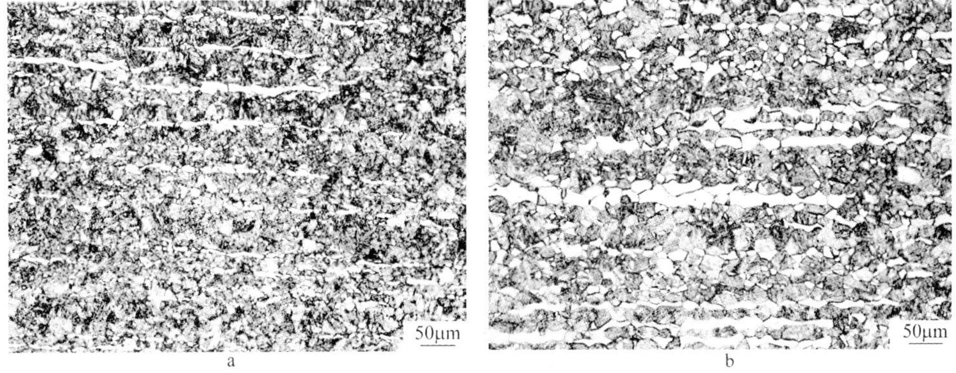

图 7-36　12 号试验钢不同加热温度下的 δ 铁素体形貌

a—1050℃；b—1200℃

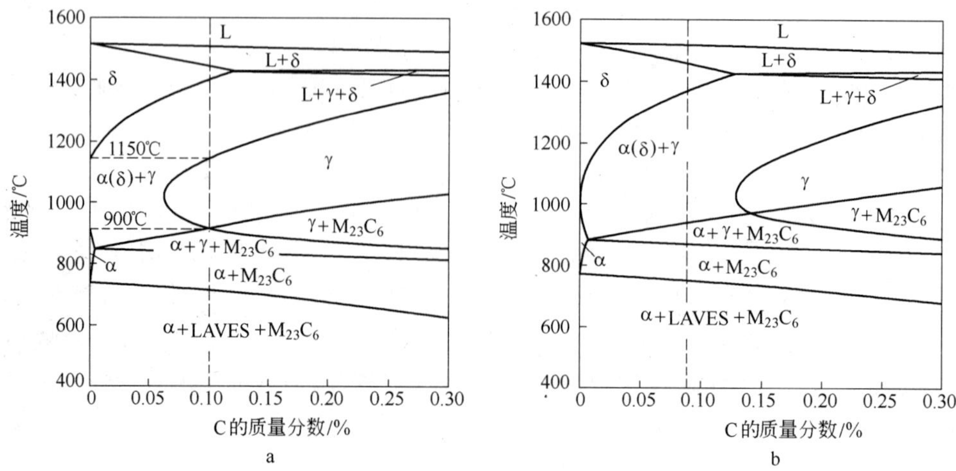

图 7-37　Thermo-Calc 热力学软件计算试验钢的准平衡态相图

a—651 号；b—12 号

试验钢 651 号在加热温度低于 1150℃时 δ 铁素体含量并不为零，尽管在 1030 ~1090℃温度范围内 δ 铁素体含量面积百分比含量小于 1%。这可能是因为在工业生产中，浇铸过程很难完全避免枝晶间元素偏析的产生，Cr 元素等铁素体形成元素在枝晶范围内的均匀化要比 C 困难得多[17,18]，使得钢锭内局部形成富铁素体形成元素区。其中铁素体形成元素含量高于设计成分，参照图 7-37a、b，铁素体形成元素含量越高，则其相图中奥氏体区越小，铁素体相区越大，越易形成 δ 铁素体。由于合金元素的扩散系数小，即使经过扩散退火也很难消除由枝晶偏析引起的 δ 铁素体。另外 Thermo-Calc 热力学软件数据库积累的数据有一定局限性，也会导致实际试验结果与模拟计算结果之间存在一定误差。

利用多元相图的变温截面图，一般不能从该截面上分析析出相的成分如何变化，也不能确定相的数量，因为杠杆线（力臂线）不在此截面上[19]，但是可以分析截面上合金的结晶过程。试验钢 651 号和 12 号中的碳含量分别与图 7-37 中竖直的虚线所对应。由图 7-37a 可以看出，碳含量为 0.1% 的 651 号试验钢在 900 ~ 1150℃范围内均处于单相 γ 区，故该温度范围内无 δ 铁素体存在。高于 1150℃后，进入 α(δ)+γ 两相区，组织中开始出现铁素体。在图 7-37b 中，碳含量为 0.081% 的 12 号试验料在 900 ~ 1300℃温度范围内均不能避开含有铁素体的相区，故其组织中也无法避免 δ 铁素体的存在，这与图 7-33 中的变化规律相吻合。

分析比较图 7-33 与图 7-37b，可以看出图 7-33 中 12 号试验钢中 δ 铁素体含量随着加热温度升高，先减少后增加呈 U 字形变化规律，而图 7-37b 中 12 号试验钢碳含量对应的合金成分线（图中虚线）与奥氏体相区的水平距离先缩短后增长，这两种变化规律有明显的对应关系。在 1000 ~ 1050℃范围内，合金成分线与奥氏体相区水平距离达到最短，且在该温度范围内加热淬火，钢中δ铁素体含量达到最低。651号试验钢也存在这种对应关系，在900～1150℃范围内，图7-37a中651号合金成分线（图中虚线）完全处在全奥氏体区。相对应地，图7-33中钢的δ铁素体含量为零。超过1150℃后，随着温度升高，651号合金成分线上的点离γ相区逐渐变远，而图7-33中的δ铁素体含量也快速增加。由图7-37a和b还可以得出，随着钢中铁素体形成元素含量的增多，P92钢的准平衡态相图中的奥氏体区缩小，铁素体相区增大，但处于单相奥氏体区内最低碳含量对应的温度值均在1050℃左右。在图7-33与图7-34中1050℃对应的δ铁素体含量最少。包汉生等[20]在研究热处理温度对超超临界用钢T122中δ铁素体含量的影响时，同样发现在1030～1070℃的温区，T122中δ铁素体含量最低。

综上研究可见，利用Thermo-Calc数据库TCFE6计算的P92钢的准平衡态相图，可以定性判断P92钢加热温度对δ铁素体含量的影响规律，对制订P92钢管的热加工工艺及热处理工艺具有较大的参考价值。

目前工业生产的P92钢管壁厚、内径及管长尺寸规格繁多，壁厚有20～180mm不等，内径有200～1000mm不等，最大管坯重量可达10t。对P92大口径厚壁耐热钢管的热处理环节，为了得到较好的力学性能，正火后的冷却过程一般需要考虑如下多个因素：

（1）为获得良好的组织和性能，淬火处理要有一定的冷速控制。冷速过慢，难以得到单一的马氏体，影响性能，冷速过快（如直接水淬）则钢管易淬变形且硬度偏高（大于250HB）；

（2）不同尺寸的钢管应选择的冷却介质不同。管壁较薄，正火空冷即可，管壁较厚，则需浸入液态冷却介质中强制冷却，介于中间的还有风冷、雾冷、喷淋等；

（3）冷却速度越慢，钢管截面的组织性能越均匀。同一尺寸规格的钢管壁厚中心与内外边缘的冷却速率的差值，随选用冷却介质的不同而有差别，且差别较大。正火空冷时差值最小，得到的组织与性能最为均匀；

在一定的尺寸规格范围内，对于P92大口径厚壁钢管，即存在一种最佳的冷却方法，使得管壁横截面组织均匀，性能最佳。对于大口径厚壁管件热处理方法的研究较少，中国专利公开号CN101423887A提供了一种中厚壁钢管的冷却方法，将钢管的部分侵入到液态冷却介质中，旋转钢管，使钢管冷却。对于较厚的P92钢管，该方法是适用的，可以避免壁厚中心冷速较慢而出现贝氏体或者铁素体组织，但是，对于较小壁厚的P92钢管，若用降低液面高度来降低冷速，液面高度只接触钢管部分外表面，则会导致外表面与内表面之间冷速梯度分布，从而导致组织性能呈梯度分布，差别较大，反而有害。

对于P92大口径厚壁钢管的热处理过程，目前缺少定量的指导技术，各生产厂家对不同尺寸规格钢管的冷却过程的探索，耗资费时，还难以达到最佳效果。为了解决上述技术中存在的问题,2009 ~ 2010 年钢铁研究总院[21 ~ 23]采用 ANSYS 有限元分析软件模拟的温度场、棒材冷却经验冷速曲线及 P92 钢 CCT 曲线相结合方法,并利用可控冷却速度热处理试验炉[24]进行反复探索试验,由工业生产实践数据验证后,探索出了一种大口径厚壁耐热钢管定量化的热处理方法,适用于大口径厚壁耐热钢管的热处理。该技术包括下列内容:热处理参数为 1050 ~ 1070℃ 正火(正火后根据钢管尺寸控制加速冷却) + 760 ~ 780℃ 回火(空冷)。对于不同尺寸规格的大口径厚壁钢管,正火后采用的定量的、控制冷速的热处理新技术如下:

(1) 20 mm ≤ W(壁厚) ≤ 33 mm,150 mm ≤ $\phi_{外}$(外径) ≤ 600 mm,采用正火空冷处理,或者冷却条件满足下列特征的冷却方法:冷却温度区在 900 ~ 400℃ 范围内,该尺寸规格范围内钢管壁厚中心平均冷速 $v_{心}$ > 7℃/min,壁厚边缘处平均冷速 $v_{边}$ 与 $v_{心}$ 的差值 $\Delta v_1 = v_{边} - v_{心}$ < 2.5℃/min;

(2) 33 mm < W(壁厚) ≤ 65 mm,200 mm ≤ $\phi_{外}$(外径) ≤ 800 mm,采用吹风处理,或者冷却条件满足下列特征的冷却方法:冷却温度区在 900 ~ 400℃ 范围内,该尺寸规格范围内钢管壁厚中心平均冷速 $v_{心}$ > 10℃/min,壁厚边缘处平均冷速 $v_{边}$ 与 $v_{心}$ 的差值 $\Delta v_1 = v_{边} - v_{心}$ < 10℃/min;

(3) 65 mm < W(壁厚) ≤ 100 mm,230 mm ≤ $\phi_{外}$(外径) ≤ 1100 mm,采用雾冷或喷淋处理,或者冷却条件满足下列特征的冷却方法:冷却温度区在 900 ~ 400℃ 范围内,该尺寸规格范围内钢管壁厚中心平均冷速 $v_{心}$ > 15℃/min,壁厚边缘处平均冷速 $v_{边}$ 与 $v_{心}$ 的差值 $\Delta v_1 = v_{边} - v_{心}$ < 20℃/min;

(4) 100 mm < W(壁厚) ≤ 180 mm,300 mm ≤ $\phi_{外}$(外径) ≤ 1200 mm,采用油冷或者半水冷,或者冷却条件满足下列特征的冷却方法:冷却温度区在 900 ~ 400℃ 范围内,该尺寸规格范围内钢管壁厚中心平均冷速 $v_{心}$ > 25℃/min,壁厚边缘处平均冷速 $v_{边}$ 与 $v_{心}$ 的差值 $\Delta v_1 = v_{边} - v_{心}$ < 40℃/min。

上述半定量研究结果为 P92 大口径厚壁钢管工业现场热处理工艺的制订提供了指导。在实际生产实践中,要密切结合生产企业热处理实验设备的具体情况,适当设计一些必要的辅助工具,通过精细热处理过程控制,使 P92 大口径厚壁钢管具有良好综合性能。

7.6 中国 T92 和 P92 钢管的工业试制

T92 和 P92 锅炉管是超超临界火电机组选用材料。进入 21 世纪以来,中国为优化电源结构和实现节能减排国家战略目标,大力发展超超临界火电机组。长期以来中国火电机组建设用 T92 和 P92 锅炉钢管依靠从日本和欧洲进口,严重影响火电工程的建设进度和造价,使我国难以形成超超临界火电机组成套技术,进而威胁国家的能源安全。

T/P92锅炉管的国产化研究需要解决以下问题：一是要开展深入T/P92钢材料的基础研究，充分认识钢的高温长时强韧化机理和抗腐蚀性能的机理；二是要系统研究锅炉管产品制造工艺，掌握工业生产全流程控制技术，保障产品的质量及其稳定性；三是要从锅炉管的服役应用过程获得反馈信息，不断改进产品的质量。过去5年间，在国家科技部的大力支持下，我国相关科研院所针对T/P92钢，开展了系统的基础研究工作。同期，我国的一些冶金企业相继开展了针对火电锅炉管的生产线技术改造。目前我国一些骨干冶金企业已经具备生产T92和P92锅炉管的设备条件，部分企业的装备水平甚至居于世界领先水平。中国在上述两方面的快速进步为我国开展和实现T92和P92锅炉钢管的国产化奠定了坚实的基础。

虽然国内许多冶金企业在过去5年中开展了T92钢及其钢管的试生产，但是T92钢管开发最成功的企业应该是宝钢股份公司[25]。如图7-38所示，宝钢股份生产T92钢管的工艺流程为转炉+炉外精炼+热轧穿管+热轧和冷轧+热处理。为加快T92钢管进入市场的速度，宝钢股份公司率先把生产的T92锅炉管装到宝钢自备35万千瓦亚临界火电机组的过热器和再热器上试用（见图7-39）。按GB/T 2039—1997标准，对ϕ48.3 mm×12.5 mm规格T92钢管沿纵向取ϕ5 mm圆柱形

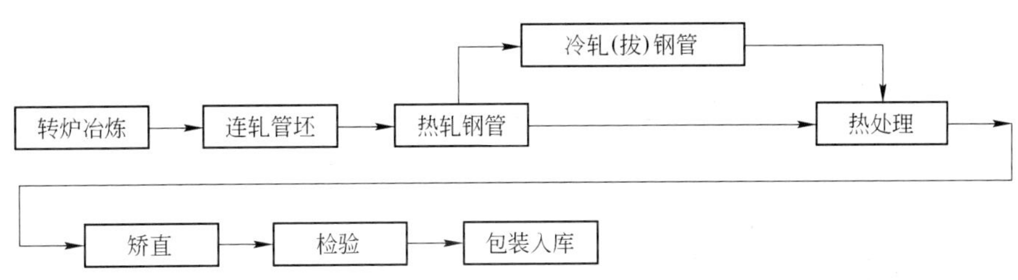

图7-38 宝钢股份公司T92生产工艺流程示意图

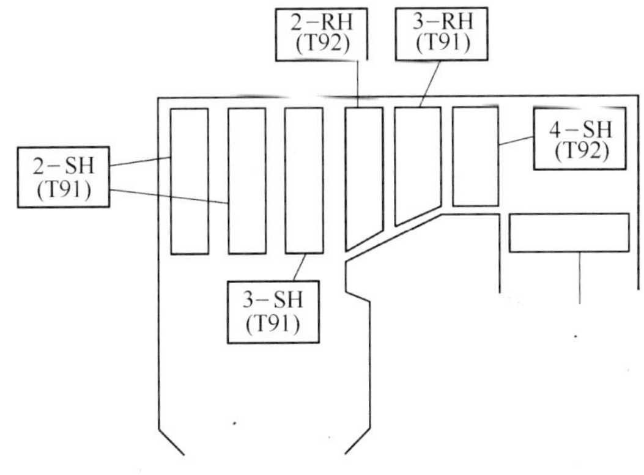

图7-39 宝钢T91和T92钢管在宝钢35万千瓦亚临界机组应用示意图[25]

标准试样，分别在600℃、625℃、649℃、700℃温度下进行持久强度试验，测试的持久强度试验曲线见图 7-40。用最小二乘法进行拟合计算，可分别得到600℃、625℃、649℃10 万小时持久强度外推方程如下：

$$\lg\sigma_{600℃}=2.5447-0.0836\lg t \tag{7-4}$$

$$\lg\sigma_{625℃}=2.5505-0.1178\lg t \tag{7-5}$$

$$\lg\sigma_{649℃}=2.4999-0.1326\lg t \tag{7-6}$$

式中　σ——材料的持久强度，MPa；

t——材料持久强度试验时间，h。

据此外推出 T92 钢管在600℃、625℃、649℃下 10 万小时持久强度分别为 133.9 MPa、91.5 MPa、68.7 MPa，均满足 ASME 标准与 GB5310—2008 标准要求。

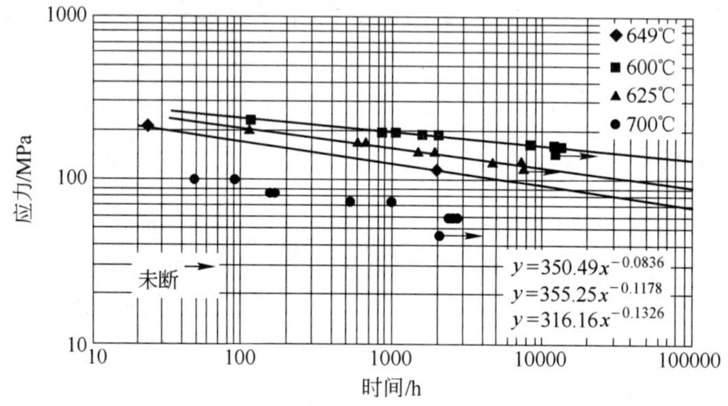

图 7-40　宝钢 T92 钢管持久强度测试曲线[25]

截至 2010 年 10 月宝钢股份公司已累计向市场供应 T92 锅炉管 4100 多吨，供应 T91 锅炉管 9 万余吨。此外江阴兴澄特种钢铁责任有限公司[26]采用转炉、炉外精炼、连铸、锻造、电渣重熔工艺进行了 T92 钢管坯料生产。采用连铸工艺生产 T92 钢坯，存在以下未明确问题：一是对于连铸工艺而言 T92 钢合金含量较高，在连铸过程中易形成元素偏析；二是采用连铸工艺生产的钢坯料的锻造比是否足够。到目前为止，无论是在技术上还是在工程上还都对上述问题没有明确的结论。针对上述工艺流程，江阴兴澄特种钢铁责任有限公司已经形成了每月供应 2500tT92 管坯的生产能力。

过去 5 年，我国在 T92 锅炉钢研制取得较大进展的同时，P92 钢产品研制也取得了一些有益的进展。2006 年 9 月 22 日，由国网北京电建院和北京国电富通公司研制的尺寸分别为 ϕ406.4 mm × 97 mm 和 ϕ248 mm × 60 mm 的 P92 热压弯头和热压等径三通通过产品技术鉴定。2008 年 12 月 30 日，由内蒙古北方重工业集团公司采用锻坯内镗外车工艺试制的P92大口径厚壁锅炉管通过产品技术鉴定。2010年3月20日,由扬州诚德钢管有限公司采用锻坯+穿孔热轧/在线定径一火成材工艺试制的尺寸为ϕ610 mm×102 mm的P92大口径锅炉管通过产品技术鉴定。扬州诚德钢管有限公司采用的锻造坯料经电炉+炉外精炼然后开坯锻造成管坯料,钢管坯料的锻造比一般大于4.0。穿孔热轧轧机是动态平衡二辊大口径菌式限动芯棒穿孔轧机,该轧机是扬州诚德钢管有限公司创始人张怀德[27]采用自己专利技术设计和制造的特种轧管设备。采用穿孔热轧轧机生产P92大口径钢管时的对应锻造比可达到1.73,加上锻造P92管坯大于4.0的锻造比整支P92钢管的总变形量基本上可以保证。穿孔热轧后进入三辊七机架定径机组进行在线定径,然后进入热处理工序。采用该流程试制的ϕ610 mm×102 mm大口径P92锅炉管625℃10万小时外推持久强度值达到99.6 MPa,完全满足ASME和GB5310—2008等相关标准规定要求。张怀德设计的大口径管生产工艺流程设备独特、工序简洁、紧凑高效,具有巨大产品成本竞争优势,该机组可生产外径219~1016 mm、壁厚20~110 mm、长达12 m钢管。

天津钢管集团股份有限公司[28]2009年5月采用PQF460连续热轧管机组试制了2支ϕ298.5 mm×30 mm大口径P92锅炉管,对试制钢管采用1045℃正火+790℃回火热处理制度,对钢管的性能进行全面检测,其常规力学性能满足ASME SA335和GB5310—2008的相关要求,高温长时性能正在进一步测试之中。在对试制钢管的金相组织进行检测时发现组织中含有δ铁素体,其含量超过5%,达到10%左右。天津钢管集团股份有限公司正在进一步优化P92钢管的化学成分内控范围及加强钢管生产过程工艺制度控制以消除δ铁素体或减少钢管组织中δ铁素体含量。

攀钢集团成都钢铁有限责任公司[29](简称65厂)2008年采用电渣钢锭→环形炉加热→穿孔机延伸→周期轧管→外观及尺寸检查→机加工→热处理(正火+回火)→矫直→取样→内外表面超探→检查包装工艺流程试制了一炉P92钢管,成品规格ϕ298.5 mm×33 mm(供坯规格ϕ308.5 mm×43 mm)。该工艺过程中,镗孔电渣钢锭到延伸毛管变形比为1.47,延伸毛管到荒管的变形比为2.69,钢管总延伸系数为3.95。在对试制钢管的金相组织进行检测时发现组织中含有δ铁素体,其含量超过5%。

在钢铁研究总院的技术支持下[30],2009年夏65厂又冶炼了一轮P92试验钢,采用EAF+ESR冶炼→环形炉加热→穿孔机延伸→周期轧管→机加工→热处理(正火+回火)工艺试制了ϕ299 mm×33 mm规格P92钢管,采用EAF+LF/VD冶炼→环形炉加热→穿孔机延伸→周期轧管→机加工→热处理(正火+回火)工艺试制了ϕ508 mm×78 mm规格P92钢管。试制P92钢管的高温力学性能如图7-41和图7-42所示。

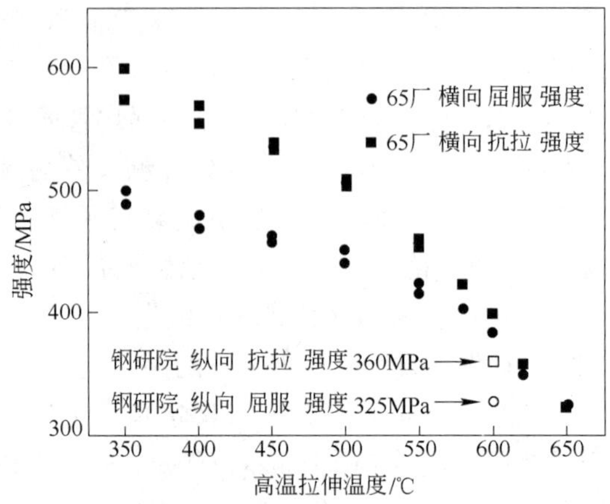

图 7-41　65 厂 - 钢研总院试制 P92 钢管高温强度

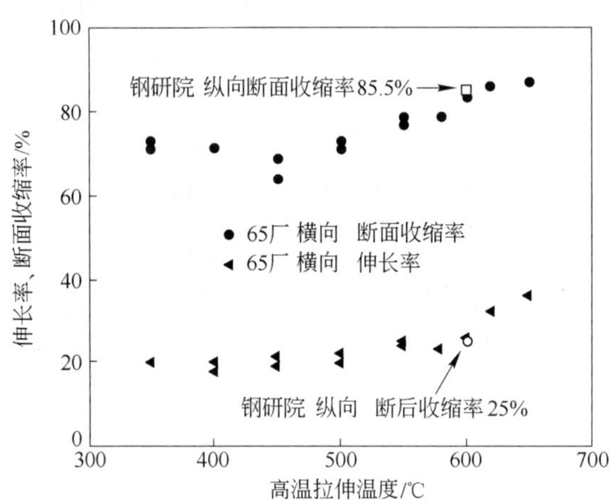

图 7-42　65 厂 - 钢研总院试制 P92 钢管高温塑性

从 65 厂 2009 年试制的 P92 钢管上取金相试样块，磨抛腐蚀后观测并采集横截面（与轧向垂直）与纵截面的微观组织。利用实验室金相分析软件 IAS8 定量分析 δ 铁素体含量，参照 GB/T13305—1991（奥氏体不锈钢中 α 相面积含量的测定法），采用 δ 铁素体含量恶劣的 40 个视场进行定量金相分析。分析结果显示 65 厂 P92 钢管中 δ 铁素体面积百分比约为 0.6%。由定量金相学中的公式 $V_V = A_A$ 可知，对于弥散均匀分布的析出相，二维面上测出的某相所占面积百分比与三维体上测出的该相所占体积百分比两值相等，故 65 厂本批试制的 P92 钢管中的 δ 铁素体含量约为 0.6%。可见，经过 P92 钢管的成分优化设计和热加工制度的优化控制，完全可以消除钢中的 δ 铁素体或把其含量控制在很小的范围内。65 厂试制 P92 钢管的高温长时性能将在本章的后续章节介绍。除上述介绍的企业外，还有一些国内企业也已经开展了 P92 钢管的试制工作并取得了相应的进展。

尽管我国在 P92 大口径锅炉钢管工业试制方面已经取得了长足的进步,但是现实是我国还远没有实现 P92 钢管的国产化,直到 2010 年我国仍在大量进口 P92 锅炉管以满足我国超超临界火电机组建设的急迫需求。因此,未来 5 年(国家"十二五"钢铁材料科技发展规划)我国必须解决以 P92 为代表的大口径锅炉管的国产化问题。2009 年江阴兴澄特种钢铁责任有限公司建设的 ϕ800 mm 圆坯连铸机已经顺利投产。内蒙古北方重工业集团公司建设的 3.6 万吨大型立式挤压机也已经顺利投产,该挤压机已经超越美国 Wyman Gordon Pipe and Fittings 公司的 3.5 万吨立式挤压机成为目前世界上吨位最大的挤压机。在这些新近投产新设备的基础上,刘正东[31]认为可以探索一条具有中国特色的"大连铸 + 大电渣 + 大挤压 + 强化热处理"工艺流程生产超大口径厚壁 P92 锅炉管道路。该生产模式应该可以保证高端超大口径厚壁钢管的各项性能要求。热挤压是三向压应力状态,可以进一步改善钢管的内在冶金质量。而对于 ϕ300 mm 左右的锅炉管,在解决了连续坯料输入问题后可以考虑采用 PQF460 连续轧管机组进行高效生产。此外,张怀德设计的"锻坯 + 穿孔热轧/在线定径一火成材"工艺流程由于其成本优势也具有极强的竞争力。从目前的技术发展分析,上述三种模式应是未来一段时间规模生产大口径钢管的主要工艺流程,其他流程将在越来越激烈的市场竞争中被逐步淘汰。总之,关于未来大口径钢管的生产模式问题需要探索,要经得起市场和时间的考验,实践是检验真理的唯一标准!

7.7 中国 T/P92 钢管的持久强度及抗蒸汽腐蚀性能

2010 年 6 月,钢铁研究总院[32]汇总了中国已试制 P92 锅炉钢管的高温持久数据。国内高温持久数据主要集中在 600℃、625℃ 和 650℃,并把国内已测试数据与国外相关 P92 钢的持久强度试验数据进行了比较,见图 7-43。国外的 P92 数据资料主要来源于已公开发表的日本 NIMS[33] 和欧盟 ECCC 技术资料[34]。从图 7-43 中的数据比较可以看出,我国试制的 P92 钢管的高温长时(测试最长点超过 10000 h)持久基本上处于国外相关数据分散带上,表明我国试制的 P92 锅炉管的服役性能与国外同类产品基本相当。我国试制的 P92 钢管的更长的持久强度测试实验正在进行中。

如图 7-1 所示,T91 钢高温持久强度在服役时间超过 10000h 后出现了拐点,当持久强度曲线达到拐点后,持久强度数据急剧下降。产生拐点的主要原因是 T91 钢的晶界组织退化失稳。图 7-43 中 P92 钢的持久强度在 10000 小时附近没有出现拐点,但是延长持久试验的时间后,P92 钢的持久强度是否出现拐点还难以确定,这与高温高压长时服役过程中 P92 钢微观组织的演变直接相关。钢铁研究总院正在对 9% ~12% Cr 耐热钢高温长时服役环境下的组织演变过程进行系统试验研究,虽然取得了一定的进展,但迄今还没有得出完整的结论。

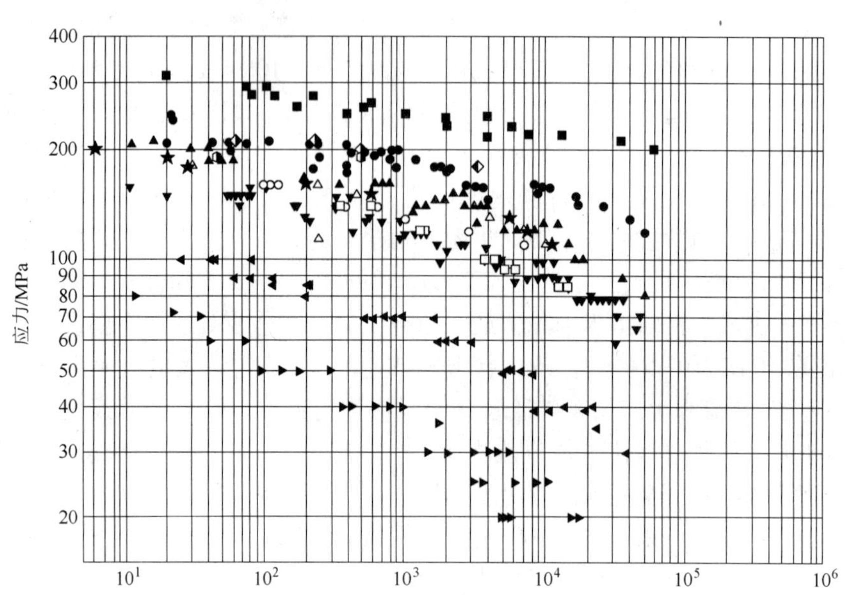

图 7-43　中国试制 P92 锅炉钢管高温持久性能曲线

一般情况下,可采用 Larson-Miller Parameter (LMP) 参数法和 Orr-Sherby-Dorn (OSD) 方法用短时持久强度数据去预测长时持久强度。彭志方等人[35]借用上述方法对 9% ~12% Cr 耐热钢的高温长时持久强度数据进行了预测研究。他们发现采用 LMP 法和 OSD 法预测上述钢种的高温长时持久强度时,其预测值和实际测量值之间存在明显的差异,即简单采用上述方法难以准确预测 9% ~12% Cr 耐热钢的高温长时持久强度值。为此彭志方提出了 LMP 法的分区处理以及 C 值的优化。经此改进,采用短时实验数据(小于 5000 h)预测长时持久强度值(5000 ~ 100000 h)的准确度有了明显的提高。为进一步验证上述思路的可行性,彭志方等人[36]还专门研究了 P92 钢在 625℃下加载应力与断裂时间关系曲线的分段特征以及各试样中 $M_{23}C_6$ 和 Laves 相参数的定量变化。研究结果表明,P92 钢在 625℃, 110 ~ 180 MPa条件下的持久试验曲线可分为高应力 - 短时段(150 ~ 180 MPa, 30 ~ 454 h)和低应力 - 长时段(110 ~ 140 MPa, 2881 ~ 10122 h)。高应力 - 短时段的物理冶金机制主要是 $M_{23}C_6$相颗粒的聚集与粗化,低应力 - 长时段的物理冶金机制主要是 Laves 相和 $M_{23}C_6$相颗粒并行聚集与粗化。随着我国高温长时持久强度数据的积累和对相应试样组织演变的研究,持久强度曲线的预测研究将会取得应有的进展。

宝钢股份公司[25]按 GB/T13303—1991《钢的抗氧化性能测定方法》标准，对 T92 钢管的抗蒸汽腐蚀性能进行了试验研究。在钢管上取 ϕ10 mm × 20 mm 圆柱形试样，在 650℃进行增重法抗氧化性试验，最长试验时间 5000 h。根据 1000 ~ 5000 h 氧化增重阶段数据，计算得到 T92 钢 650℃抗氧化速度为 K^+ = 0.000431 g/(m^2 · h)(增重法)和 K^- = 0.001128 g/(m^2 · h)(失重法)，据此计算得到 T92 钢管的年腐蚀速度为 0.001270 mm/a。当氧化速度小于 0.1 g/(m^2 · h)，按 GB/T13303—1991 评级，属抗氧化性 1 级，即完全抗氧化性。

参考文献

[1] Abe F, 私人技术交流资料, 2005.

[2] ASME SA335M-04, Specification for seamless ferritic alloy-steel pipe for high temperature service.

[3] ASTM A213M-09a, Standard specification for seamless ferritic alloy-steel boiler, superheater, and heat-exchanger tubes.

[4] 大神正浩，荒木敏，直井久，等．锅炉管用 9Cr - 0.5Mo - 1.8W 钢的开发与应用，国内外超超临界机组材料及焊接研究资料汇编．中国西安：西安热工研究院有限公司，2004:219 ~ 224.

[5] Fujita T, Asakura K, Sawada T, et al. Otogro Y[J]. Met. Trans, 1981 (12A):1071.

[6] 刘正东，程世长，包汉生，等．钒含量对 T122 钢组织和性能的影响[J]. 特殊钢，2006，27(1):7 ~ 10.

[7] 大神正浩，三村裕幸，直井久，等．超超临界锅炉用高强度 9CrW 钢管及锻件(NF616)的开发，国内外超超临界机组材料及焊接研究资料汇编．西安：西安热工研究院有限公司，2004:213 ~ 218.

[8] 刘荣藻．低合金热强钢的强化机理[M]. 北京：冶金工业出版社，1981:129.

[9] 邓星临，郭曼玖，何银秋，等．硼在 12Cr2MoWVTiB 钢中的作用，冶金部钢铁研究总院内部研究报告，1980.

[10] 胡云华，刘荣藻，赵海荣，等．102 钢中各种强化元素的强化功能研究[J]. 钢铁研究总院学报，1985，5(4):383 ~ 390.

[11] Abe F. Precipitate design for creep strengthening of 9% Cr tempered martensitic steel for ultra-super critical power plants[J]. Science and Technology of Advanced Materials, 2008 (9):15.

[12] 包汉生，程世长，刘正东，等．T122 耐热钢中 BN 夹杂物的探讨[J]. 钢铁，2005，(10).

[13] Sakuraya K, Okada H, Abe F. BN Inclusions Formed in Boron Bearing High Cr Heat Resistant Steel[C], International Symposium on USC Steels for Fossil Power Plants, Beijing, China, 2005:201 ~ 210.

[14] 刘正东，程世长，包汉生，等．P92 钢管阶段研究报告之一，钢铁研究总院内部研究报告，2008.

[15] 石如星，刘正东．P92 钢中铁素体(δ - Fe)的形成与控制，钢铁研究总院内部研究报告，2010.

[16] 石如星，刘正东，张才明．P92 耐热钢 δ - 铁素体含量的热力学计算与实验分析[J]. 金属

热处理,2010.

[17] 孔见. 钢铁材料学[M], 北京: 化学工业出版社, 2008.

[18] 章守华,吴承建. 钢铁材料学[M], 北京: 冶金工业出版社, 1992.

[19] A. П. 古里亚耶夫,金属学[M]. 赵振果译. 北京:机械工业出版社,1986

[20] 包汉生,程世长,刘正东,等. 化学成分和热处理温度对 T122 耐热钢中 δ-铁素体含量的影响[J]. 钢铁,2009,44 (12): 74.

[21] 刘正东,石如星. P92 钢管工业热处理工艺研究,钢铁研究总院内部研究报告,2009.

[22] 刘正东,程世长,石如星,等. 一种无铁素体大口径厚壁耐热钢管:中国[P]. 2010-8.

[23] 刘正东,程世长,石如星,等. 一种无铁素体大口径厚壁耐热钢管制备方法,中国[P]. 2010-8.

[24] 李世荣,张才明,刘正东,等. 一种用于大型锻件研究的先进热处理炉,中国[P]. 2010-9.

[25] 王起江. 2007BAE51B02 项目宝钢股份 T91/T92 研制总结报告,2010.

[26] 李国忠,惠荣. 2007BAE51B02 项目江阴兴澄特钢 T91/T92 研制总结报告,2010.

[27] 张怀德,http://www.cdgroups.cn/.

[28] 肖功业. 2007BAE51B02 项目天津钢管集团股份有限公司 P92 研制总结报告,2010.

[29] 郭元蓉. 2007BAE51B02 项目成都钢钒有限公司 P92 研制总结报告,2010.

[30] 刘正东,程世长. 攀成钢 P92 钢(管)冶炼化学成分控制点,钢铁研究总院内部技术报告 200903,2009.

[31] 刘正东. 国家"十二五"高品质特殊钢领域发展规划,国家科技部,2010.

[32] Liu Z D, Cheng S C, Shi R X, Bao H S, et al. Advancements of R&D of P92 steel pipes in China, CSEE/ASME Seminar on the Use of P91/P92 Steels in Supercritical/Ultra Supercritical Units, Xi'an, China, 2010, 126～145.

[33] NIMS Creep Data Sheet, No. 48, the National Institute for Materials Sciences, Japan, 2002.

[34] ECCC Data Sheets 2005, Issued on September 9, 2005.

[35] 彭志方,党莹樱,彭芳芳. 9-12% Cr 铁素体耐热钢持久性能评估方法的研究[J]. 金属学报, 2010,46(4):435～443.

[36] 彭志方,蔡黎胜,彭芳芳,等. P92 钢 625℃持久性能分段特征与各段中 $M_{23}C_6$ 及 Laves 相相参数的定量变化研究[J]. 金属学报,2010,46(4):429～434.

8 中国 S30432 锅炉钢管研制进展

8.1 S30432 钢管化学成分优化研究

目前制约我国形成超超临界火电机组成套技术的瓶颈问题是以锅炉钢、叶片钢和转子钢为代表的高端耐热钢,其中就包括 S30432(Super304H)钢管。为实现 S30432 钢管国产化,国内的冶金、机械和电力部门的研究院所和企业经过十余年的联合攻关,基本上掌握了 S30432 钢管的最佳化学成分配比、最佳热加工和热处理工艺,已经有多家冶金企业可以批量供应高质量的 S30432 钢坯和钢管[1]。S30432 钢是日本住友金属公司和三菱重工在 TP304H 钢的基础上进行成分调整而研制成功的钢号(见表 8-1),已大量用于制造超超临界火电机组的过热器和再热器,并于 2000 年 3 月纳入 ASTM A213/A213M 和 ASME Code Case 2328。

表 8-1 ASTM A213/A213M-08 中 S30432 钢的成分[2](质量分数,%)

编号	UNS	C	Mn	P	S	Si	Cr	Ni	N	Nb	Al	B	Cu
TP304	S30400	≤0.08	≤2.0	≤0.045	≤0.030	≤1.00	18~20	8.00~11.00					
TP304H	S30409	0.04~0.10	≤2.0	≤0.045	≤0.030	≤1.00	18~20	8.00~11.00					
Super 304H	S30432	0.07~0.13	≤1.0	≤0.040	≤0.010	≤0.30	17~19	7.50~10.50	0.05~0.12	0.30~0.6	0.003~0.030	0.001~0.010	2.5~3.5

8.1.1 铜含量

与 TP304H 钢比较,S30432 钢添加了强化元素 Cu、Nb、N 和 B,降低了 Mn 和 Si 的含量。1998 年以来钢铁研究总院[3]深入研究了 Cu 含量对 S30432 钢组织和性能的影响。不同 Cu 含量的 4 炉试验钢的成分列于表 8-2。钢的热处理工艺制度为 1150℃保温 25 min 空冷,加 650℃保温 4 h 空冷。

表 8-2 不同 Cu 含量试验钢的化学成分(质量分数,%)

编号	C	Si	Mn	S	P	Cr	Ni	Nb	N	Cu
01	0.093	0.19	0.82	0.008	0.015	18.25	9.95	0.41	0.10	2.21
02	0.094	0.18	0.81	0.008	0.015	18.23	9.58	0.40	0.11	3.12
03	0.097	0.18	0.86	0.008	0.007	18.08	10.36	0.40	0.12	3.97
04	0.092	0.16	0.84	0.008	0.007	18.06	9.98	0.39	0.11	5.04

Cu 含量变化对 S30432 钢持久性能的影响绘于图 8-1。当 Cu 含量低于 4% 时，随着 Cu 含量的增加，钢的持久强度增加。在 Cu 含量为 4% 时，持久强度达到峰值。当 Cu 含量高于 4% 时，随着 Cu 含量的增加，钢的持久强度降低。随着 Cu 含量的变化，持久塑性也呈现与持久强度同样的趋势。根据化学相分析、扫描和投射电镜分析的结果，650℃ 长时时效过程中 MX 相保持稳定，在析出量和尺寸方面基本不变。$M_{23}C_6$、M_6C 和富 Cu 相的析出量随着时效时间的增加而不断增加。由于 $M_{23}C_6$ 和 M_6C 相的颗粒尺寸为微米级，而富 Cu 相的颗粒尺寸为纳米级，因此时效过程中强度的变化主要为析出的富 Cu 相所致。富 Cu 相的析出量、尺寸和密度对钢强度的变化有显著影响。富 Cu 相的颗粒尺寸、颗粒平均间距和析出颗粒密度与钢中 Cu 含量变化的对应关系绘于图 8-2。试验表明，当 Cu 含量为 4% 时，富 Cu 相的平均间距最小，颗粒密度最高，富 Cu 相具有最佳的颗粒尺寸、弥散分布和析出总量的配合，从而导致该钢的持久强度最高。但是，加入 4% 的 Cu 会导致钢的热加工性能变差，因此日本住友金属公司确定钢中 Cu 的含量控制在 2.5% ~3.5% 之间[4]。

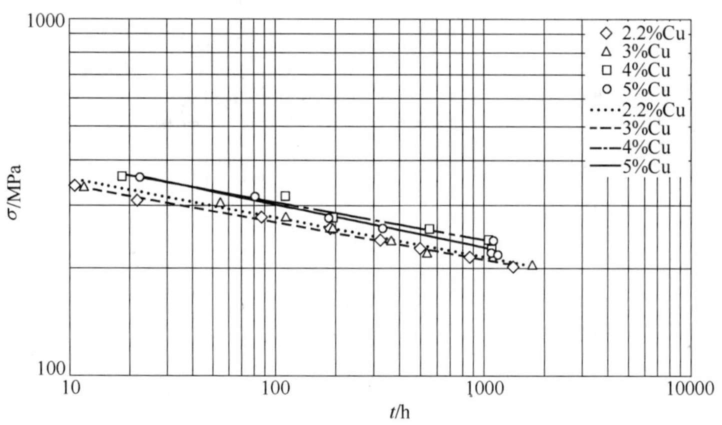

图 8-1　Cu 对 S30432 钢持久强度的影响

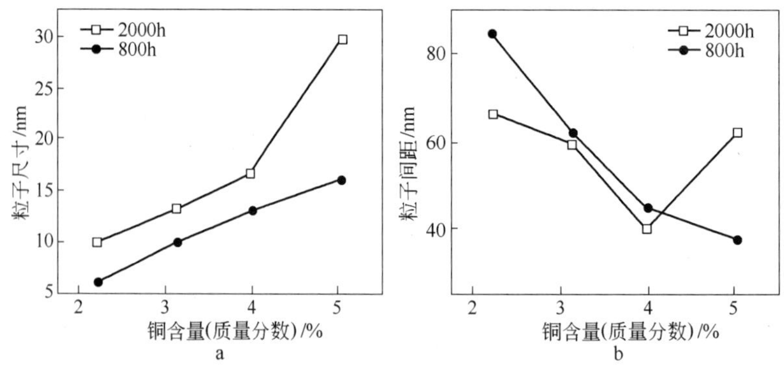

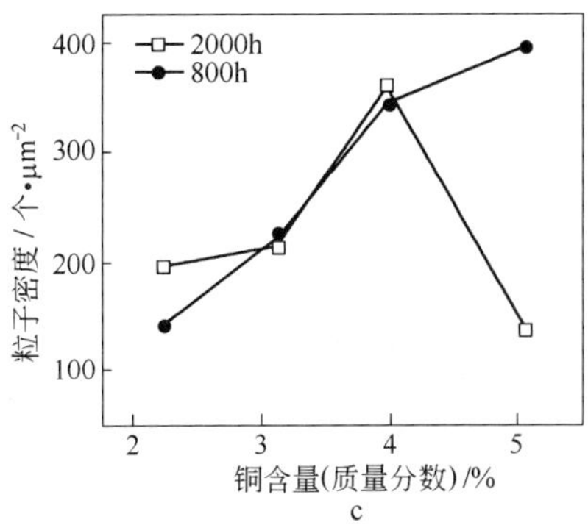

图 8-2 Cu 含量对富 Cu 相颗粒析出的影响

a—颗粒尺寸;b—颗粒间距;c—颗粒密度

8.1.2 S30432 钢中铜元素精细分析

北京科技大学谢锡善等[5]采用三维原子探针技术(3DAP),对 S30432 时效过程中析出的纳米级富 Cu 析出相进行精细研究和分析。先用线切割将实验材料加工成尺寸为 0.5 mm × 0.5 mm × 20 mm 的方形细棒,再采用两步电解抛光方法制取曲率半径小于 100 nm 的可以用于三维原子探针分析的针尖样品。3DAP 采集的数据使用专业的 Posap 软件处理。

图 8-3 所示为 S30432 钢固溶处理后样品中主要合金元素 Fe、Cr、Ni、Cu、Nb、C

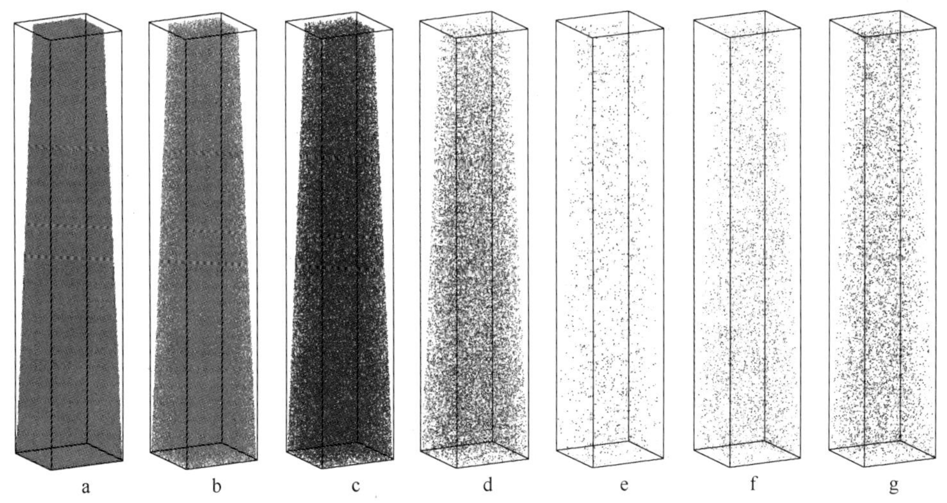

图 8-3 S30432 奥氏体耐热不锈钢固溶态处理后主要合金元素原子的三维空间分布

(分析区域为:11 nm × 11 nm × 100 nm)

a—Fe;b—Cr;c—Ni;d—Cu;e—Nb;f—C;g—N

和 N 原子的三维空间分布图,3DAP 分析区域为 11 nm × 11 nm × 100 nm。图中每一个点表示仪器探测到的一个原子。可见,S30432 钢经高温固溶处理后晶内合金元素分布均匀,没有明显的成分偏聚区出现。经过 650℃、1 h 时效处理后,Cu 原子出现了明显的成分偏聚,形成半径在 1 nm 左右的富 Cu 聚集区(见图 8-4d),且富 Cu 原子偏聚区密集,为富 Cu 相的形核析出做了浓度起伏的准备。利用 Posap 专业软件处理,可以将图 8-4d 所示时效 1h 之后的 Cu 原子三维空间分布图中的基体与 Cu 原子偏聚区域区分开,单独显示出 Cu 原子的偏聚区域,结果如图 8-5b 所示。软件分析结果表明,这些富 Cu 原子偏聚区域由几十个到几百个数量不等的原子组成,其中包含了 Cu、Fe、Cr、Ni 等主要原子及其他微量原子。

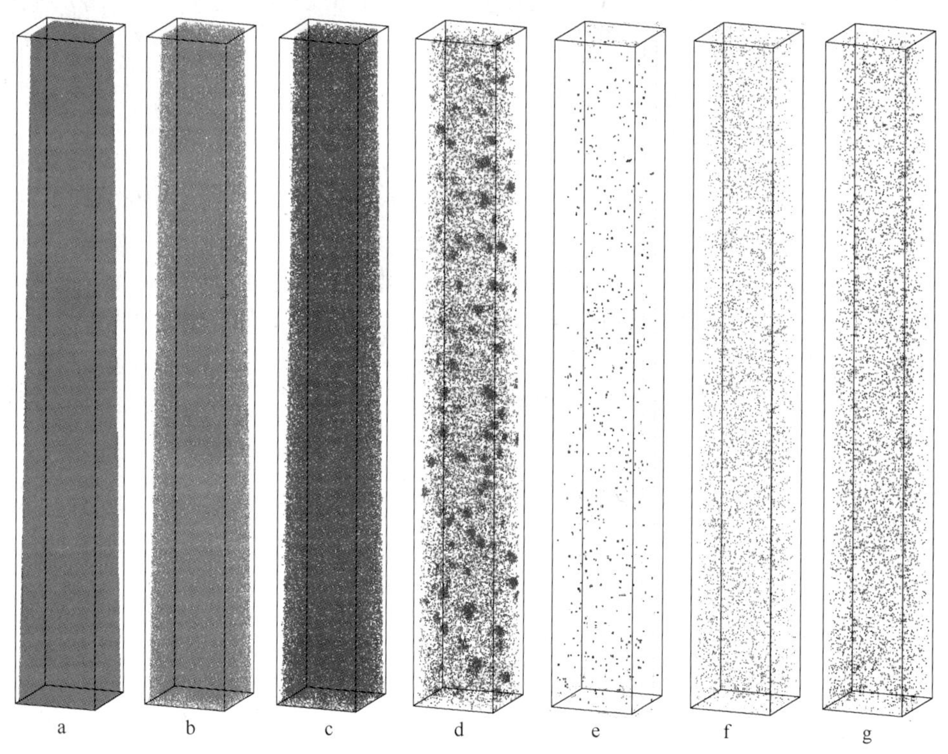

图 8-4　S30432 奥氏体耐热不锈钢在 650℃时效 1 h 后主要合金元素原子的三维空间分布
（分析区域为:11 nm × 11 nm × 100 nm）
a—Fe;b—Cr;c—Ni;d—Cu;e—Nb;f—C;g—N

在图 8-5b 所示的 Cu 原子偏聚区中选择图中箭头所示包含一个 Cu 原子偏聚区的小长方体区域进行进一步分析,沿着贯穿富 Cu 偏聚区方向做成分分析剖面图,如图 8-6 所示。富 Cu 相偏聚区中主要组成元素 Cu、Fe、Cr 和 Ni 的成分梯度曲线可以清楚的区分出奥氏体基体和富 Cu 原子偏聚区的界面,在富 Cu 相偏聚区中

Cu 原子浓度从边缘到中心不断升高，相应的 Fe、Cr 和 Ni 原子呈逐渐下降的趋势。在富 Cu 原子偏聚区中成分波动仍然很大，可以认为 650℃时效 1h 时富 Cu 偏聚区还处于富 Cu 相形核析出的初期阶段。

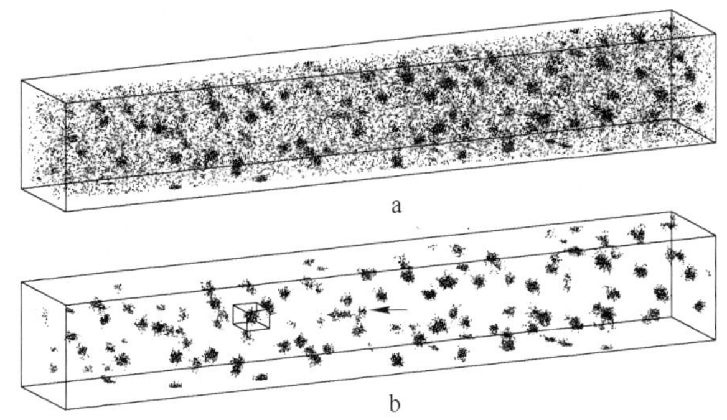

图 8-5　S30432 奥氏体耐热不锈钢在 650℃时效 1h 后 Cu 原子的三维空间分布图与经 Posap 专业软件处理后得到的对应的 Cu 原子偏聚区（分析区域为：17nm×17nm×110nm）

a—Cu 原子的三维空间分布图；b—Cu 原子偏聚区

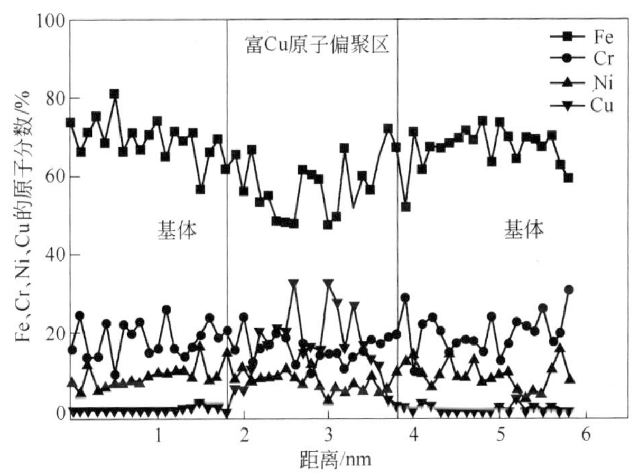

图 8-6　单一富 Cu 原子偏聚区中 Fe、Cr、Ni 和 Cu 的浓度分布曲线

随着时效时间的延长，富 Cu 偏聚区开始长大，其分布密度逐渐降低。图 8-7 为 650℃时效 100h，500h 和 1000h 后 S30432 奥氏体基体中 Cu 原子的三维空间分布图。随时效时间增加，基体中 Cu 原子偏聚区/相尺寸逐渐增大，可以认为经过一定时间时效后，逐步形成富 Cu 相。这种由富 Cu 原子偏聚区过渡到富 Cu 相的形成不是一个具有晶体结构"突变"的相变，而仅有 Cu 原子偏聚程度不同的"渐变"过程，因为 Cu 和奥氏体都是具有同样的面心立方结构（FCC）。随时效时间延长，富 Cu 相长大，并且其分布密度降低。当时效到 1000h 时，由于析出相颗粒的尺寸及颗粒间距已经超出检测区域的范围，因此在数十纳米的空间内只检测到一个富

Cu 相。富 Cu 相的平均等效半径由时效 5 h 的 1.15 nm 至时效 500 h 时长大到 2.70 nm，同时单位体积（1 m^3）中富 Cu 相颗粒的数量则由 3.6×10^{24} 个下降到 0.3×10^{24} 个。3DAP 试验结果反映了在 650℃时效过程中，富 Cu 相随时效时间的延长有逐渐长大的趋势。S3043 在 2650℃时效 1000h 后，富 Cu 相的半径仅为3.06 nm，并且分布密度仍然很高，为 0.07×10^{24} 个/m^3。

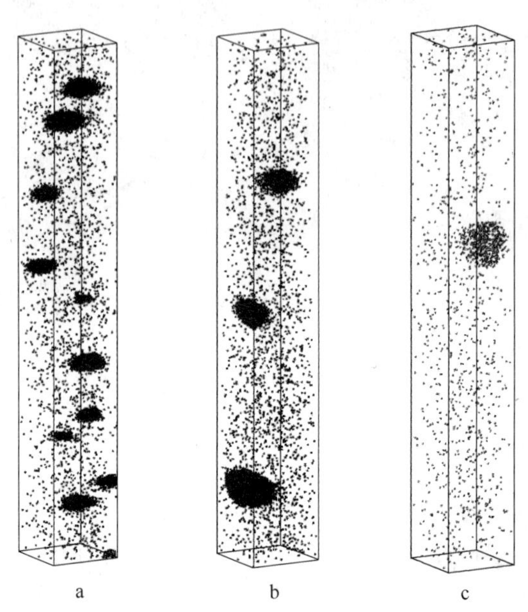

图 8-7　S30432 钢在 650℃时效不同时间后 Cu 原子的三维空间分布图
（分析区域为：11 nm × 11 nm × 70 nm）
a—100 h；b—500 h；c—1000 h

图 8-8 为时效 500 h 之后，贯穿一个富 Cu 相颗粒，尺寸为 10 nm × 10 nm × 3 nm 的空间范围中所有原子的分布图。在这个富 Cu 相切片中包含了 Cu、Fe、Cr 和 Ni 等多数原子及 Mn、P、C、N 和 Al 等其他少数原子。从图中看出时效 500 h 之后的富 Cu 相颗粒半径为 2 nm 左右。因为 3 nm 的空间大约只有 10 层原子，因此图 8-8 很好地表征了一个富 Cu 相颗粒从边缘到芯部所有原子的分布状况。从图中看到，在富 Cu 相颗粒的芯部，主要分布着 Cu 原子，即使是合金中含量很高的 Fe、Cr 和 Ni 三种原子的数量也非常的少。但是在富 Cu 相颗粒的边缘，其他原子的含量逐渐增加，越靠近基体的位置混有的其他原子的数量越多。这表明富 Cu 相颗粒从边缘到芯部原子的组成是不相同的。

为了清晰的表征长时时效后富 Cu 相颗粒中元素分布是否均匀，选择从时效 500 h 之后 Cu 原子的分布图中选取贯穿一个富 Cu 相的小区域，选取的体积为 5 nm × 5 nm × 10 nm，对这一富 Cu 相中单一的元素分布进行分析，结果见图 8-9 和

图 8-10。从图 8-9a 所示的 Cu 原子的三维空间分布图中看出，在富 Cu 相里 Cu 原子高度聚集，Cu 原子的分布密度远远高于基体。而基体中元素 Fe 和 Ni 原子在对应的富 Cu 相析出空间中存在的数量明显减少，且从富 Cu 相边缘开始向芯部逐渐减少。Fe 和 Ni 原子分布密度在富 Cu 相中远比基体中为低的现象，充分说明富 Cu 相主要由 Cu 原子组成。

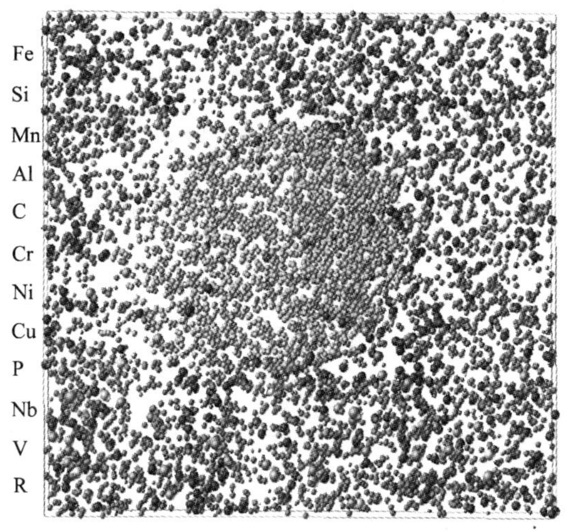

图 8-8　时效 500 h 时富 Cu 相颗粒周围原子分布情况
（分析区域：10 nm × 10 nm × 3 nm）

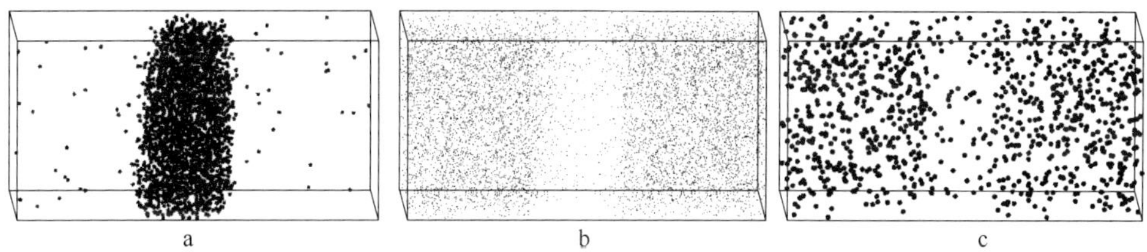

图 8-9　一个富 Cu 相析出颗粒中 Cu、Fe 和 Ni 原子的三维空间分布图

当时效时间达到 1000 h 时，选择图 8-11a 中所示包含了富 Cu 相颗粒及奥氏体基体的 5 nm × 5 nm × 10 nm 小长方体的区域进行分析。该区域中的原子分布如图 8-11b ~ j所示。图 8-11b 显示出所测区域中 Cu 原子的高度密集，比较图 8-11c 和 d 还可以看出在富 Cu 区域中还聚集了少量 Al 原子。而图 8-9 所示的 Mn 原子的分布情况表明，无论是在富 Cu 区域中还是在基体中 Mn 都以同样的浓度均匀分布，说明 Mn 也还没有被排斥出富 Cu 相也没有在富 Cu 区域中聚集。除 Al 原子外，图 8-11e、f 和 g 所示的结果显示与基体中相应的原子浓度相比，在富 Cu 相中这些原子都出现了贫化。表明经长时间时效后，更多的 Cu 原子聚集到富 Cu 相中，相应的更多的 Fe、Cr、Ni 等原子不断地被排斥到基体中去，使得富 Cu 相中 Cu 的含量更高。

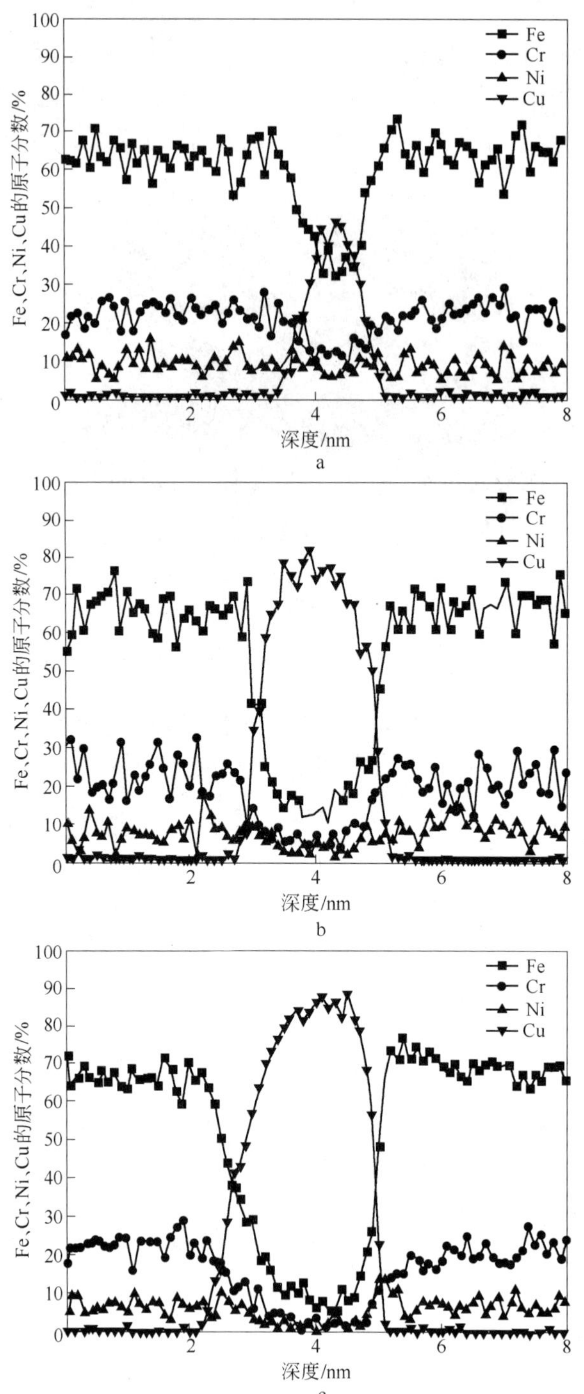

图 8-10　S30432 钢在 650℃时效后选取一个富 Cu 相的成分分布图

a—5 h；b—100 h；c—500 h

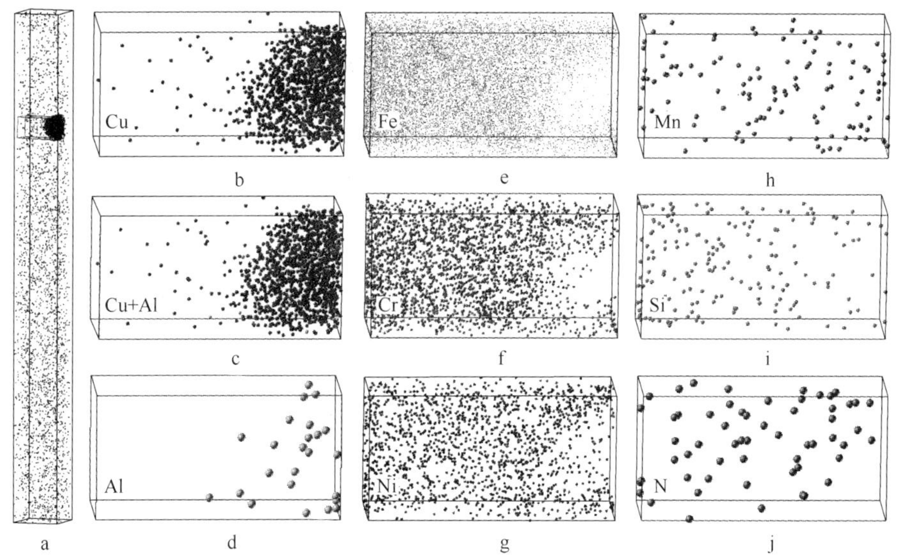

图 8-11 S30432 钢在 650℃时效 1000 h 后 Cu 原子的三维空间分布图(分析区域为:11 nm × 11 nm × 120 nm)及富 Cu 区组成元素的三维空间分布图(分析区域为:5 nm × 5 nm × 10 nm)

a—Cu 原子偏聚区; b ~ j—富 Cu 区组成元素的三维空间分布图

按照不同时效时间之后 3DAP 测定的富铜区(富 Cu 偏聚区或富 Cu 相)中心原子浓度和基体中 Cu 的原子分数随着时效时间变化的曲线分别如图 8-12a 和 b 所示。富铜区中心原子浓度随时效时间的变化曲线表明随着时效时间的延长,富 Cu 区 Cu 原子不断增加,而 Fe、Cr、Ni 等原子不断地减少。在时效进行过程中伴随着富 Cu 相的析出基体中 Cu 原子的含量迅速减少,这说明富 Cu 相的析出是基体中的 Cu 原子不断地聚集到富 Cu 偏聚区而 Fe、Cr 和 Ni 等原子不断地被排斥到基体中的一个过程。在时效时间很短的时候,富铜区中 Fe 原子含量最多,Cu 原子含量虽然高于基体中的 Cu 原子含量但是相对较少,此时 Fe 为富铜区的主要组成元素。随着时效的进行,基体中的 Cu 向富 Cu 相聚集。当时效时间达到 100 h 时,富 Cu 相中心 Cu 原子的浓度已经高达 84%(原子分数)。由于从富 Cu 偏聚区转变到 Cu 原子高度富集的富 Cu 相并不具有晶体结构变化的一个“突变”,而仅是 Cu 原子高度富集的一个“渐变”过程。为此,富 Cu 相形成的初始阶段很难确切定义。可以定义当富 Cu 原子偏聚区中 Cu 原子的含量超出其他组成原子含量总和,即 Cu 的原子分数达到 50% 以上时为富 Cu 相,而小于这个含量时是富 Cu 原子偏聚区。所以说当时效时间达到 100 h,这时的富 Cu 区已是一个富 Cu 相,基本完成了时效析出的全过程。

根据 3DAP 测量的结果计算了时效 S30432 钢中富 Cu 相的平均等效半径及颗粒分布密度,结果如图 8-13a、b 所示。650℃时效富 Cu 区在很短的时间里就已经形成,在富铜区长大过程中,生长速率随时效时间逐渐变慢,其平均等效半径 R 与

时效时间 t 呈抛物线关系，这与通过透射电镜观察到的结果基本一致，说明富 Cu 区的长大受元素扩散控制。随着富 Cu 相的不断长大，富 Cu 相的颗粒密度开始下降，但是在很长时效时间之后，富 Cu 相颗粒仍然保持着很高的分布密度，即在 650℃时效过程中，富 Cu 相可以迅速形核析出，经长时间时效之后，以纳米级尺寸保持密集的均匀弥散分布。

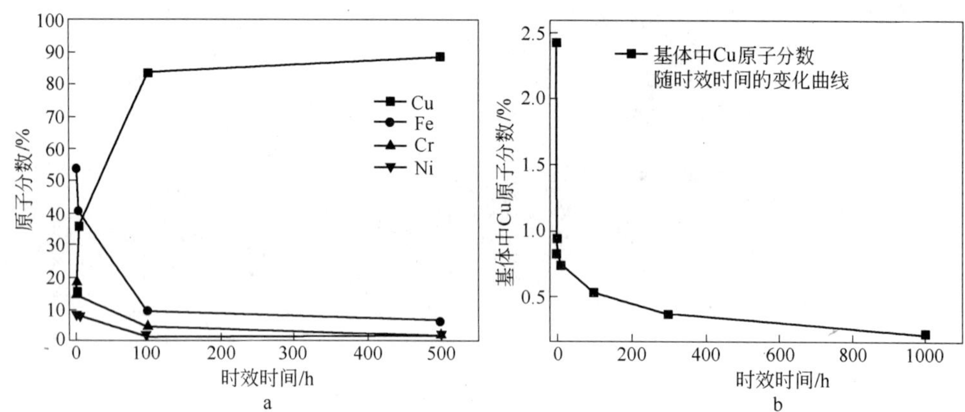

图 8-12　富 Cu 相心部组成原子的原子分数及基体中 Cu 的原子分数随时效时间的变化曲线

a—富铜相心部；b—基体中

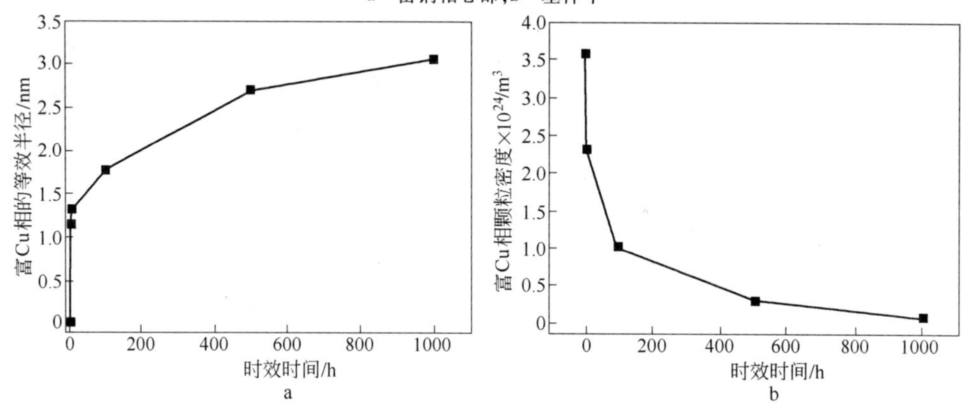

图 8-13　富 Cu 相的平均半径、颗粒分布密度及基体中 Cu 的原子百分比随时效时间的变化曲线

a—富 Cu 相半径；b—颗粒分布密度

综述上面 3DAP 试验研究结果，可以得出以下结论：

(1) 经高温固溶，Cu 原子充分地溶解到奥氏体基体中，形成 Cu 的过饱和固溶体，在 650℃时效时，经短短 1 h 即在钢中形成由几十个到几百个原子组成的富 Cu 原子偏聚区，为后期富 Cu 相的形成准备条件。

(2) 基于 Cu 与 Fe－Cr－Ni 奥氏体同样具有面心立方（FCC）的晶体结构，富 Cu 相的形成不具有晶体结构转变的“突变”过程，而是 Cu 原子逐步富集到 Cu 原子偏聚区中，Fe、Cr、Ni 等原子浓度被不断稀释并扩散到基体中的一个“渐变”过程;在 650℃时效 100 h,富 Cu 相中铜的浓度已经达到 84%(原子分数),已成为富 Cu 相的主要组成元素,可以认为此时已经完成富 Cu 相析出全过程。

(3) 富 Cu 相的长大非常缓慢,即使时效至 500 h,富 Cu 相的等效半径仍保持在 2.70 nm 的水平。随着时效时间延长到 1000 h,富 Cu 相仍然显示出很好的稳定性。

8.1.3 碳含量和铌含量

S30432 钢管服役前可能会发生晶间腐蚀问题。近年来晶间腐蚀问题已成为中国锅炉制造企业制订 S30432 钢管订货技术条件时备受争议的热点问题。为解决 S30432 钢管的晶间腐蚀问题,钢铁研究总院[6,7]进行了系统的试验研究。试验钢的化学成分列于表 8-3,热处理工艺制度列于表 8-4。晶间腐蚀的试验标准为 GB/T4334.5。

表 8-3 S30432 试验钢的化学成分(质量分数,%)

编号	C	Si	Mn	P	S	Cr	Ni	Cu	Nb	N	B	Al
标准	0.07 ~ 0.13	≤ 0.3	≤ 1.0	≤ 0.040	≤ 0.030	17.0 ~ 19.0	7.5 ~ 10.5	2.5 ~ 3.5	0.30 ~ 0.60	0.05 ~ 0.12	0.001 ~ 0.010	0.003 ~ 0.030
1	0.058	0.24	0.80	0.0055	0.007	19.40	8.92	3.05	0.46	0.12	0.0028	<0.005
2	0.072	0.22	0.86	0.0059	0.008	18.61	8.81	2.91	0.42	0.11	0.0031	<0.005
3	0.083	0.22	0.87	<0.005	0.008	18.54	8.82	2.92	0.46	0.12	0.0026	<0.005
4	0.110	0.22	0.87	<0.005	0.008	18.44	8.81	2.93	0.44	0.12	0.0030	<0.005
5	0.067	0.23	0.88	0.0052	0.010	18.46	8.87	2.96	0.70	0.12	0.0028	<0.005
6	0.086	0.24	0.90	0.0050	0.008	18.43	8.86	2.86	0.70	0.12	0.0028	<0.005
7	0.081	0.22	0.86	0.0051	0.009	18.43	8.46	2.82	0.30	0.12	0.0032	<0.005
8	0.110	0.23	0.88	0.0050	0.008	18.52	8.81	2.94	0.69	0.12	0.0030	<0.005

表 8-4 S30432 试验钢的热处理工艺制度

编号	状　态	热处理
1	锻态 + 敏化	锻态 +650℃ ×2 hAC
2	固溶 + 敏化	1000℃ ×30 min WQ +650℃ ×2 hAC
3		1050℃ ×30 minWQ +650℃ ×2 hAC
4		1100℃ ×30 minWQ +650℃ ×2 hAC
5		1150℃ ×30 minWQ +650℃ ×2 hAC
6		1170℃ ×30 minWQ +650℃ ×2 hAC
7		1200℃ ×30 minWQ +650℃ ×2 hAC

续表 8-4

编号	状　态	热处理
8	固溶+稳定化处理+敏化	1100℃×30minWQ+840℃×4hAC+650℃×2hAC
9		1150℃×30minWQ+840℃×4hAC+650℃×2hAC
10		1170℃×30minWQ+840℃×4hAC+650℃×2hAC
11		1200℃×30minWQ+840℃×4hAC+650℃×2hAC

C、Nb 含量和热处理工艺制度对 S30432 钢管晶间腐蚀的影响汇总于图 8-14。固溶处理温度应高于 1100℃，当 C 含量低于 0.08% 时，不发生晶间腐蚀。当 C 含量高于 0.08% 和 Nb 含量高于 0.70% 时，也不发生晶间腐蚀。但是 ASME 标准中规定了 S30432 钢管 Nb 含量的上限为 0.60%，所以在 ASME 标准规范内若确保生产的 S30432 钢管无晶间腐蚀，C 含量需要控制在 0.07%～0.08% 之间。

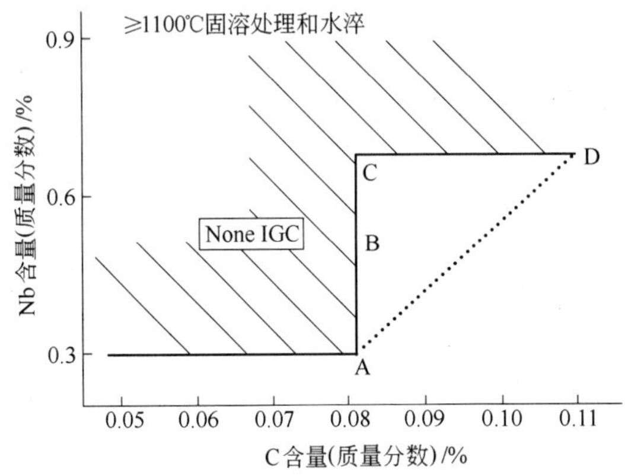

图 8-14　C 和 Nb 元素对 S30432 钢管晶间腐蚀性能的影响

8.1.4　关于 Mo 含量

在 ASME 等相关标准中没有列出 S30432 钢中加入 Mo 元素，但是从国外进口的 S30432 钢管中均含有一定量的 Mo 元素。钢铁研究总院[8]在 20 世纪 90 年代早期的研究中就发现了这一情况。随后的一些年中，钢铁研究总院就这一问题进行了研究，得出的结论是加入 0.20%～0.40% Mo 对保证该钢的综合性能是有益的，因此推荐中国的冶金企业在制造 S30432 钢管时适量加入 Mo 元素。

8.2　S30432 钢管热处理制度优化研究

S30432 钢管制造工艺是决定钢管性能的关键环节，关系到能否同时兼顾持久强度和抗蒸汽氧化性。在成分确定后，S30432 钢的固溶处理温度越高，持久强度越高。但是，随着固溶处理温度的升高，钢管的晶粒会长大，弱化了钢管的抗氧化性能。为解决这个矛盾，在冷轧成形前对钢管进行高温处理，该工艺是仿造TP347HFG生产工艺，高温处理温度要高出最终固溶温度70℃以上，其目的是充分溶解奥氏体中的Nb(C、N)析出物，使之在650～700℃服役过程中能大量析出纳米级的MX相，提高钢的高温持久强度，而在最终冷轧工艺中采用大变形量，使之在最终热处理后获得细晶组织，提高钢的抗蒸汽氧化性能。钢铁研究总院[8]、宝钢股份公司[9]、东方锅炉厂[10]等单位在S30432钢管热处理工艺优化研究方面做了大量试验研究，经高温处理(高于1230℃)和冷变形后，在1130～1150℃温度区间进行最终固溶处理后，钢管的晶粒度为9级到7级。由此表明S30432钢管在1150℃进行最终固溶热处理是适宜的。

在钢管进行固溶处理时，保温时间也是关键参数。在低温下(＜1060℃)固溶处理时，晶粒随保温时间的延长长大缓慢，而且可能导致晶间腐蚀的发生(ASME规范中规定固溶温度不应低于1100℃)。本试验数据支持了这一重要结论。在高温(大于1150℃)固溶处理时，晶粒随保温时间的延长而长大，晶粒度不大于7级。因此，最佳的保温时间应使晶粒为细晶，即晶粒度不小于7级区，以个别晶粒开始长大作为保温充分的证据。

8.3 中国S30432钢管工业试制总体进展情况

根据制造企业的设备情况，可采用电炉＋炉外精炼工艺，也可采用转炉＋炉外精炼工艺，浇注方式目前以模铸为主，也有企业采用圆坯连铸方式。管坯热成形采用热穿孔工艺或热挤压工艺。然后是高温处理、最终冷轧、最终固溶热处理、检验和入库。截至2009年4月，中国已有宝钢股份公司特殊钢分公司、江苏宜兴精密钢管厂、江苏武进不锈钢管厂、浙江久立不锈钢管公司、常熟华新特殊钢公司、太原钢铁公司、攀钢集团长城特殊钢股份公司等冶金企业成功试制出S30432钢管，并具备了批量供应市场的能力。

中国冶金企业试制的部分S30432钢管的尺寸规格和常规力学性能值见表8-5。该表列入了日本住友金属公司进口S30432钢管的力学性能的实际测量值。住友公司钢管在保证良好强度指标的前提下伸长率达到60%左右。比较而言，中国企业试制的S30432钢管的常温力学性能仍需要进行进一步优化。

表8-5 中国部分试制S30432钢管的尺寸规格和性能

制造商(简称)	钢管规格/mm×mm	R_m/MPa	$R_{p0.2}$/MPa	A/%	HRB，HV
标　准	ASME CC2328-1	＞590	＞235	＞35	＜95，＜230
宝钢特钢	ϕ51×9.5	610	285	44	HRW156
宝钢特钢	ϕ47.6×6	615	310	41	HRW160
宝钢特钢	ϕ43.1×7	640	320	44.5	HRW156

续表 8-5

制造商(简称)	钢管规格/mm × mm	R_m/ MPa	$R_{p0.2}$/ MPa	A/%	HRB, HV
江苏宜兴钢管厂	ϕ50. 8 ×4. 5	655	405	41	HV177
江苏宜兴钢管厂	ϕ45 ×7	690	450	45	HV177
江苏宜兴钢管厂	ϕ60 ×7	665	380	45	HRB91
江苏宜兴钢管厂	ϕ45 ×9. 2	625	360	48	HRB87
江苏武进不锈钢	ϕ45 ×9. 2	650	335	46	
攀长钢	ϕ50. 8 ×6. 2	660	420	45	HRB87
太原钢铁公司	ϕ38 ×6. 6	610	340	44	HRB78
太原钢铁公司	ϕ54 ×7	650	370	45	HRB88
浙江久立不锈钢	ϕ57 ×6. 5	660	430	43	
常熟华新不锈钢	ϕ57 ×6. 5	660	450	48	HRB90
日本住友	ϕ51 ×9. 5	640	355	59	HRB83

高温处理是关键工艺过程,以前中国生产锅炉管的冶金企业没有可用于高温处理的高温固溶炉,最近几年通过改造和购置已具备了这个条件。另外,通过系统研究,已掌握了 S30432 钢管生产过程中包括高温处理和最终固溶处理在内的具体工艺制度,这些工艺制度经过工业试制检验证明是有效和可行的。

关于 S30432 钢管的晶间腐蚀问题,钢铁研究总院的研究结果表明在 ASME CC2328 -1 技术规范范围内通过优化控制 C、Nb 等关键化学成分范围和优化热处理制度,可以确保 S30432 钢管无晶间腐蚀。但是,在钢管的生产中将增加相应的工艺成本。我们也注意到从国外进口的 S30432 钢管的相当部分也存在晶间腐蚀问题,这需要锅炉厂在制造过程中加以防范。

根据中国国家标准 GB5310—2008,S30432 钢管在 650℃温度下 10 万小时外推的持久强度值为 117MPa。根据 ASME CC2328 -1 的有关规定,S30432 钢管在 700℃温度下 10 万小时外推的持久强度值为 70. 4MPa。中国企业工业试制 S30432 钢管的持久曲线绘于图 8-15。中国目前试制的 S30432 钢管的持久强度达到了 GB5310 和 ASME CC2328 -1 规定的要求,但是外推的性能数据与标准规定的下限值接近。

为增加 S30432 钢管内表面的抗蒸汽氧化腐蚀性能,可进行内表面的喷丸处理。宝钢股份特殊钢分公司等企业已购置喷丸处理设备,具备对 S30432 钢管内外表面进行喷丸处理的能力。

迄今为止,可把我国 S30432 锅炉钢管的工业试制和生产研究的经验总结如下:

(1) 在ASME CC2328－1标准范围内对S30432钢管的化学成分进行优化对保证产品的性能是非常关键的。碳含量应控制在标准范围的下限,即应控制在0.07%～0.08%。本研究表明铜的含量在4.0%左右时,析出弥散效果最好,但综合考虑热加工性等,铜的含量以控制在3.0%左右为宜。高铌含量对晶间腐蚀具有明显的抑制作用。此外,适当加入钼元素对保证钢管的综合性能有利,加入量在0.2%～0.4%。

(2) 在ASME CC2328－1标准范围内,S30432钢管的晶间腐蚀问题是可以通过控制化学成分和热处理制度来避免。碳和铌含量对晶间腐蚀性能有显著影响。在0.58%～0.81%C,0.30%～0.70%Nb和≤0.110%C,0.70%Nb范围内固溶态(≥1100℃)S30432钢管不发生晶间腐蚀。按现行标准(ASTM SA213/SA213M和ASME Code Case 2328－1),C和Nb的成分控制应当在≤0.081%C,0.30%～0.60%Nb,固溶温度高于1100℃。

(3) S30432钢管的高温处理温度应高于1230℃,最终固溶热处理温度应在1140～1150℃,以保证钢管的晶粒度大于7级。

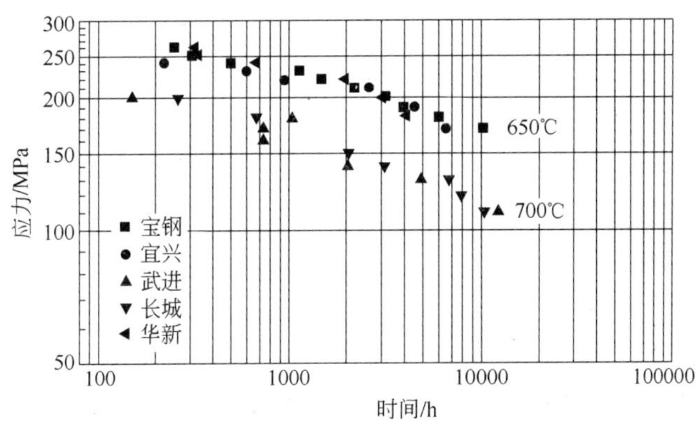

图8-15 中国试制S30432钢管持久数据曲线图

8.4 S30432锅炉钢管在宝钢股份公司试制和生产

宝钢股份公司工业化生产S30432锅炉钢管的工艺流程为EAF＋AOD＋LF炉→模铸→热送初轧开坯→初轧坯全剥皮→热轧管坯→热轧穿孔→钢管冷加工→钢管热处理→检验→入库。根据宝钢、钢铁研究总院、上锅、哈锅、东锅对S30432钢的研究成果,结合对进口S30432钢管材的系统分析,考虑合金元素对高温力学性能及对高温抗氧化性的影响,及该钢富Cu析出相的强化机理,同时考虑用户对晶间腐蚀的要求,在成分控制的实际设计上对C元素按标准要求的下限控制,Cr元素按标准要求的上限控制,Ni元素按标准要求的中上限控制,Cu元素按标准要求的中上限控制,Nb元素按标准要求的上限控制,N元素按标准要求的上限控制,强化脱氧元素 Al 的控制，适当添加 Mo 元素，从选料开始强化五害元素的控制，据此确定的 S30432 钢的化学成分控制范围见表 8-6。

表 8-6　S30432 钢的化学成分控制范围（质量分数，%）

钢　号	分项	C	Mn	Si	P	S	Cr	Ni
S30432	标准范围	0.07 ~ 0.13	≤ 1.00	≤ 0.30	≤ 0.030	≤ 0.010	17.00 ~ 19.00	7.50 ~ 10.50
	内控范围	0.070 ~ 0.090	0.60 ~ 1.00	0.15 ~ 0.30	≤ 0.025	≤ 0.005	18.00 ~ 18.90	8.50 ~ 9.30
S30432	分项	Cu	Nb	N	Al	B	Mo	V
	标准范围	2.50 ~ 3.50	0.30 ~ 0.60	0.05 ~ 0.12	0.003 ~ 0.015	0.001 ~ 0.010		≤ 0.10
	内控范围	2.90 ~ 3.20	0.45 ~ 0.60	0.080 ~ 0.120	0.003 ~ 0.015	0.003 ~ 0.006	0.20 ~ 0.35	0.02 ~ 0.08

控制并降低钢的残余元素、有害元素和 O、H 含量，力争做到 $w(As) \leq 0.01\%$，$w(Sb) \leq 0.002\%$，$w(Sn) \leq 0.015\%$，$w(Bi) \leq 0.01\%$，$w(Pb) \leq 0.01\%$，$w(O) \leq 0.0040\%$，$w(H) \leq 0.0003\%$。

冶炼在 18 ~ 60tAOD 炉上进行，返回钢在 EAF 炉中通电熔化，在熔化过程中适当吹氧助熔，熔清后进行还原。成分调整至内控要求，扒清还原渣后出钢。

脱碳、去气、去夹杂等冶炼过程在 AOD 分步实施，高碳时氧气和惰性气体按 4∶1 比例吹入，脱碳中期采用 1∶1 比例吹入，后期采用 1∶2 比例吹入，终点碳严格按内控要求控制。终点碳达内控要求后，进预还原渣料，主要是石灰和 Si - Fe。吹氩充分还原后扒渣，扒渣毕进还原渣料：石灰，萤石和铝锭，配比按设计要求加入。成分、温度微调在 LF 炉中进行，调整达内控要求后，镇静 8 min 以上，浇注 2.3 t 或 3.7 t钢锭。浇注过程采用防止二次氧化的保护浇注工艺措施。2007 年冶炼 30 炉钢，2008 年冶炼 28 炉钢，成分控制结果见表 8-7 和表 8-8。

表 8-7　S30432 钢的熔炼化学成分控制结果统计平均（质量分数，%）

冶炼时间	炉号	冶炼炉数	C	Mn	P	S	Si	Ni	Cr	Cu	Mo	Nb
	标　准		0.07 ~ 0.13	≤ 1.00	≤ 0.030	≤ 0.010	≤ 0.30	7.50 ~ 10.50	17.00 ~ 19.00	2.50 ~ 3.50		0.30 ~ 0.60
2007 年	71	25	0.076	0.782	0.0180	0.0030	0.234	8.879	18.445	2.985	0.278	0.524
	72	5	0.076	0.848	0.0144	0.0022	0.260	9.028	18.494	2.954	0.280	0.516
	合计	30	0.076	0.793	0.0174	0.0028	0.238	8.904	18.453	2.980	0.278	0.522
2008 年 1 ~ 4 月	72	23	0.074	0.822	0.0163	0.0026	0.251	9.148	18.571	3.009	0.267	0.532
	73	5	0.083	0.790	0.0190	0.0034	0.222	8.968	18.598	3.008	0.282	0.536
	合计	28	0.076	0.816	0.0168	0.0027	0.246	9.116	18.576	3.009	0.269	0.533

续表 8-7

冶炼时间	炉号	冶炼炉数	W	B	V	Al	Sn	Pb	Sb	As	Bi	N
	标准			0.001 ~ 0.010	≤ 0.10	0.003 ~ 0.015						0.05 ~ 0.12
2007 年	71	25	0.021	0.0035	0.059	0.0075	0.0092	0.0010	0.0012	0.010	0.0045	0.099
	72	5	0.018	0.0044	0.056	0.0100	0.0084	0.0012	0.0024	0.010	0.0042	0.100
	合计	30	0.021	0.0037	0.059	0.0079	0.0091	0.0010	0.0014	0.010	0.0044	0.099
2008 年 1 ~ 4 月	72	23	0.024	0.0034	0.074	0.0083	0.0100	0.0017	0.0027	0.010	0.0036	0.106
	73	5	0.026	0.0036	0.062	0.0066	0.0100	0.0010	0.0038	0.010	0.0062	0.094
	合计	28	0.024	0.0034	0.072	0.0080	0.0100	0.0016	0.0029	0.010	0.0041	0.104

表 8-8 S30432 钢管工艺研究用钢的化学成分（质量分数，%）

炉号	类别	C	Mn	P	S	Si	Ni	Cr	Cu	B	Nb	V
标准		0.07 ~ 0.13	≤ 1.00	≤ 0.030	≤ 0.010	≤ 0.30	7.50 ~ 10.50	17.00 ~ 19.00	2.50 ~ 3.50	0.001 ~ 0.010	0.30 ~ 0.60	≤ 0.10
671 - 2750	熔炼成分	0.07	0.80	0.014	0.004	0.28	8.94	18.26	2.92	0.0041	0.58	0.05
772 - 4048		0.07	0.97	0.015	0.002	0.24	9.20	18.48	2.95	0.0050	0.55	0.05
671 - 2750	钢管成分 ϕ51 × 9.5	0.07	0.83	0.014	0.004	0.27	8.60	18.22	2.84	0.0037	0.57	0.04
772 - 4048	钢管成分 ϕ47.6 × 6	0.07	0.99	0.015	0.002	0.25	8.94	18.48	2.76	0.0050	0.60	0.09

炉号	类别	N	Al	残余元素控制目标							
				Mo	Sn	Pb	Sb	As	Bi	H	O
标准		0.05 ~ 0.12	0.003 ~ 0.015	约 0.30	≤ 0.015	≤ 0.01	≤ 0.002	≤ 0.01	≤ 0.01	≤ 0.0003	≤ 0.0040
671 - 2750	熔炼成分	0.090	0.009	0.30	0.002	0.001		0.01			
772 - 4048		0.100	0.008	0.28	0.010	0.001	0.005	0.010	0.004		
671 - 2750	钢管成分 ϕ51 mm × 9.5 mm	0.095	0.012	0.31	0.003	0.001	0.001	0.010	0.0005	0.0007	0.0036
772 - 4048	钢管成分 ϕ47.6 mm × 6 mm	0.110	0.007		0.010	0.003	0.005	0.010	0.004	0.0007	0.0025

从成分控制结果来看，冶炼过程工艺合理，所有成分均达标准控制要求，且基本达到内控要求。

钢锭在规定的时间内脱模，热送至初轧厂进行开坯。装炉炉温≤700℃，最高加热钢温 1250℃，保温时间为 4 ~ 5 h，压下规程按预设计划进行，以保证钢坯表面质量。开坯规格为 180 mm × 180 mm ~ 220 mm × 220 mm。开坯工艺适当，表面质量良好。钢坯表面精整后热轧管坯。

钢坯，在步进炉中进行加热，加热温度为 1180 ± 10℃。严格控制出钢节奏，确保钢坯烧透和温度均匀。轧制成 ϕ110 ~ 130 mm 管坯；轧制过程正常，管坯低倍、晶粒度、α 相、夹杂物及晶间腐蚀质量检验结果见表 8-9、表 8-10 和表 8-11。

表 8-9　S30432 管坯低倍、晶粒度及 α 相检验结果

炉　号	轧制规格 /mm	试样号	一般疏松（级）	中心疏松（级）	偏析（级）	晶粒度（级）	α 相（级）
671 - 2750	ϕ130	1	0.5	0.5	0	7.0	0.5
		2	0.5	0.5	0	7.0	0.5
772 - 4048	ϕ110	1	0.5	0.5	0.5	7.0	0.5
		2	0.5	0.5	0.5	7.0	0.5

表 8-10　S30432 管坯夹杂物检验结果

炉　号	试样号	A(级)		B(级)		C(级)		D(级)	
		细系	粗系	细系	粗系	细系	粗系	细系	粗系
671 - 2750	1	0.5	0	1.0	0	0	0	0.5	0
	2	0.5	0	1.0	0	0	0	0.5	0
772 - 4048	1	0.5	0	2.0	0	0	0	0.5	0
	2	0.5	0	1.0	0	0	0	0.5	0

表 8-11　S30432 管坯晶间腐蚀检验结果

炉　号	试样号	检验结果	检验方法
671 - 2750	1	无晶间腐蚀倾向	管坯取样加工成厚度 3 ~ 4 mm 的晶间腐蚀试样，经 1150℃ 固溶，并经 675℃ × 1 h 敏化后，按 GB/T4334.5 进行晶间腐蚀试验
	2	无晶间腐蚀倾向	
772 - 4048	1	无晶间腐蚀倾向	
	2	无晶间腐蚀倾向	

热轧穿孔试验用管坯的规格为 ϕ110 mm，炉号为 471 - 1099。将热轧管坯采取剥皮方式（ϕ110 mm 管坯剥皮至 ϕ107 mm）清除表面缺陷后落料，落料长度为 1100 ~ 1350 mm。剥皮后的光坯表面质量良好。热轧穿孔试验时穿孔机参数调整见表 8-12。

表 8-12 S30432 钢热轧穿孔试验时穿孔机参数调整

坯料规格 /mm	轧机速度 /r · min^{-1}	荒管规格 /mm × mm	两辊间距 /mm	导板进口规格 /mm	顶头伸出规格 /mm	顶头规格 /mm
107	350	112 × 13.5	96	102	72	80

热轧穿孔试验时，ϕ107 mm 剥皮管坯在三段斜底式煤气连续加热炉内加热，最高加热温度 WD 按四挡温度控制，分别是：1050℃、1080℃、1120℃、1160℃。控制 S30432 穿孔荒管质量的关键是控制管坯的加热温度和穿孔温升。S30432ϕ107 mm 管坯的最佳热穿管的加热温度应在 1080 ~ 1150℃之间，当选择较高加热温度时应适当降低低辊转速，以控制荒管尾部温升。两规格管坯热轧穿孔时穿孔机参数实际调整范围见表 8-13。

表 8-13 S30432 钢管实际生产时热轧穿孔机参数调整

坯料规格 /mm	轧机速度 /r · min^{-1}	荒管规格 /mm	两辊间距 /mm	导板进口 /mm	顶头伸出 /mm	顶头规格 /mm
127	≤450	ϕ133 × 17	115 ~ 118	115 ~ 118	115 ~ 118	ϕ94
107	≤450	ϕ113 × 11	96 ~ 98	101 ~ 103	65 ~ 68	ϕ86

规格为 ϕ51 mm × 9.5 mm、41.3 mm × 7 mm、47.6 mm × 6 mm 的成品钢管的冷加工变形尺寸与工序设计分别见表 8-14、表 8-15 和表 8-16。按表中冷加工变形设计，S30432 钢管的冷轧过程正常，钢管质量良好。表明 S30432 钢管的冷加工变形设计是适当的。

表 8-14 ϕ51 mm × 9.5 mm S30432 钢管冷加工变形尺寸与工序

加工道次	设备型号	变形尺寸/mm × mm	变形量/%	加工工序
0	—	ϕ133 × 17	0	热处理→矫直→切管→酸洗→检验
1	LG110H 轧	ϕ114 × 14	29	润滑→冷轧→去油→检验→热处理→矫直→切管→酸洗→检验→切管→酸洗→检验
2	LG110H 轧	ϕ76 × 12.2	44.40	润滑→冷轧→去油→检验→热处理→矫直→切管→酸洗→检验→切管→酸洗→检验
3	LG80 轧	ϕ51 × 9.5	48.94	润滑→冷轧→去油→检验→热处理→矫直→切管→酸洗→检验→切管→酸洗→检验

表 8-15 ϕ41.3 mm × 7 mm S30432 钢管冷加工变形尺寸与工序

加工道次	变形轧机	加工规格/mm × mm	变形量/%	加工工序
0	—	114 × 11	0	热处理→矫直→切管→酸洗→检验
1	LG110H	76 × 9	46.8	润滑→冷轧→去油→检验→热处理→矫直→切管→酸洗→检验
2	SKW75	41.3 × 7	60	润滑→冷轧→去油→检验→热处理→矫直→切管→酸洗→检验→切管→酸洗→检验

表 8-16　ϕ47.6 mm×6 mm S30432 钢管冷加工变形尺寸与工序

加工道次	变形轧机	加工规格/mm×mm	变形量/%	加工工序
0	—	114×11	0	热处理→矫直→切管→酸洗→检验
1	LG110H	76×9	46.8	润滑→冷轧→去油→检验→热处理→矫直→切管→酸洗→检验
2	SKW75	47.6×6	58.6	润滑→冷轧→去油→检验→热处理→矫直→切管→酸洗→检验→切管→酸洗→检验

钢管中间在制品的固溶软化处理温度确定为 1200～1230℃。S30432 成品钢管的固溶热处理温度应达到 1150℃。在此温度下进行固溶热处理,钢管的常规力学性能、晶间腐蚀达到预设要求。要保证晶粒度细于 7 级应严格控制热处理时间。成品管工业化生产试验工艺参数控制见表 8-17。

表 8-17　S30432 成品管工业化生产试验工艺参数与试验结果

工艺编号	加热温度/℃	加热时间/min	晶粒度(级)	备　注
71	1150	4.5	8.5～7.0	
72	1150	3.6	8.5～7.0	
73	1150	3.0	8.5～7.0	具有固溶不充分特征
74	1135	4.0	8.5～7.0	固溶不充分
75	1150	4.0	8.0～7.0	
76	1150	4.5	8.0～7.0	
77	1150	5.4	8.0～5.0	
78	1150	6.8	8.0～6.0	

钢管随机取试样两只,经制备于抛光态下按 GB/T 10561 中规定的方法评定非金属夹杂物,评定结果见表 8-18。钢管随机取试样两只,按 GB/T228—2002 标准,测定室温力学性能和硬度,测试结果见表 8-19。钢管随机取样,按 GB/T4338 标准测定高温力学性能,测试结果见表 8-20。

表 8-18　S30432 钢管高倍检验结果

规格/mm×mm	晶粒度(级)	α 相含量/%	非金属夹杂物(级)								备注
			A 细	A 粗	B 细	B 粗	C 细	C 粗	D 细	D 粗	
ϕ51×9.5	8.5～7.0	—	0.5	0	0.5	0	0	0	1.0	0	送上锅样管
	8.5～7.0	—	0.5	0	0.5	0	0	0	1.0	0	
	8.0～7.0	—	0.5	0	0.5	0	0	0	1.0	0	送哈锅样管
	8.0～7.0	—	0.5	0	1.0	0	0	0	1.0	0	
ϕ41.3×7	8.0	—	0.5	0	0.5	1.0	0	0	0.5	0.5	上锅试制批
	8.0	—	0.5	0	0.5	0	0	0	0.5	0	
ϕ47.6×6	7.5	—	0.5	0	1.0	0	0	0	0.5	0.5	上锅试制批
	7.0	—	0.5	0	1.0	1.5	0	0	0.5	0	

表 8-19 S30432 钢管的室温力学性能

规格/mm × mm	R_m/MPa	$R_{P0.2}$/MPa	A/%	Z/%	硬度(HBW)	备 注
φ51 ×9.5	610	295	57	78.5	158	送上锅样管
	605	295	49	75.5	161	
φ51 ×9.5	620	386	47	71	175	(上锅测)
	640	383	45	72	179	
φ51 ×9.5	625	280	44.5		156	送哈锅样管
	600	290	43.5		156	
φ41.3 ×7	615	315	41.0		161	上锅试制批
	610	310	41.5		158	
φ47.6 ×6	655	315	47.5		156	上锅试制批
	630	325	46.5		156	
	630	360	53	67		住友室拉(上锅测)
标准要求	≥590	≥235	≥35		≤219	

表 8-20 S30432 钢管的高温力学性能

规格/mm × mm	试验温度/℃	R_m/MPa	$R_{P0.2}$/MPa	A/%	Z/%	备 注
φ51 ×9.5	400	495	198	38	66	宝特实测
		495	192	39	64	
	500	485	194	38	65	
		475	188	37	66	
	550	460	187	40	64	
		460	162	39	70	
	600	425	162	36	69	
		425	161	39	66	
	625	405	159	41	71	
		405	159	39	69	
	650	395	157	39	69	
		390	159	37	69	
	675	365	155	38	69	
		350	156	45	65	
	700	345	149	37	67	
		365	179	29	62	

续表 8-20

规格 /mm×mm	试验温度/℃	R_m/MPa	$R_{P0.2}$/MPa	A/%	Z/%	备 注
ϕ51×9.5	100	495	275	37.5		上锅实测
		565	280	49.0		
	200	515	300	38.5		
		500	235	41.0		
	300	480	220	38.5		
		470	295	39.5		
	400	480	225	40		
		475	205	38.5		
	500	455	182	42		
		450	190	40.5		
	550	430	189	36		
		425	179	37.5		
	600	430	181	38.5		
		410	194	37.5		
	625	395	172	36.5		
		405	190	36.5		
	650	390	180	42		
		365	161	36.5		
	675	360	184	42		
		365	178	40		
	700	300	170	43.5		
		340	177	45		
ϕ48.3×7.9	550	468	180	45		住友高拉（上锅实测）
	600	445	175	39		
	650	405	170	39		

钢管按 ASME SA-450M 规定进行压扁和扩口检验，压扁和扩口后试样无裂纹，符合标准要求。钢管逐支进行涡流和超声波探伤。涡流探伤按 GB/T 7735B 级的技术要求，超声波探伤按 GB/T 5777C5 级的技术要求，出厂钢管 100% 合格。钢管随机取样按 GB/T4334.5 和 ASTM A262 规定的晶间腐蚀检验方法，对 S30432

ϕ51 mm ×9.5 mm 成品钢管,经 675℃ ×1h 敏化处理后,进行 H_2SO_4 - $CuSO_4$晶间腐蚀试验,内壁无晶间腐蚀倾向,外壁试样 2 号无晶间腐蚀倾向,外壁试样 4 号有轻微晶间腐蚀倾向。

钢管随机取样,按 GB/T2039—1997 标准进行 650℃高温持久试验,试验机型号:Bπ -2 型持久试验机。试验结果见表 8-21。同时上海锅炉厂有限公司也对上述钢管的性能进行了全面检测,其持久性能的检测结果见表 8-22。两个单位的测试结果基本一致。并且与上海锅炉厂有限公司检测的日本住友 Super 304H 的持久性能相当(表 8-23),其在 650℃下的 10 万小时持久强度外推值与日本住友 Super 304H 的持久性能相当。

表 8-21 S30432 钢管持久性能数据

温度/℃	应力/MPa	时间/h	伸长率/%	断面收缩率/%	备 注
650	280	168	27	49	研究院测
	280	178	36	50	研究院测
	250	662	29	35	研究院测
	250	508	33	47	研究院测
	250	638	36	43	研究院测
	220	1342	28	45	研究院测
	220	1320	33	46	研究院测
	220	1486	37	50	研究院测
	220	2903	27	39	特钢测
	220	3040	38	38	特钢测
	220	1967	37	43	特钢测
	180	5610	15	29	特钢测
	180	6530	15	27	特钢测
	160	5120	(进行中)		特钢测
	160	5120			特钢测

表 8-22 宝钢 S30432 钢管持久性能数据(上锅测试至 2008.5.12)

温度/℃	试验应力/MPa	断裂时间/h	伸长率/%	断面收缩率/%
650	260	251	21.0	42.5
	250	318	17.4	46.8
	240	498	22.6	48.3
	230	1142	20.8	46.9
	220	1479	28.6	39.1
	210	2192	26.1	50.3
	200	3205	21.4	53.9
	190	3930	26.8	51.4
	180	5700	未断,试验进行中	
	170	4593		
	160	2229		

表 8-23　住友 Super 304H 钢管持久性能数据(上锅测试)

温度/℃	试验应力/MPa	断裂时间/h	伸长率/%	断面收缩率/%
650	274	210	16	44
	245	640	12	50
	245	790	30	49
	216	1015	20	42
	216	2098	21	50
	196	2911	16	63
	196	7012	25	54
	176	7022	31	73
	157	11930	19	51

8.5　S30432 锅炉钢管在攀钢集团长城特殊钢有限公司试制进展

攀钢集团长城特殊钢有限公司和钢铁研究总院课题组共同开展了 S30432 锅炉钢管的工业试制。采用 EAF + AOD + 开坯 + 热变形穿孔 + 冷轧工艺流程试制出了 ϕ50. 8 mm × 6. 2 mm 规格 S30432 锅炉钢管。东方锅炉厂对试制的 S30432 钢管进行了技术评定。东方锅炉厂测定的该钢管的化学成分见表 8-24，测定的常规力学性能结果见表 8-25 所示，测定的高温短时力学性能结果如表 8-26 所示。测定的锅炉管的硬度值分别为 86. 5、87 和 88HRB，满足技术条件中规定的硬度值 < 95HRB的要求。

表 8-24　长城特钢 S30432 锅炉管化学成分(质量分数，%)

数据来源	C	Si	Mn	P	S	Cr	Ni	N	Al	B	Nb	Cu
MRI/PS1033—2006D 要求	0. 07 ~ 0. 13	≤0. 30	≤1. 00	≤0. 040	≤0. 010	17. 0 ~ 19. 0	7. 50 ~ 10. 50	0. 05 ~ 0. 12	0. 003 ~ 0. 030	0. 001 ~ 0. 010	0. 30 ~ 0. 60	2. 5 ~ 3. 5
ASME Code case 2328 - 1	0. 07 ~ 0. 13	≤0. 30	≤1. 00	≤0. 040	≤0. 010	17. 0 ~ 19. 0	7. 50 ~ 10. 50	0. 05 ~ 0. 12	0. 003 ~ 0. 030	0. 001 ~ 0. 010	0. 30 ~ 0. 60	2. 5 ~ 3. 5
本次评定实测	0. 08	0. 17	0. 74	0. 019	0. 004	18. 64	9. 42	0. 096	0. 02	0. 002	0. 55	2. 93

表 8-25　长城特钢 S30432 锅炉管力学性能

项　　目	R_{eL}/MPa	R_m/MPa	A_{50mm}/%
MRI/PS1033—2006D 要求	≥235	≥590	≥35
ASME Code case 2328 - 1	≥235	≥590	≥35
住友 Super304H	360/350	640/645	58/60
本次评定实测	425/420	655/660	45/46

表 8-26 长城特钢 S30432 锅炉管高温短时力学性能

项 目	试验温度/℃	$R_{p0.2}$/MPa	R_m/MPa	A_{50mm}/%
住友 Super304H	700	203	363	56
		193	357	50
本次评定实测	700	217	368	33
		218	369	35
	650	239	430	33
		226	423	32

试制的 S30432 锅炉钢管的非金属夹杂物和金相组织检测结果列于表 8-27。钢管的金相组织为奥氏体基体加上析出物，钢管的晶粒度为 7 ~ 8 级，满足技术条件的要求。对钢管试样进行了 700℃长达 5000h 的时效试验，时效过程中钢管的硬度变化绘制于图 8-16，强度的变化绘制于图 8-17。从试制的 S30432 锅炉管上取样进行了持久强度测试，应力在 200 MPa、180 MPa、150 MPa、140 MPa、130 MPa、120 MPa下的断裂时间分别为 262 h、674 h、2018 h、3135 h、6759 h、7749 h。而在 110 MPa应力下试验已持续 10200 h 时，试样还没有断裂。根据上述试验数据（见图 8-18），进行试制的 S30432 锅炉钢管 700℃下持久强度值的外推，可回归得到下面的预测公式：

$$\lg\sigma = 2.68763 - 0.15564\lg t$$

表 8-27 长城特钢 S30432 锅炉管非金属夹杂物和微观组织

项 目	A、B、C、D、Ds 类非金属夹杂物	金相组织	晶粒度（级）
MRI/PS1033—2006D 要求	≤2.5 级	奥氏体	7 ~ 10
住友 Super304H	B 类 = 2.5 级，其余 < 1.0 级	奥氏体 + 晶内细小弥散的第二相质点	7
本次评定实测	A = 0、B = 2.5、C = 0、D = 0、Ds = 0.5	奥氏体 + 晶内细小弥散的第二相质点	7 ~ 8

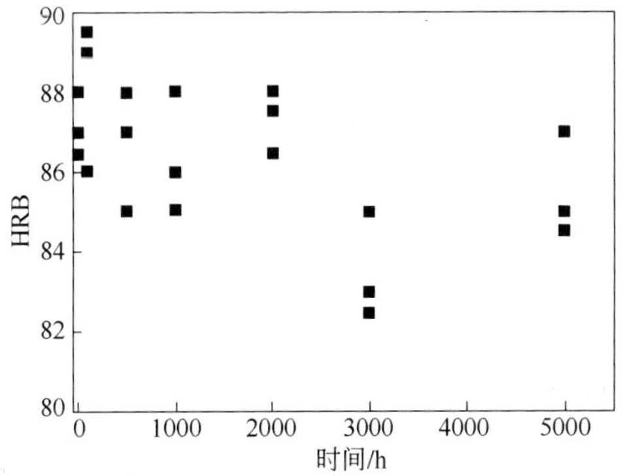

图 8-16 长城特钢试制 S30432 锅炉管时效过程中硬度变化情况

据此公式,可外推得到 700℃10 万小时 S30432 锅炉钢管的持久强度为 81. 18 MPa,满足 ASME、GB5310—2008 和相关供货技术条件的要求。

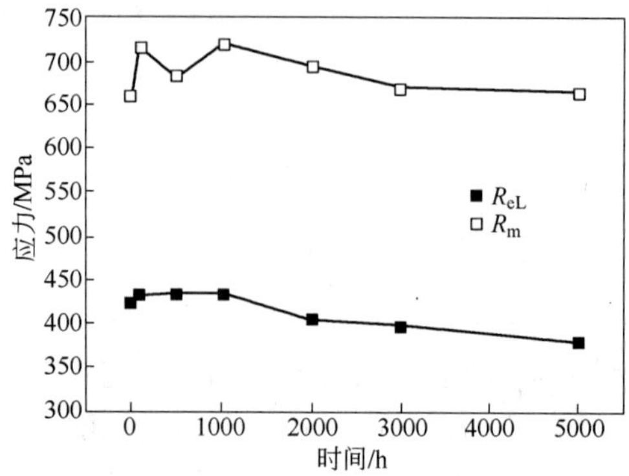

图 8-17　长城特钢试制 S30432 锅炉管时效过程中强度变化情况

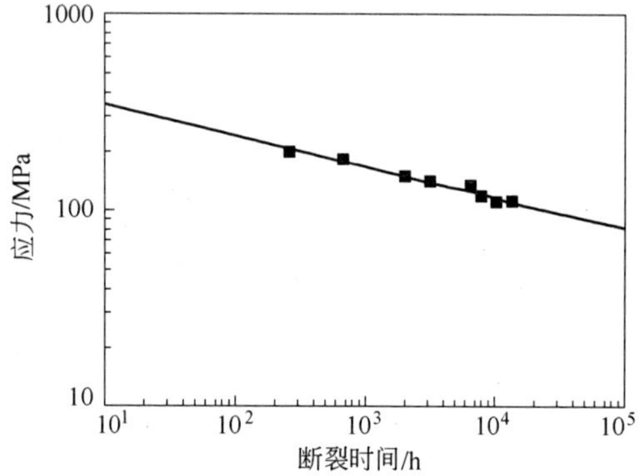

图 8-18　长城特钢试制 S30432 锅炉管持久强度曲线

参考文献

[1] 刘正东,程世长,杨钢,等. 中国超超临界火电机组用 S30432 钢管研制[J]. 钢铁,2010,45(6):1 ~6.

[2] ASTM A213/A213M - 08: Standard Specification for Seamless Ferritic and Austenitic Alloy-Steel Boiler, Superheater, and Heat-Exchanger Tubes [S]. ASTM International, 100 Barr Harbor Drive,PO Box C700, West Conshohocken,PA,19428 - 2959 USA,2008.

[3] 杨岩. Cu 含量变化对 Super304H 钢组织和性能影响的研究 [D]. 北京:钢铁研究总院,2001.

[4] Sawaragi Y. The development of a new 18 - 8 austenitic stainless steel with high elevated temperature strength for fossil fired boilers [J]. Mechanical Behavior of Material, 1991 ,4.

[5] 谢锡善,董建新,等. 国家科技部 2007BAE51B02 课题研究技术总结报告,2010.

[6] Cheng S C, Liu Z D, Bao H S. Effect of Carbon Content and Niobium Content on Intergranular

Corrosion of ASME S30432 Austenitic Heat Resistant Steel [C]. Symposium on Heat Resistant Steels and Alloys for USC Power Plants 2007, Seoul, Korea, 2007: 201 ~ 207.

[7] Bao H S, Cheng S C, Liu Z D. Effect of Heat Treatment on Properties of ASME S30432 Austenitic Heat Resistant Steel [C]. Symposium on Heat Resistant Steels and Alloys for USC Power Plants 2007, Seoul, Korea, 2007:259 ~ 265.

[8] 程世长,刘正东. 钢铁研究总院内部研究报告,北京,2005 ~ 2008.

[9] 徐松乾,王起江,洪杰. 宝钢股份公司 S30432 钢技术评定资料,上海,2008.

[10] 彭芳芳,朱国良,宋建新. 超(超)临界发电机组用 Super304H 钢管关键制造工艺的分析[J]. 特殊钢,2008,3:42.

9　中国 S31042 锅炉钢管研制进展

9.1　S31042 锅炉钢成分及处理工艺优化研究

S31042(日本住友金属公司牌号为 S31042)锅炉钢是日本住友金属公司于1982 年在 25Cr－20Ni 型奥氏体不锈钢的基础上,通过添加铌元素和氮元素改进而成,是 TP310 型奥氏体耐热钢的优化钢种。S31042 钢比 TP310 具有更高的高温持久强度和抗高温蒸汽腐蚀的能力。S31042 锅炉钢管已经用于超超临界火电机组的过热器和再热器制造,并已有超过 10 年的电厂运行考核实绩,如 1991 年美国的 Eddystone3 号超超临界火电机组选用 S31042 钢制造过热器和再热器管,欧洲的 COMTES700 项目将 S31042 钢用在过热器的蒸汽入口端的平行管道,中国第一个百万千瓦超超临界火电机组(浙江玉环)也选用 S31042 钢制造过热器和再热器管。如图 9-1 所示,S31042 钢的持久强度高于 TP347HFG,在 700℃以下,S31042 钢的持久强度略低于 S30432 钢。但在整个温度区间内,S31042 钢的持久性能均低于 NF709(R)钢。关于 NF709(R)钢,包汉生和王起江等人[1]已经做了深入系统的研究并已经开展工业化试制,试图在未来代替 S30142 钢获得工程应用。

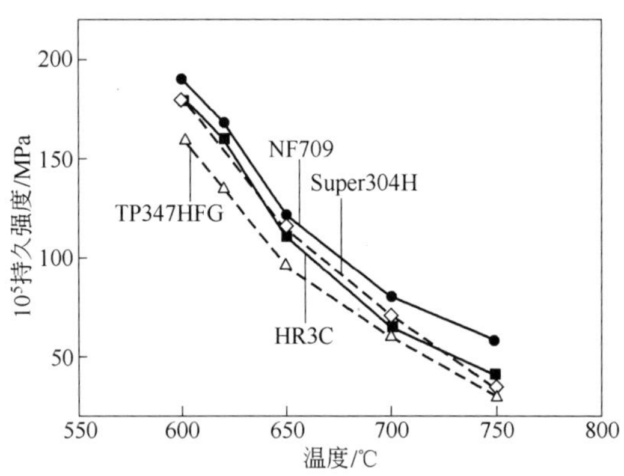

图 9-1　几种奥氏体锅炉钢的持久强度对比

与 S30432 钢相比,S31042 钢在抗蒸汽腐蚀和抗多种煤灰腐蚀方面具有明显的优势[2],这是在热端过热器和再热器制造选材上选用 S30142 锅炉钢的重要原因。电厂应用考核结果已经表明 S31042 钢管长期服役后其冲击韧性明显降低,美国 Eddystone3 号超超临界火电机组运行 10 年后(75075 h,蒸汽温度 615℃,蒸汽压力

35 MPa)检修时取样测试发现 S31042 钢管的冲击韧性仅为 15 J/cm^2,而 S30432 和 TP347HFG 锅炉钢管的冲击韧性为 80 J/cm^{2}左右(见图 9-2)。S31042 锅炉钢管长期高温服役之后的冲击韧性如此之低,令人担忧其安全性。中国第一台百万千瓦超超临界火电机组运行 5400 h 后发现 S30142 锅炉钢的冲击功为 40 J/cm^2,而服役前原始 S31042 锅炉管的冲击韧度为 140 J/cm^2,可见在服役过程中冲击韧性的劣化速度非常快。同样发现 S30432 锅炉钢在服役同样时间后,其冲击韧度在 80 ~ 100 J/cm^{2}之间,远高于 S31042 锅炉管[3]。中国浙江玉环电站运行 4500 h 后锅炉钢管冲击如图 9-3 所示。S31042 锅炉管运行 5400 小时后的金相组织如图 9-4 所示,发现析出物主要沿晶界分布,晶界粗化,晶内亚结构减少(注意图 9-4 中 3 个照片的标尺不同)。

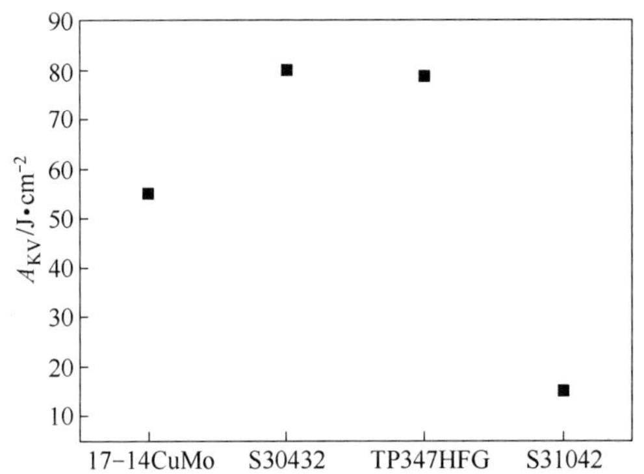

图 9-2 美国 Eddystone 电站运行 10 年后几种锅炉钢管冲击韧性对比

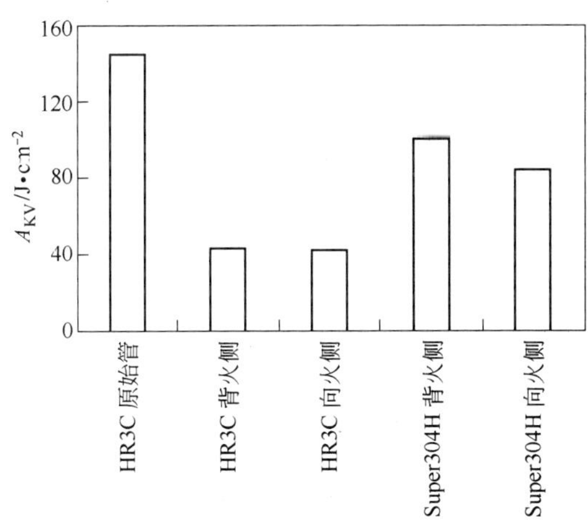

图 9-3 浙江玉环电站运行 5400 h 后锅炉钢管冲击韧性对比

钢铁研究总院对 S31042 锅炉钢开展了系统的实验室研究,在成分优化方面采用真空感应炉冶炼了 20 多炉试验钢,同时也与宝钢股份公司合作开展了 S31042 锅炉钢管的工业化生产试制。下述试验材料来源包括两部分,一部分是在钢铁研

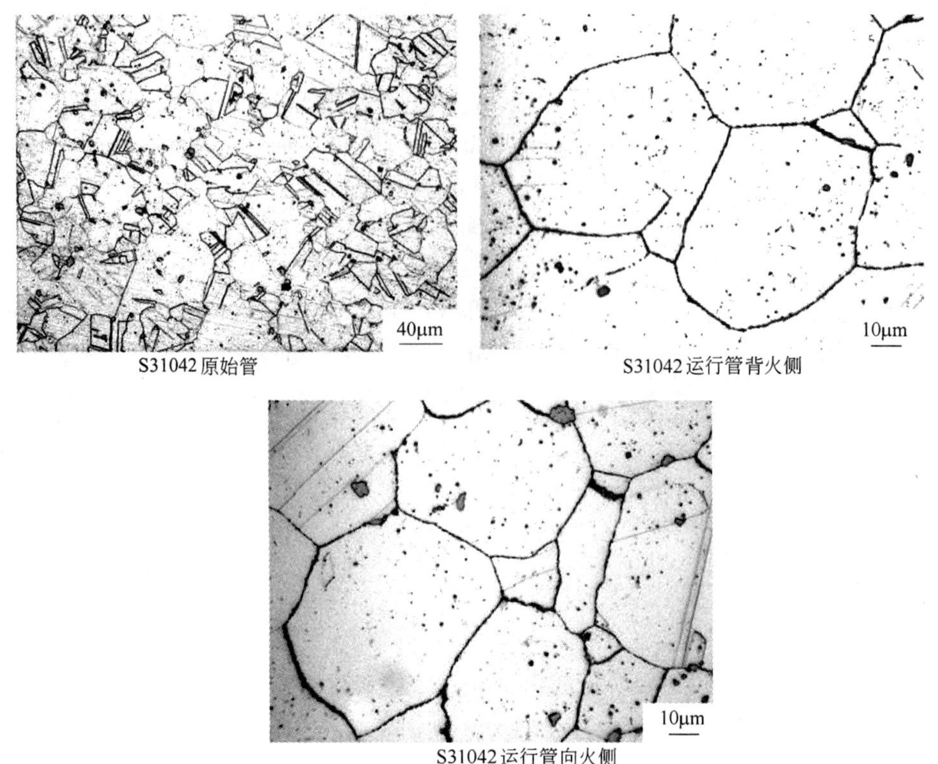

图 9-4　浙江玉环电站运行 5400 h 后 S31042 钢管组织演变

究总院试验基地用 25 kg 真空感应炉冶炼的试验钢，一部分是在宝钢工业试制的 S31042 钢管。部分实验材料的化学成分见表 9-1，宝钢试验料炉号为 873D1083。

表 9-1　S31042 试验材料成分(质量分数，%)

试验钢	C	Mn	P	S	Si	Cr	Ni	Nb	V	N
CC21 15 - 1	0.04 ~0.10	≤ 2.00	≤ 0.045	≤ 0.030	≤ 1.00	24.0 ~26.0	19.0 ~22.0	0.20 ~0.60		0.15 ~0.35
873D1083	0.059	1.12	0.020	0.0008	0.33	24.75	20.33	0.40	0.079	0.23
1	0.055	1.31	0.0067	0.0076	0.43	24.28	20.27	0.23	0.060	0.25
2	0.062	1.30	0.0067	0.0081	0.44	24.00	20.46	0.40	0.062	0.25
3	0.070	1.32	0.0066	0.0074	0.43	24.38	20.13	0.56	0.060	0.26

对 1 号、2 号、3 号试验钢，进行 1150℃30 min、1200℃30 min 和 1250℃30 min 固溶处理，研究 Nb 含量和固溶温度对 S31042 钢力学性能的影响。选择 1250℃ 30 min固溶态试样进行 700℃10 h、100 h、300 h、1000 h、3000 h 和 5000 h 时效处理。对时效处理后的试样进行高温拉伸试验、显微组织观察及化学相分析。对宝钢

S31042 钢管(冷轧态),在不同温度下 1140℃20 min、1170℃20 min、1200℃20 min、1230℃20 min、1260℃20 min 进行固溶处理,并在固溶温度 1230℃下保温不同时间 10 min、15 min、20 min、35 min、55 min 进行固溶处理,上述固溶处理后均水淬冷却。对不同固溶处理状态的试样进行室温拉伸试验、硬度试验和微观组织观察,研究和确定 S31042 钢中 Nb 随固溶温度变化的规律。采用热 - 力模拟试验,研究 S31042 钢的热塑性。热压缩模拟试验试样尺寸为 ϕ8 mm × 15 mm,热压缩的试验方案如图 9-5 所示。

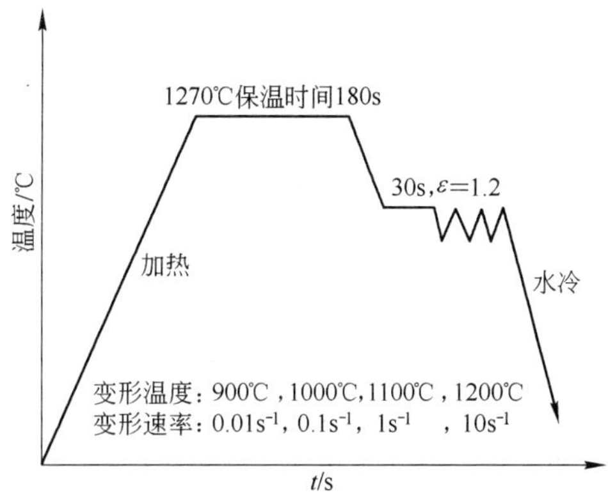

图 9-5　S31042 钢热压缩模拟试验工艺制度示意图(宝钢荒管)

9.1.1　S31042 钢最佳固溶热处理制度研究

图 9-6 是根据 TCFE6 数据库由 Thermo-calc 热力学软件计算的 S31042 钢的准平衡相图。由该图可以看出 0.04% ~0.10% C 范围的 S31042 从液态凝固开始冷却到室温,经历了多个相区,凝固冷却过程中相变比较复杂。含碳量为 0.059% 的 S31042 钢的熔点约为 1440℃,在 1370 ~ 1380℃温度区间发生共晶发应,由液相生成 γ + 一次 Nb(C,N)相共晶体,在约 1370 ~ 1010℃,从奥氏体基体中脱溶析出二次 Nb(C,N)相。在约 1010 ~ 900℃之间,处在 γ + Nb(C,N) + CrNbN(Z)相区,开始析出 Z 相[4]。当温度继续降低,钢中开始析出 $M_{23}C_6$相。约 750℃以下有 σ 相和 Cr_2N 相析出。在 S31042 钢服役温度 600 ~ 700℃,平衡存在的二次相为 CrNbN、$M_{23}C_6$、Nb(C,N)、Cr_2N 和 σ 相。对析出物 CrNbN 是否为 Z 相存在一定的争议,王敬忠的研究结果认为该 CrNbN 析出物是 Z 相[5]。

根据 GB5310—2008 要求,S31042 钢的交货状态要求晶粒度小于 7 级晶粒度,即平均晶粒尺寸大于 28. 28μm。由图 9-7 可以看出,当固溶处理温度高于 1230℃保温时间为 20 min 时,可满足标准对 S31042 锅炉钢晶粒尺寸的要求。图 9-8 表明在 1140 ~ 1260℃固溶温度范围内,S31042 钢的硬度都能满足 GB5310—2008 标准的要求。

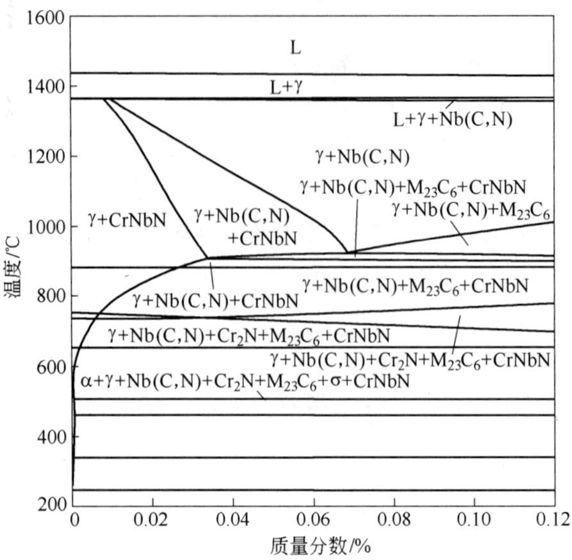

图 9-6　Thermo-Calc 热力学软件计算的 S31042 钢的准平衡相图

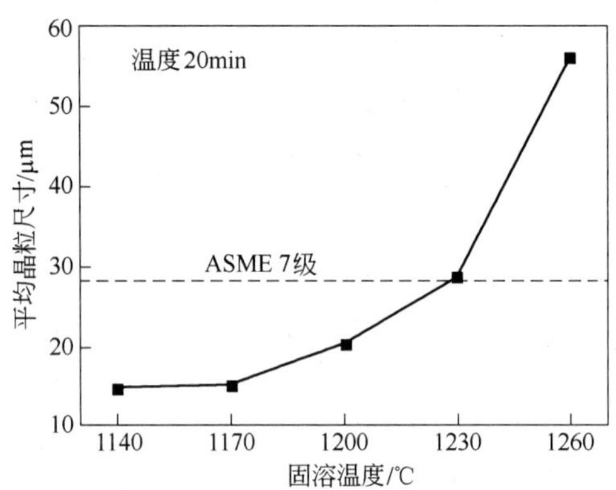

图 9-7　固溶处理对 S31042 锅炉钢晶粒尺寸的影响

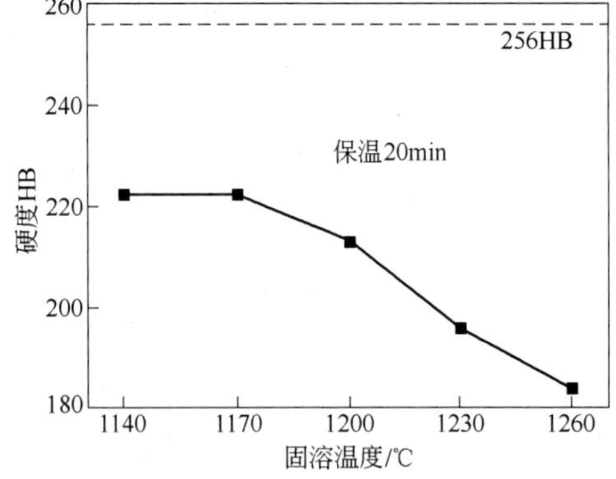

图 9-8　固溶处理对 S31042 锅炉钢硬度的影响

图 9-9 表明在 1140 ~ 1260℃ 温度范围内，随着固溶温度升高，钢抗拉强度和屈服强度均逐渐降低，但抗拉强度始终高于 655 MPa，即高于标准对抗拉强度的要求，而钢的塑性指标则逐渐增大，伸长率均大于 30%，当固溶温度超过 1230℃ 时钢的断面收缩率略有降低。表 9-2 和表 9-3 中的数据表明经 1200 ~ 1260℃ × 20 min 水冷固溶处理后，S31042 钢中仅有 Z 相和 NbN 相两种含 Nb 相。根据上述实验结果，可以初步确定冷轧态 S31042 钢的最佳固溶处理工艺为固溶温度大于 1230℃ 保温时间应 20 min 以上。

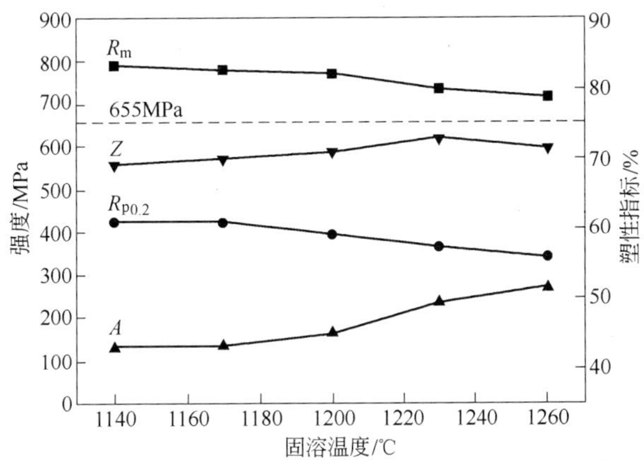

图 9-9　固溶温度对 S31042 钢拉伸性能的影响

表 9-2　不同温度固溶处理后钢中残余的析出相

状　态	析出相类型	晶　系	点阵常数/nm
1200℃ ×20 minWQ	Z 相(CrNbN)	四方晶系	a_0 = 0.3037 c_0 = 0.7391
	NbN 相	面心立方	a_0 = 0.438
1230℃ ×20 minWQ	Z 相(CrNbN)	四方晶系	a_0 = 0.3037 c_0 = 0.7391
	NbN 相	面心立方	a_0 = 0.437 ~ 0.438
1260℃ ×20 minWQ	Z 相(CrNbN)	四方晶系	a_0 = 0.3037 c_0 = 0.7391
	NbN 相	面心立方	a_0 = 0.436 ~ 0.437

表 9-3　不同温度固溶处理 S31042 钢中 Z 相和 NbN 相化学成分的变化

试样状态	析出相类型	相中各元素占总的质量分数/%					
		Nb	Cr	Fe	Ni	N	Σ
1200℃ ×20 minWQ	Z 相　NbN	0.092	0.080	0.017	0.002	0.020	0.211

续表 9-3

试样状态	析出相类型	相中各元素占总的质量分数/%					
		Nb	Cr	Fe	Ni	N	∑
1230℃ ×20 minWQ	Z 相　NbN	0.072	0.041	0.027	0.002	0.019	0.161
1260℃ ×20 minWQ	Z 相　NbN	0.052	0.037	0.012	0.002	0.013	0.116

9.1.2　Nb 含量和时效处理对 S31042 钢力学性能及析出相的影响

S31042 钢的化学相分析结果如表 9-4 和表 9-5 所示，随时效时间延长（10 ~ 1000 h），钢中含 Nb 析出相总量迅速增加。时效时间超过 1000 h 后，钢中含 Nb 析出相数量变化速度减缓。说明时效时间超过 1000 h 含 Nb 析出相趋于热力学动态平衡。

表 9-4　萃取粉末定量分析 $M_{23}C_6$ 相中各元素占合金的质量分数

样品状态	$M_{23}C_6$ 相中各元素占合金的质量分数/%					
	Cr	Fe	Ni	N	C	∑
700℃10hAC	0.04	0.06	0.014	0.002	0.0048	0.121
700℃100hAC	0.308	0.185	0.025	0.01	0.022	0.550
700℃300hAC	0.594	0.171	0.03	0.014	0.035	0.844
700℃1000hAC	0.812	0.187	0.076	0.02	0.046	1.141
700℃3000hAC	0.892	0.165	0.097	0.028	0.044	1.226
700℃6000hAC	1.088	0.169	0.141	0.035	0.052	1.485

表 9-5　萃取粉末定量分析 CrNbN 和 MC 相中各元素占合金的质量分数

样品状态	CrNbN 和 MC 相中各元素占合金的质量分数/%						
	Nb	Cr	V	Fe	Ni	N	∑
700℃10hAC	0.037	0.020	痕量	0.0073	0.0004	0.0057	0.070
700℃100hAC	0.064	0.035	痕量	0.013	0.0006	0.0096	0.122
700℃300hAC	0.138	0.076	0.0018	0.027	0.0013	0.022	0.266
700℃1000hAC	0.189	0.104	0.0084	0.037	0.0018	0.028	0.368
700℃3000hAC	0.172	0.095	0.013	0.034	0.0016	0.026	0.342
700℃6000hAC	0.183	0.101	0.011	0.036	0.0018	0.028	0.361

不同 Nb 含量试验钢的高温拉伸性能如表 9-6 和图 9-10 所示。经 1150℃ 30 minWQ 固溶处理，随着含 Nb 量的升高，S31042 钢高温拉伸性能指标有升高的趋势。经 1200℃30 minWQ 固溶处理，随着 Nb 含量的升高，S31042 钢的强塑性能

指标在含Nb量为0.40%时出现峰值。经1250℃30 minWQ固溶处理，随Nb含量升高，S31042钢性能有下降趋势。

表9-6 S31042钢700℃拉伸性能

$w(Nb)/\%$	R_m/MPa	$R_{p0.2}$/MPa	$A/\%$	$Z/\%$	热处理状态
0.23	445	191	34	57	1150℃ ×30 minWQ
	430	164	35	52	1200℃ ×30 minWQ
	475	182	43	50	1250℃ ×30 minWQ
0.40	445	199	34	48	1150℃ ×30 minWQ
	465	191	43	57	1200℃ ×30 minWQ
	455	176	39	50	1250℃ ×30 minWQ
0.56	465	215	43	63	1150℃ ×30 minWQ
	450	181	37	55	1200℃ ×30 minWQ
	465	177	35	44	1250℃ ×30 minWQ

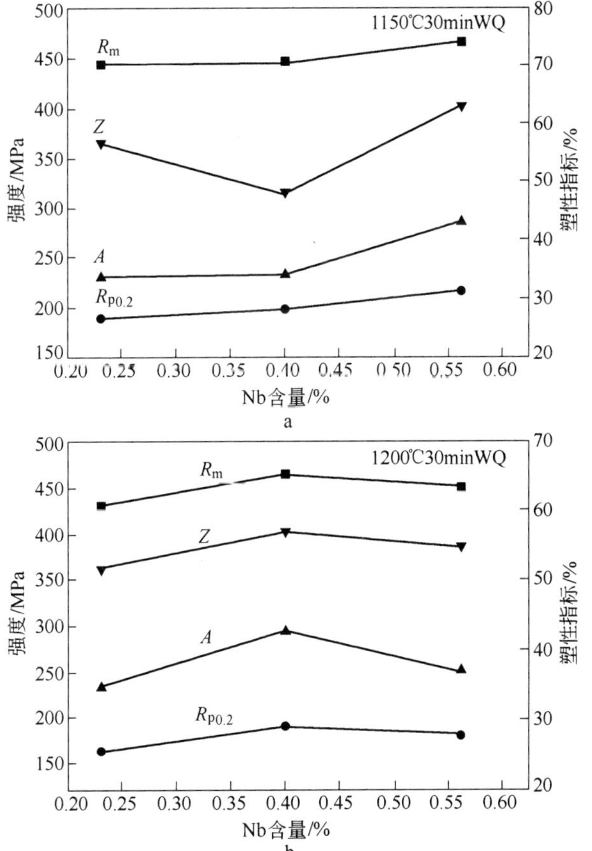

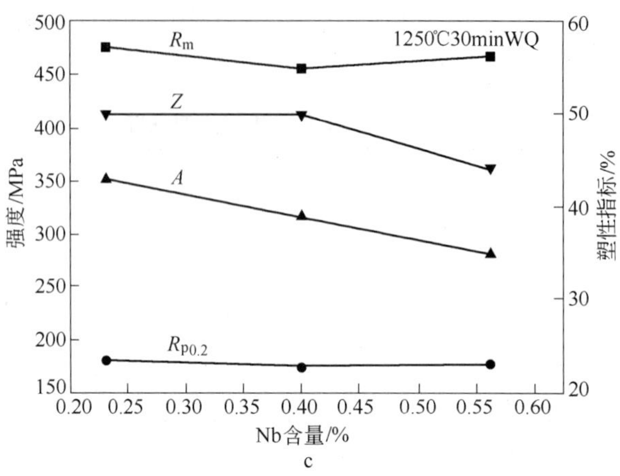

图 9-10　固溶温度和 Nb 含量对 S31042 钢高温拉伸性能的影响

a—1150℃30 minWQ；b—1200℃30 minWQ；c—1250℃30 minWQ

不同含 Nb 量和时效时间对 S31042 试验钢高温力学性能的影响如表 9-7、图 9-11和图 9-12 所示。随着时效时间延长，S31042 钢的高温屈服强度在 0 ~ 1000 h 快速升高，1000 h 后高温屈服强度变化不明显。钢的高温抗拉强度，在时效初期阶段略有降低，随着时效时间延长变化基本保持不变。随着含 Nb 量升高，钢的屈服强度略有升高，而钢的抗拉强度变化规律不明显，但长时时效后，0. 23% Nb 试验钢的抗拉强度最高，而屈服强度最低。图 9-13 表明，随着时效时间延长，三种 Nb 含量的 S31042 的高温塑性均有先降低后升高再降低的趋势。

表 9-7　不同含 Nb 量和时效时间对 S31042 钢高温力学性能的影响

w(Nb)/%	R_m/MPa	$R_{p0.2}$/MPa	A/%	Z/%	热处理状态
0. 23	440	177	38	46	1250℃30 minWQ700℃10hAC
	450	205	28	35	1250℃30 minWQ700℃100hAC
	440	230	34	40	1250℃30 minWQ700℃300hAC
	445	260	32	42. 5	1250℃30 minWQ700℃1000hAC
	440	250	33. 5	49	1250℃30 minWQ700℃3000hAC
	440	245	30	38. 5	1250℃30 minWQ700℃6000hAC
0. 40	470	197	36	42	1250℃30 minWQ700℃10hAC
	445	205	32	41	1250℃30 minWQ700℃100hAC
	445	240	33	43	1250℃30 minWQ700℃300hAC
	435	260	36. 5	45	1250℃30 minWQ700℃1000hAC

续表 9-7

w(Nb)/%	R_m/MPa	$R_{p0.2}$/MPa	A/%	Z/%	热处理状态
0.40	425	260	38	45	1250℃30 minWQ700℃3000hAC
	425	250	19	32	1250℃30 minWQ700℃6000hAC
0.53	445	181	30	30.5	1250℃30 minWQ700℃10hAC
	445	196	28	36	1250℃30 minWQ700℃100hAC
	455	210	36.5	49	1250℃30 minWQ700℃300hAC
	435	265	26	39.5	1250℃30 minWQ700℃1000hAC
	440	270	33	42.5	1250℃30 minWQ700℃3000hAC
	435	255	23.5	30	1250℃30 minWQ700℃6000hAC

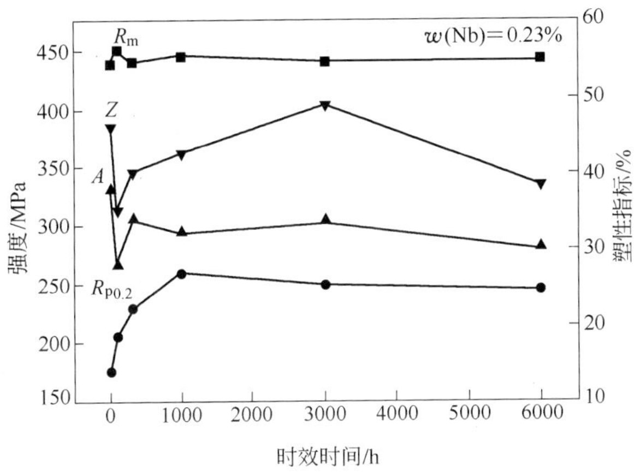

a

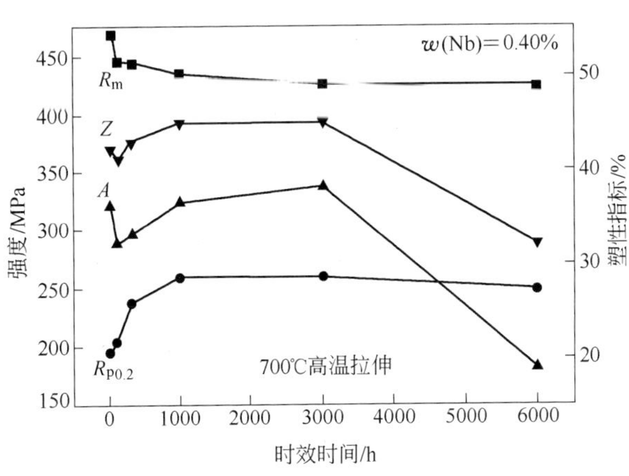

b

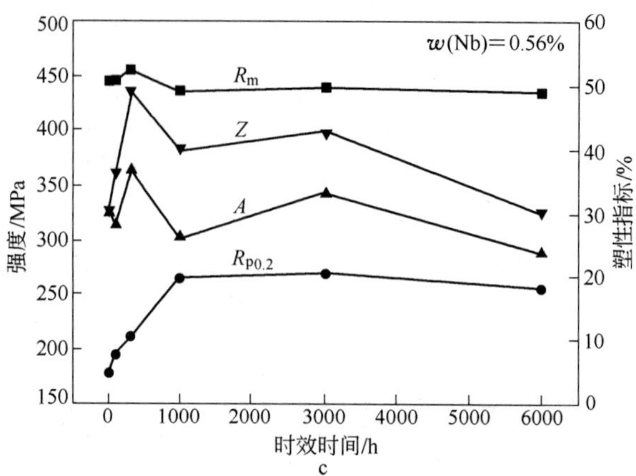

图 9-11　Nb 含量和时效时间对 S31042 钢高温力学性能的影响

a—w(Nb)=0.23%；b—w(Nb)=0.40%；c—w(Nb)=0.56%

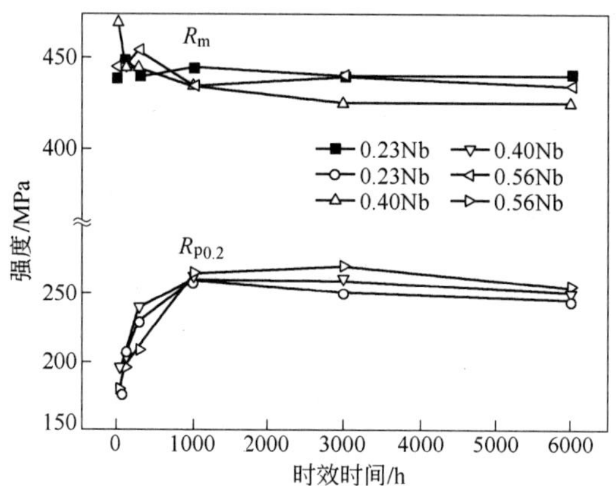

图 9-12　时效处理对 S31042 高温强度的影响

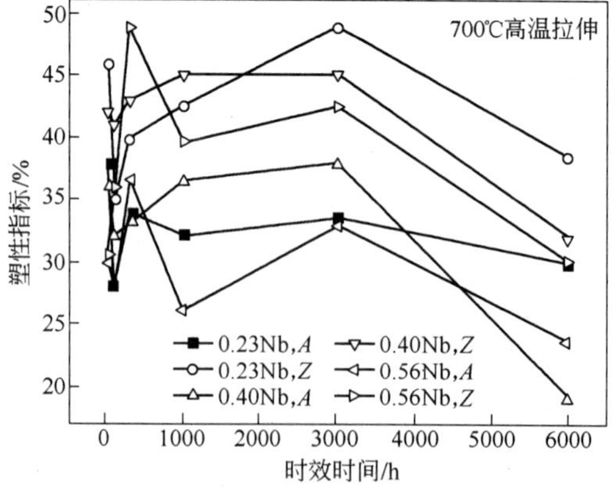

图 9-13　时效处理对 S31042 钢高温塑性的影响

表 9-8 和图 9-14 表明，随着时效时间延长(10 ~ 300 h)，试验钢的室温冲击吸收功迅速降低，而在 300 ~ 1000 h，试验钢的室温冲击吸收功逐渐降低。在 10 ~ 3000 h 范围内，相同时效时间内，随着 Nb 含量增加，试验钢的室温冲击吸收功略有升高，但时效 6000 h，0. 56% Nb 含量的试验钢室温冲击吸收功最低。

表 9-8　700℃时效态 S31042 钢的冲击吸收功(J)

w(Nb)/%	10hAC	100hAC	300hAC	1000hAC	3000hAC	6000hAC
0. 23	139. 3	55	45	29	14	14
0. 40	150. 9	57	36	27	18	16
0. 56	174. 5	55	51	32	22	14

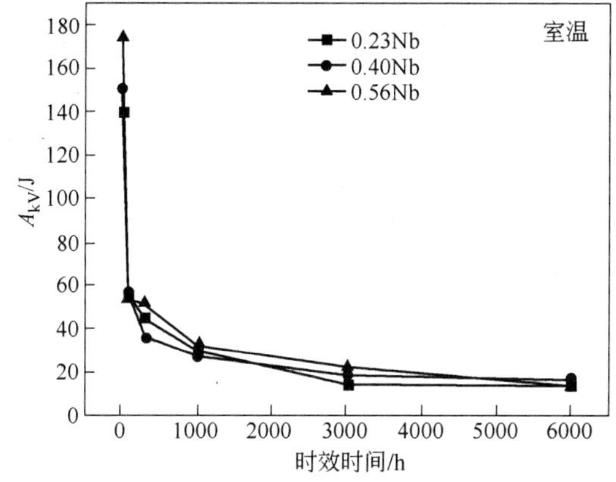

图 9-14　Nb 含量对时效态试验钢室温冲击吸收功的影响

9. 1. 3　Nb 含量和时效处理对 S31042 钢微观组织的影响

如图 9-15 所示，固溶处理后 S31042 钢中仍然含有大量的一次性的 Nb(C,N)或 Z 相。有的呈链状沿轧制方向分布(见图 9-15b)，有的呈簇状分布(见图 9-15c)，有的沿晶界分布(见图 9-15d)。含 Nb 析出相的分布形态不符合弥散强化理论，这种状态存在 Nb 在钢中的弥散强化作用没有能够得到充分的发挥。图 9-16 表明，随着含 Nb 升高，钢中一次性的 Nb(C,N)相明显增多。

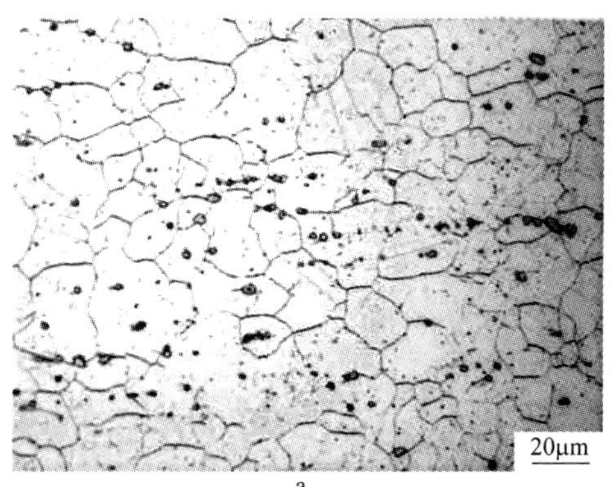

a

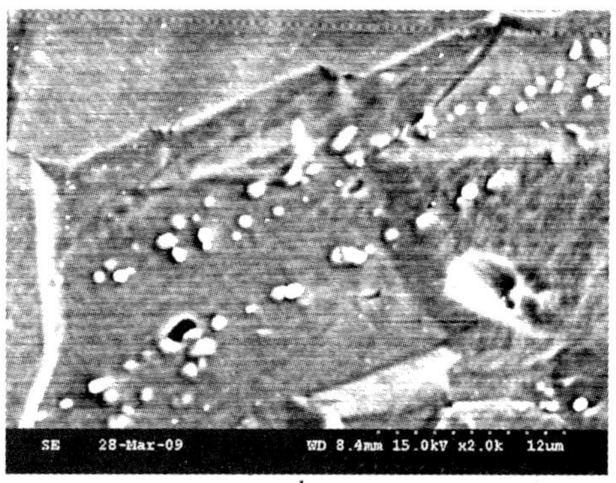

b

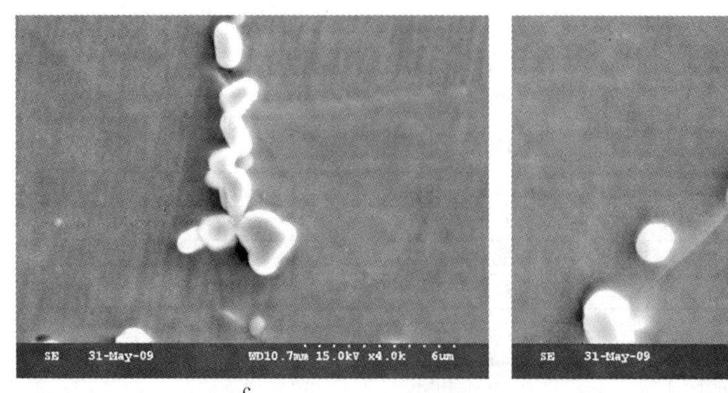

c

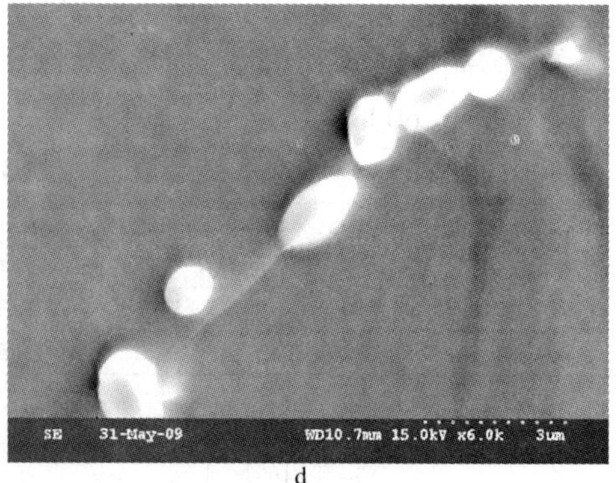

d

图 9-15 固溶态 S31042 钢中大块的一次 Nb(C,N)或 Z 相

a—大块的含 Nb 析出相；b—沿轧向分布链状分布；c—簇状分布；d—沿晶界分布

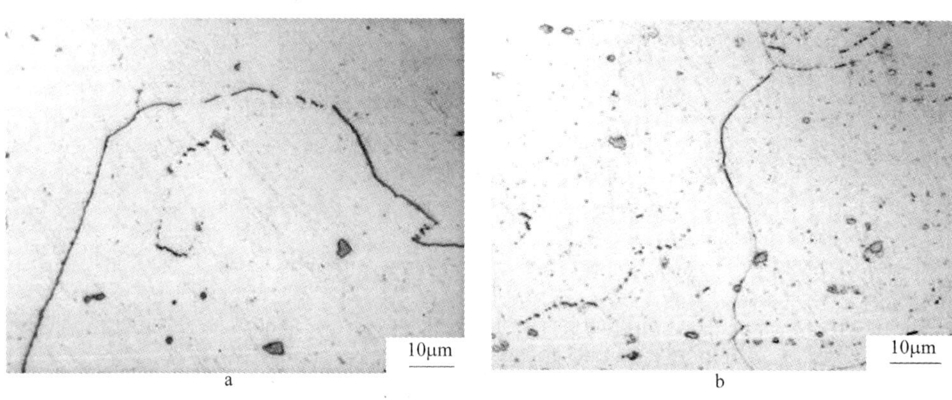

a b

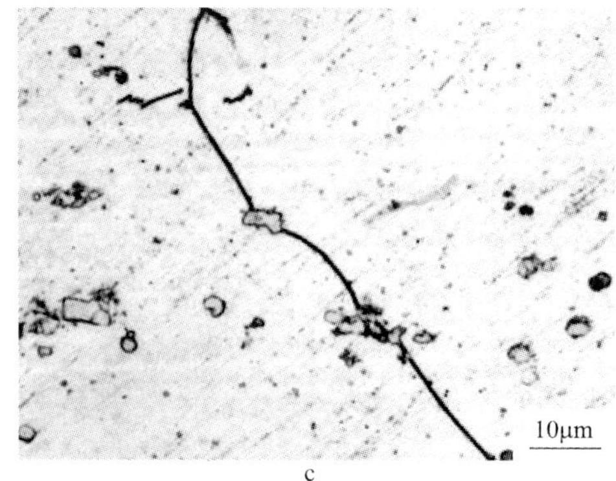

c

图 9-16 S31042 钢 700℃时效 10 h 金相照片

a—w(Nb) = 0.23%；b—w(Nb) = 0.40%；c—w(Nb) = 0.56%

图 9-17 表明随着 Nb 含量增加，晶界处的析出相数量和晶内的析出相的数量均增大。而图 9-18 表明经 700℃300 h 时效，钢中的析出行为和经 700℃100 h 时效的微观组织区别不大。

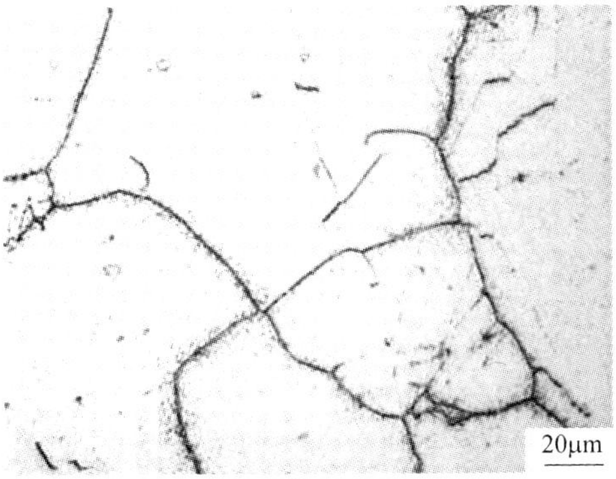

a 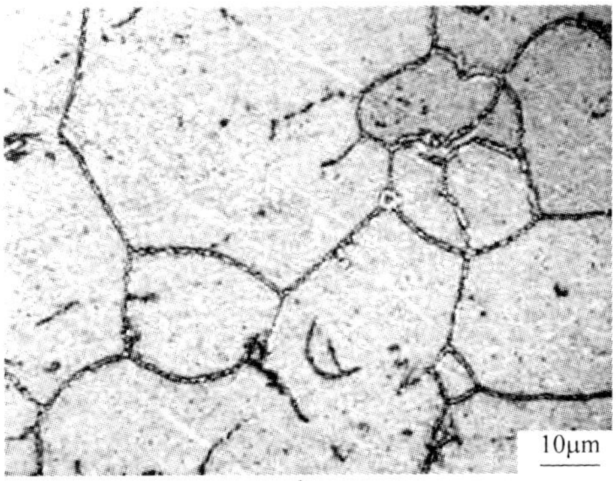 b

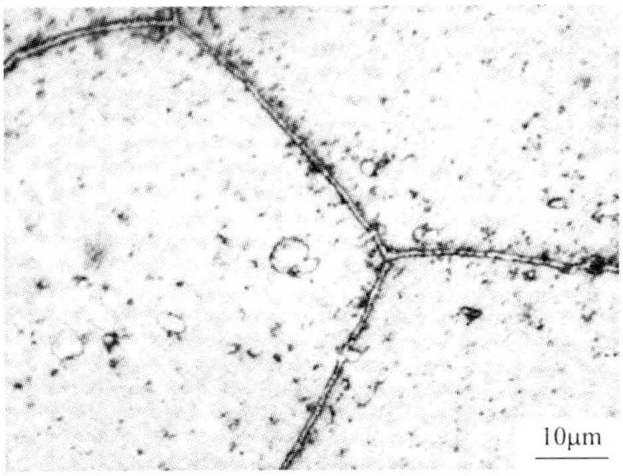

c

图 9-17 S31042 钢 700℃时效 100 h 金相照片

a—w(Nb) = 0.23%；b—w(Nb) = 0.40%；c—w(Nb) = 0.56%

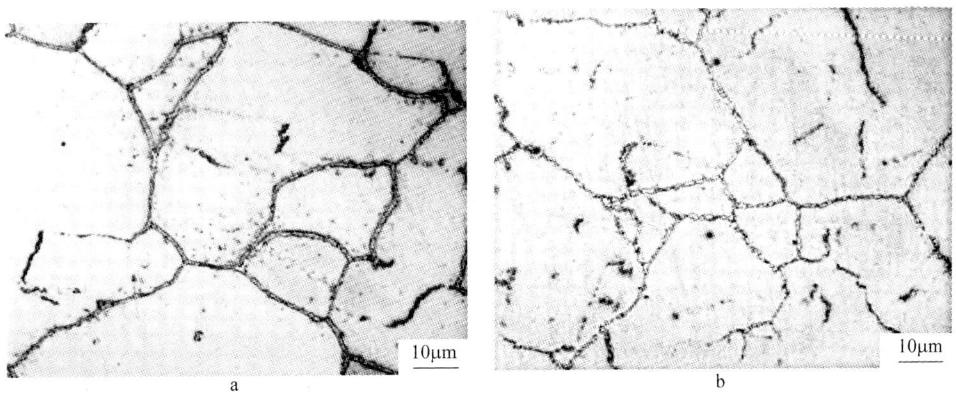

a b

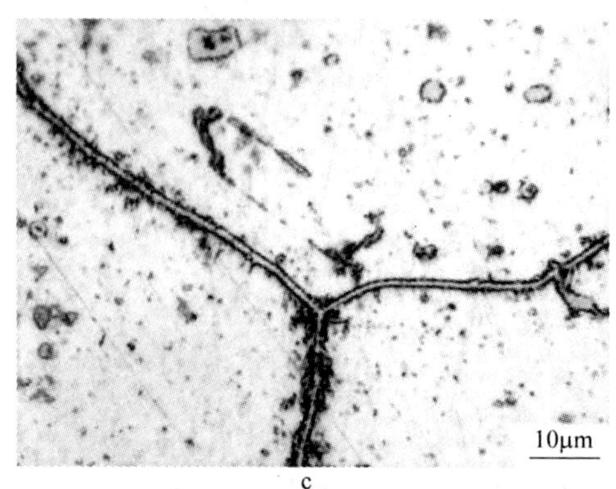

c

图 9-18　S31042 钢 700℃时效 300 h 金相照片

a—w(Nb) = 0.23%；b—w(Nb) = 0.40%；c—w(Nb) = 0.56%

图 9-19 和图 9-20 表明，经 700℃ 3000 h 时效，钢中的析出相数量与 Nb 含量有显著的关系，0.56% Nb 钢中晶内析出相的数量明显高于 0.23% Nb 和 0.40% Nb 的钢中晶内析出相的数量。图 9-21 表明，经 700℃6000 h 时效钢中晶内析出相的数量均明显增加，同时也能清楚地看出含 Nb 量高的钢中晶内析出相的颗粒尺寸稍大。

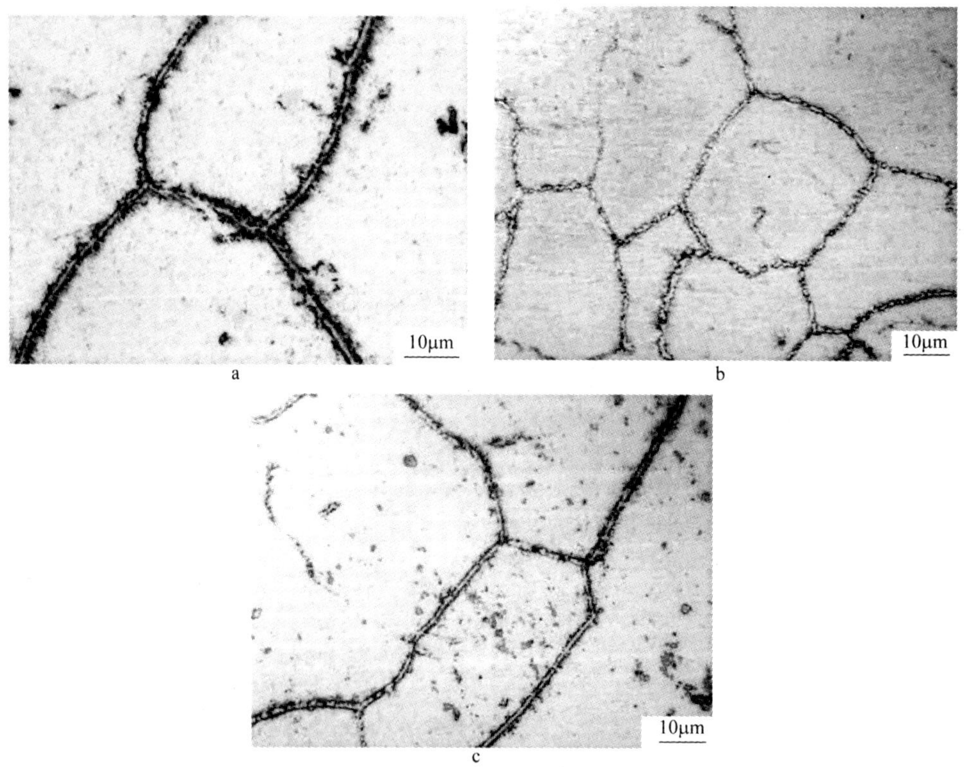

a　b　c

图 9-19　S31042 钢 700℃时效 1000 h 金相照片

a—w(Nb) = 0.23%；b—w(Nb) = 0.40%；c—w(Nb) = 0.56%

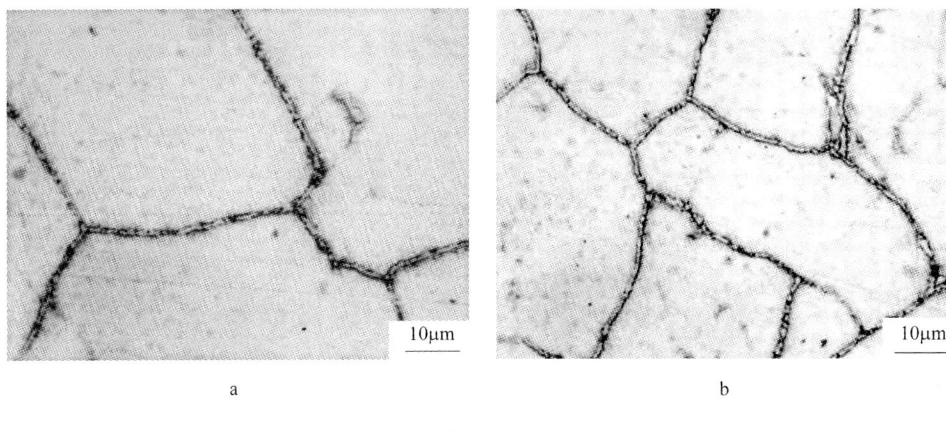

a　b

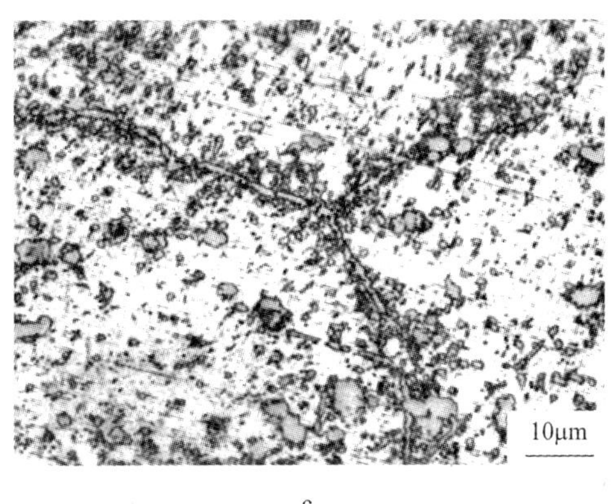

c

图9-20　S31042钢700℃时效3000h金相照片

a—w(Nb)=0.23%；b—w(Nb)=0.40%；c—w(Nb)=0.56%

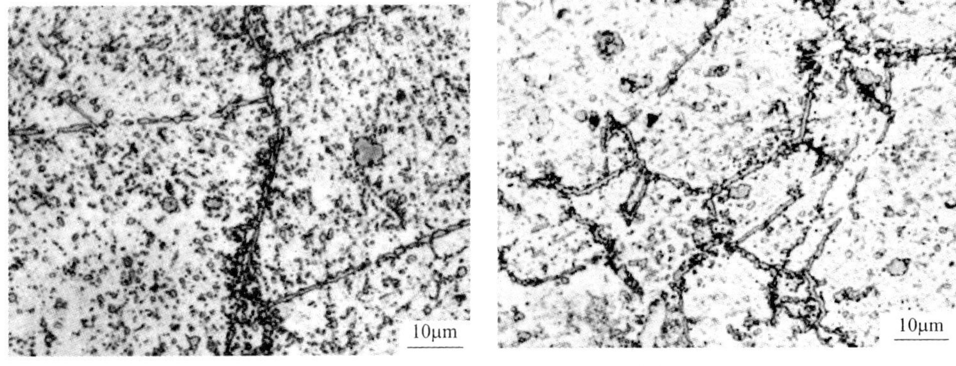

a　b

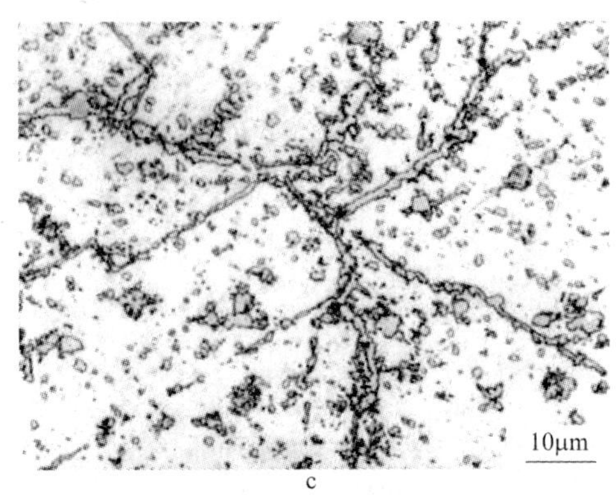

c

图 9-21　S31042 钢 700℃时效 6000 h 金相照片

a—w(Nb) = 0.23%；b—w(Nb) = 0.40%；c—w(Nb) = 0.56%

图 9-22 ~ 图 9-24 表明，随着时效时间延长，钢中的析出相数量增多，而且随着 Nb 含量增加晶界析出相有增多倾向。当时效时间为 6000 h 时，晶界附近析出相变得分散，聚集粗化，而且晶界附近析出相颗粒的尺寸较大，含 0.56% Nb 钢中有较多大块的析出相颗粒。

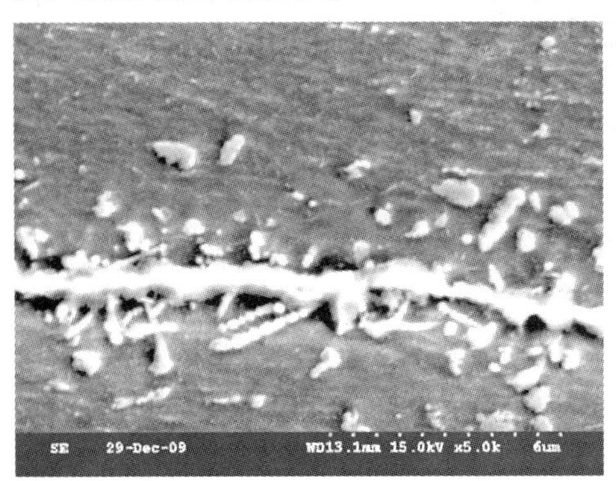

a

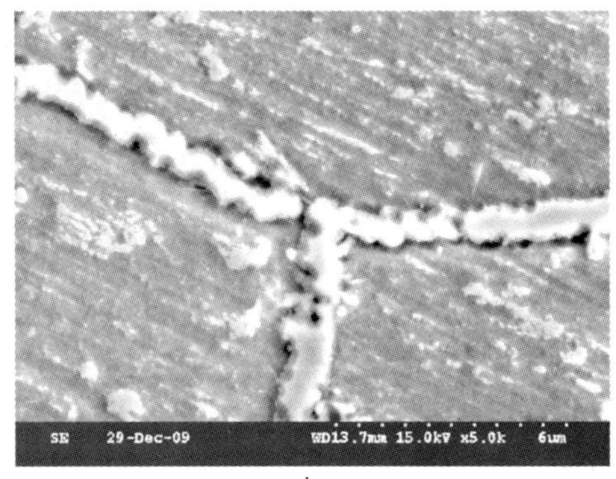

b

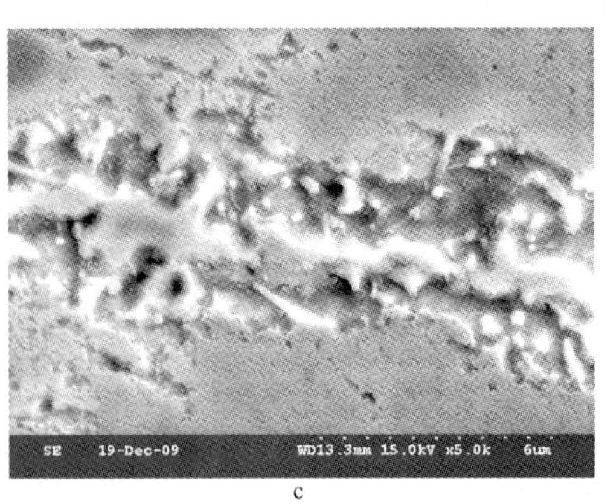

c

图 9-22　S31042 钢 700℃时效 1000 h 的 SEM 组织

a—w(Nb) = 0.23%；b—w(Nb) = 0.40%；c—w(Nb) = 0.56%

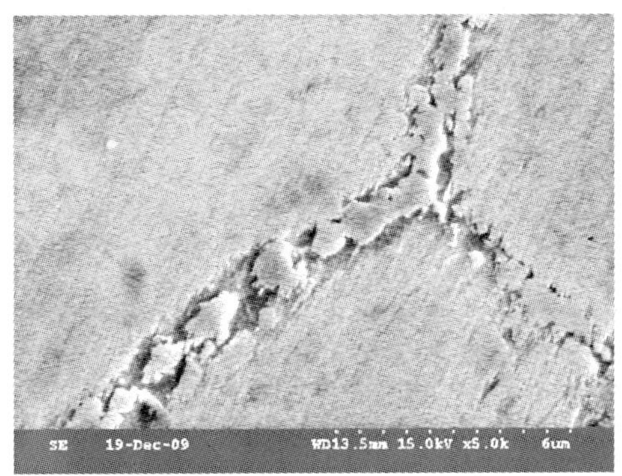

a

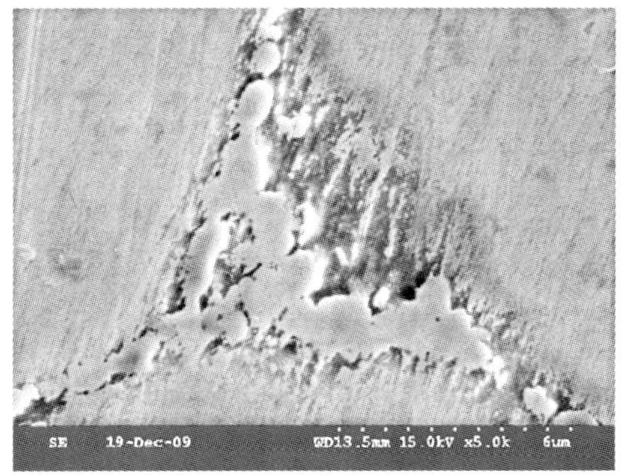

b

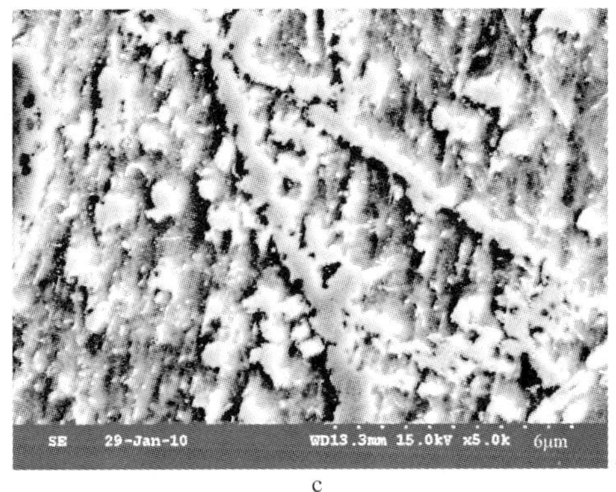

c

图 9-23 S31042 钢 700℃时效 3000 h 的 SEM 组织

a—w(Nb)=0.23%；b—w(Nb)=0.40%；c—w(Nb)=0.56%

a

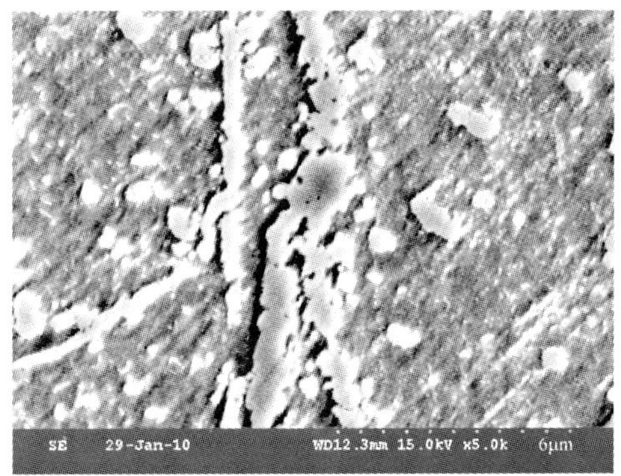

b

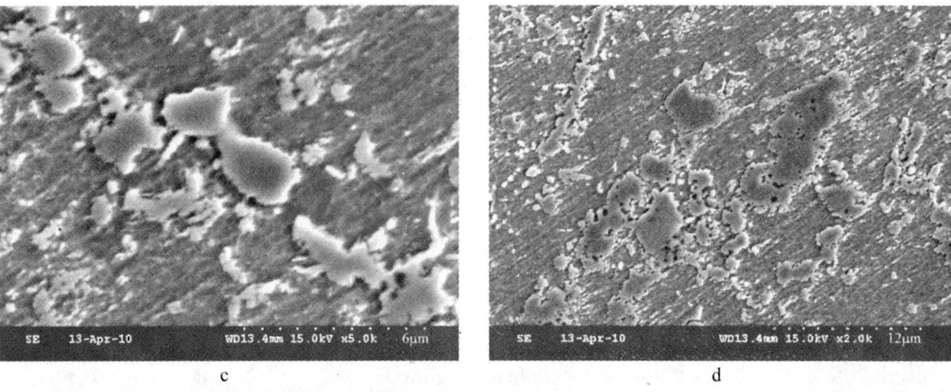

图 9-24　S31042 钢 700℃时效 6000 h 的 SEM 组织

a—w(Nb)＝0.23%；b—w(Nb)＝0.40%；c,d—w(Nb)＝0.56%

时效态 S31042 钢中 Nb(C,N)的分布不是完全弥散,有的成串,有的成簇,没有发现析出相与位错的相互作用,如图 9-25 所示。在高温持续应力作用下,位错和析出相之间有明显的相互作用(图 9-26)。在颗粒间距比较小时,析出相阻碍位错运动,大量位错塞积在一起,形成位错墙。

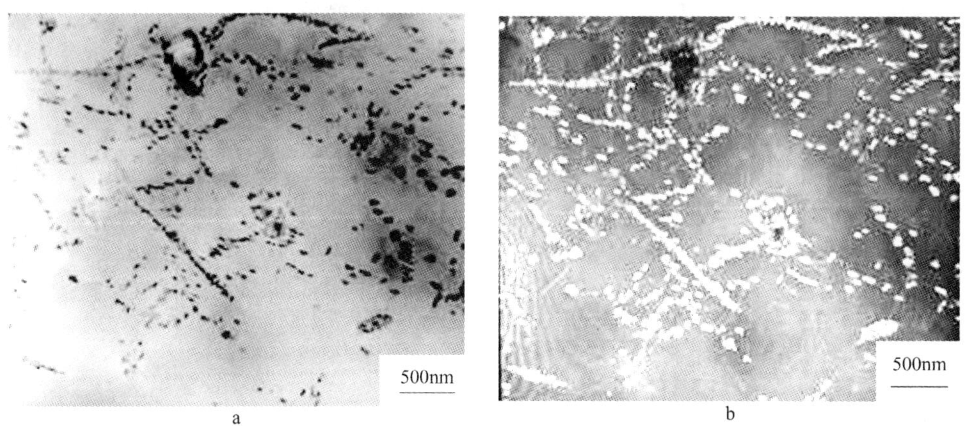

图 9-25　时效态 S31042 钢中 Nb(C,N)的分布(TEM)

a—明场像;b—暗场像

图 9-27 是 1250℃ ×30 minWQ + 700℃ ×2395hAC 态的 TEM 像,由该图可以看出,晶内 Z 相的尺寸约 800nm,表明在 S31042 钢中,Z 相比较稳定,不易长大,与位错相互作用,可起强化作用。在时效态钢中,有细小的颗粒状的 NbC 相被位错缠绕(见图 9-28),对位错运动有强烈相互作用,即细小的颗粒能有效阻碍位错运动。由图 9-28 可以看出,NbC 相的尺寸约 300nm,即便这种细小的 MX 相在随后的服

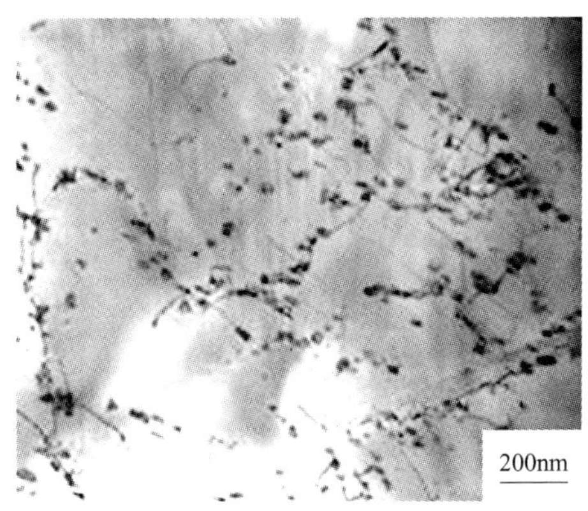

图 9-26　S31042 钢持久试样中 Nb(C,N)与位错的相互作用(TEM)
(700℃,135 MPa,2226 h)

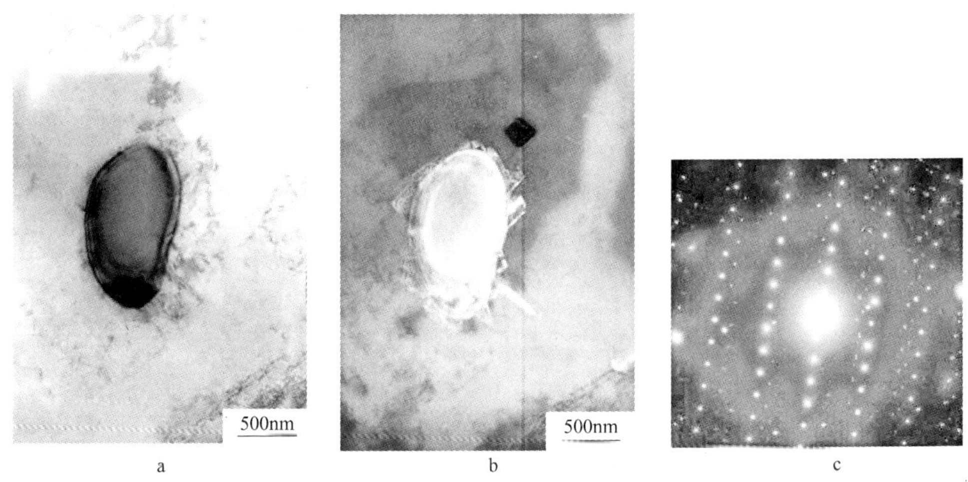

图 9-27　S31042 钢晶内 Z 相形貌及标定 (700℃ ×2395hAC)
a—明场像;b—暗场像;c—衍射斑

役或高温时效过程中转变成 Z 相,那么 Z 相的初始尺寸也非常小,仍然可以起到良好的强化效果。

图 9-29 是 700℃,140 MPa,2395 h 持久断裂试样中析出相的形态。图 9-29a、b、c 表明,当含 Nb 的 Z 相颗粒尺寸较大时,虽然能够起到一定的强化作用,但因其自身脆性较大,容易形成裂纹,成为钢断裂的裂纹源,对钢的强度不利。同时由于大颗粒的存在消耗掉一部分 Nb,其强化效果未能得到充分发挥。由图 9-29d 可以看出,当颗粒的尺寸相对较小时,既能起到强化作用颗粒自身,又不产生裂纹。图 9-29e 表明,在基体中有大量弥散分布的 Z 相(NbCrN)颗粒,这种颗粒能够起到良好强化效果。

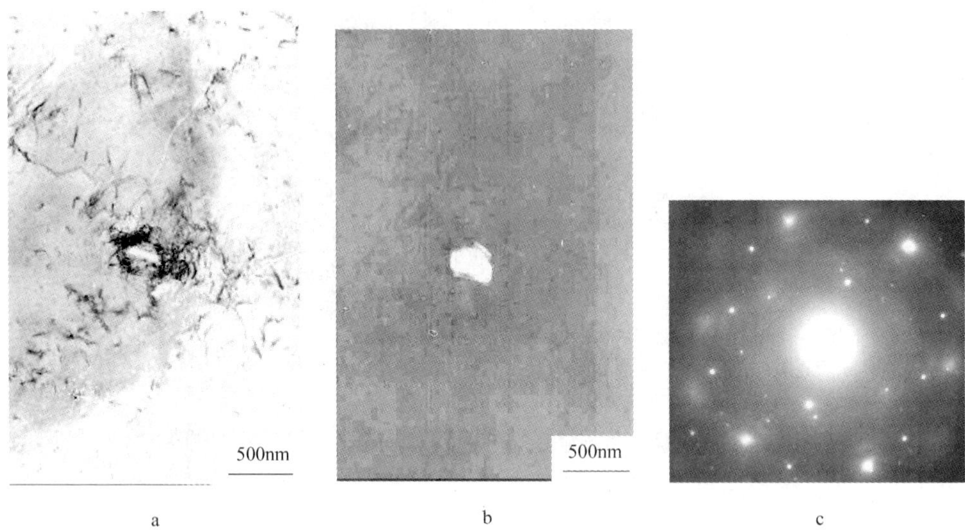

图 9-28　时效态 S31042 钢中 NbC 与位错的相互作用(1250℃ ×30 minWQ + 10hAC)
a—明场像;b—暗场像;c—衍射斑

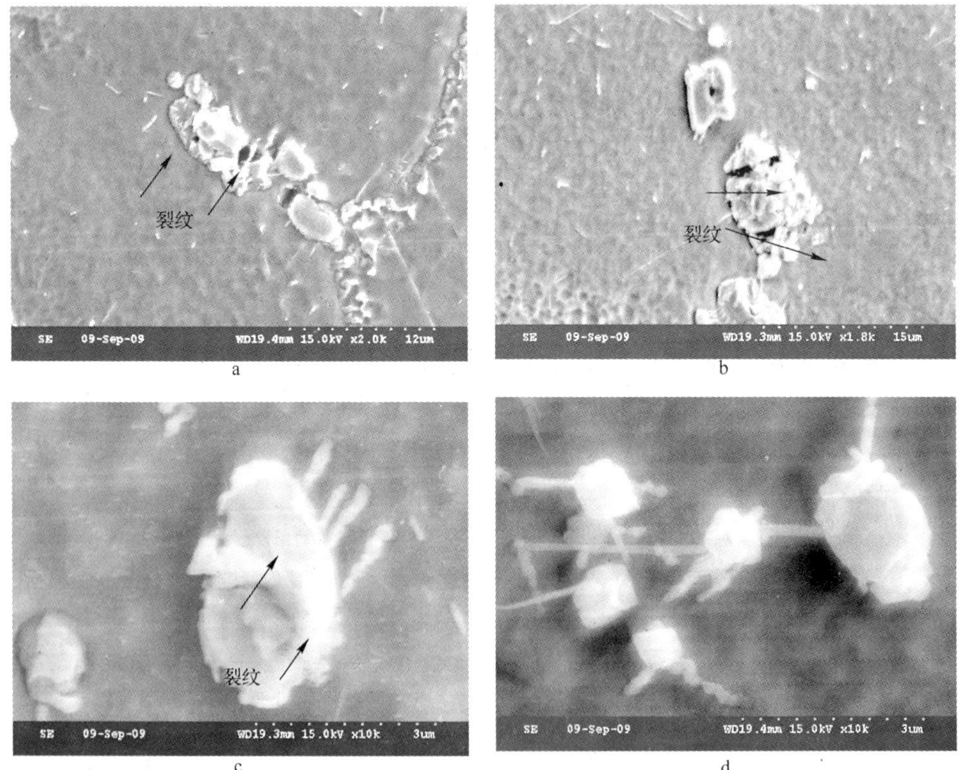

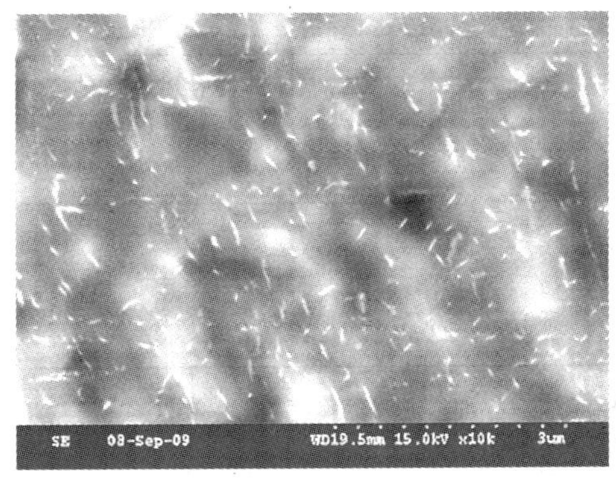

e

图9-29 S31042钢持久试样中不同形态的含Nb析出相(700℃ 140MPa 2395h)
a,b,c—大块含Nb相及其裂纹; d—颗粒状含Nb相; e—晶内弥散相

图9-30表明,晶界上析出的$M_{23}C_6$相与位错有明显的相互作用,说明经短时高温时效晶界上的$M_{23}C_6$相能够有效的阻碍变形,提高钢的强度。晶粒内部颗粒状的$M_{23}C_6$相对位错也有明显的阻碍作用,如图9-31所示。总结上述试验结果,可以得到如下结论:

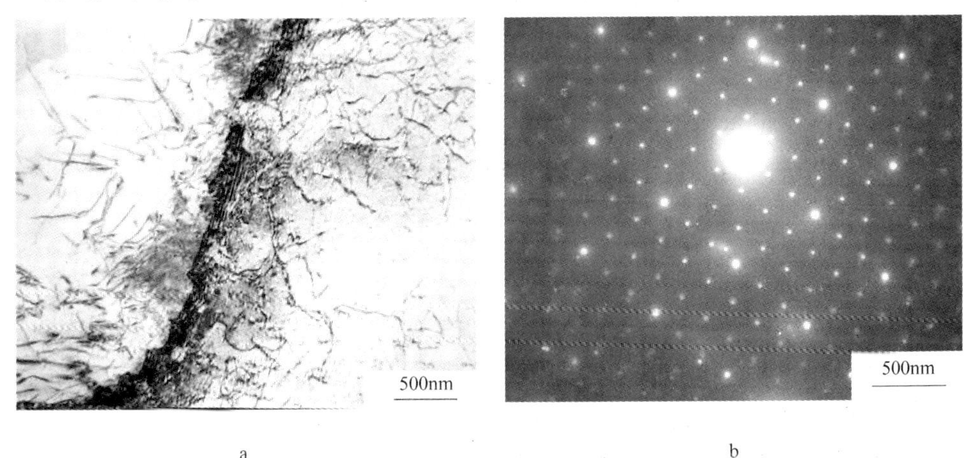

a b

图9-30 S31042钢晶界析出相$M_{23}C_6$与位错相互作用(700℃10hAC)
a—晶界上的$M_{23}C_6$;b—衍射斑

(1)随着Nb含量增加,S31042钢中析出相的数量增多,小于1000h时效,Nb含量增加有助于晶界和晶内析出相数量增加。

(2)小于1000h时效,S31042钢中的含Nb析出相的数量快速增加,时效时间超过1000h,钢中含Nb析出相的数量基本保持不变。

(3)时效态或高温持久试样中均有含Nb的析出相,既有尺寸较大的颗粒(微米级)呈簇状分布,也有纳米级的细小颗粒弥散分布。钢中的含Nb相颗粒与位错

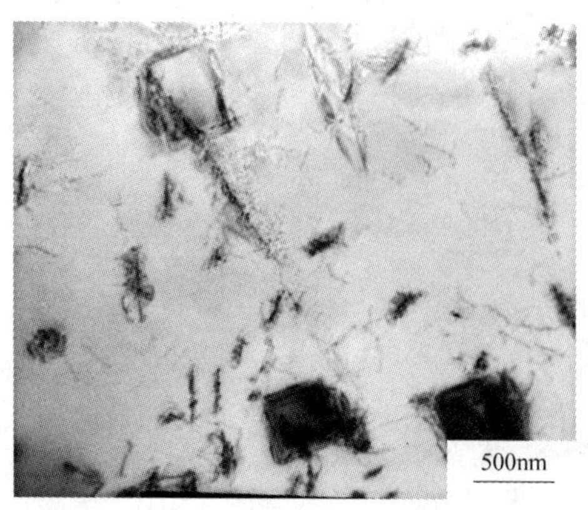

a

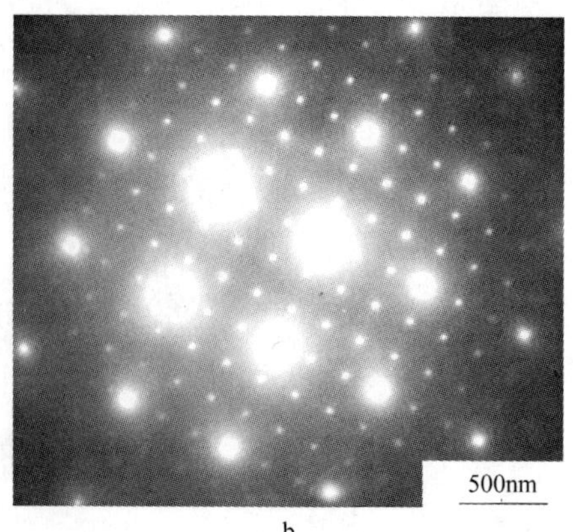

b

图 9-31　S31042 钢颗粒析出相 $M_{23}C_6$与位错的相互作用(700℃ 6000hAC)

a—晶内 $M_{23}C_6$;b—衍射斑

明显的相互作用,尺寸较小的颗粒能够发挥良好的强化作用;而大颗粒自身就会形成裂纹,不过在变形的初期仍然有阻碍位错运动的作用,位错在大颗粒处形成塞积,随着时间延长在塞积的位错线上析出 $M_{23}C_6$相,呈串状分布。

(4) 在 S31042 钢的析出物中,$M_{23}C_6$相的含量最大,其优先在晶界处析出,而且长大速度较快。随着时间延长晶内析出的 $M_{23}C_6$增多,与位错有明显的相互作用,有较好的强化作用。钢中的含 Nb 量影响 $M_{23}C_6$相的析出速度。

(5) 随时效时间增加,S31042 钢的高温屈服强度,小于 1000 h 时效升高较快,超过 1000h 时效,钢的屈服强度有轻微的降低趋势;强度与 Nb 含量有一定关系,1000 ~ 6000 h 时效,钢的高温屈服强度随含 Nb 量增加而略有升高。钢的高温抗拉强度在时效 1000 h 后,基本保持不变,抗拉强度的大小和 Nb 含量之间没有明显关系。

(6) 随时效时间增加,S31042 钢的硬度总体是上升的,Nb 含量对硬度有影响,但规律不明显。

(7) 小于 1000 h 时效,钢的冲击吸收功快速降低,而后缓慢降低并趋于平稳。

(8) 固溶温度和 Nb 含量对固溶态 S31042 钢高温拉伸性能的影响比较复杂。

9.2　S31042 锅炉钢管在宝钢股份试制和生产

宝钢股份公司和钢铁研究总院联合进行了 S31042 锅炉钢管的工业试制[6]。采用的工艺流程与第八章所述的 S30432 锅炉管相同。试制 S30142 钢管的规格为 ϕ52 mm × 9.7 mm (炉号为 BS1083)。S31042 钢管化学成分(见表 9-9 和表 9-10)满足 ASME CodeCase2115 - 1,ASME SA213/SA - 213M 和 GB5310—2008 要求,S 含量很低。五害元素 Pb、Sn、As、Sb 和 Bi 含量都非常低,钢中 O 的含量约 $30 \times 10^{-6}\%$,表明钢管冶金质量高。

表 9-9 宝钢试制 S31042 钢管的化学成分(质量分数,%)

项目	C①	Si	Mn	P	S	Cr	Ni	Nb	N	Al
标准①	0.04 ~ 0.10	≤1.00	≤2.00	≤0.030	≤0.030	24.0 ~ 26.0	19.0 ~ 22.0	0.20 ~ 0.60	0.15 ~ 0.35	0.003 ~0.03
宝钢化学成分	0.06	0.35	1.18	0.020	0.002	24.84	20.54	0.41	0.23	0.017
钢研复检成分	0.059	0.33	1.12	0.020	0.0008	24.75	20.33	0.40	0.23	0.0081
项目	B	Cu	V	W	Mo	Co	Zr	Ce	O	
标准①										
宝钢化学成分	0.0020	0.05	0.08		0.11	0.23	0.01	0.02	30×10^{-6}	
钢研复检成分	0.0012	0.040	0.079	<0.01	0.11	0.031	<0.01	<0.02		

① 标准为 ASME Code Case2115—1(2000.02.07)。

表 9-10 宝钢 S31042 钢管中五害元素分析(质量分数,%)

项目	Sn	Pb	Sb	As	Bi
标准					
宝钢化学成分	0.010	0.004	0.006	0.010	0.004
钢研复检成分	0.0015	0.0007	0.0005	0.0020	<0.00005

注:标准 ASME Code Case 2115 -1(2000.02.07);O:红外吸收法 NACIS/C H 007:2005,H:热导法 GB/T 223.82—2007。

按 ASTM E112 标准,S31042 钢管晶粒度为Ⅲ~Ⅳ级(见表 9-11)。S31042 成品钢管的强度、塑性和硬度均能满足 ASME CodeCase 2115 -1 和 GB5310—2009 的要求(表 9-12)。S31042 成品钢管的非金属夹杂物检测结果见表 9-13,满足技术条件要求。根据实际服役温度,对 S31042 钢管在 500 ~750℃温度范围的高温性能进行了检测。结果表明(表 9-14、表 9-15 和图 9-32),即使在 750℃下,钢的抗拉强度仍高于标准对 600℃下的要求。试验温度范围内的屈服强度均超过 ASME Code Case 2115 -1 对许用应力(90%屈服强度)的要求。

表 9-11 试制 S31042 钢管晶粒度

编号	晶粒度级别	判定结果	GB5310—2009 要求
1	Ⅲ~Ⅳ级	合格	Ⅶ级或更粗
2	Ⅲ~Ⅳ级	合格	

表 9-12 S31042 钢成品管硬度

试验编号	HB					平均值(HB)
BS1083 -1	172	174	174	180	174	175
BS1083 -2	177	169	174	172	174	173
BS1083 -3	172	172	177	172	167	172

表 9-13　S31042 钢管的非金属夹杂物评级试验结果

编　号	A 硫化物类		B 氧化物类		C 硅酸盐类		D 环状氧化物类		DS 单颗粒球状类
	细系	粗系	细系	粗系	细系	粗系	细系	粗系	
1	0	0	0.5	0	0.5	0	0	0	0
2	0	0	0.5	0	0.5	0	0	0	0
GB5310 要求	≤2.5	≤2.5	≤2.5	≤2.5	≤2.5	≤2.5	≤2.5	≤2.5	≤2.5
	A、B、C、D 各类夹杂物的细系级别总数≤6.5								

表 9-14　S31042 钢管固溶态室温力学性能

CodeCase 2115-1 标准范围	R_m/MPa	$R_{p0.2}$/MPa	A/%	Z/%	HBW/HRB	A_{KV}①/J
	≥655	≥295	≥30		≤256/≤100	
1 号	730	330	50.5	73.5	174/-	189
2 号	725	325	51.5	74.0	173/-	186

① 冲击试样尺寸为 10 mm×7.5 mm×55 mm。

表 9-15　S31042 钢管的高温力学性能

试验温度/℃	编　号	R_m/MPa	$R_{p0.2}$/MPa	A/%	Z/%
500	1 号管	550	179	47.0	68.0
	2 号管	555	176	49.0	69.0
550	1 号管	535	177	48.0	68.5
	2 号管	525	162	51.0	68.5
600	1 号管	500	162	53.5	66.5
	2 号管	510	168	51.0	68.5
650	1 号管	480	159	46.0	54.0
	2 号管	485	160	46.5	53.5
675	1 号管	465	165	44.5	54.0
	2 号管	465	152	39.0	53.0
700	1 号管	450	162	38.5	48.0
	2 号管	445	160	37.5	47.0
725	1 号管	420	164	31.0	32.5
	2 号管	415	166	31.0	34.5
750	1 号管	390	164	24.5	29.5
	2 号管	385	153	22.0	38.0

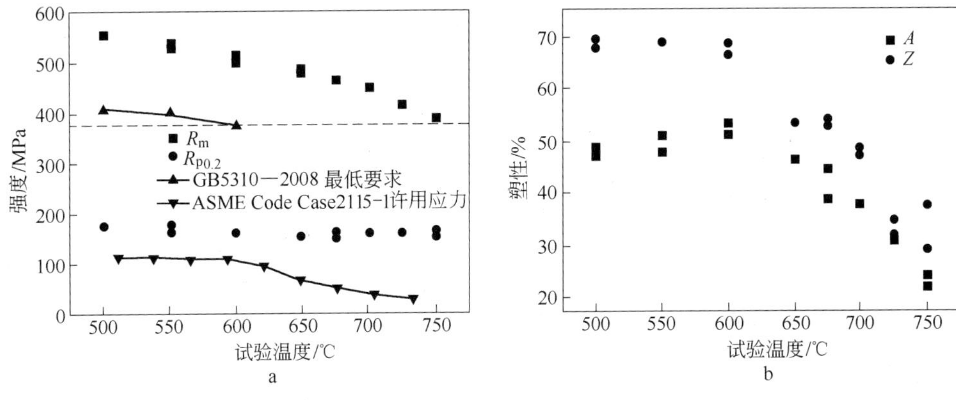

图 9-32 S31042 钢管的高温强度和塑性

a—钢管高温强度；b—钢管高温塑性

试制 S31042 锅炉钢管 700℃时效到 5000 h 的常规力学性能测试结果列于表 9-16和绘制于图 9-33、图 9-34 和图 9-35。时效态 S31042 锅炉钢管的高温短时力学测试结果列于表 9-17 和绘制于图 9-36。S31042 钢管母材 700℃持久试验数据，见表 9-18。持久应力 - 断裂时间关系曲线见图 9-37 和图 9-38。累计完成了 12465.8 h 的 700℃高温不同应力下的持久试验。根据现有数据外推，该评审材料的 10^5 h 外推持久强度约 77 MPa，高于 GB5310—2008 对该钢种 700℃持久强度 62 MPa的要求。

表 9-16 S31042 锅炉钢管时效态室温力学性能

700℃时效时间/h	编号	R_m/MPa	$R_{p0.2}$/MPa	A/%	Z/%	A_{KV}/J	HBW
0	1-1	730	330	50.5	73.5	189	174
	2-1	725	325	51.5	74.0	186	173
10	1-2	740	330	52.0	64.5	90	182
	2-2	735	345	49.5	63.0	92	185
100	1-3	745	350	42.5	46.0	36	186
	2-3	740	355	42.0	47.0	38	191
300	1-4	745	365	38.0	42.5	26	196
	2-4	755	370	39.5	44.5	25	200
1000	1-5	770	405	33.0	40.0	19	220
	2-5	775	400	32.5	40.0	20	225
3000	1-6	765	410	32.0	35.5	14	224
	2-6	765	420	30.5	36.0	13	225
5000	1-7	765	420	31.5	36.0	10	225
	2-7	760	420	32.0	35.0	9	223

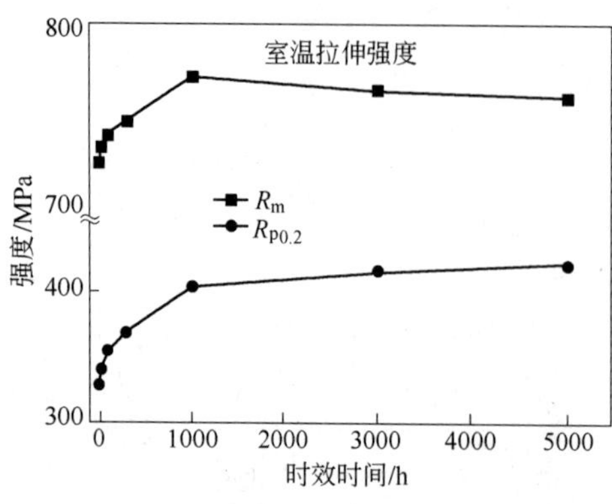

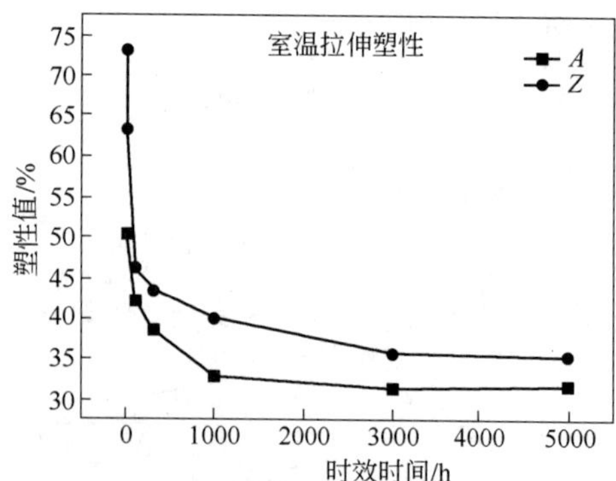

图 9-33　S31042 钢管时效时间与室温强度和塑性的关系

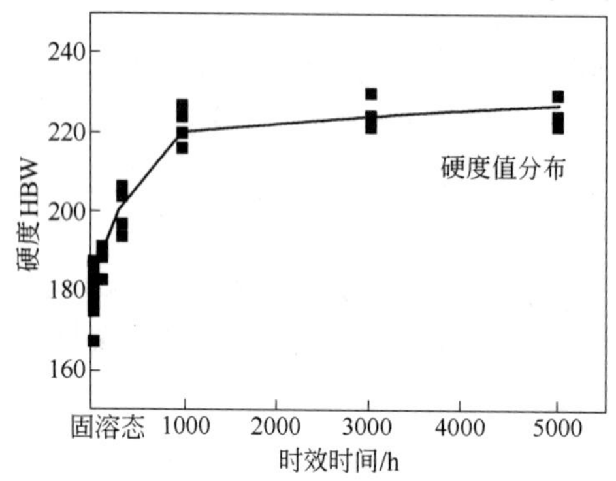

图 9-34　S31042 钢管时效时间与室温硬度的关系

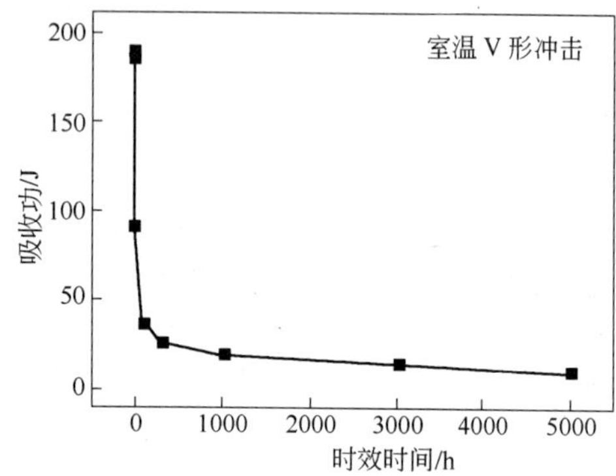

图 9-35　S31042 钢管时效时间与冲击功的关系

表 9-17　S31042 锅炉钢管时效态短时高温力学性能

700℃时效时间/h	编　号	R_m/MPa	$R_{p0.2}$/MPa	A/%	Z/%
0	1 - 1	450	162	38.5	48.0
	2 - 1	445	160	37.5	47.0
10	1 - 2	440	174	33.5	37.5
	2 - 2	440	181	35.0	39.0
100	1 - 3	445	188	36.0	41.0
	2 - 3	445	190	36.5	39.5
300	1 - 4	430	195	34.0	43.5
	2 - 4	430	199	35.0	42.5
1000	1 - 5	425	220	38.0	47.5
	2 - 5	430	220	39.5	47.0

续表 9-17

700℃时效时间/h	编　号	R_m/MPa	$R_{p0.2}$/MPa	A/%	Z/%
3000	1-6	470	169	44.5	53.5
	2-6	435	230	28.0	36.0
5000	1-7	425	220	35.0	42.5
	2-7	430	225	36.0	40.0

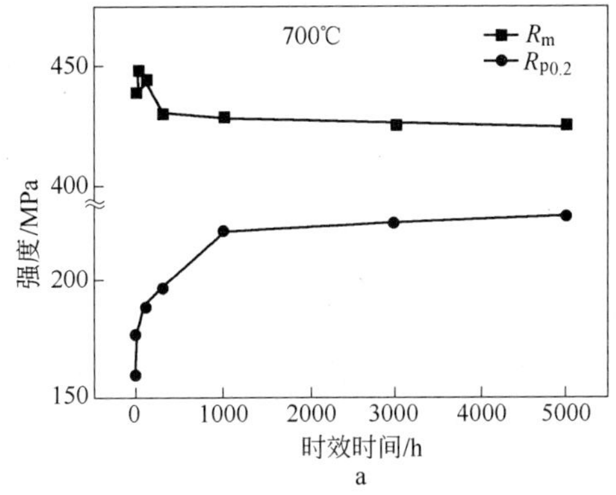

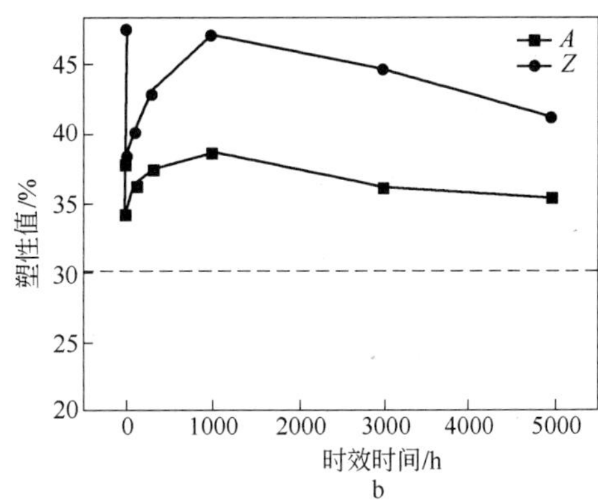

图 9-36　S31042 钢管时效时间与 700℃高温强度和塑性的关系

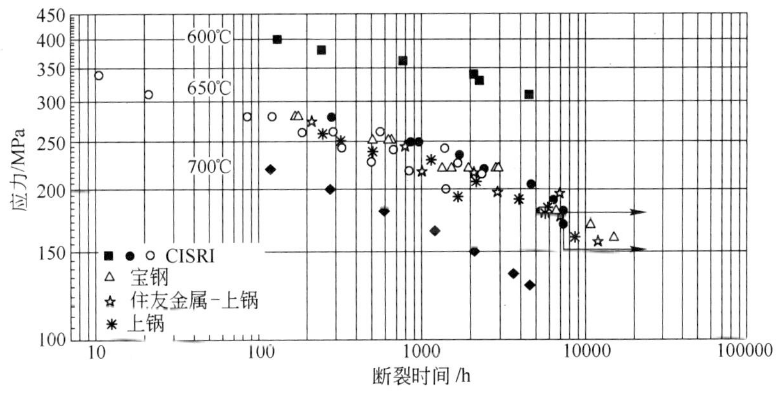

图 9-37　S31042 钢管持久强度曲线

表 9-18　S31042 钢管母材 700℃持久试验数据

编　号	记录号	应力/MPa	断裂时间/h	A/%	Z/%
S31042	BS-1	245	154:57	12	11
S31042	BS-4	205	560:40	12	12
S31042	BS-3	165	1919:00	9	10
S31042	BS-5	135	2844:11	5	6

续表 9-18

编　号	记录号	应力/MPa	断裂时间/h	A/%	Z/%
S31042	BS-81	127	3052	4	4
S31042	BS-8	190	577	10	14
S31042	BS-7	100	>1009		
S31042	BS-9	110	>2349		

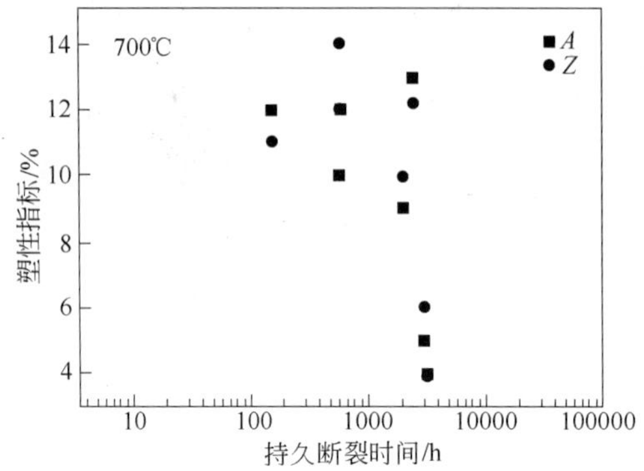

图 9-38　S31042 钢管持久塑性

9.3　S31042 锅炉钢管在久立特材公司试制和生产[7]

久立特材有限公司(久立公司)与山西太钢不锈钢股份有限公司(太钢公司)合作采用电炉+炉外精炼+热挤压+冷轧+固溶热处理流程试制了 S31042 锅炉钢管。太钢公司生产的 S31042 钢坯料尺寸为 ϕ210 mm 棒料,久立公司按上述工艺过程把 ϕ210 mm 棒料加工成 ϕ60 mm×4 mm、ϕ51 mm×9.5 mm 和 ϕ63.4 mm×12 mm 成品锅炉钢管,试制钢管的化学成分列于表 9-19。

表 9-19　太钢公司+久立公司试制 S31042 钢管的化学成分(质量分数,%)

规　格	编号	C	Mn	Si	P	S	Ni	Cr	Nb+Ta	N
ASME A213M		0.04～0.10	≤2.0	≤0.75	≤0.030	≤0.030	17.0～23.0	24.0～26.0	0.20～0.60	0.15～0.35
ϕ63.4 mm×12 mm	1	0.056	0.967	0.551	0.022	0.001	19.76	25.21	0.460	0.202
ϕ60 mm×4 mm	2	0.063	0.974	0.567	0.022	0.001	19.82	25.23	0.461	0.229

热挤压是该工艺流程生产 S31042 锅炉钢管的关键工序之一。挤压前对钢坯进行三段式加热,先是在天然气环形加热炉内进行充分低温预热,然后在可控工频感应加热炉内进行两次高温快速加热,分别加热到热扩孔温度和热挤压温度,确保

扩孔管坯及挤压管具有良好的表面质量和均匀的壁厚。在热扩孔时采用先进的活动扩孔头和特殊玻璃润滑剂，热挤压时金属受三向压应力作用，挤压变形量很大，挤压后钢管的微观组织更加致密，各向性能差异性减小。值得注意的是挤压过程中局部金属的温度升高可达 150℃。热挤压后中间管坯按 ASTM A370 标准测定的常规力学性能如表 9-20 所示。

表 9-20　挤压后 S31042 中间管坯常规力学性能

规格/mm×mm	$R_{p0.2}$/MPa	R_m/MPa	A_5/%
ϕ108×9	450	775	50
ϕ108×17	430	750	53
ϕ108×17	480	770	49

为获得良好的表面质量和尺寸精确度，在环孔型长行程轧机上对上述挤压中间管坯进行一道粗轧加一道精轧的两道次冷轧，冷轧变形系数达到 2.5～3.9，冷轧钢管减面率达 60%～75%。随后采用合适的固溶处理工艺，使成品 S31042 钢管的晶粒度控制在 5 级和 6 级。试制 S31042 钢管的常规力学性能均满足 ASME A213M 和 GB5310—2008 标准的要求，高温拉伸性能测试结果如图 9-39 所示，在 100～700℃之间，S31042 钢管测试高温抗拉强度明显高于 GB5310—2008 标准要求值。久立公司试制 S31042 钢管的持久强度测试曲线如图 9-40 所示，根据该测试数据和 ASME 标准有关数据外推的步骤，外推获得 S31042 钢管 700℃下 10 万小时持久强度值为 71.2 MPa，高于 GB5310—2008 规定的 62 MPa。

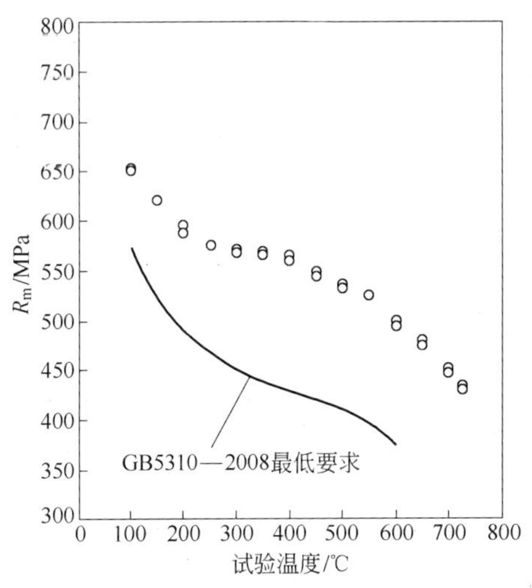

图 9-39　久立公司 S31042 钢管高温拉伸曲线

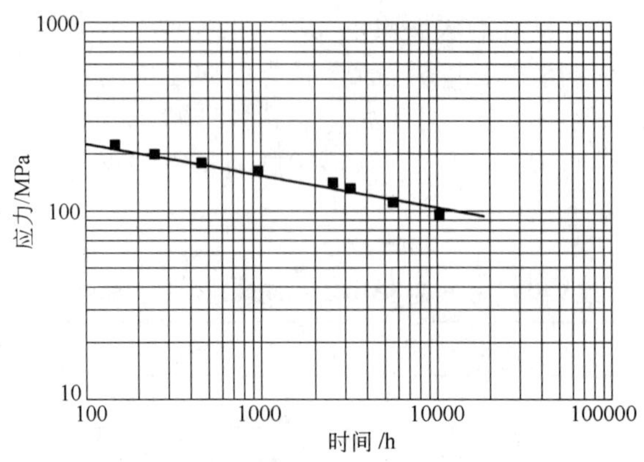

图 9-40　久立公司 S31042 钢管持久强度曲线

9.4　国内外 S31042 钢管微观组织的对比[8]

对日本住友金属公司和中国宝钢股份公司生产的 S31042 锅炉钢管的微观组织进行了对比分析,两个公司生产的 S31042 钢管的化学成分列于表 9-21。宝钢对比 S31042 钢管选用 873D1083 炉号。日本住友公司 S31042 钢管的固溶处理工艺为 1250℃ 2 min WQ,中国宝钢公司 S31042 钢管的固溶处理工艺为 1230℃ 20 min WQ。两公司 S31042 钢管固溶处理后及时效处理后的微观组织照片分别如图 9-41 和图 9-42 所示。两公司 S31042 钢管固溶态组织均为奥氏体 + 孪晶,住友公司 S31042 钢管固溶态组织的晶粒明显比宝钢公司 S31042 钢管固溶态组织的晶粒粗大。对时效后两公司 S31042 钢管的晶粒度进行评定,住友公司生产 S31042 钢管的晶粒度主要为 4 级(4 级占 70%,1.5 级占 20%,0 ~ 0.5 级占 10%),宝钢公司生产 S31042 钢管的晶粒度主要为 5.5 级(5.5 级占 70%,1.5 级占 30%)。S31042 锅炉管微观组织上的这种差别对高温高压长时服役过程钢管性能的影响值得开展深入的研究。

表 9-21　日本住友公司和中国宝钢公司 S31042 锅炉管化学成分(质量分数,%)

元　素	C	Si	Mn	P	S	Cr	Ni	Nb	B	N	Co
住友管	0.062	0.38	1.16	0.015	0.0007	25.27	19.94	0.40	0.0016	0.23	0.11
宝钢 873D1083	0.059	0.33	1.12	0.020	0.0008	24.75	20.33	0.40	0.0012	0.23	0.23
元　素	Mo	V	Ce	Zr	Al	Ti	As	Pb	Sn	Sb	Bi
日本管	0.094	0.052	<0.002	<0.01	0.0064		0.0021	<0.0005	0.0016	<0.0005	<0.00005
宝钢 873D1083	0.11	0.079	<0.002	<0.01	0.0081	0.012	0.0020	0.0007	0.0015	0.0005	<0.00005

注:宝钢 Cu 含量为 0.040%。

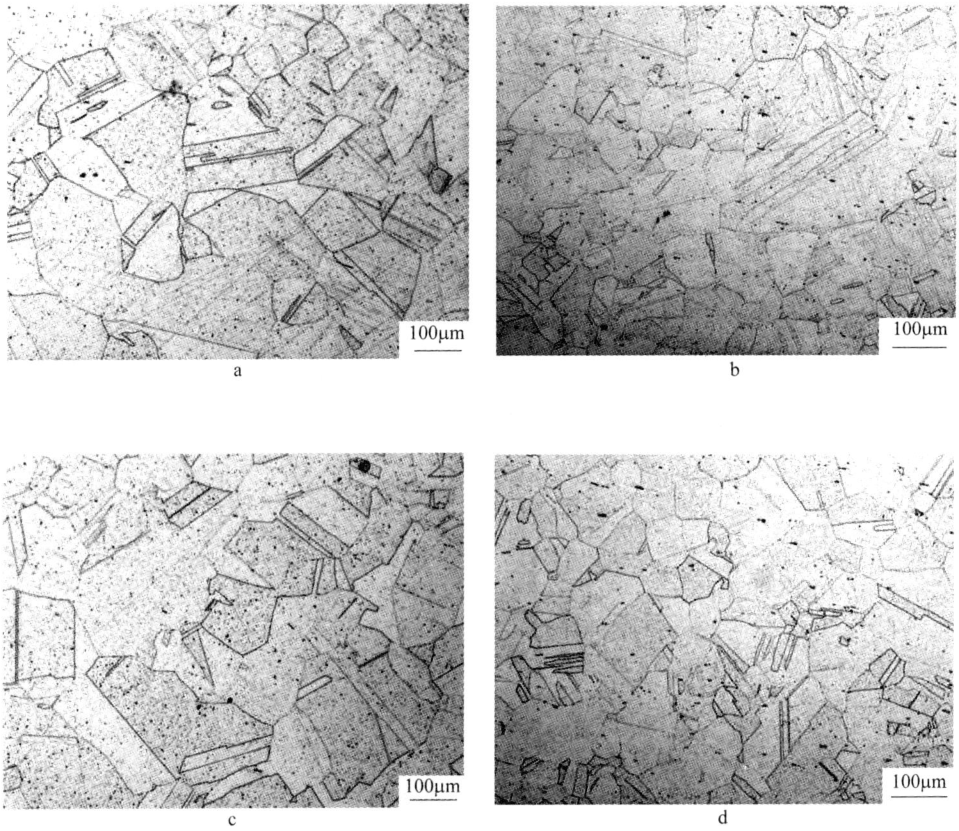

图 9-41 中外 S31042 锅炉钢管固溶态微观组织对比

a,c—日本住友公司;b,d—中国宝钢公司

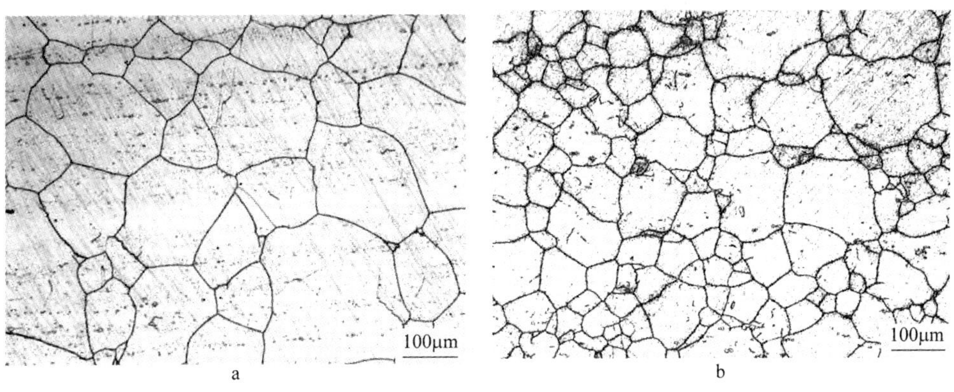

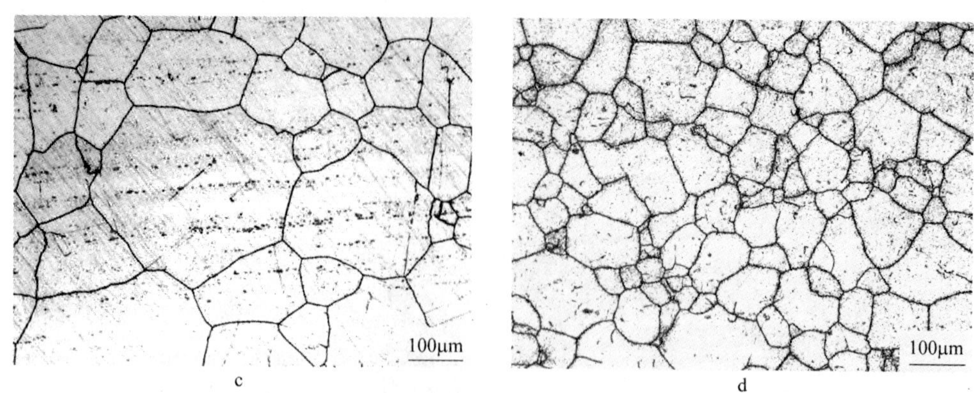

图 9-42　中外 S31042 锅炉钢管时效态微观组织对比

a,c—日本住友公司;b,d—中国宝钢公司

参考文献

[1] 包汉生,王起江,程世长,等. NF709R 锅炉钢管实验室研究和工业试制技术总结. 钢铁研究总院 - 宝钢股份公司技术报告,2010.

[2] Michael S. Gagliano, Horst Hack, Greg Stanko. Fireside corrosion resistance of proposed USC superheater and reheater materials: Laboratory and field test results[C]. Presented at: The 33rd International Technical Conference on Coal Utilization & Fuel Systems, Clearwater, FL USA, 2008.

[3] 刘鸿国. 超超临界机组新型不锈钢 Super304H 和 HR3C 运行后阶段性性能试验研究. 600 MW/1000 MW 超超临界机组新型钢国产化研讨会,中国扬州,2009.

[4] 王敬忠,程世长,刘正东. HR3C 钢高温拉伸塑性偏低的影响因素研究. 先进电站用耐热钢与合金研讨会,上海,2009.

[5] 王敬忠,程世长,刘正东. S31042 钢研究进展. 钢铁研究总院 - 宝钢股份公司技术报告,2010.

[6] 钢铁研究总院 - 宝钢股份公司,S31042 钢管国产化试制生产技术总结,2010.

[7] 蒋淮海. TP310HNbN 锅炉钢管制造工艺研究. 先进电站用耐热钢与合金研讨会,上海,2009.

[8] 包汉生. 中日两国企业生产的 S31042 锅炉钢管晶粒度及微观组织的对比. 钢铁研究总院技术研究报告,2010.

10 火电机组汽轮机叶片用钢合金设计

10.1 前言

叶片是汽轮机最重要的部件之一，它直接担负着将蒸汽的热能转变为机械能的作用，工作条件极其复杂[1]。运行中转子高速度旋转时，由叶片的离心力引起拉应力，叶片各个截面的重心不在同一直线上或叶片安装位置偏高，叶轮辐射方向所产生的弯曲应力，由蒸汽流动的压力造成叶片的弯曲应力和扭转应力，都传递到叶根的销钉孔或根齿，还会产生剪切和压缩应力。由于机组的频繁启停、气流的扰动、电网周波的改变等因素的影响，叶片承受交变载荷的作用。另外，转子平衡不好，隔板结构和安装质量不良，个别喷嘴截距不一，喷嘴损坏等，会引起叶片振动的激振力。处于湿蒸汽区的叶片，特别是末级叶片，还要经受化学腐蚀和水滴的冲蚀作用。

汽轮机叶片分为动叶片和静叶片。动叶片装在转子上，静叶片装在隔板上，在极为复杂的工况下长期工作，工作寿命要求大于 10 万小时。叶片尺寸范围很宽，动叶片短的只有几厘米长，而超超临界火电机组（USC）中汽轮机末级叶片长达 1.2 m处。汽轮机工作环境对叶片材料提出了苛刻要求。

（1）机械性能。叶片材料的力学性能包括强度、塑性、韧性和疲劳性能。对机械性能的要求取决于叶片的工作应力及设计所选取的安全系数。对于中压以下汽轮机，叶片工作温度一般不超过 400℃，均以常温及高温瞬时力学性能为主；高压汽轮机的某些处在 400℃以上工作的叶片，除常温及高温瞬时力学性能以外，更重要的是考虑高温长期性能，如持久强度、持久塑性和蠕变强度等。

持久强度是评价高温段叶片材料的主要指标之一。电站汽轮机一般都以 10 万小时的持久强度作为主要设计依据。叶片在工作时允许的变形量很小，这是因为叶片和汽缸之间的间隙很小，因此要求叶片材料具有较高的蠕变强度。

除持久强度和蠕变强度外，蠕变脆性也是主要考虑因素之一。钢的蠕变脆性指标主要是以持久塑性和持久缺口敏感性来衡量，它标志了材料塑性储备的大小。塑性储备愈大，叶片产生突然断裂的可能性愈小。蠕变脆性是在温度、应力和时间的联合作用下产生的，在这种情况下钢的持久塑性显著降低，持久缺口敏感性显著增加，在高温长期断裂时呈脆性破坏现象。这种破坏结果使零件不是由于超应力，而是由于钢的持久塑性储备耗尽产生突然断裂。从大量的汽轮机叶片断裂事故的分析中可看出，叶片断裂失效绝大多数属于疲劳断裂失效。疲劳断裂失效的类型有高周疲劳、低周疲劳、腐蚀疲劳、热疲劳等。

高速运转的叶片承受的是交变载荷，它引起叶片振动疲劳。叶片的自振频率应该避开共振区。但是在某些因素的影响下例如叶片自振频率调整不好、设计加工不当、装配质量不良、各种频率的气流扰动、运行周波的改变，这些因素都能使叶片的自振频率进入共振区，使叶片发生振动疲劳失效。汽轮机的变速级叶片及后几级叶片就时常发生这种断裂事故。

材料的低周疲劳近来也引起了更多的重视。汽轮机叶片在其寿命期内必定有许多次的启动、停机、变速，少则数百次，多则上万次。这种疲劳破坏属于低周疲劳破坏范围。也有叶片遭受水击和气流脉动而发生低周疲劳断裂的实例。

腐蚀疲劳是叶片失效的一个重要原因。叶片材料在交变应力和腐蚀介质的共同作用下产生的失效现象称为腐蚀疲劳。当叶片的工作环境含有腐蚀因素时，材料的疲劳性能将显著下降。明显的腐蚀介质产生的腐蚀疲劳引起了人们的注意，可是在空气或蒸汽中，由于腐蚀性化合物在叶片表面的凝聚而产生的腐蚀疲劳，尚未引起更大的重视。空气或电站汽轮机蒸汽实际上并不是纯净的，其中包含有 NaCl 等多种化合物，这些化合物在叶片表面浓缩而形成腐蚀坑，恶化疲劳性能。实验指出，动叶材料 2Cr13 钢在 3% NaCl 溶液和自来水中的疲劳强度将下降 30% ~50%，当介质温度提高时，疲劳强度下降得更多。

汽轮机组由于启动频繁等原因，使叶片受激冷和激热的作用，这种温度的周期变化使材料内部承受交变的热应力，由此产生的损伤积累，最后导致叶片断裂，这种破坏过程称热疲劳。因此要求材料具有良好的抗热疲劳性能，线膨胀系数要小，导热系数要大。

上述几种疲劳现象往往并非单独存在，而是复合作用于材料。例如热疲劳在一般情况下将产生许多细小裂纹，这些小裂纹可以成为高周和低周疲劳的断裂起源。当有腐蚀性介质存在时，热疲劳裂纹加速了腐蚀疲劳的产生，称为腐蚀性热疲劳。此外叶片材料本身的冶金质量、夹杂物的数量和分布、热处理和加工工艺等都能影响材料的疲劳性能。

（2）减振性。汽轮机叶片，特别是变速级叶片和变转速汽轮机叶片引起共振的可能性较大。迄今为止，国内外电站中发生叶片断裂的原因很多是由于叶片发生共振所致。当叶片材料的振动衰减率高时，则可以减小振动应力，使叶片由振动而导致疲劳断裂的可能性减小。因此材料振动衰减率的高低，成为人们关心的重要性能之一。对叶片材料振动衰减率的大小，虽然目前尚不能提出定量的要求，但总希望材料的振动衰减率能高一些。

（3）耐蚀性。处在过热蒸汽中工作的中压与高压汽轮机叶片，在正常运行条件下蒸汽中不含水分，所含盐分也不能溶解于水，因此一般不会出现氧化及电化学腐蚀,因此,对这些叶片来说,耐蚀性不是主要问题。处在湿蒸汽区工作的叶片,由于蒸汽的湿度大,因而使叶片经受电化学腐蚀,这些叶片材料希望采用耐蚀性较好的不锈钢制造,或采用非不锈钢而予以适当的表面防护处理。燃气轮机叶片的工作温度更高,高温燃气是含有腐蚀性成分的氧化性气体,因此对燃气轮机叶片还提出了抗氧化和抗腐蚀的要求。

(4) 耐磨性。汽轮机的最后几级叶片,由于蒸汽中出现水滴,使叶片除经受电化学腐蚀外,还经受水滴的冲刷而产生机械磨损。磨损程度取决于蒸汽温度与叶片的圆周速度,因此对这些叶片除了要求耐蚀性外,还要求它具有较高的耐磨性。电站运行经验证明,对于汽轮机后几级叶片必须采用适当表面强化措施。中等容量汽轮机末级动叶片的圆周线速度较低,其进汽侧上端可采用电火花强化、镀铬或局部淬硬等表面防护措施;大容量汽轮机的末几级动叶片长度大,圆周线速度高,应在叶片进汽侧上端堆焊或钎焊司太立硬质合金,以提高叶片的抗水刷性能。对燃气轮机叶片和压气机叶片,由于燃气中的灰分和空气中的灰砂,叶片的机械磨损也十分严重,这就要求提高叶片的表面硬度以增强其耐磨性。

(5) 工艺性和经济性。汽轮机的叶片数量很大,叶片的加工量约占主机总工时的三分之一。叶片成形工艺复杂,因此希望叶片材料具有良好的冷热加工工艺性能,以利于大批量生产。各类叶片的成形方法不同,对工艺性能的要求也不尽相同。对锻造成形的叶片要求它的锻造工艺性能好一些 ,对铸造成形的叶片要求它的铸造性能好一些。叶片的叶根部分一般都是用切削加工得到,因此希望叶片材料具有良好的切削加工性。

由于每台汽轮机组的叶片很多,加工量很大,而叶片材料的利用率却很低,例如长叶片的材料利用率仅有 9% ,因此叶片的经济性成为一个重要的问题。为了提高叶片的生产效率和材料利用率,已推广采用或正在试验研究各种少切削或无切削叶片毛坯的新生产工艺,如精密铸造汽轮机喷嘴和静叶、真空熔炼精密铸造燃气轮机动静叶片、粉末冶金制造隔叶块,热轧及热轧冷拉制造大头汽叶和等截面动叶、钢板焊接爆炸成形制造空心静叶片、高速锤挤压中小扭叶片和压气机动静叶片、模锻大尺寸动叶片等,以及试用辊锻工艺制造小叶片、辊轧工艺和模锻工艺制造末级长叶片和半精锻生产叶片毛坯等。采用这些新工艺,材料利用率比用方钢铣削有显著的提高,叶片性能也有所改进。

12% Cr 型马氏体耐热钢有较高的耐蚀性,热强性、韧性和冷变形性能,能在湿蒸汽及一些酸碱溶液中长期运行,且其减振性是已知钢中最好的,因此 12% Cr 型马氏体耐热钢是主要的叶片用材料[2]。

10.2　铁素体系叶片钢的发展

汽轮机由于向高温、高压和大容量发展,转速提高,常规 12% Cr 钢就显得强度不足。常规的12% Cr钢的应力极限是70～80 MPa,如果降低回火温度,就可提高极限应力,但是伸长率、冲击值和抗应力腐蚀开裂性会降低,以致不能使用,为此要求研发强度更高的12% Cr钢。12% Cr叶片钢按其发展可分为四类,前3类为以前研发的钢种[3],第4类为最近研发的钢种。按发展年代分别为:

(1) 含Mo,不含Co和强碳化物形成元素。20世纪40年代发展的钢种,如Avesta 739S,SUS－37B,AMS－5614等。

(2) 含Mo和强碳化物形成元素,但不含Co。20世纪40年代出现,现仍使用的钢种,如AL 419,AISI 422,H－46等。

(3) 含Co和Mo的钢种。20世纪70年代开始发展的钢种,如AFC－77,H－58,AM367,H－53,Pyromet X等。

(4) 改进型12% Cr铁素体系耐热钢。为满足超(超)临界火电机组蒸汽参数的需求,通过调整W、Mo含量,优化N、B,V、Nb或添加Co等方法,近年来形成或在研的新钢种,如TAF、GE(Mod.)、HR1200等。

英国早在20世纪40年代,为满足涡轮盘和汽轮叶片的要求,12% Cr钢得到了广泛的研究,20世纪50年代开发出H－46、FV448及其他钢种,都具有良好的持久强度。

美国20世纪50～60年代在H46的基础上降低Nb含量来降低固溶处理温度和保证韧性,并减少Cr含量抑制δ铁素体得到10.5Cr1MoVNbN(GE)以及GE调整型,同时还在12CrMoV的基础上开发含W的12% Cr转子用钢AISI－422,同时美国AISI－422、AL 419、Lapelloy和其他12% Cr钢也被应用到汽轮机叶片。这些钢与12CrMoV相比具有更好的性能。日本在H46基础上添加B开发了10.5Cr1.5MoVNbB(TAF)用于燃气轮机涡轮盘和小型汽轮机转子,也用于制造叶片。

在超超临界参数条件下,常规的H46、AISI422等12% Cr耐热钢已经难以满足叶片的蠕变强度要求,过去AISI422合金成功地用于550℃,在更高温度下必须采用更高合金含量的新型12% Cr钢。9%～12% Cr铁素体钢的主要优势是其膨胀系数与9%～12% Cr转子非常匹配,不需要对设计进行调整来满足不同的热膨胀,但在采用高温合金时会有这种情况发生。

运行到593℃和630℃的超(超)临界机组中,由于上述钢种的蠕变强度不足,日本20世纪70年代开发了12Cr－MoVNb系列593℃级别的TR1100(TMK1)和TOS101。欧洲也在COST 501下开发了9.5Cr－MoVNbB(COST B)、10.5Cr－MoVNbWN(COST E)和10.2Cr－MoVNbN(COST F)等一系列转子用钢。其中COST E、COST F已应用于欧洲的超超临界火电机组。

汽轮机用铁素体耐热钢的开发进程示于图10－1[4]。由于汽轮机用钢还重视室温和中温时的拉伸强度,因此其含C量比锅炉钢高。另外,由于降低了回火温度，因而提高了热处理后残留下来的位错密度。除此以外，与锅炉用钢一样，做到低 Mo - 高 W 和添加 Co、V、Nb、B。

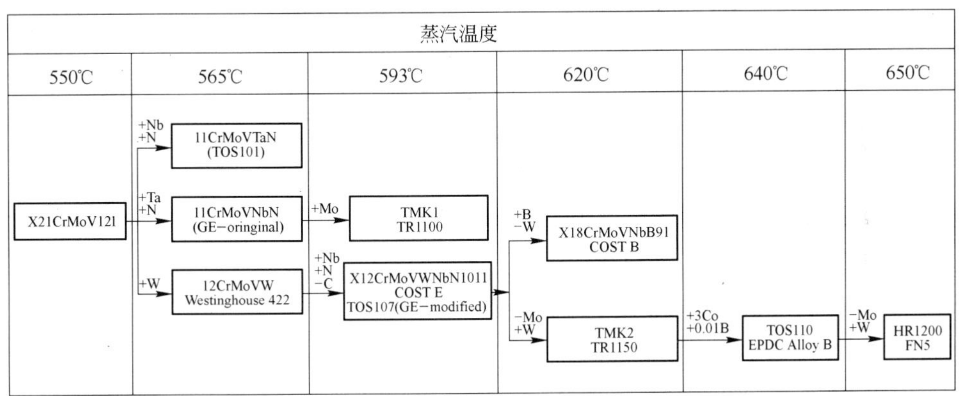

图 10-1 汽轮机用铁素体耐热钢的发展进程

新型汽轮机用钢的发展走过了一条与锅炉钢相似的道路[5]。最早的 12% Cr 钢是 12CrMoV 系列的 X21CrMoV121，最高可用于 560℃。在其中加入 Nb + N、Ta + N或 W，从而产生了三种 12% Cr 新钢种。Ta + N 在日本应用，Nb + N 钢主要是 GE 公司采用，而含 W 钢 12CrMoVW 由美国西屋公司所采用。这一级别的钢比常规的 12CrMoV 钢可以提高 15℃，但实际上只应用到 565℃，Nb 和 Ta 形成碳氮化物产生析出强化作用。

20 世纪 80 年代进行的又一轮开发主要是在 Nb - N 或 Ta - N 钢中添加 W 来提高固溶强化作用，从而产生了日本开发的 TOS107（也称为 GE 改良型）和欧洲 COST 501 开发的 X12CrMoVWNbN101 - 1（E 型），这些钢种把允许的运行温度提高到 593℃。另一种途径是将 Mo 由 1% 提高到 1.5% 并降低 C 含量。由于 Mo 的固溶强化作用以及对 M_6C 和 $M_{23}C_6$ 的稳定作用，可以在 593℃ 获得相近的性能。这种高 Mo 含量合金（TMK1 或 TR1100），完全类似于前一类钢，其所标榜的性能还没有完全证实。

X12CrMoVWNbN 钢的进一步改良有两种途径，在欧洲 COST 501 计划中发现即使在没有 W 的情况下添加 B 也可以得到非常高的蠕变强度，满足 620℃ 的要求，这种合金成为 X18CrMoVNbB91。另外，日本的研究人员将 W 含量由 1% 提高到 1.8%，得到 TMK2（TR1150），也获得更高的蠕变强度。

再下一步的合金调整包括将 W 含量由 1.8% 增加到 2.7%，并添加 3% Co 和 0.01% B，这产生了 HR1200[6] 和 FN5[7]，这两种钢可望用于 650℃。包括 HR1200 在内的上述钢种都制造了试验转子并进行了性能评定。目前还没有 FN5 的试验转子的报道。许用温度是基于断裂时间为 10^5 h，持久强度为 125 MPa 下的。最近 Fujita[8] 报道了一种 HR1200 的改良型，其 Al 含量低于 20×10^{-6}，Ni 低于 0.1%，其性能较 HR1200 有显著的提高,改进的 HR1200 据认为估计在650℃下 10^5h 的持久强度为 110 MPa。

目前,开发的新型 12% Cr 铁素体耐热钢已开始替代高温合金用于蒸汽温度为593℃的叶片,东芝公司在 565℃ 主要采用 12CrMoVNbN,在 593℃ 采用改进型的12% Cr 钢 12CrMoVNbNW。在 565℃ 下,改进型 12CrMoVNbNW 的蠕变强度比12CrMoVNbN 提高 25%。更高蒸汽温度使用的 12% Cr 铁素体叶片钢正在开发、试验中,并在不断的改进。Muramatsu 建议[9] HR1200(或 FN5)和合金 D 两种铁素体钢作为 630℃的叶片材料。部分叶片钢的化学成分见表 10-1。

表 10-1　铁素体叶片钢的化学成分(质量分数,%)

钢　号	C	Si	Mn	Cr	Ni	Mo	W	Co	V	Nb	N	B	Re
H46	0.15	0.40	0.60	11.50		0.60			0.30	0.25	0.075		
LAPELLOY	0.30	0.25	1.0	12.0	0.30	2.75			0.25				
FV448	0.10	0.46	0.86	10.7	0.65	0.60			0.14	0.26	0.050		
AISI422	0.23	0.40	0.60	12.5	0.70	1.0	1.0		0.25				
AL 419	0.25	0.30	1.0	11.5	0.5	0.5	2.5		0.40		0.10		
TAF	0.16	0.50	0.80	11.50		1.00			0.20	0.20	0.015	0.04	
TR1150(TMK2)	0.13	0.05	0.50	10.7	0.70	0.4	1.8		0.17	0.06	0.045		
GE(Mod.)	0.14	0.03	0.60	10.0	0.70	1.0	1.0		0.18	0.045	0.040		
TOS110	0.11			10.0	0.20	0.70	1.8	3.0	0.20	0.05	0.02	0.01	
HR1200(FN5)	0.11	0.05	0.60	11.0	0.50	0.15	2.6	3.0	0.20	0.08	0.025	0.015	
Alloy D(TOS203)	0.11	0.05	0.50	10.50	0.6	0.10	2.5	1.0	0.20	0.10	0.03	0.01	0.2

10.3　铁素体系耐热钢的强化机制

10.3.1　蠕变性能的劣化机制

根据已获得的长时蠕变试验数据,可以看出,高 Cr 铁素体耐热钢经过数千小时乃至数万小时运转后,蠕变强度会急剧下降,这一问题最近已变得很严重。蠕变断裂强度急剧下降的原因有:

(1)晶界附近的组织优先回复;

(2)伴随着蠕变过程中出现新的析出等,组织会变得不均匀;

(3)高密度位错的回复会促进组织的回复;

(4)沿晶界组织的脆化。

关于第一项原因,对回火马氏体组织的 T91 耐热钢研究表明,在 600 ~ 650℃、

试验时间超过 10^4h 的低应力长时间试验中,晶粒内的组织在热处理后大部分仍为微细马氏体组织,沿着原始奥氏体晶界会生成组织显著回复的区域,蠕变强度会急剧下降,见图 10-2a。在 600 ~ 650℃时晶界附近的优先回复特别显著,见图 10-2b。对其原因的解释之一是被称作 Z 相的 Cr、Nb、V 的粗复合氮化物[Cr∶Nb(V)∶N = 1∶1∶1]在长时间运转后会优先在晶界附近析出,作为析出强化相的 V、Nb 的细 MX 会随之在 Z 相的周期产生再固溶并消失。

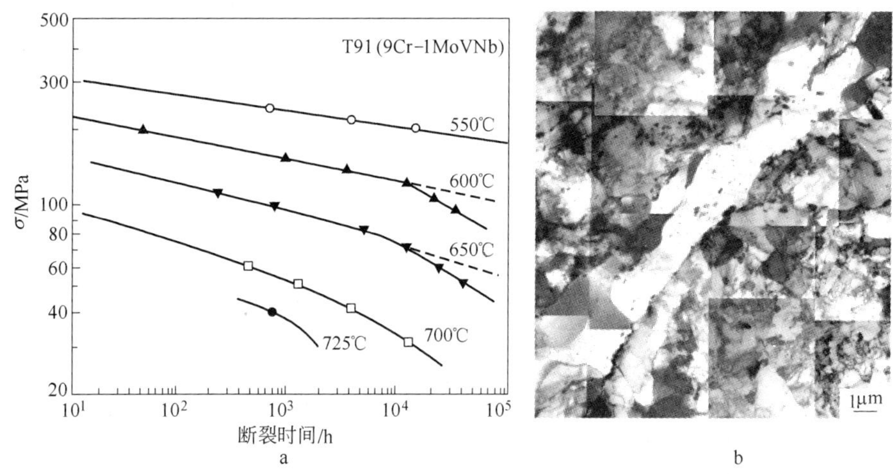

图 10-2 T91 钢的蠕变曲线与晶界回复

a—蠕变曲线;b—晶界回复

关于第二项原因,最近开发的高强度 9% ~ 12% Cr 钢通过正火 - 回火热处理后,可以调制成在位错密度高的板条状和块状组织中微细 $M_{23}C_6$碳化物和 MX 型碳氮化物弥散析出强化能力强的组织,但在蠕变过程中,由于热应力的作用,随着稳定、粗大的 M_6X 型碳氮化物、Z 相、Fe_2(Mo、W) Laves 相的析出,$M_{23}C_6$和 MX 会出现再固溶和分布不均匀,结果会使析出产生的位错、板条状边界的钉扎力下降和蠕变强度的急剧下降。除 Z 相外,导致长时间蠕变强度劣化的因素有 M_6X、Fe_2(Mo、W)、AlN 在蠕变过程中的析出。含 W、Mo 多的材料,在长时间运转后,会一面使 $M_{23}C_6$再固溶、消失,一面析出 M_6X。由于 M_6X 容易粗化,因此可以认为其析出强化能力低。由于 Fe_2(Mo、W)还容易在含 W、Mo 多的材料中析出,并容易粗化,因此其析出强化能力小,由于析出过程中消耗母材中的 W、Mo,因此还会使固溶强化下降。两种主要的劣化机理为:尺寸不稳定的第二相的析出和粗化伴随着固溶强化的削弱(Laves 相和 M_6X)以及第二相析出导致钢中已经沉淀微细颗粒溶解,在改良 Cr 钢中有 M_6X 和 Z 相[10]。

600℃铁素体钢在蠕变过程中化合物相的粗化速度见表 10-2。

表 10-2　叶片钢中析出相的粗化速度

析出相	Nb(C,N)	V(C,N)	V_4C_3	M_2C	$M_{23}C_6$	M_7C_3	M_3C
粗化速度	0.74	1	18	44	209	2206	30198

关于第三项原因，对于 750℃和 800℃回火的 12% Cr 马氏体耐热钢，虽然在 750℃低温回火时，位错密度高，短时间的蠕变强度高，但在长时间运转情况下，会出现组织的不均匀回复和软化现象。

关于第四项原因，11Cr－2W－0.3Mo－CuVNb 钢在 650℃时的长时间运转中蠕变强度的下降是由于组织脆化造成早期断裂所致。在晶界析出的 Fe_2W(Laves) 相会促进空穴的产生并使之脆化。另外，即使 Fe_2W 析出了，也没有发生脆化，但是由于 Fe_2W 的凝聚粗化，马氏体组织会回复并软化，结果使蠕变强度降低。

10.3.2　提高长时蠕变强度的措施

提高长时蠕变强度的措施主要有两点：

（1）影响蠕变寿命的因素和长寿命化措施蠕变曲线一般由过渡蠕变区域和加速蠕变区域组成。前者表示蠕变速度随时间而减少的区域，后者表示经过最小蠕变速率后蠕变速度随时间而增大的区域。一般认为，加速蠕变的开始是与板条状和块状边界的移动开始及部分弱化区域的开始形成相对应的。对于实际的低应力区域，许多研究人员认为在晶界附近形成的弱化区域会慢慢在晶内扩大。蠕变寿命大体上与最小蠕变速率成反比。因此，如何降低最小蠕变速率是延长蠕变寿命的关键。

最小蠕变速率与加速蠕变的开始时间有关，即与过渡蠕变区域的持续时间有关。为把加速蠕变的开始时间延长，使蠕变速度充分降低，因此在整个晶界、晶内长时间保持组织均匀是延长蠕变寿命的关键。

（2）晶界附近组织长时间稳定可以提高 650℃级铁素体耐热钢的长时蠕变强度。从材料结构方面研究微细组织在晶界附近长时间稳定性[11]。图 10-3a 示出 9Cr－3W－3Co－0.2V－0.05Nb－0.08C 钢添加了在晶界容易产生偏析的 B 后，该钢在 650℃的蠕变断裂数据。为抑制生成 BN，因此不添加 N。无添加 B 的钢在 10^3 h左右运转后，蠕变断裂强度急剧下降，但随 B 含量的增加，在长时间运转后能抑制蠕变强度的劣化。由于该钢没有添加 N，因此 Z 相的生成不会导致长时间运转后蠕变断裂强度的劣化。劣化是由于在蠕变过程中 $M_{23}C_6$ 碳化物凝聚粗化会导致马氏体组织迅速回复所致。B 在晶界附近的 $M_{23}C_6$ 碳化物中富集，可以长时间抑制晶界附近的 $M_{23}C_6$ 碳化物在蠕变过程中发生凝聚粗化，使晶界附近的微细板条状－块状组织保持长时间不变。图 10-3b 示出了添加 B 后抗蠕变强度增强的机理。添加 B，可以抑制晶界附近发生局部蠕变变形，使变形在晶界附近和晶内变得更加均匀，还可提高蠕变塑性，从而提高蠕变疲劳寿命。

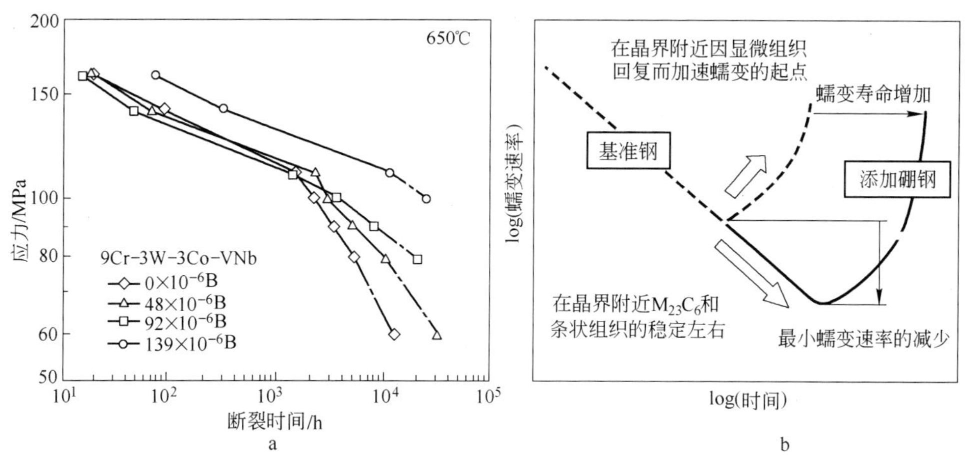

图 10-3 添加 B 后蠕变断裂强度及提高的机理

a—蠕变断裂曲线；b—蠕变强度提高机理

10.3.3 微观组织的影响

10.3.3.1 马氏体组织

对 P92 钢的研究表明[12]，通过合适的热处理，可以抑制马氏体相变，因此可以获得铁素体 + 碳化物、氮化物析出相的组织。这些析出相与马氏体结构中的尺寸大小相同，也有一些大的碳化物 $M_{23}C_6$ 颗粒。获得这种组织的热处理是在 1070℃ 奥氏体化，然后炉冷到 780℃，保温 8 h，然后再炉冷到 200℃。图 10-4 比较了正常的 9% ~12% Cr 钢和“铁素体 P92”钢在 600℃ 的强度。在没有发生马氏体相变的条件下，P92 钢的强度和 9Cr1Mo 型的 P9 钢相似，这可确认马氏体相变对于获得高蠕变断裂强度的重要性。

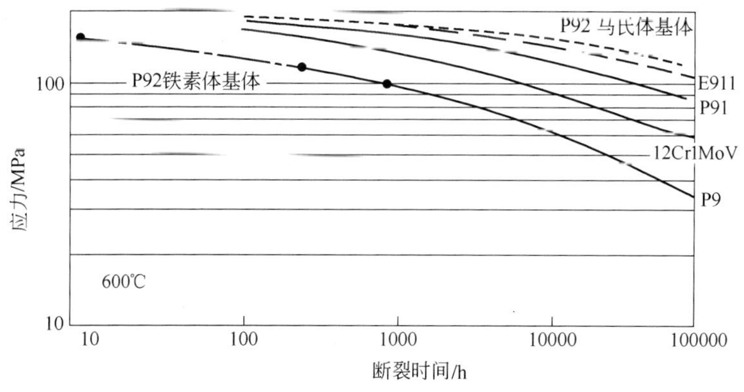

图 10-4 几种 9% ~12% Cr 耐热钢的持久强度

10.3.3.2　初始位错密度

图 10-5 给出了初始位错密度对强度的影响[12]。图中是 P92 在两个不同热处理条件下的试样等应力试验的断裂数据。一个是供货态(1070℃ +775℃),初始位错密度为 $7.5\times10^{14}\mathrm{m}^{-2}$;另一个是 1070℃ +835℃回火,初始位错密度为 $2.3\times10^{14}\mathrm{m}^{-2}$;高温回火处理使得初始位错密度降低了 75%,显著降低了强度。

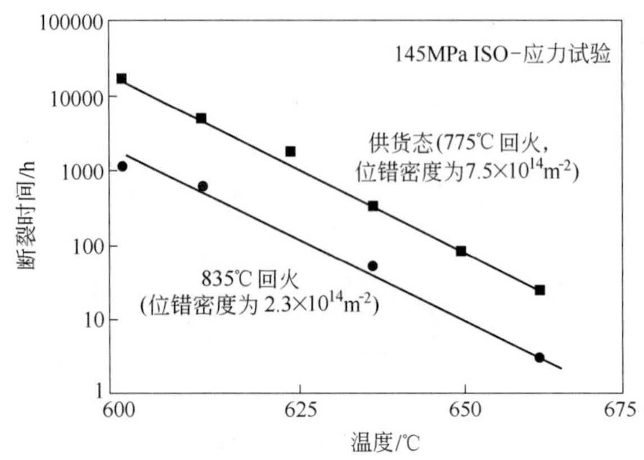

图 10-5　位错密度对蠕变断裂强度的影响(P92 钢)

在 600℃进行 6000 h 蠕变试验的试样也发生了类似的位错密度降低。尽管在 600 ~650℃的温度和应力下随着时间的增加,初始位错密度逐渐降低,几千小时后,位错密度下降到$(2\sim3)\times10^{14}\mathrm{m}^{-2}$,但是由马氏体板条发展而来的亚结构对长时蠕变强度的影响仍然是十分重要的。

可见,高的初始位错密度,尽管在服役温度下的回复和变形导致位错密度的迅速下降,但为了获得具有高蠕变抗力的亚晶粒结构,高的位错密度仍然是必要的。

9% ~12% Cr 钢组织中亚晶和位错的发展遵循方程[13]:

$$\lg X = \lg X_{\infty} + \lg(X_0/X_{\infty})\exp(-\varepsilon/K_{\lg X}) \tag{10-1}$$

式中　X——亚晶尺寸,W 为亚晶内的自由位错间距,ρ_f是自由位错密度;

X_0——蠕变作用前的初始 X 值。

随着应变量 ε 的增加,亚晶尺寸和位错间距趋于稳定状态,其所施加的应力为:

$$W_{\infty} = 10G\boldsymbol{b}/\sigma \tag{10-2}$$

$$\rho_{f\infty}^{-0.5} = 3.9G\boldsymbol{b}/\sigma \tag{10-3}$$

式中　G——剪切模量;

$\boldsymbol{b}$——伯格斯矢量;

σ——施加的应力。

亚晶长大常数 $K_{\lg X}$取值接近 0.12。

10.3.3.3 δ铁素体

叶片用钢，如果产生δ铁素体，就会形成带状组织，这时横向韧性和蠕变断裂强度、夏氏冲击值都降低。为了减少δ相而添加Ni、Mn、C时，如添加过多就会降低转变点温度，反而使高温蠕变强度降低。添加N则真空冶炼困难。Co能防止δ铁素体形成，而不使转变点温度过于降低。因此，在添加Mo、Nb、W等提高蠕变强度的铁素体生成元素的同时，最好也增加Co的含量。

为了减少δ铁素体，在压延、加工和铸锭时都要特别注意。在室温时只要有15%～20%的δ相，就会使疲劳强度变得极坏。含5%δ相时，纵向性能没有变化，而对于横向性能，δ比夹杂物的影响更坏。横向的疲劳强度是纵向的80%，而含(15%～20%)δ时减少到65%～75%，同时断裂强度也下降。12Cr的铁素体系数如表10-3所示[14]，该系数的和越大，则δ越多。

表10-3　12Cr钢成分元素的铁素体系数(均为1%)

N	C	Ni	Co	Cu	Mn	Si	Mo	Cr	V	Al
-220	-210	-20	-7	-7	-6	+6	+5	+14	+18	+54

Ni显著降低δ铁素体的含量，见图10-6，但也降低M_s点[3]。合金元素对消除δ铁素体的作用见图10-7，Ni的作用是非常显著的。

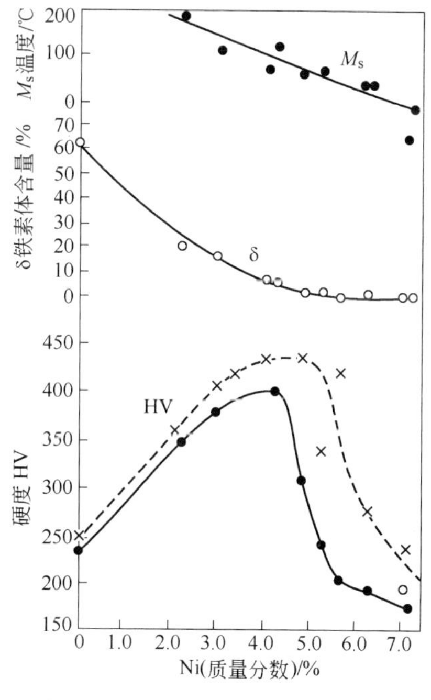

图10-6　Ni对δ相和M_s点影响

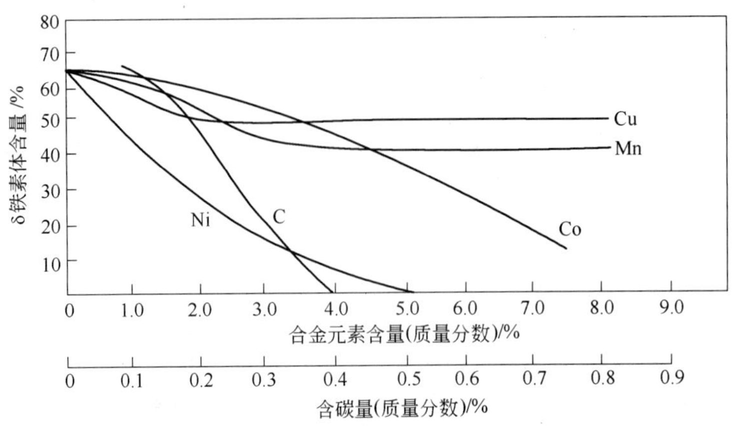

图 10-7　合金元素对 δ 铁素体含量的影响

10.3.3.4　析出相

由于位错强化作用的时间通常较短，高温下运行最有可能的强化机理是沉淀析出强化和固溶强化。沉淀强化是铁素体耐热钢最主要的强化方式，通常认为固溶强化是通过增加 Mo 或 W 在钢中的含量而获得。当要评估第二相的弥散对于钢蠕变性能的影响时，必须不仅要考虑热处理后的弥散特征，也要考虑蠕变过程中由于颗粒粗化或新的颗粒析出导致的变化。

析出反应模型可用 Johnson-Mehl-Avrami 方程描述[15]：

$$W(t) = 1 - \exp(-(t/\tau)^n) \tag{10-4}$$

如果 $n = 3/2$：　$1/\tau = AD[(C_0 - C_e^\alpha)/(C_e^\beta - C_e^\alpha)]$

式中　$W(t)$——在时间 t 时形成析出相的相对含量；

A——取决于形核位置数量但假定为常数；

D——扩散系数（$D = D_0\exp(-Q/RT)$）；

C_0——在 0 时刻的铁素体浓度；

C_e^α——铁素体型组织；

C_e^β——析出的平衡相浓度。

假定粒子与亚边界或位错的相互作用遵循 Orowan 机理，那么粒子的反向应力为：

$$\sigma_{\mathrm{Orowan}} = 3.32 G_b f_P^{1/2}/d_P \tag{10-5}$$

式中　f_P——沉淀体积分数；

d_P——平均颗粒直径。

颗粒粗化可用 Ostward 规律来描述：

$$d^3 - d_0^3 = K_d t \tag{10-6}$$

式中　d——t 时刻的平均沉淀颗粒直径；

d_0——0 时刻的平均颗粒直径。粗化常数从试验数据和 Stockholm RIT 计算获得。

对 P92 钢,600℃蠕变过程中沉淀的体积分数和粗化率常数见表 10-4。

表 10-4 P92 钢在 600℃蠕变过程中沉淀的体积分数和粗化率常数

析出物	$K_d(600℃)/m^3 \cdot s^{-1}$	f_P
MX(VN)	2.0×10^{-31}	0.0023
$M_{23}C_6$	2.0×10^{-29}	0.0208
Laves 相	3.0×10^{-29}	0.0133

粒子的反向应力和钢的蠕变强度的关系还不能确定。$M_{23}C_6$碳化物和 Laves 相颗粒仅位于亚晶边界和原奥氏体晶界,也就是在组织的硬化区。MX 相位于所有的组织中,在软的亚晶内和边界都有。

含 Cr 钢的沉淀强化主要是 $M_{23}C_6$碳化物的作用。减小 $M_{23}C_6$碳化物的颗粒间距,可以增强弹性极限应力和高温蠕变断裂强度而使蠕变速率降低。对于含 V 的改良 Cr 钢,组织分析表明在蠕变过程中析出非常细小的颗粒。V 对抗蠕变性能的有益作用可以通过蠕变过程中 VN 的析出得以解释。其蠕变速率和蠕变断裂强度分别由 $M_{23}C_6$和 VN 颗粒的平均有效颗粒间距 L_{eff}来控制且可建立以下关系式[16]:

$$1/L_{eff} = 1/L_{M_{23}C_6} + 1/L_{VN} \tag{10-7}$$

(1) MX 相。细小 MX 粒子在铁素体基体上析出起到显著的沉淀强化作用。对 P92、P122 析出相的研究表明[15],MX 颗粒与 NbN 成分相近,析出的第二相与 VN 接近。与 NbN 相近的原始 MX 颗粒密度远低于第二相 MX。MX 颗粒在两种温度下都很稳定,没有明显的粗化,没有新的 MX 颗粒析出,见图 10-8。颗粒稳定性的蠕变加载作用未得到证实,两种钢中 MX 稳定性的差异未得到证实。

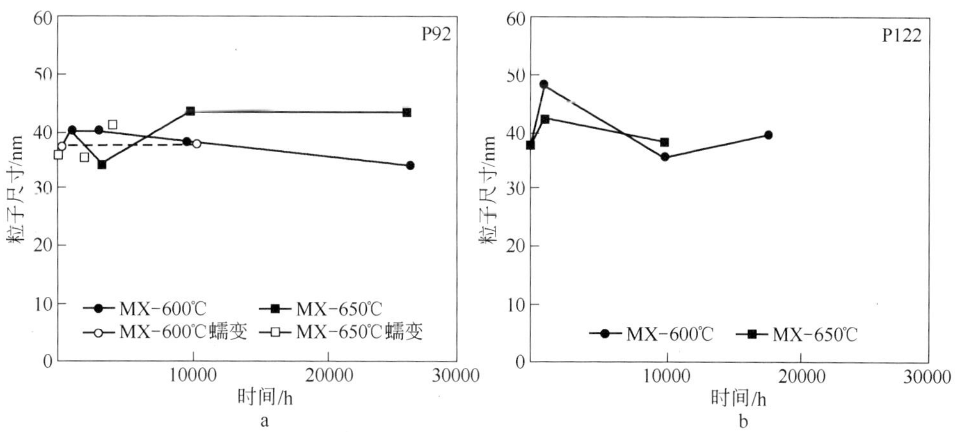

图 10-8 P92 和 P122 耐热钢的 MX 颗粒平均尺寸

a—P92 耐热钢;b—P122 耐热钢

（2）$M_{23}C_6$碳化物。$M_{23}C_6$颗粒的粗化现象在两种钢中得到了证实，见图 10-9，结果表明蠕变加剧了 P92 钢的碳化物粗化。但两种钢中碳化物的差异并未得到证实。

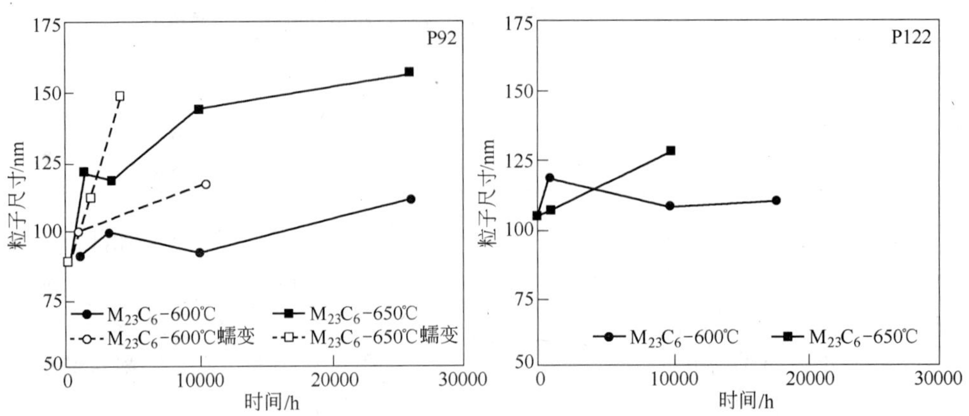

图 10-9　P92 和 P122 钢 MC 碳化物的尺寸

（3）Laves 相和 Cu 相。Laves 相在 Mo 当量（%Mo + 0.5%W）大约高于 1% 时析出。对 P92、P122 的 Laves 相在蠕变过程中的析出观察表明（图 10-10），P92 钢 Laves 相颗粒第一阶段在 600℃、650℃下大约 10000h 以内相对长大较快，快速长大过程终止后开始粗化，速度明显放慢。与等温时效相比，蠕变试样的 Laves 相颗粒的最终尺寸较小，这表明蠕变促进了 Laves 相颗粒的形核。P122 钢 Laves 相颗粒长大快于 P92，但最终颗粒长大尺寸仅为 P92 的一半。可能是由于 Cu 颗粒的析出有助于 Laves 相的形核。

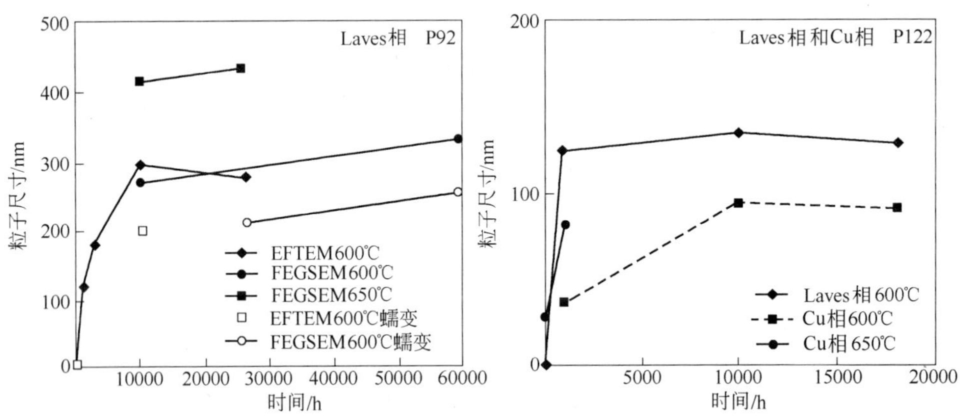

图 10-10　P92 和 P122 钢的 Laves 相颗粒尺寸以及 P122 钢中的 Cu 相尺寸

蠕变加载或富 Cu 颗粒似乎增强了 Laves 相颗粒形核导致长大后更为细小的颗粒尺寸。

(4) Z 相。Z 相为长期运行下出现的相(Cr∶Nb(V)∶N =1∶1∶1),Z 相形成后吞并 MX 而迅速粗化,导致蠕变性能显著下降。

对 TAF650 钢,用 Thermal-Calc 软件计算[17],假定 Z 相是一种 650℃下的平衡相,其化学成分见表 10-5、表 10-6。两表相比可见,无 Z 相时,$M_{23}C_6$ 和 Laves 相的数量未见明显的变化,但 MX 的数量远远增大。

表 10-5　TAF650 钢在 600℃时相的平衡化学成分(质量分数,%,Thermal-Calc 计算,包括 Z 相)

相	含量/%	Fe	Cr	Co	W	Mn	Ni	V	Mo	Si	Nb
0.1C	0.016N	0.019B	10.84	2.68	2.63	0.55	0.55	0.19	0.14	0.07	0.06
Matrix	95.92	85.0	9.8	3.0	0.83	0.56	0.53	0.13	0.08	0.07	0.001
$M_{23}C_6$	2.04	17.4	73.3	0	7.0	0.71	0.06	0.83	0.77	0	0
Laves	1.68	30.2	7.9	0	59.9	0	0	0	1.91	0	0
MX	0.05	0	0.28	0	0.85	0	0.03	11.8	0	0	87.2
Z - Phase	0.18	0	46.3	0	0	0	0	35.2	0	0	18.5

表 10-6　TAF650 钢在 600℃时相的平衡化学成分(质量分数,%,Thermal-Calc 计算,无 Z 相)

相	含量/%	Fe	Cr	Co	W	Mn	Ni	V	Mo	Si	Nb
Matrix	96.01	84.9	9.9	3.0	0.83	0.57	0.53	0.12	0.08	0.07	0.001
$M_{23}C_6$	2.10	17.1	73.3	0	7.5	0.7	0.1	0.7	0.8	0	0
Laves	1.68	30.2	7.9	0	59.9	0	0	0	1.92	0	0
MX	0.21	0	1.8	0	0	0	0	52.0	0	0	46.2

(5) M_6C 碳化物。仅含 1.6% Mo 钢蠕变后检测到有 M_6C 碳化物[18]存在。蠕变过程中,M_6C 碳化物的数量随 Mo 含量的增加而增加,Fe_2Mo 和 M_6C 两相的析出耗尽了固溶体中的 Mo 含量且使固溶体劣化。

10.4　12% Cr 耐热钢的合金化原理

获得持久强度高的组织与良好的抗蒸汽氧化性对化学成分的要求是相互矛盾的。为了达到满意的蠕变、持久强度,Cr 含量约为 9% ~10% 可以确保获得完全的马氏体结构,而良好的抗蒸汽氧化性要求 Cr 含量至少为 11%。目前这种钢的发展目标是增加 Cr 含量至 11% ~12%,同时添加奥氏体稳定化元素以生成全马氏体结构,这样期望 11% ~12% Cr 钢的持久强度能够达到 9% Cr 钢的水平。

10.4.1　C、N 元素

与锅炉钢相比,由于汽轮机用钢要求有较高的室温、中温强度,因此 C 含量较高。Yoichi Tsuda[19]在开发 12% Cr 转子钢的研究表明(图 10－11),C 含量从 0.16%降低到 0.11%,材料的600℃蠕变强度提高,但韧性下降,C 在钢中形成含有几种元素的碳化物,估计低的碳含量将阻止这些碳化物在蠕变过程中的长大。

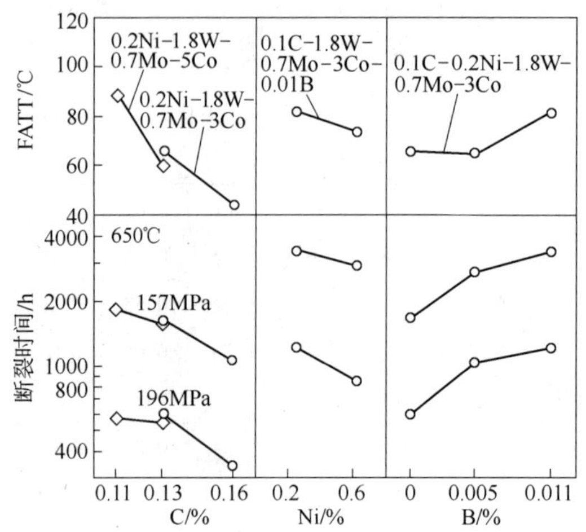

图 10－11　C、Ni、B 对韧性和持久强度的影响

但 Fujita[20]对设计的两种 12% Cr 钢(T－1、T－2 钢)的持久强度研究表明,C 含量从 0.05%增加到 0.1%时,持久强度增加了 20% ~30%,如图 10－12 所示。这是因为在高 C 含量时,有足够的 V_4C_3、NbC、$M_{23}C_6$和 M_6C 的析出,使钢在高温时更稳定。

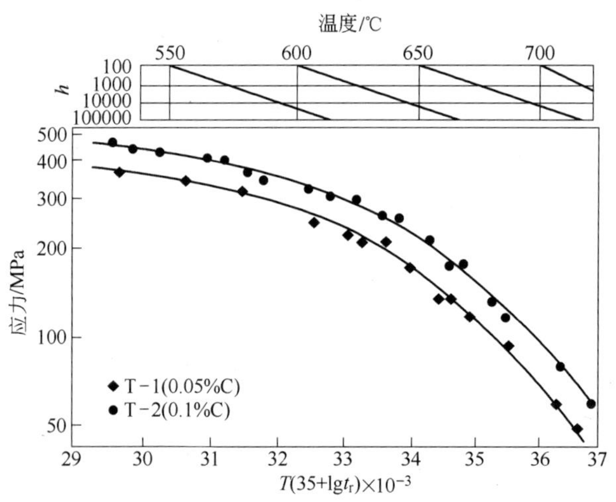

图 10－12　T－1 和 T－2 钢的持久强度

高 Cr 铁素体钢用于大尺寸的汽轮机转子时,轮毂直径达到 1000 ~ 1200 mm,导致其中心淬火冷却速度为 100℃/h,这会引起大量碳化物析出,因此 C 含量控制在

0.10%～0.12%，通过增加 N 含量为 0.04%～0.06% 来提高合金的高温强度。

较小的汽轮机叶片可以通过增加 C 含量来提高高温强度。然而，C 含量为 0.2% 或更高，会导致碳化物的聚集，最优条件可归纳为（C＋1.5N）＝0.18%～0.22%，淬火和回火温度分别是 1100℃ 和 720℃。

1955～1960 年，芥川等[21]关于 0.02%～0.1% N 对 12Cr－1Mo－VNb 钢蠕变断裂强度的影响进行了一系列研究，0.1% N 使 620～650℃ 下的持久强度降低，0.01%～0.04% N 显著改善持久强度。藤田等[22]还在 1960 年探讨了 11Cr－1Mo－VNb 钢中 0.03%～0.08% N 的影响，含 0.08% N 的钢在 550℃ 下的强度提高，而在 650℃ 下的强度降低，最佳量为 0.02%～0.03%。1979 年土山等[23]研究指出（图 10－13 所示），11Cr－1.5Mo－VN 钢的蠕变断裂强度因 N 量的不同而变化，在 600℃ 下，0.07% N 出现一个弱峰，而在 650℃ 下向 N 量低的方向移动，在 0.02% 达到最大值。1988 年，伊势田等[24]探讨了 N 在 12Cr－Mo－W－VNb 钢的影响，研究指出，在 Nb－N 组合下，N 在 0.02% 效果最好，V－N 组合时，N 在 0.05% 以上时效果增强，N 以 VN 的形式析出起强化作用。

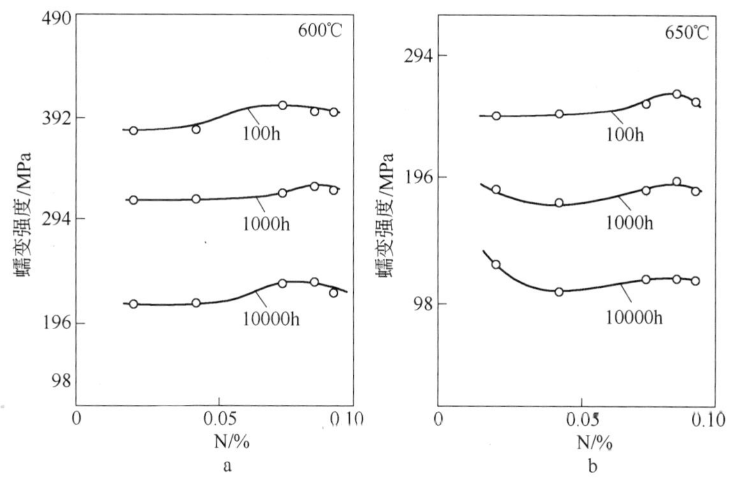

图 10－13　N 对 12Cr－Mo－VNb 系钢蠕变强度的影响

a—600℃；b—650℃

可见，N 的最佳添加量因氮化物形成元素的种类、数量还有热处理温度的不同而变化。

1975 年，河合等[25]指出，在回火马氏体系的 12Cr－1Mo－VTa 钢中，C＋N 量在 0.16%～0.20% 时得到最高的强度，但超过 0.16%～0.20% 强度下降。另外，从 C、N 单独添加的材料强度相同的现象看及 Ta 的碳氮化物的 C、N 量看，C∶N 最好为 1∶1。

1990 年，竹田等[26]用 10Cr－Mo－VNb 系钢（见图 10－14），蠕变断裂强度在

0.08%高N量一方强度变高,但韧性显著下降,因此以0.15%C－0.05%N那样的组合可以获得高强度和足够的韧性。

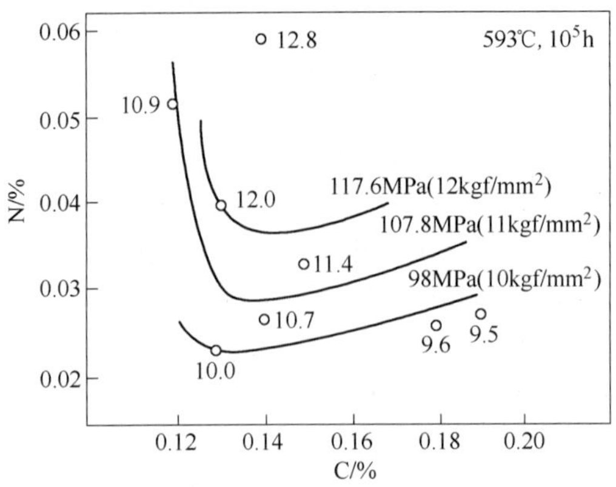

图10-14　C－N对10Cr－Mo－VNb系钢蠕变强度的影响

10.4.2　Si、Mn元素

Si、Mn能够提高抗氧化性,然而,Si是铁素体形成元素,能够提高铁素体钢的强度,会降低韧性并给制造带来困难。控制Si含量为0.05%减少了合金的成分偏析。但藤原等[27]指出,在12Cr－2Mo－VNb钢中把Si含量由0.01%增加到0.2%,促进Fe_2Mo的析出,结果在长时间下的蠕变断裂强度降低。

10.4.3　Cr元素

Cr改善钢的抗氧化性能,对蠕变断裂强度也有影响。1936年,Clark[28]指出,0.5%Mo钢在425～650℃下,含Cr量在1.25%时蠕变强度最高。1952年,Colbeck[29]探讨了含0～12%Cr的各种钢的蠕变强度指出,在600℃下含1%～2%Cr的强度最大,大于此量蠕变强度下降,约在8%Cr时变得最低值,高于8%Cr之后,随Cr量的增加,强度再次上升。1963年,藤田等[30]探讨了550～700℃下含5%～10%Cr对Cr－1Mo－VNb钢蠕变断裂强度的影响后指出,在此范围内Cr量越高强度越高,温度再高其效果变小。1966年,佐佐木[31]探讨了在600℃,含1%～11%Cr对Cr－1Mo钢蠕变断裂强度的影响指出,强度随Cr量的增加而增加,在7%Cr时强度最高,大于7%Cr强度下降。其原因是直到7%Cr之前,Cr量增加增加淬火性,可阻止冷却中铁素体的形成。超过此量,在正火温度下残留Cr碳化物,由于固溶C量减少,降低了淬火性,所以铁素体再次析出。5%～7%Cr钢的蠕变断裂强度对正火温度敏感,为得到高强度有必要提高正火温度。1980年,朝仓等[32]探讨了 3% ~11% Cr 对 Cr -2Mo - VNb 钢 600 ~700℃ 蠕变断裂强度的影响，如图 10-15，出现强度最大的 Cr 量是 10%，在 650℃ 为 8% ~10%，在 700℃ 为 7% ~11%，在 600 ~650℃ 的使用温度下最佳 Cr 量为 8% ~10%。

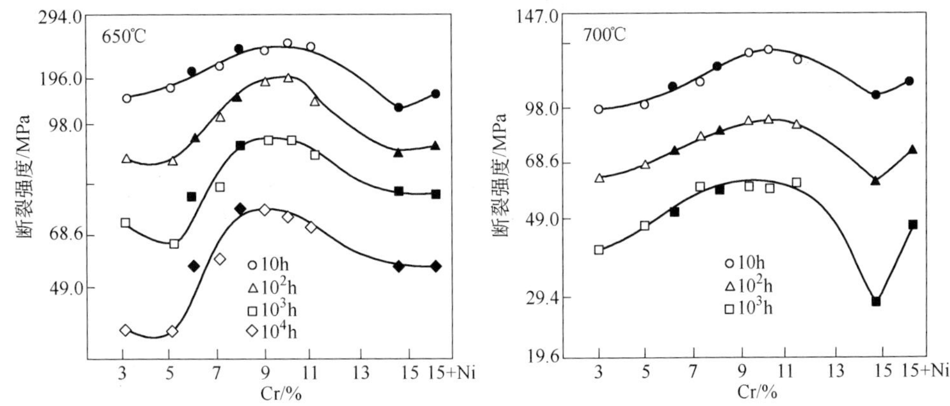

图 10-15　Cr 含量对 Cr -2Mo - VNb 钢蠕变断裂强度的影响

图 10-16 示出了三木等人就 Cr 含量对(8.5 ~11.5) Cr -0.1Mo -3.5W -3Co - VNb 钢的影响调查结果。Cr 含量在 9% 时的蠕变断裂强度最高，随 Cr 含量的增加，蠕变断裂强度下降。1989 年，阿部等[33]探讨了 2% ~15% Cr -2Mo 钢中 Cr 量的影响指出，Cr 在 10% 左右强度最高，这个含量正处于马氏体 - δ 铁素体相的界面附近。以上结果表明，在含 5% Cr 以上的合金钢中，不生成 δ 铁素体范围内 Cr 量越多强度越高，但在生成 δ 铁素体的情况下，Cr 量越多强度越低。

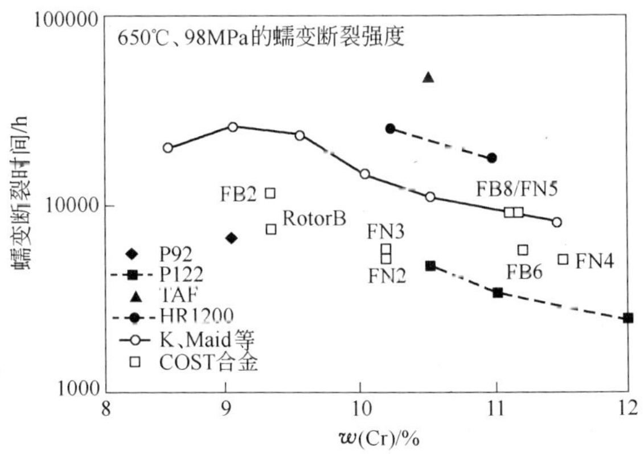

图 10-16　Cr 含量对蠕变断裂时间的影响

10.4.4　Ni 元素

Ni 具有固溶强化的作用。1945 年，Austin 等[34]探讨了在 Fe - Ni 系二元合金中 Ni 量一直加到 5% 场合下蠕变断裂强度的变化指出，加入 0.5% Ni 蠕变断裂强度稍有提高，但大于 0.5% Ni 再增加蠕变断裂强度无变化。1956 年，芥川等[35]指出，在 10Cr - 0.8Mo - 1.8W - VNb 钢中添加 3% Ni，蠕变强度显著降低。Yoichi Tsuda[19]在开发 12% Cr 转子钢的研究表明，见图 10-17，随 Ni 含量的增加，蠕变断裂强度降低，FATT 也会有轻微的提高，且降低 A_{c1} 点，使铁素体晶粒变小。另外，A_1 转变点下移，铁素体稳定区域变狭窄。由于受回火温度降低的限制对于提高高温强度不利，所以对耐热钢来说，以改善韧性为目的，只有少量添加为宜。

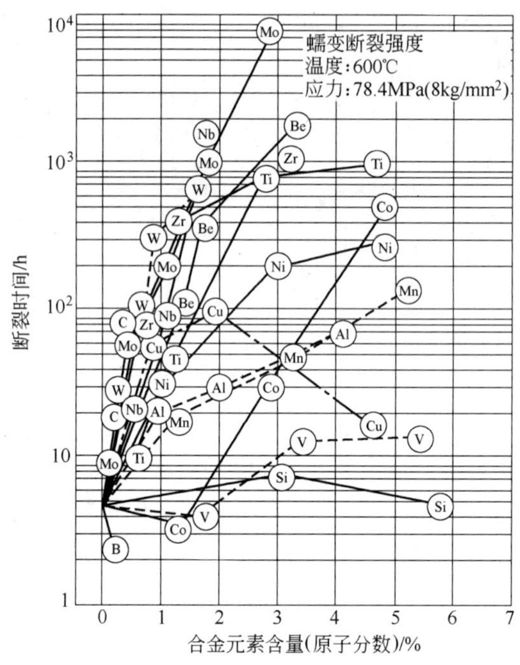

图 10-17 合金元素对超低碳的 7Cr 钢蠕变强度的影响

10.4.5 Mo、W 元素

Mo 可以提高钢的高温强度很早就被发现，1909 年 Robin[36]指出，加入 0.5% ~2% Mo 可以提高钢的高温硬度。1915 年 Brealey 的 13% Cr 钢专利也提到了加入 1% ~2% Mo 的问题。到 30 年代，Cr - Mo 钢等含 Mo 的低合金钢广泛被应用于高温环境。进入 40 年代，燃气涡轮机、喷气发动机的开发活跃，采用了 12Cr - Mo、12Cr - Mo - V 钢等。1975 年，行俊等[37]探讨了合金元素对超低碳的 7Cr 钢蠕变强度的影响，用原子浓度比较，加入百分之几的 W、Mo、Nb 等形成金属间化合物的元素才有效。1928 年，Hatfield 指出，W 可以提高合金钢的高温拉伸强度。1929 年，Ekart 进行了含 W 合金钢的加速蠕变试验指出，含 W 钢具有适宜作为高温用钢的可能性。另外，1936 年 Bullens 研究了有关钢的蠕变强度的数据，得出 W 的效果是

Mo 效果的 1/2。1969～1970 年，高桥等[38]探讨了将 0～1.6% Mo 和 0～1.7% W 系统地排列组合加入到 0.2C－11Cr－0.2V －0.2Nb－0.03B 钢中材料的蠕变断裂强度的变化，根据其结果可知，Mo、W 的效果大小因温度、时间的不同而变化，650℃长时间的强度，如图 10-18 所示。

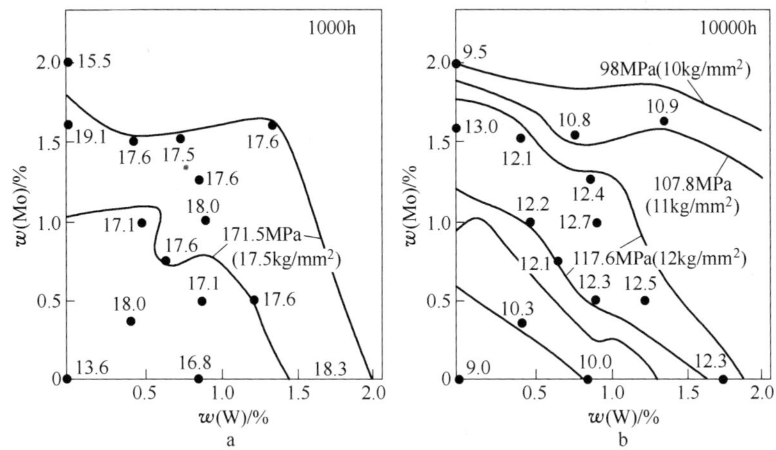

图 10-18　W－Mo 复合添加对 12Cr－VNb 系钢蠕变断裂强度的影响

（1）单独加 Mo 时，Mo 为 1.6% 时强度最高，超过 1.6% 生成 δ 铁素体，强度下降；

（2）单独加 W 时，由于原子比小，W 为 1.7% 时也不生成 δ 铁素体，强度继续提高；

（3）复合添加时，Mo 当量（Mo＋1/2W）为 1.6% 时强度最高；

（4）Mo、W 对 550℃左右的蠕变断裂强度是有效的，但在 650～700℃，W 是有效的。

1985～1986 年，河端等[39]探讨了 Mo、W 对含 V、Nb、N 的 9%～11% Cr 钢的蠕变断裂强度的影响，明确指出：

（1）为了提高 650℃以上的高温长时间强度，W 比 Mo 有效；

（2）在相同的 Mo 当量下，W 量比 Mo 量多的一方强度高；

（3）单独加 W 可以得到高强度，W 的最佳添加量为 2.6%～3%，超过此量时强度降低。

图 10-19 为 W＋Mo 和 Co 的添加对于 12% Cr 汽轮机转子钢蠕变强度的作用[19]。W＋Mo 含量的变化是在 1% W＋1% Mo12% Cr 钢的基础上加 W、减 Mo。当 Mo 当量固定在 1.5% 时，较高的 W 含量可提高蠕变强度。蠕变断裂时间在 1.8% W＋0.7% Mo 时最长，且韧性较低。

图 10-20 为 Mo 和 W 对 650℃、10^5h 蠕变断裂强度及 12% Cr 汽轮机钢夏比冲

击值的影响[40]。目前的经验表明,当 Mo 当量设定在 1.5% 时,蠕变强度最高。当化学成分由 3% W 和 1.5% Mo 连接线决定时,也就是 Mo 当量为 1.5%,W 含量的增加会增加蠕变强度和降低塑性和韧性。

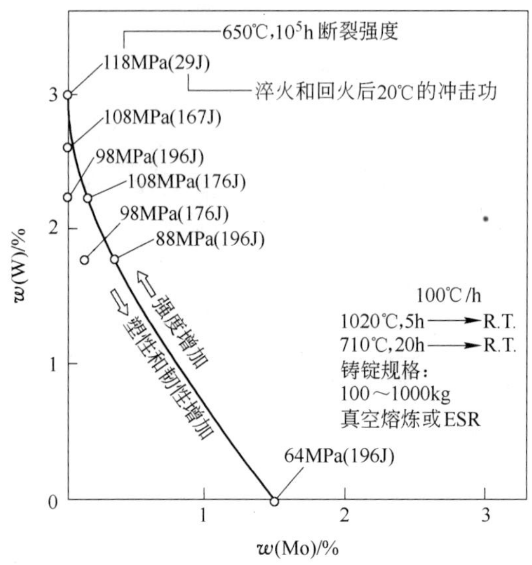

图 10-19　Mo + W 对 650℃ 蠕变强度、韧性的影响

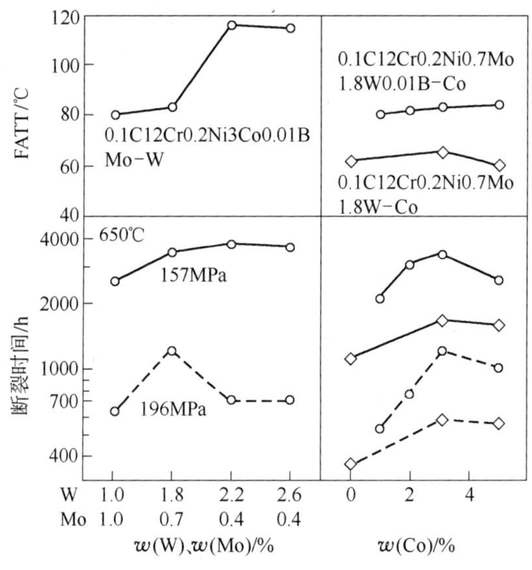

图 10-20　Mo、W 对蠕变断裂强度冲击值的影响

对 9Cr - 2W - V - Ta(W 钢)和 9Cr - 1Mo - V - Nb(M 钢)的蠕变行为研究表明[41],W 钢的蠕变断裂强度较高,其原因不是由于固溶强化效应的不同所致,而是

由于 W 合金与 M 合金中的 $M_{23}C_6$碳化物或 Laves 相的不同变化所致。比较 $M_{23}C_6$和 Laves 相，后者对蠕变强度起支配因素。这是因为 Laves 相的量和尺寸比 $M_{23}C_6$相的变化更显著，且 Mo 合金中 Laves 相的粗化比 W 合金中的更为明显，另外，固溶体中 Mo 原子的非均匀分布加速了溶质原子含量低的区域的蠕变应变，进而导致蠕变强度的降低。

钨含量增加能明显抑制蠕变过程中 $M_{23}C_6$相尺寸的长大，而且含钨钢的蠕变应变明显低于含 Mo 的 9Cr－1Mo－VNb 钢。W－Mo 复合钢在长时时效过程中亚结构稳定性和位错密度都有明显优势。

为了减少 Laves 相的形成，Mo 元素的单独加入正在研究之中，尽管有充分的证据表明至少在 600℃、50000 h 的条件下，W 的加入确实会改善持久强度，但当温度超过 650℃时，W 的作用非常小。

对 W 的长期效果一直存在很大的争议。在 600～650℃下，Fe_2(Mo、W)(Laves 相)的形成降低了固溶态的固溶强化效果，同时降低了长时蠕变抗力。当然这假设了 W、Mo 的主要作用在其固溶强化基体。图 10-21 给出了不同高 Cr 钢在 120 MPa 下的等应力蠕变断裂曲线。W 含量从 1%（E911）增加到 1.8%（P92），提高了 600℃的蠕变断裂强度，但是当温度达到 650℃时，这一作用实际上已经消失了。需要注意的是，650℃时 Laves 相的沉淀大大高于 600℃的，这一结果可以证实 Laves 相的形成降低了 W、Mo 的固溶强化效果[12]。

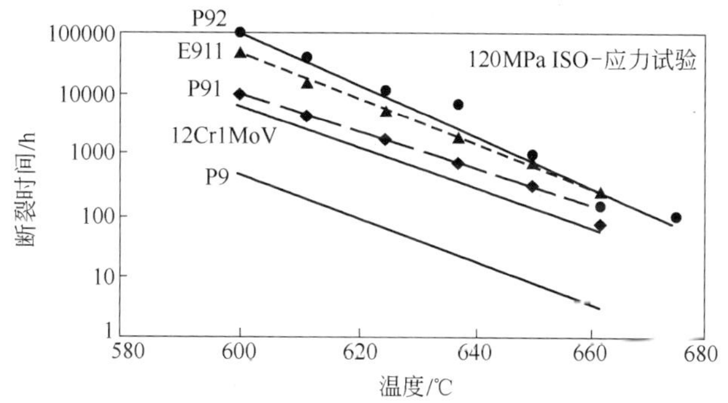

图 10-21　不同高 Cr 钢等应力蠕变断裂曲线

降低固溶体中的 Mo 含量比高含 Mo 量更重要。Mo 在固溶体中的固溶量有限（600℃为 1%），因此增加改良 Cr 钢的 Mo 含量超过 1% 没有多少益处。

相似地，W 在析出相中的数量随着蠕变时间的延长而增加，对 NF616 P92 钢，在 600℃、20000 h 后，钢的固溶体中仅残留 1/3 的 W[10]。

对 12% Cr 钢的研究表明[40]，见图 10－22，保持 Mo 当量(Mo＋0.5W)，增加 W 含量到 1.5% 对蠕变强度的增强最有效。对 P92 和 P122 的测定表明[13]，残留物中的 W 含量逐渐增加，铁素体的晶格常数下降，见图 10－23，结果也表明蠕变中 Laves 相的析出过程并未有效加速。

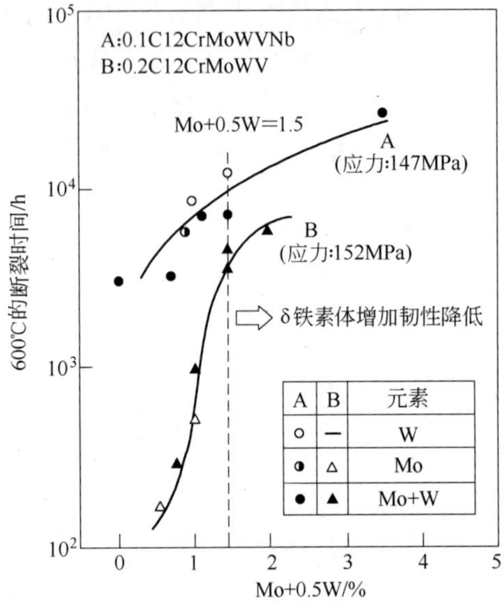

图 10-22　Mo + W 对蠕变强度的影响

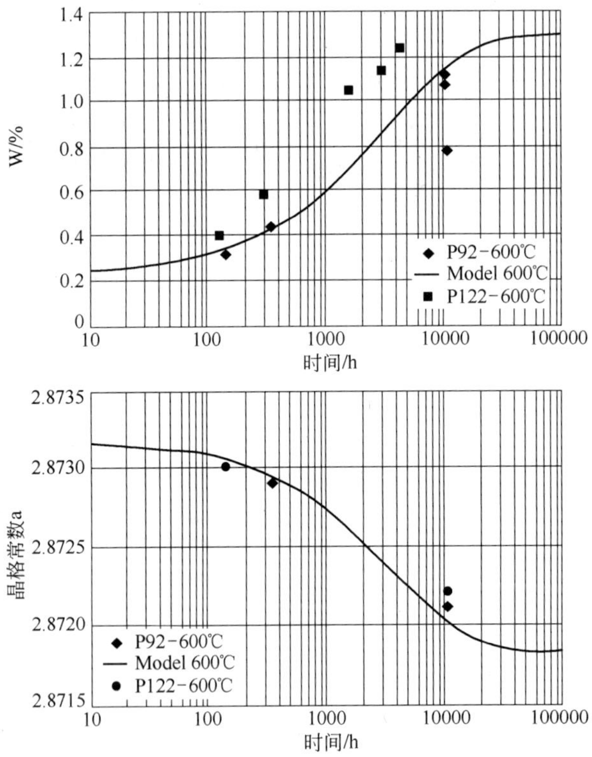

图 10-23　P92、P122 钢萃取残留物中的 W、P92 蠕变后晶格常数

10.4.6　V、Nb元素

1938年,Cross[42]指出,在0.4%C钢中加入0.2%V,蠕变速率显著下降。1955~1975年,高桥等[43]探讨了V对10Cr-1.5Mo钢的蠕变断裂强度的影响,发现在550℃含0.25%~0.30%V的钢强度高,但在600~700℃下以0.2%V的强度高。另外,对比V、Nb的效果,在低温短时下Nb有作用,但在高温长时下V有作用。少量的V可以显著改变合金的高温强度,C含量为0.2%时,V的最佳含量为0.2%;如当C含量为0.05%时,V加入0.25%,则仅生成析出物V_4C_3。对0.05%C,将形成以下的碳化物:

(1) 0.02%的C形成V_4C_3;

(2) 0.005%的C形成NbC;

(3) 0.025%的C形成$M_{23}C_6$和M_6C。

从1937年前后人们就知道,在纯铁和1%~7%Cr钢中加入0.5%~2%Nb蠕变强度提高[44]。1948年,Peter等[45]指出,Nb量在0.6%~1.0%时蠕变强度最高,认为这种场合Nb添加量是C量的8倍以上才能起强化作用。其强化的原因是由于Fe_2Nb的析出。还有Ward等[46]指出,在不产生的Fe_2Nb的低Nb含量钢中,碳化物的析出状态发生了变化,蠕变强度提高。

1955~1960年,芥川等[47]就Nb对12Cr系钢的蠕变断裂强度的影响进行了探讨,Nb形成NbC能提高强度,含Nb钢的强度,随淬火温度的提高而上升,通常在淬火温度1100℃时,Nb添加量在0.15%~0.2%时强度最高。

1965年Boyle等[48]开发转子材料时,因为有过剩的Nb变成NbC,出现横向韧性下降的现象,所以把Nb添加量降低到0.08%,开发了11Cr-1Mo-0.2V-0.08Nb-0.06N转子。

加入少量的Nb能提高合金的高温强度,因为NbC在高温时不易溶解,因此为了保证NbC在1050℃正火时可溶解,C为含量0.05%时,Nb含量控制在0.03%~0.05%;C含量为0.1%时,Nb含量控制在0.02%~0.03%。但是正火时如果所有的NbC都溶解在基体中,会使晶粒长大,并降低缺口韧性,因此,Nb控制在0.05%以保证正火时有少量NbC残留。Nb的加入会导致焊接接头的韧性降低。

对于转子,由于其韧性必须可靠,正火温度降低,所以减少Nb含量以使Nb碳化物在奥氏体中固溶匹配。对于小部件,由于正火温度可以增加,Nb含量可以相对高。

Fujita[20]在设计高Cr铁素体耐热钢时考虑:V、Nb的加入对于基体的沉淀强化是必要的。

V和Nb对0.05C-10Cr-2Mo在600℃和650℃时的持久强度的作用见图10-24。图10-24a表明600℃时较高的高温强度对应的V、Nb含量分别为0.1%、

0.05%;图 10-24b 表明 650℃时较高的高温强度对应的 V、Nb 含量分别为 0.18%、0.05%。为了在 V_4C_3 和 NbC 之外还要形成 $M_{23}C_6$ 和 M_6C,需要满足:$V/51 + Nb/93 < C/12$。

1977～1999 年,藤田等[49]用回火马氏体－铁素体 10Cr－2Mo 钢,探讨了(V + Nb)/C 对蠕变断裂强度的影响,指出(V + Nb)/C = 0.6～0.7 时有一个强度峰出现。

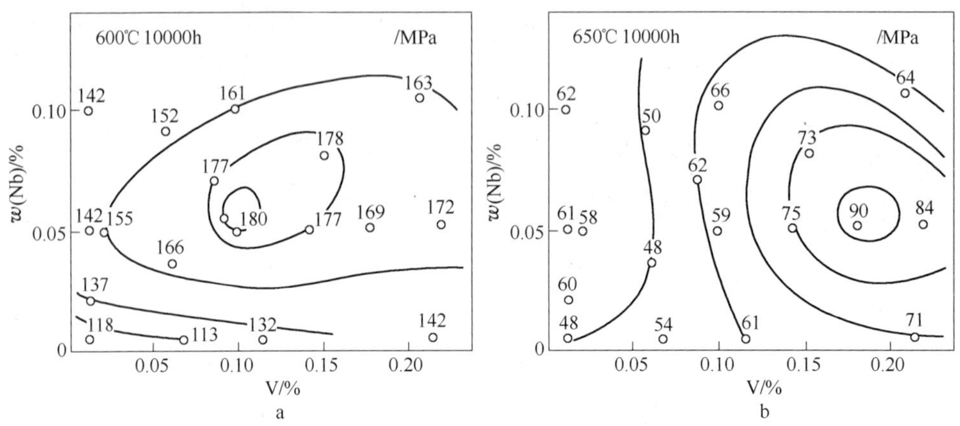

图 10-24　V、Nb 含量对 12Cr－2Mo 系钢蠕变断裂强度的影响
a—600℃;b—650℃

10.4.7　Co 元素

1945 年,Austin 等[50]指出,Fe－Co 二元合金中加入 Co 可以提高蠕变强度,但效果比 Cr、Mo 小得多。1956 年,Houndremont[51]探讨了 3.5－12Cr 钢中加入 2% Co 钢的蠕变强度后,明确指出,Co 的效果在铁素体区域内,温度越高效果越小,而在奥氏体区域内效果变大。

1970 年,高桥等[52]探讨了在 11Cr－Mo－VNb 钢中加入 1%～5.5% Co 的影响。研究表明,见图 10-25,Co 使蠕变断裂强度只提高一点点,因为 Co 是防止 δ 铁素体生成很好的合金元素。数据表明,600℃时随 Co 含量的增加强度增加,在 650℃时 3% Co 左右强度最高;在 700℃时显示最高强度向 1% Co 左右的低值方向移动。Yoichi Tsuda 等[19]在开发 12% Cr 转子钢的研究表明,见图 10-19,3% Co 具有最佳的持久强度。以 Co 取代 Mo,W、Co 复合添加是 650℃铁素体耐热钢的一个成分特点。T92、T911 和 T122 钢等是以 W－Mo 复合添加,通过研究发现不用 Mo,用 Co 的强化效果更好,因此 650℃铁素体钢普遍采用 W、Co 添加。

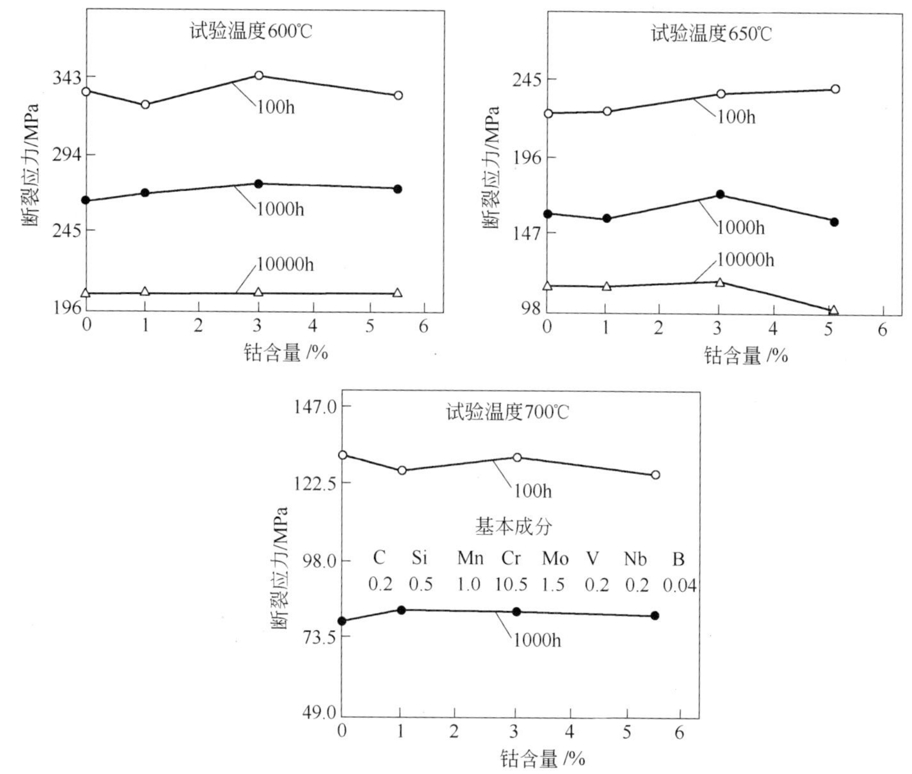

图 10-25　Co 对 12Cr - Mo - VNb 系钢蠕变断裂强度的影响

10.4.8　B 元素

由于 B 的添加使钢的高温强度提高的现象,人们从 1931 年前后就知道。1957 ~ 1960 年,芥川等[53]进行了关于 0.03% ~0.15% B 对于 12Cr - 1Mo - VNb 钢的蠕变断裂强度影响的一系列研究指出,B 特别是在 650℃、750℃下 12% Cr 系钢的蠕变断裂强度显著提高,但 B 添加量大于 0.1% 时,强度反而降低,最佳含量为 0.03% ~ 0.05%。另外,关于复合添加也作了探讨,在 0.003% B - 0.03% N 时得到最高的强度。

1969 ~ 1975 年,高桥等[54]就 11Cr - 1.5Mo - VNb 钢探讨了 0.01 ~ 0.04B 的影响,明确指出:

(1) 在 550℃,0.01% B 蠕变断裂强度达到最高,B 含量高于 0.01% 强度降低;

(2) 超过 600℃在长时间下,B 量越多,强度越高;

(3) B 量到 0.03% 为止,改善蠕变断裂韧性,但 B 量大于 0.03% 蠕变断裂韧性下降。

硼元素的影响与硼化物的固溶、析出的行为有关。B 的效果、最佳添加量因硼化物形成元素(含 N)的种类、量和热处理温度的不同而变化。另外,B 的效果在短时间低温下小,晶界断裂占优势,在高温长时间下更为明显。

对于提高蠕变强度来说,重要的是在 $M_{23}C_6$ 中富集的有效 B 含量,而不是 B 的添加量。最近开发的高强度的 9 - 12Cr 钢,为强化微细 MX 型碳氮化物的析出,添加了 0.05% 左右的 N,但在这种材料中添加 B,在热加工过程中及高温热处理过程中容易生成粗大的 BN,固溶 B 和固溶 N 浓度会下降。

10.4.9　Cu 元素

Cu 是奥氏体形成元素,添加后有利于相平衡,抑制 δ 铁素体的形成,因为能扩宽奥氏体相区域而不降低 BCC→FCC 转变的温度,使高温回火成为可能。含 Cu 钢具有时效硬化的现象。

Futamura 等[55]研究了 9% Cr 基钢中加入 Cu 的作用,Cu 对 9% Cr 钢蠕变性能的影响见图 10-26a,不含 Cu 钢易变形且很短时间就发生断裂,蠕变断裂时间随 Cu 含量的增加而增加。图 10-26b 为最小蠕变速率与 Cu 含量的关系。Cu 的加入显著降低了最小蠕变速率,提高了蠕变强度。另外,Cu 含量高于 2% 时降低了延展性。

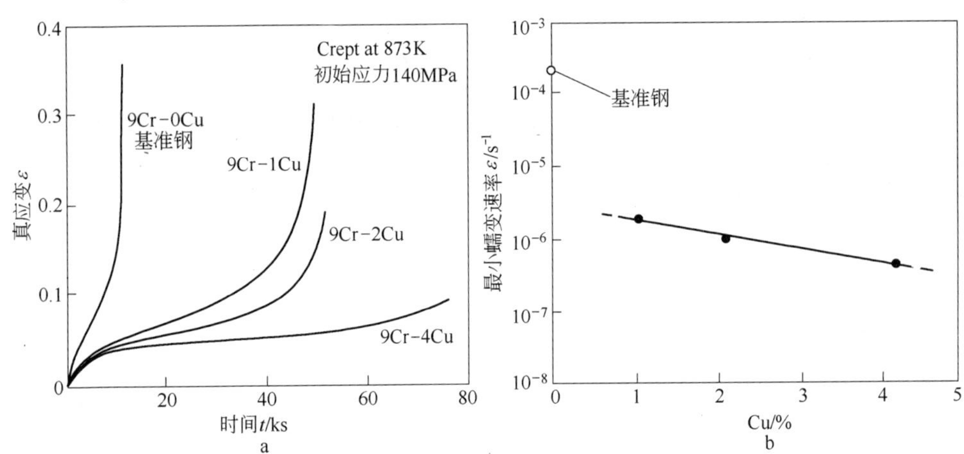

图 10-26　Cu 含量对蠕变性能的影响

a—蠕变应变;b—最小蠕变速率

1967 年,佐佐木[56]探讨了 9Cr - Mo 钢中加入 1% ~3% Cu 的影响指出,Cu 防止 δ 铁素体的生成,增加淬火性,铜含量超过 2% 全变成马氏体。另外,如图 10-27 所示,在 550 ~600℃下的蠕变断裂强度,1% Cu 影响小,而在 2% ~3% 显著提高,而且 9Cr - 0.8Mo - 0.2W - VNb 钢在 600 ~625℃下具有与 18 - 8 型耐热钢相匹配的蠕变断裂强度。

Cu 能够在马氏体板条中与碳化物不同的地方析出,这可以很大程度提高钢的室温强度。在高温下,Cu 和碳化物的共沉淀将有效提高蠕变性能。

在含 Cu 钢中,Cu 在基体中的溶解度约为 0.5%。这些固溶的 Cu 通过拖曳位错而降低蠕变速率。Cu 粒子产生的钉扎效应可更加有效的延缓组织回复。

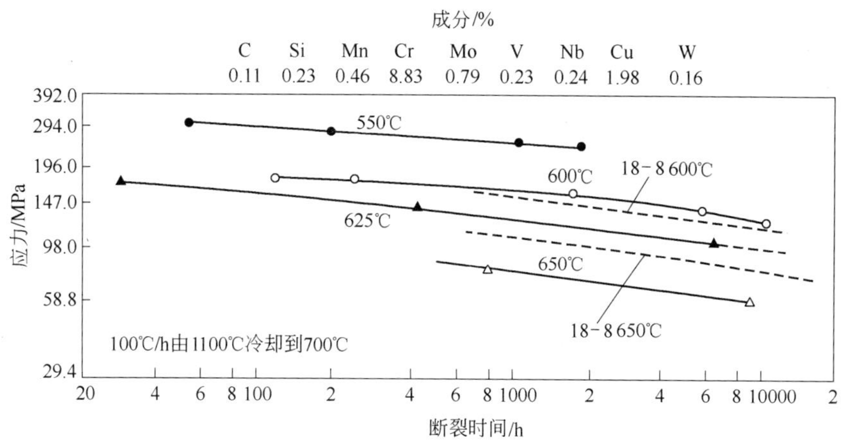

图 10-27　含 2% Cu 的 9Cr-0.8Mo-0.2W-VNb 钢的蠕变断裂强度

10.4.10　Ti 元素

Goecmen 等 1998 年研究了增加氮化物析出相的数量对提高持久强度的效果,在开发的钢中 V、N 元素含量增加了。通过适当的热处理生成细小的弥散氮化物。Dugh 报道了一个类似的研究方案,在这方案中强化相为 TiN。这种相主要通过 CrN 和含 12% 或更多的 Cr、1% ~2% Ti 的基体金属之间的固态反应生成。这种方法得到的钢为全铁素体结构。Nutting 报道,为了在基体中生成均匀、细小、弥散的 Ti 和 W 的碳化物,向钢液中加入 FeWTi 碳化物粉末。

10.4.11　稀有元素

10.4.11.1　Re

铼是作为强化元素加到镍基合金的。1992 年,江崎等[57]根据他们的电子理论在铁素体钢中的合金设计,为了强化作用考虑了合金元素 Mo、W 等的同时也提出了铼的作用。

有研究表明[58],添加稀有元素铼能提高 11Cr-2.6W-0.1MoCoVNb 钢的持久强度,图 10-28 可以看出添加铼(Re)后减弱 11Cr-2.6W-0.1MoCoVNb 钢在大于 2000 h 后持久强度的下降。Re 的添加能够降低 W 在长时时效过程中的析出速率,而且大量 Re 能够固溶于基体中[59]。

1995 ~ 1996 年，津田等[60]指出，在 10Cr - Mo - W - VNb 钢中添加 0.2% Re，高温长时间蠕变强度提高，1.6% Re 与 1% Mo + 1% W 具有相同的效果。另外，在 1996 年，增山等[61]指出，铼的强化作用 2Cr 系钢比 12Cr 系钢大。

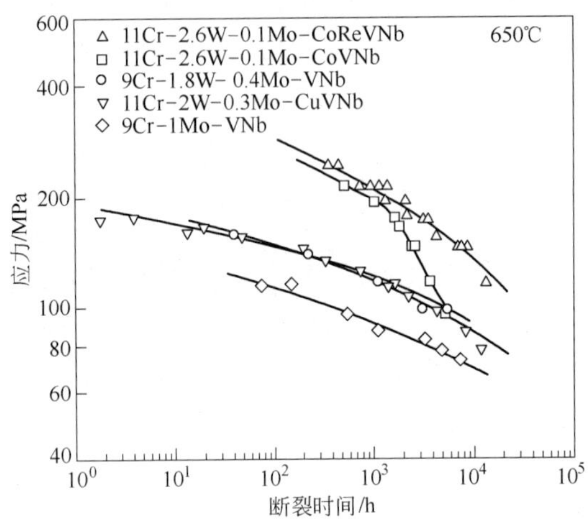

图 10-28　新型耐热钢与 T91、T92 钢 650℃持久强度的比较

添加 Re 能够提高持久强度，机理是提高 W 的固溶强化作用，但长时时效后固溶强化作用越来越弱，而且由于是稀有元素，实际推广应用价值不大。

10.4.11.2　Pd

日本 NIMS 的 Abe 等[62]还研究了 9Cr - 3W - 3Co 钢中添加钯对持久强度的影响。通过对比发现，650℃在 10^4 h 后下降，与 P92 钢接近，如图 10-29 所示。9Cr -

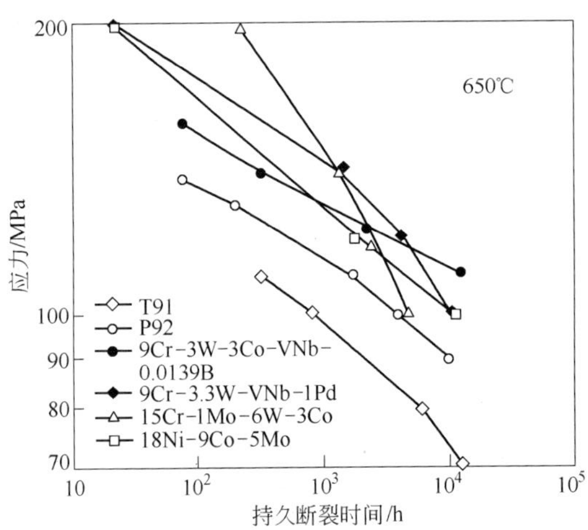

图 10-29　高 Cr 铁素体钢 650℃应力 - 断裂时间曲线

3W－3Co－VNb－0.0139B＞9Cr－3.3W－VNb－1Pd＞18Ni－9Co－5Mo＞15Cr－1Mo－6W－3Co＞P92＞T91。从曲线上看 9Cr－3.3W－VNb－1Pd 和 15Cr－1Mo－6W－3Co 钢 10^3h 后持久强度下降较快。

10.4.11.3 Ce

除了添加稀有元素，董德俊[63]研究了添加稀土元素 Ce 对 9% Cr 铁素体钢 650℃持久强度的影响。加 Ce 后，净化了晶界，在 6000h 内加 Ce 钢与不加 Ce 钢的强度基本一致。试验钢化学成分见表 10-7。

表 10-7 试验钢化学成分(质量分数,%)

炉号	C	Si	Mn	Ni	Cr	Mo	W	V	Nb	B	N	Ce
0	0.10	0.35	0.45	<0.2	8.75	0.95		0.20	0.08		0.05	
1	0.10	0.20	0.45	<0.2	8.75	0.80	1.00	0.20	0.05		0.05	
2	0.08	0.05	0.50	0.1	9.0	0.50	1.80	0.18	0.05	0.003	0.05	
3	0.08	0.15	0.50	0.1	9.0	0.50	1.80	0.18	0.05	0.003	0.05	0.03
4	0.08	0.05	0.50	0.1	12.0	0.50	1.80	0.20	0.05	0.003	0.05	

添加稀土 Ce，在短时间内对持久影响不大，长时间内有待研究。稀土 Zr 的影响还未见报道。

10.4.11.4 Ir

Ir 为奥氏体稳定化元素。为保证强化和马氏体基体的稳定性，所选奥氏体稳定元素应能降低扩散速率和 M_s 点温度，并且能够提高铁素体钢的弹性模量。同时还希望能减少热膨胀，几乎不降低 $\alpha' \rightarrow \gamma$ 转变温度和居里温度并且满足 Hume－Rothery 规则。由于随元素熔点的升高扩散速率和热膨胀会降低，而弹性模量升高，故具有较高熔点的奥氏体稳定元素有望强化和稳定马氏体基体。几种金属的物理性能见表 10-8[64]。

表 10-8 几种金属的物理性能

元素	Cu	Ni	Co	Pd	Rh	Ir
熔点/℃	1083	1455	1495	1554	1966	2454
扩散速率	大	→	→	→	→	小
热力学膨胀	大	→	→	→	→	小
杨氏模量	小	←	←	←	←	大

Ni、Cu、Co 降低 Ms 点，而 V、Nb 会使 Ms 点升高。Ir、Rh、Pt、Pd 溶解到基体中会产生 Mo 和 W 那样的强化效果。Ir 的熔点最高，在强化和稳定马氏体基体方面最有希望。

10.5　9% ~12%Cr 铁素体耐热钢的合金设计

耐热钢的实际应用设计应考虑服役状况和环境。然而当某些合金的设计是基于现有钢种的改良时，其抗氧化性和腐蚀以及通常材料能预期与原材料很接近，而且特别考虑了蠕变强度的提高，需要检查化学成分和热处理状况。图 10–30 给出了通过现有钢种的改良来提高蠕变强度的耐热钢合金设计思路。对于铁素体耐热钢，9% ~12% Cr 系列钢的研究已相当深入，其蠕变强度的提高主要采用固溶强化、沉淀强化和微观组织稳定化，这些技术也适合于低合金 Cr – Mo 钢的改良。

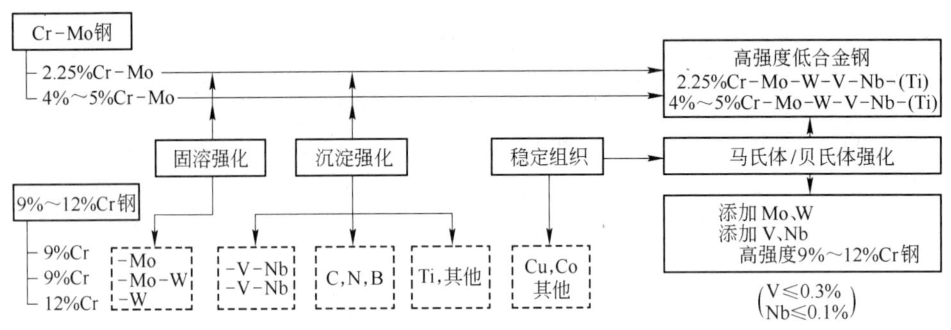

图 10–30　耐热钢合金设计的通常概念

自 1960 年以来，有关合金元素对 9% ~12% Cr 钢的蠕变强度的作用进行了大量的研究。根据它们的性能作用可分为：(1) Cr；(2) Mo、W、Re；(3) V、Nb、Ti、Ta；(4) C、N；(5) B；(6) Si、Mn；(7) Ni、Cu、Co。

(1) Cr：是耐热钢的基本元素，含量增加可提高抗氧化和腐蚀性。虽然 Cr 含量对蠕变强度的作用不明显，但是在 Cr 含量接近 2% 和 9% 时，铁素体钢易获得高强度，而成分在两段之间时强度下降，原因尚未知。

(2) Mo、W、Re：都是固溶强化元素且 Mo、W 长期用于耐热钢。并且当这些元素大量添加时，会进一步增强耐热钢的蠕变强度。然而如果它们的添加超过一定的限制时，δ 铁素体的析出会降低强度，且 Laves 相析出降低韧性。而且，W 对于蠕变强度的作用大约是 Mo 的一半。Mo、W 的同时添加对于强度的提高很有效。据报道，添加 0.5% Re 可以提高蠕变强度，其作用与 Mo、W 类似。

(3) V、Nb、Ti、Ta：与 C 或 N 一起形成碳化物、氮化物和碳氮化物。细小粒子在铁素体基体上析出起到沉淀强化作用。其中 V 和 Nb 在含量为 0.2% 和 0.05% 成分优化时尤为有效，两者的同时添加作用很大，这表明 V、Nb 与其他元素一起形成了析出相。

(4) C、N：奥氏体形成元素，它们在抑制 δ 铁素体时有效，并且它们的含量与析出相和 Cr 碳化物及氮化物的粗化有关。对超过 0.1% C，蠕变强度通常会降低，应根据碳化物形成元素的类型和含量来优化添加量。N 被认为是提高 9% Cr 钢蠕变强度的首要元素，其成分优化与其他氮化物形成元素如 B 有关。

（5）B：提高强度和增强晶界强度，可大幅度提高蠕变强度，近来研究表明它通过渗入 $M_{23}C_6$ 使碳化物稳定。

（6）Si、Mn：Si 是铁素体形成元素，Mn 是奥氏体形成元素。其行为看起来矛盾，两者元素的降低对于提高韧性有益，但会通过降低 A_1 转变温度而损害铁素体结构的高温稳定性。

（7）Ni、Cu、Co：奥氏体形成元素，如果作为合金元素添加，他们会通过降低 Cr 当量而阻止 δ 铁素体的形成，但同时降低了 A_1 转变温度。添加 Cu、Co，可以阻止 δ 铁素体的形成，使高温回火成为可能。

图 10-31 是 12% Cr 耐热钢合金设计的一个例子。

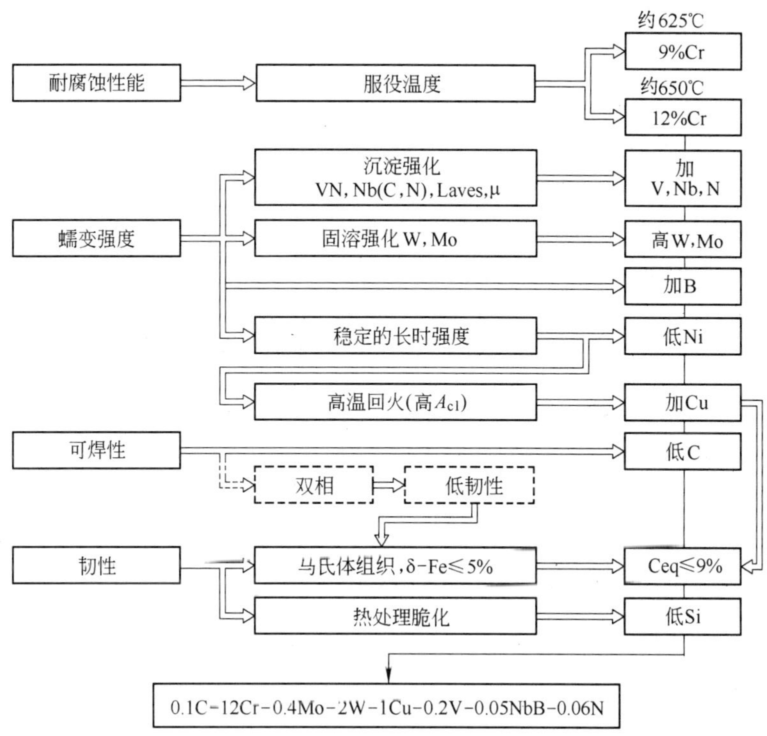

图 10-31　12Cr0. 4Mo2WCuVNb 钢的合金设计

参考文献

[1] 姜求志，王金瑞. 火力发电厂金属材料手册[M]. 北京：中国电力出版社，2001：674～675.

[2] 崔昆. 钢铁材料及有色金属材料[M]. 北京：机械工业出版社，1980：267.

[3] 藤田辉夫. 不锈钢的热处理[M]. 北京：机械工业出版社，1983：78.

[4] Fujimitsu MASUYAMA. History of Power Plants and Progress in Heat Resistant Steels. ISIJ Inter-

national, 2001, 41 (6):612 ~625.

[5] Viswanathan R, Bakker W. 超超临界燃煤电站材料 - 汽轮机材料. 国内外超超临界机组材料及焊接研究资料汇编[M]. 西安热工研究院有限公司,2004:131 ~133.

[6] Hidaka K, Fukui Y, Nakamura S, et al. In advanced Heat Resistant Steels for Power Generation [J]. R. Viswanathan and J. W. Nutting , eds. , IOM Communications Ltd. , London, 1999, 418 ~29.

[7] Thornton D V, Meyer K H. In advanced Heat Resistant Steels for Power Generation [C]. R. Viswanathan and J. W. Nutting , eds. , IOM Communications Ltd. , London, 1999, 349 ~65.

[8] 藤田利夫. 未来电厂的材料. 国内外超超临界机组材料及焊接研究资料汇编. 西安热工研究院有限公司,2004:170.

[9] Muramatsu K. In Advanced Heat Resistant Steels for Power Generation, R. Viswanathan and J. W. Nutting , eds. , IOM Communications Ltd. , London, 1999:543 ~559.

[10] Vaclav FOLDYNA, Jaroslav PURMENSKY, Zdenek KUBON. 组织和结构稳定性良好的高级含铬钢的发展. 国内外超超临界机组材料及焊接研究资料汇编,西安热工研究院有限公司,2004: 208 ~212.

[11] Fujio Abe. Research and Development of Advanced Ferritic Steels for Thick Section Boiler Components in USC Power Plant at 650℃[J]. Materials Science & Technology , 2005:117.

[12] Ennis P J, Quadakkers W J. 高 Cr 马氏体钢的组织、性能及未来发展潜力. 国内外超超临界机组材料及焊接研究资料汇编,西安热工研究院有限公司, 2004: 191 ~195.

[13] HALD J. P92 和 P122 钢的组织稳定性. 国内外超超临界机组材料及焊接研究资料汇编,西安热工研究院有限公司, 2004: 279 ~285.

[14] 陆世英,张廷凯,康喜范,等. 不锈钢[M]. 北京:原子能出版社,1985: 28.

[15] J. HALD. P92 和 P122 钢的组织稳定性. 国内外超超临界机组材料及焊接研究资料汇编,西安热工研究院有限公司, 2004: 278 ~285.

[16] Vaclav FOLDYNA, Jaroslav PURMENSKY, Zdenek KUBON. 组织和结构稳定性良好的高级含铬钢的发展. 国内外超超临界机组材料及焊接研究资料汇编,西安热工研究院有限公司,2004: 208 ~212.

[17] Sklenicka V, Kucharova K, Svoboda M, et al. 9% -12% Cr 电厂用钢的长期蠕变行为. 国内外超超临界机组材料及焊接研究资料汇编,西安热工研究院有限公司, 2004: 286 ~293.

[18] Vaclav FOLDYNA, Jaroslav PURMENSKY, Zdenek KUBON, 组织和结构稳定性良好的高级含铬钢的发展. 国内外超超临界机组材料及焊接研究资料汇编,西安热工研究院有限公司,2004:208 ~212.

[19] Yoichi Tsuda, Ryuichi ISHII, Masayuki YAMADA. 600℃以上汽机转子用高强度 12% Cr 铁素体钢的开发. 国内外超超临界机组材料及焊接研究资料汇编,西安热工研究院有限公司,2004: 367 ~370.

[20] Toshio Fujita. 高温用高 Cr 铁素体钢的研究进展. 国内外超超临界机组材料及焊接研究资料汇编,西安热工研究院有限公司, 2004: 185 ~190.

[21] 芥川武, 藤田利夫. 鉄と鋼,1957(43):320.

[22] 藤田利夫. 鉄と鋼, 1960(46):1393.

[23] 土山友博,藤田利夫. 鉄と鋼, 1979(65):842.

[24] 伊势田敦朗,寺西洋志,吉川州彦,等. 耐热金属材料第123委员会研究报告,1988(29):15.

[25] 河合光雄,川口寛二,吉田宏等. 鉄と鋼, 1975(61):229.

[26] 竹田頼正,高野勇作,横田宏等. 鉄と鋼, 1990(76):1100.

[27] 藤原優行,内田博幸. 耐热金属材料第123委员会研究报告. 1986(27):203.

[28] Clark C L, White A E. Trans. ASM, 1936 (24):831.

[29] Colbeck E W, Rait J R. I. S. I. Special Report No 43, 1952:107.

[30] 藤田利夫,世仓利彦,岳野洋允. 鉄と鋼,1963(49):597.

[31] 佐佐木. 鉄と鋼,1966(52),1557.

[32] 朝仓健太郎,藤田利夫,山下幸介. 鉄と鋼, 1980(66):1375.

[33] 阿部富士雄,中尺静夫,荒木弘等. 材料とプロャヌ, 1989(2):841.

[34] Austin C R, John C R St, Lindsay R W. Trans AIME , 1945 (162):84.

[35] 芥川武,藤田利夫, 清水贞一. 鉄と鋼, 1956(42):766.

[36] Robin F. Rev. Met. , 1909 (6):180.

[37] 行俊照夫,西田和彦. 耐热金属材料第123委员会研究报告, 1975(16):45.

[38] 高橋紀雄,德田健次,藤田利夫. 耐热金属材料第123委员会研究报告, 1970(11):225.

[39] 河端良和,藤田利夫. 鉄と鋼, 1985(71):S1348.

[40] Fujimitsu MASUYAMA. 电厂历史与耐热钢的发展. 国内外超超临界机组材料及焊接研究资料汇编,西安热工研究院有限公司, 2004:145～157.

[41] Toshiei HASEGAWA,Yoshio R. ABE, Yukio TOMITA ,et al. 9Cr－2W－V－Ta 和9Cr－1Mo－V－Nb 钢在蠕变过程中微观结构的变化. 国内外超超临界机组材料及焊接研究资料汇编,西安热工研究院有限公司, 2004: 294～301.

[42] Cross H C, Lowther J G. Proc. ASTM, 1938 (38):149.

[43] 高橋紀雄,藤田利夫. 耐热金属材料第123委员会研究报告, 1960(1).

[44] Tofaute W. Z. Ver. deut. Ing. , 1937 (81):1117.

[45] Peter W, Fischer A. Arch. Eisenhuttenw. , 1948 (19):161.

[46] Ward J O, Rait J R. West Scottland Iron and Steel Inst. 1953:448.

[47] 芥川武, 藤田利夫. 鉄と鋼, 1955(41):986.

[48] Boyle C T, Newhouse D L. Met. Progr. ,1965:61.

[49] 藤田利夫,佐藤隆树. 耐热金属材料第123委员会研究报告, 1977(18):35.

[50] Austin C R, St. John C R, Lindsay R W. AIME Tech. Pub. , 1945:1837.

[51] Houndremont E. Handbuch der Songder－stahlkunde. Bd Ⅱ, 1956:1120.

[52] 高橋紀雄,德田健次,藤田利夫. 耐热金属材料第123委员会研究报告, 1970(11):235.

[53] 芥川武,藤田利夫. 鉄と鋼, 1957(43):1063.

[54] 高橋紀雄,藤田利夫,三口武海. 鉄と鋼, 1981(67):S1146.

[55] Yuichi Futamura,Toshihiro Tsuchiyama , Setsuo TAKAKI. Cu 对马氏体耐热钢的强化机制. 国内外超超临界机组材料及焊接研究资料汇编,西安热工研究院有限公司, 2004: 261～264.

[56] 佐佐木. 鉄と鋼, 1967(53):1251.

[57] 江崎尚和,森永正彦. 1992(78):1377.

[58] Kouichi Maruyama, Kota Savada ,Jun – ichi Koike. Strengthening Mechanism of Creep Resistant Tempered Martensitic Steel[J], ISIJ International, 2001(41): 641 ~653.

[59] Murata Y, Kawamura K, et al. Compositional Change of Refractory Elements in Solution during Aging in High Cr Heat Resistant Ferritic Steels[J]. ISIJ International, 2002,42(12): 1591 ~1593.

[60] 津田陽一,石井龍一,山田政之等. 材料とプロャヌ, 1995(8):716.

[61] 增山不二光,驹井伸好,西村宣彦. 材料とプロャヌ, 1997(10):1246.

[62] Fujio Abe. Key issues for development of advanced ferritic steels for thick section boiler components in USC power plant at 650℃[C]. Symposium on Ultra Super Critical Steels for Fossil Power Plants 2005, Beijing,2005:19 ~28.

[63] 董德俊. 新型铁素体耐热钢的研究[D]. 钢铁研究总院,1996.

[64] Abe F, IGARASHI M, FUJITSUNA N,et al. 650℃超超临界锅炉用铁素体钢的合金设计. 国内外超超临界机组材料及焊接研究资料汇编,西安热工研究院有限公司,2004: 251 ~255.

11 持久蠕变试验方法与标准

11.1 持久蠕变试验的意义及用途

通常在常温下，金属材料在弹性范围内受到外力作用后会产生弹性变形，即使施加的力保持相当长的时间，去除外力后，金属材料仍然能恢复至原来尺寸。但是在较高的温度下，金属材料即使受到的应力远小于屈服强度，也会随时间的延长发生塑性变形。通常温度达到金属材料熔点温度30%时候，则需要考虑材料的蠕变问题。对于钢铁材料，温度超过300℃后，则会产生不同程度的蠕变现象，不能用常温下的力学性能指标来评定高温下工作的金属材料的力学性能。例如，蒸汽锅炉及化工设备中的一些高温管道，虽然其承受的应力大大低于工作温度下的屈服强度，但在长期使用过程中，则会产生缓慢而连续的塑性变形，使管径日益增大。若设计时所选用的应力偏高，就可能导致管道使用一段时间后发生破裂。

随着现代工业技术的发展，发展大容量高参数机组，特别是超(超)临界机组将是我国火力发电“提高发电效率，节约一次能源，改善环境，降低发电成本”的必然趋势。开发超临界机组的关键之一，在于开发热强性高，耐高温腐蚀，耐汽侧氧化，有良好的焊接和加工性能，经济上比较合理的新型耐热钢。四大管道(主蒸汽管道，高温再热蒸汽管道热段，低温再热蒸汽管道冷段和高压给水管道)是电厂系统的重要组成部分，管道材料的力学性能和耐热性将直接影响电厂机组的安全可靠性及今后运行的经济性。高压锅炉大口径管主要部件—联箱与管道，由于联箱(末级过热器，末级再热器出口联箱)与管道(主蒸汽管道，导汽和再热蒸汽管道)布置在炉外，没有烟气加热及腐蚀问题，管壁温度与蒸汽温度相近，要求钢材应具有足够高的持久强度、蠕变强度、抗疲劳和抗蒸汽氧化性能，以及良好的加工工艺和焊接性能。同时火电机组的设计寿命由原来的100000 h提高到150000 h、200000 h甚至300000 h。在工程设计方面对高温下的金属材料性能要求将越来越高，高温蠕变及持久强度试验成为火电机组高温强度设计的重要依据。

金属材料高温蠕变及持久强度试验的基本方法是：在恒定的载荷和温度条件下，观测试样随时间延长产生的缓慢塑性变形和断裂现象。其中蠕变试验测定变形量随时间的变化，持久试验测定达到断裂的持续时间。蠕变和持久试验周期可长达几千小时，甚至几年，所以相比短时力学性能试验，蠕变及持久试验对试验机载荷、温度测控、变形测量等系统的精度和长期稳定性的要求更加苛刻，并且对试验过程的要求也更加严格。下面将分别介绍我国的蠕变和持久试验方法以及国外试验方法标准与我国国标的异同点。

11.2　高温蠕变试验

11.2.1　蠕变现象与特征

金属材料在一定温度和应力状态下会产生蠕变现象。在汽轮机、锅炉、化工设备及航空发动机中,很多零部件在高温和高压条件下运行一段时间后,经常发生塑性变形和断裂失效问题。随着金属材料服役温度和服役应力的逐步提高,蠕变现象将愈加明显。如果在选材和设计上稍有疏漏,当蠕变变形量超过设定的允许值时,便会发生破坏性事故。因此蠕变性能是金属选材和高温机械设计的重要指标之一。

蠕变变形的规律可用蠕变曲线来描述。典型的蠕变曲线是采用 GB/T 2039—1997《金属拉伸蠕变及持久试验方法》规定的标准光滑试样在一定温度和拉应力的作用下测得的。蠕变曲线反映了该金属材料温度、应力、变形量与时间之间的相互关系。图 11-1 为典型的蠕变曲线,由以下 3 个阶段组成。

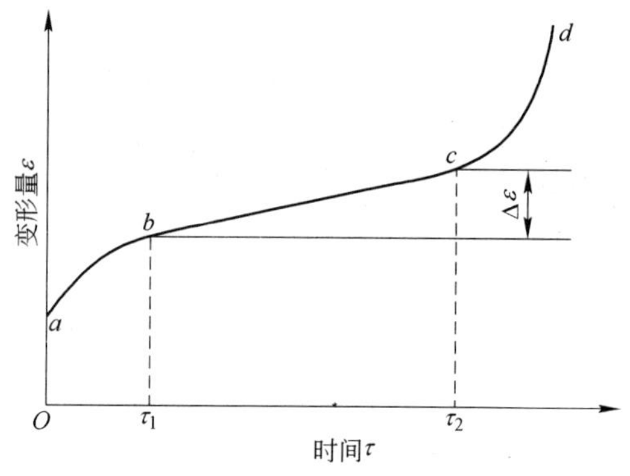

图 11-1　典型的蠕变曲线

(1) 图 11-1 中 ab 段称为蠕变第一阶段,这个阶段开始时的蠕变速率很大,随时间的延长而逐渐减小,到 b 点蠕变速率达到一个最小值。其原因是在蠕变第一阶段初期,在温度影响下变形中产生的滑移系增多,位错源易于活动,即使在较低的应力下也能产生运动。但随着变形的加剧,位错逐渐塞积于各种障碍前,但原子的扩散和位移仍可以克服部分障碍,使得位错继续移动,此时蠕变速率减慢,随着位错密度的增大,难以克服的障碍增多。因而使蠕变第一阶段的蠕变速率逐渐减慢。

(2) 图 11-1 中 bc 段称为蠕变第二阶段,即稳态蠕变阶段。这个阶段的蠕变速率几乎保持不变。在此阶段中由于位错的运动和增殖,应变硬化提高蠕变抗力,而回复过程又使蠕变抗力下降。因此蠕变第二阶段是:应变硬化过程和回复过程达到平衡的阶段。蠕变第二阶段是最重要的阶段。

(3) 图 11-1 中 cd 段称为蠕变第三阶段,即加速蠕变阶段。在此阶段,随时间的延长,由于试样内部萌生的裂纹、晶间空洞等使蠕变速率增大,到 d 点时产生蠕变断裂。

从微观角度来看,蠕变是金属在温度和应力的作用下,随服役时间延长晶粒内部和晶界发生损伤的结果。蠕变与金属原子扩散过程有着密切关系,当金属变形时,通过位错等缺陷在晶面上发生滑移,也可能通过位错攀移越过晶格,直至堆积在内部障碍。内部障碍可能是沉淀粒子、晶界或其他位错应力场,位错堆积形成的应力最终将与位错源的外应力达成平衡,变形停止。

蠕变曲线的形状有下述 3 个特征:

(1) 各类曲线都出现上述 3 个阶段;

(2) 各阶段的持续时间是不一样的。一般是温度高或应力大,其第二阶段的持续时间就短以致消失。

(3) 在高温和大应力的作用下,蠕变断裂抗力增大,时间缩短,变形量加大。与此相反,在较低温度、小应力的作用下,蠕变断裂抗力减小,时间增长,变形量减小。

各种材料,在不同的试验温度和试验应力下,其蠕变曲线都有类似的特征。但随着温度和应力的改变,蠕变曲线的形状将会改变:温度高、应力大,其曲线陡、斜率大,蠕变第二阶段的时间短或完全消失;若温度低、应力小,则曲线平、斜率小,蠕变第二阶段的持续时间长。在温度恒定,不同应力或应力恒定,不同温度的试验条件下,得到的多组蠕变曲线就可以证实,见图 11-2 和图 11-3。

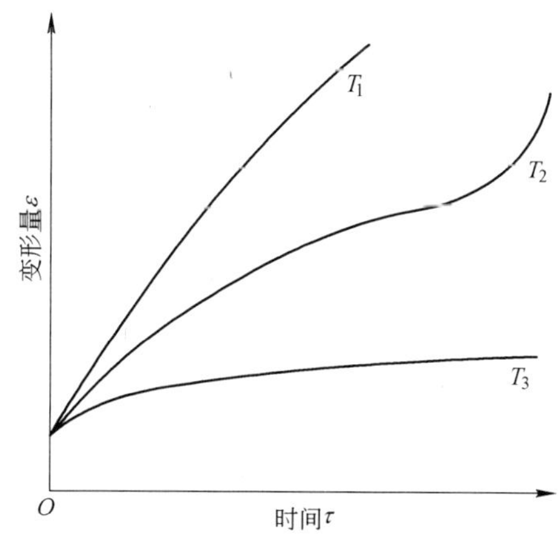

图 11-2　不同温度下的蠕变曲线 ($T_1 > T_2 > T_3$)

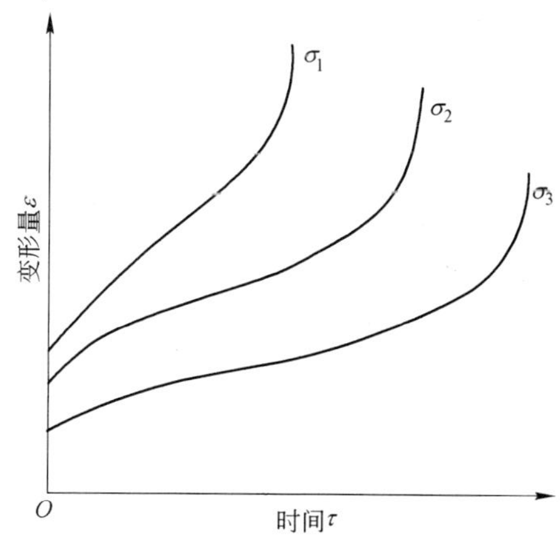

图 11-3　不同应力下的蠕变曲线($\sigma_1 > \sigma_2 > \sigma_3$)

11.2.2　蠕变试验

11.2.2.1　蠕变试样

蠕变试样分为圆形横截面与矩形横截面试样。圆形横截面试样直径一般为 5 ~ 10 mm。原始计算长度为$5d_0$或$10d_0$(也可采用$12.5d_0$)。原则上试样的标距应长些,长标距对提高蠕变变形的测量精度有利。标准方法中推荐的标准试样如图 11-4 所示,矩形横截面蠕变试样厚度一般在 1 ~ 5 mm 范围内,试样宽度为 6 ~ 15 mm,原始计算长度为 50 ~ 100 mm。推荐使用试样如图 11-5。蠕变试验的关键部位是凸台部分。凸台尺寸及形状偏差影响蠕变变形测量的准确性,应尽量与引伸计相配合。试样凸肩及头部的形状及尺寸可根据引伸计结构和拉杆形式确定。试样

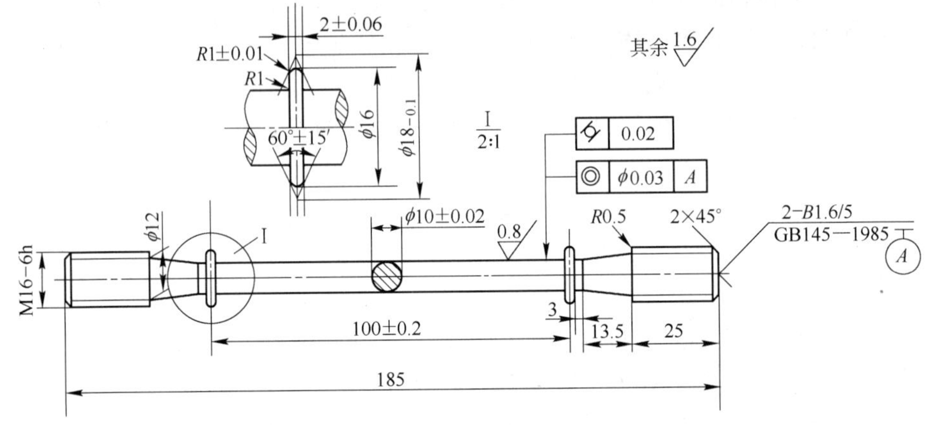

图 11-4　圆形横截面试样

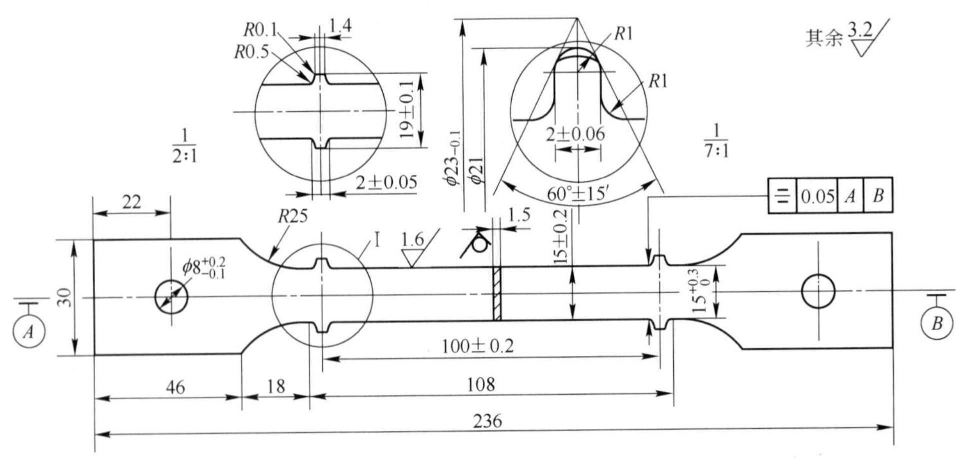

图 11-5　矩形横截面试样

头部与计算长度之间应有过渡圆弧，对于圆形试样，过渡圆弧不小于直径的1/4，对于矩形试样过渡圆弧半径不小于宽度的1/4。矩形横截面试样一般应保留原表面。

11.2.2.2　蠕变试验用设备及仪器

国内蠕变和持久试验使用的设备基本上为同一类设备，主要区别在于蠕变试验所用试验机需要额外配备蠕变变形测量系统。目前在国内广泛使用的是30 kN、50 kN、100 kN几种不同力值的机械式持久蠕变试验机，近几年国内某些试验机厂家推出了电子式持久蠕变试验机。不管持久蠕变试验机的种类，按照GB/T 2039—1997中的规定，持久蠕变试验机应定期按JJG276《高温蠕变、持久强度试验机》进行检定，检定周期一般为一年，对于超过一年的长时间试验，应在试验结束时检定试验机。试验机在使用范围内（5%～100%）力值相对误差不大于±1%；示值相对变动度也应不大于1%；试验机上下夹头拉杆之间的试验力同轴度应不超过15%。

目前，在GB/T2039—1997中，没有明确规定蠕变变形测量系统的校准的方法。只是在其6.2中，规定蠕变变形测量仪器的最小分度值应不大于1 μm，误差一般应不大于总蠕变伸长的±1%；在7.4中，规定引伸计的结构和装卡应能真实地反映试样轴线方向的伸长，并应避免变形读数受室温和气流的影响。试验前用适当增量的力检查引伸计装卡质量，必要时对引伸计进行调整，使两侧变形读数的平均值与任一侧读数之差除以平均值的百分比不大于15%。

在金属蠕变试验中，金属试样的蠕变变形是通过测量试样原始标距长度的变化来表征的。试样原始标距部分的蠕变变形是通过引伸计传递的，通过测量仪器进行变形的转化，实现变形的测量和记录。也就是说，试验过程中蠕变变形的测量，是经过变形的传递、变形的转化，以及变形的测量和记录三个过程来实现的。一般来讲，蠕变变形测量系统包括引伸计、传感器和变形放大指标仪器几部分。每一个部分的测量误差都将反映在蠕变变形测量系统的系统误差中。

目前采用的传感器和变形放大指标仪器有差动式电感、光栅式、磁栅式、容栅式等几种。在实际试验操作过程中，对蠕变变形测量系统的校准是通过试验前对引伸计装卡质量进行检查、对传感器等测量仪器进行周期检定来进行的。

对引伸计的装卡应保持紧、垂、平的要求：

紧：引伸计的夹持部分一定要紧固在试样凸肩上，不允许有松动。

垂：引伸计的夹持部分要垂直于试样。

平：引伸计左右两边的引伸杆要保持平行，不触碰。

蠕变试验通常都是在高温下进行的，这就需要温度控制和测量系统。试验温度是通过多个环节最后在测温仪表上反映出来的。在高温试验中，测温的环节包括热电偶、补偿导线、冷端补偿、导线、测温仪表等。要保证蠕变试验温度的长期稳定可靠,温度补偿系统应使热电偶冷端温度保持恒定,允许偏差在 0.5℃之内,温度测量仪器的分辨率应在 0.5℃之内,测量误差不大于 ±1℃。

当试验温度小于 900℃时,试验温度的允许偏差为 ±3℃,温度梯度为 3℃。当试验温度在 900 ~ 1100℃之间时,试验温度的允许偏差为 ±4℃,温度梯度为 4℃。

热电偶的根数应根据试样标距的长度来选取,试样标距长度小于等于 25 mm 的,只需绑一只热电偶;试样标距长度大于 25 mm 小于等于 50 mm 的,需绑两只热电偶;试样标距长度大于 50 mm 小于等于 100 mm 的,需绑三只热电偶。试样及热电偶的安装对试验相当重要,它涉及受力形式、试验温度的真实性和炉温控制精度,应注意以下几点:

(1) 试样上下螺纹端部不能旋至夹具螺孔底部,应略退出 1 ~ 2 牙,使试样中心垂直,避免偏斜产生非轴向力,不同心。

(2) 热电偶的热端必须紧贴试样表面,并用石棉绳等覆盖,避免炉壁的直接热辐射;根据试样计算长度的不同尺寸固定二支或三支热电偶,注意不能触及变形测量机构,以免影响测量精度。

(3) 热电偶冷端引出部分应作出上、中、下的标记,以便正确检查炉温及调整梯度和波动。

加力规定:试样在炉内不应受到非轴向力的作用。升温前,可对试样施加初试验力,此力值应不大于总试验力的 10%,并且不应大于 10 MPa。

试验数据的记录:以全部试验力施加完毕的瞬间为零时间开始测量和记录试验数据。目前很多实验室都采用计算机系统自动采集数据,采集数据的时间间隔可以根据需要,人为设定。同时试验中应记录温度及受力状态的不正常现象。并在试验报告中注明。在蠕变试验中,当由于某些故障必须调整引伸计时,应将调整前后的数值衔接起来,排除调整引伸计而产生的读数差。

11.2.2.3　蠕变试验结果的处理

通过对蠕变时间及变形量的测量,在试验结束后可做出蠕变曲线图,从中可以获得全部蠕变性能指标的数据资料。从蠕变曲线可以得出以下数据:蠕变起始伸长率,蠕变塑性伸长率,蠕变总伸长率,稳态蠕变速率。

在通常情况下,在试验开始的加力过程中已经测量了力—变形的关系。从此关系可得到蠕变弹性伸长率,在试验力卸除后可立即停止测量。但当试验力太小或其他条件所限,一次加力时应在达到试验时间卸除试验力后,应继续测量伸长读数的变化,直到不变为止。通常在几个小时之内。用蠕变总伸长率与弹性伸长率之差计算蠕变塑性伸长率。

稳态蠕变速率的测定:稳态蠕变速率是蠕变第二阶段中单位时间的蠕变伸长率,用%/h 表示。其重要特点是在很长时间范围内,单位时间的蠕变伸长率都是相等的。稳态蠕变速率是评定材料长时间蠕变性能的重要参数。对于长寿命材料的应用,其在高温及应力作用下的稳态蠕变速率是材料的关键指标。在测定稳态蠕变速率的蠕变试验中,温度在规定范围内应尽量保持恒定,使用的蠕变变形测量仪器的最小分度值应不大于 1 μm。误差一般不大于总蠕变伸长量的 ±1%。重要的一点是试验必须进行到足够长的时间,因为试验时间不足时,蠕变第一阶段并没有真正的结束,第二阶段没有真正开始。虽然在蠕变变形—时间曲线上可以测量蠕变速率,但是短时间的测定值与足够时间的测定值有很大差异,从而会导致不正确的外推结果。因而在国际上很多的蠕变试验方法中都将试验时间范围规定在 10000 ~ 100000 h 之内。

蠕变极限的测定:在许多工程设计中,为了保证在高温长时间条件下零部件的寿命,在设计中需要限定材料在服役过程中的蠕变量不能过大。因此要求限定产生规定变形量或变形速度的工作条件,这个参数就是蠕变极限。

蠕变极限的定义为:在规定的温度下使试样在规定的时间产生的稳态蠕变速率或蠕变伸长率不超过规定的最大应力。

测定蠕变极限可分为用稳态蠕变速率测定和以蠕变伸长率测定。当然这两种蠕变极限的数据点都要在试验至第二阶段若干时间后才能测定。

在规定温度下(等温条件)进行 4 个以上应力的蠕变试验,每个试验应进行至蠕变第二阶段,根据蠕变曲线真实的测定稳态蠕变速率,在应力—稳态蠕变速率对数坐标上作出关系曲线。在同一温度下,稳态蠕变速率与应力之间的对数呈线性关系,因而可用内插法获得稳态蠕变速率所对应的应力值。

根据不同应力条件下测得的稳态蠕变速率,以应力对数为纵坐标,以稳态蠕变速率为横坐标,作出一条直线。则可在试验应力范围内,求得预期的稳态蠕变速率的应力值,即蠕变极限。

蠕变极限的外推:目前,国内外测定蠕变极限的方法有两种:一种是等温线法;另一种是时间—温度参数法。但是不同的外推方法应满足以下外推原则:

(1) 外推时间不能过长,一般不使用原始数据外推超过十倍的寿命;

(2) 外推出的稳态蠕变速率应不超过最小蠕变速率的 1/10;

(3) 外推时一定要对材料在温度、应力及时间作用下的组织变化予以充分考虑。

A 等温线法

该法建立在恒定温度、不同应力水平下的一组试验数据而求得的不同蠕变速率。蠕变速率 ν 与试验应力 σ 的关系可用下式表达:

$$\nu = K \times \sigma^n$$

上式两边取对数可得:

$$\lg\nu = \lg K + n \times \lg\sigma$$

上式表明,蠕变试验第二阶段的蠕变速率 ν 与试验应力 σ,在双对数坐标上呈线性关系。根据最小二乘法原理,可求得所需蠕变速率下的蠕变极限。

具体步骤如下：

（1）整理与取舍数据，绘制蠕变曲线，计算出各档应力（$\sigma_1,\sigma_2,\sigma_3,\cdots$）水平下相对应的材料蠕变速率（$\nu_1,\nu_2,\nu_3,\cdots$）；

（2）分别在以应力为纵坐标，蠕变速率为横坐标的双对数坐标纸上描点；

（3）利用最小二乘法拟合出直线方程，求得的直线为最佳拟合线。

（4）落在实验数据点之内的蠕变极限值，可以通过内插法获得；落在实验数据点以外的蠕变极限值，可以通过外推法获得，但外推时应遵守外推原则。

B　时间—温度参数法

蠕变强度时间—温度参数法的表达式为：

$$F(\nu,T)=P(\sigma)$$

目前较为常用的是 L－M 参数法，其蠕变强度表达式为：

$$T(C-\lg\nu)=P(\sigma)$$

式中　T——热力学温度或绝对温度，K；

C——与材料有关的常数；

ν——蠕变速率，%mm/h；

$P(\sigma)$——应力参数。

当前国内外对某些成熟的材料，根据经验将 C 值固定下来（取 $C=20$），于是公式可用下式表达：

$$P(\sigma)=T(20-\lg\nu)\times10^{-3}$$

另外，$P(\sigma)$还可表达为应力 σ 的对数多项式：

$$P(\sigma)=a_1+a_2\lg\sigma+a_3\lg^2\sigma+a_4\lg^3\sigma$$

所以，蠕变强度的 L－M 参数表达式可写成：

$$P(\sigma)=T(C-\lg\nu)=a_1+a_2\lg\sigma+a_3\lg^2\sigma+a_4\lg^3\sigma$$

由于采用多元回归分析计算，计算过程非常复杂，利用计算机编程，通过软件包能自动计算，并打印图表及处理结果。图 11－6 为某钢的蠕变强度 L－M 曲线。

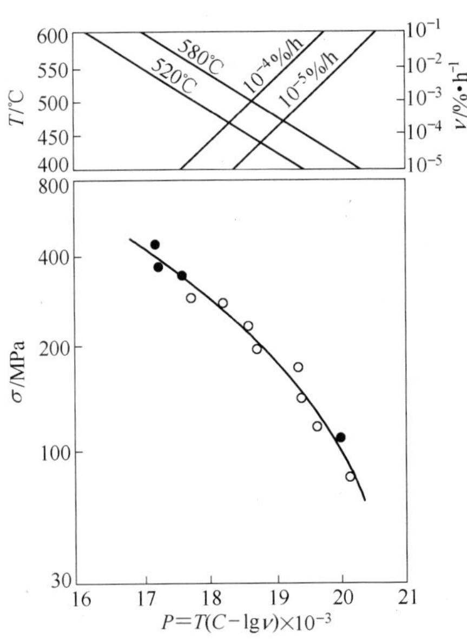

图 11-6　某钢蠕变强度的 L－M 曲线

11.3　高温持久强度试验

持久强度试验，实质上是蠕变的延续。它随着高温试验时间的推移，金属材料在应力作用下必然会导致断裂，也就是蠕变变形达到加速阶段(即第三阶段)直到断裂时的应力值,因此,国外有的把持久强度试验称为蠕变破断试验或应力断裂试验。

11.3.1　持久强度的定义和技术意义

金属材料在一定温度和应力的长期作用下,抵抗断裂的能力称为持久强度,用 σ_{τ}^{T} 表示,其中 T 为试验温度,τ 为试验时间(h)。例如:$\sigma_{500}^{700℃}=380$ MPa,即表示在试验温度 t 为700℃条件下,持续时间 τ 为500 h 的持久强度为380 MPa。持久强度试验的3个特点:(1)可获得持久强度 σ_{τ}^{T} 的值,从而取用金属材料的长期断裂抗力,进行选材;(2)可得到材料断裂后的塑性,即伸长率 δ 和断面收缩率 ψ;(3)若采用横截面缺口试样,则可获得持久缺口敏感系数:K_{σ} 和 K_{τ}。

持久试验的主要技术意义在于:(1)所获得的高温长期性能,即持久强度是结构设计和材料选择的主要依据。比如汽轮机和锅炉电站设备的零部件,不仅要了解10万小时的蠕变性能,还要知道相同条件下的持久强度、塑性和材料的缺口敏感性,从而作为选材的依据。(2)如何应用现有的强化理论来实现材料的最大强化,具有较高的持久和优良的塑性,从而提高材料整体的热强性能,延长其使用寿命,为发展和创造新的耐热合金奠定基础。

11.3.2　持久塑性和缺口敏感性

持久塑性是指材料经过长期持久试验之后,试样最终被拉断。因此可以测量断裂试样的持久塑性,即持久伸长率和断面收缩率。

持久伸长率 δ:在室温下,试样计算长度的增量与原始计算长度的百分比,其公式为:

$$\delta(\%)=(L_{u}-L_{c})/L_{0}\times 100$$

式中　L_{u}——试样断后标记长度,mm;

L_{c}——试样原始标记长度,mm;

L_{0}——试样原始计算长度,mm。

对于圆形横截面试样:L_{c}与 L_{0}之差不应超过 L_{0}的10%;对于矩形横截面试样,L_{c}与 L_{0}之差不应超过 L_{0}的15%。

持久断面收缩率 ψ:在室温下,试样横截面积的最大缩减量与原始横截面积的百分比,其公式为:

$$\psi(\%)=(S_{0}-S_{u})/S_{0}\times 100$$

式中　S_{0}——试样计算长度内原始横截面积,mm^2;

S_{u}——试样断后最小横截面积,mm^2。

对于高温机械零部件,例如汽轮机叶片根部、转子叶轮开的槽孔、锅炉集箱上部圆孔、螺栓的螺纹等,其缺口都是裂纹集中的根源。缺口敏感性是指材料在带有一定应力集中的缺口条件下，其抵抗裂纹扩展的能力。评定材料是否具有缺口敏感性，是以带缺口试样的持久强度与光滑试样的持久强度之比确定的。一般用下面两种方法表示：

（1）在缺口试样与光滑试样试验应力相同的条件下，持久断裂时间的比值表示为：

$$K_0 = \tau'/\tau$$

式中　K_0——持久试样缺口敏感系数；

τ'——缺口试样试验时间，h；

τ——光滑试样试验时间，h；

（2）在缺口试样与光滑试样断裂时间相同的条件下，试验应力的比值表示为：

$$K_\tau = \sigma'/\sigma$$

式中　K_τ——持久试样缺口敏感系数；

σ'——缺口试样试验应力，N/mm^2；

σ——光滑试样试验应力，$\sigma = F/S_0$。

如果 K_τ、K_0 都小于 1，说明材料在相同试验时间 τ 内或材料在相同应力 σ 下有缺口敏感性；反之，如果 K_τ、K_0 都大于 1，则材料无缺口敏感性。

11.3.3　持久强度试验方法

持久强度试验可采用圆形横截面试样、矩形横截面试样和圆形横截面缺口试样 3 种形式，见图 11-7。

试验应注意以下几点：

（1）在选取试样毛坯时，要考虑材料的力学性能和冶金组织应能代表所试验的材料。同一种试验试样的毛坯应取自同一批试验材料。试样毛坯应留有足够的机加工余量。

（2）试样在加工过程中不应因发热或加工硬化而改变材料的性能。

（3）如果试样在热处理后进行试验，则应先将毛坯热处理后再进行加工；如果热处理后材料的机械加工性能发生变化，则可先制成毛坯后进行热处理，然后再进行精加工。

（4）对于矩形截面试样，一般都保留原表面，并应无任何损伤和弯曲。若技术条件另有规定，可将表面另行加工。

（5）圆形缺口试样的根部直径和缺口底部半径的加工要求比较高，其测量宜在光学投影仪上进行。

持久试验加载后，开始计算时间，直至试样拉断所用的总持续时间即为持久时间。持久性能的评定方法可归纳为两种：

（1）根据某材料的考核要求，提供该材料的使用温度和试验应力，当持久总试

其余 1.6
0.02
φ0.03 A
φ5±0.02
1×45°
R5
R5
φ8
2-B1.6/5
GB145—1985
A
M12-6h
0.8
3.5
25
3.5
4
32
4
13
66

a

0.02
φ0.03 A
其余 1.6
φ10±0.02
1×45°
R5
0.8
R5
2-B1.6/5
GB145—1985
A
M16-6h
φ12
3
50
3
4
56
4
25
114

b

其余 1.6
0.02
φ0.03 A
30°±30′
60°±1°
φ7±0.02
1×45°
R5
0.8
2-B1.6/5
GB145—1985
A
M12-6h
R0.15
±0.02
φ5±0.02
25
34
13
60

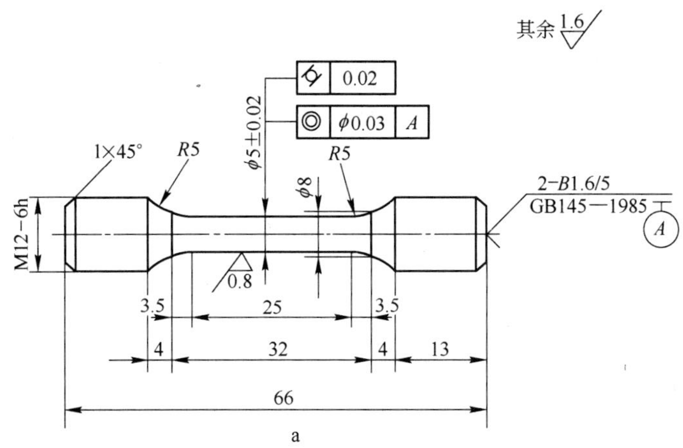

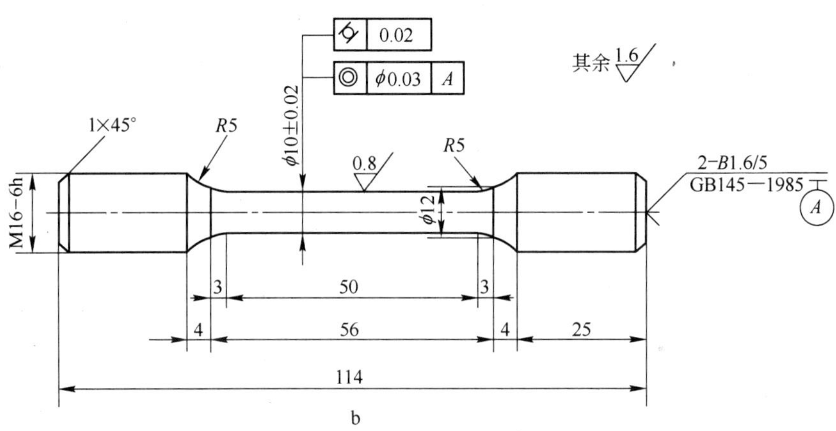

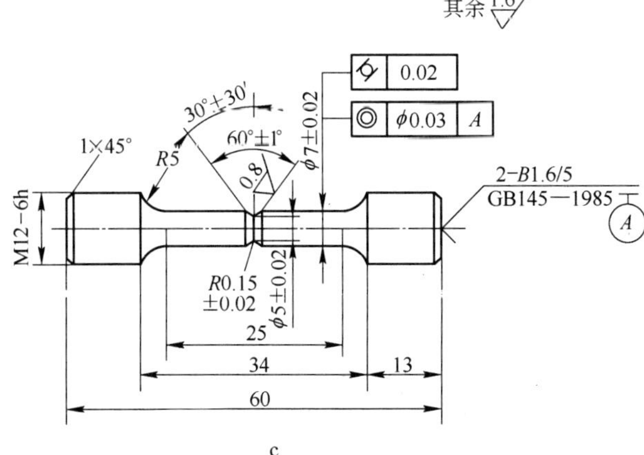

c

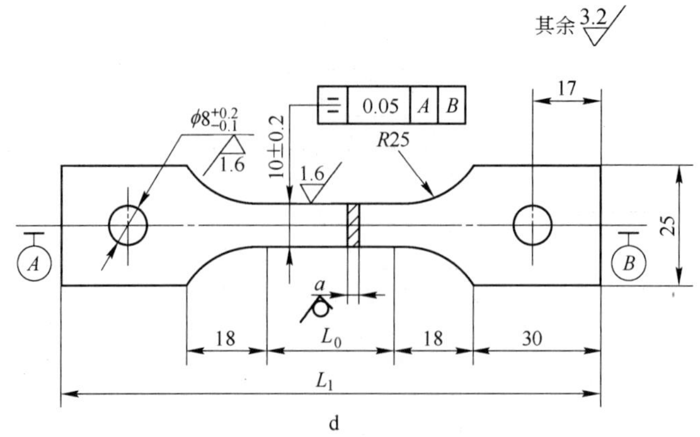

图 11-7　标准持久试样

a—直径 5 mm 的圆形横截面试样；b—直径 10 mm 的圆形横截面试样；
c—圆形横截面缺口试样；d—矩形横截面试样

验时间超过规定的时间后，就被确认这一材料的持久性能合格。此种方法在工厂应用较广，已被用作检验材料性能的手段。但由于试样未被拉断，持久塑性无法求出。而在高温机械设计，尤其是航空、化工及电站设备零部件设计中，持久塑性指标相当重要，故将试样拉断以获得塑性数据。对于强度较高的合金，还采用了超过某一规定时间（例如 100 h 或 200 h）后，每间隔一定时间（如 12 h 或 24 h 内），增加固定的负荷方法（1000 ~ 2000 N），直至试样断裂，测量材料伸长率 δ 与断面收缩率 ψ，并要求达到或高于该材料规定的指标才能通过审查。

（2）试样在规定温度下达到规定的试验时间而不产生断裂的最大应力，即为材料规定温度下的持久强度极限。为了确保数据的可靠性，进行等温持久试验须在 5 个应力水平以上进行，同时建议最少要有 3 个应力水平，每组均做出 3 个试验数据，并在单对数或双对数坐标上用作图法或最小二乘法绘制应力 - 断裂时间曲线。再用内插法或外推法求出持久强度极限。

按照国家标准要求，持久强度极限与温度的关系至少用 3 个温度来确定，这样可以求得不同温度下的持久极限。

持久试验要进行的时间很长，有的长达几万小时。因此这样可贵的试验数据，必须进行慎重的整理与取舍。例如对于材料的断裂寿命过高或过低的异常数据，都要对材料的内在质量和试验过程中的异常情况进行综合分析和评估后，才能决定数据的统计与取舍。持久强度的数据处理，就是将原始试验数据经过一定的图解或公式计算，获得实际工程上所需要的设计指标（一般为 10 万 ~ 20 万小时的设计寿命）。由于材料的持久强度试验不可能做这么长时间，故需将短时试验的结果，通过试验公式进行处理，用外推方法求得长期持久强度。

持久强度曲线是在给定温度和应力下,进行试验所得到的一系列断裂时间数据。应力不同,其断裂寿命也不一样,把这些原始数据用图解形式表示出来,见图11-8。

持久强度曲线一旦建立,便可一目了然地在图中得知该材料的高温持久性能,即该材料的温度、应力和断裂寿命之间的内在联系。目前在实际应用中,工程上所用的持久强度指标都是通过公式计算和图解获得的。

持久极限的确定:应用前述方法建立了持久强度曲线之后,便可用内插法或外推法求出持久强度极限,见图11-9。图中为某试验材料的持久强度曲线。如果要求 $\sigma_{10^4}^{600C}$ 持久强度极限,可在断裂时间横坐标上,通过 10^4 h 的点作与纵坐标的平行线,与持久强度曲线交于 K 点,然后通过 K 点作与横坐标的平行线,其交点 A,即为该材料要求取的持久强度极限值。

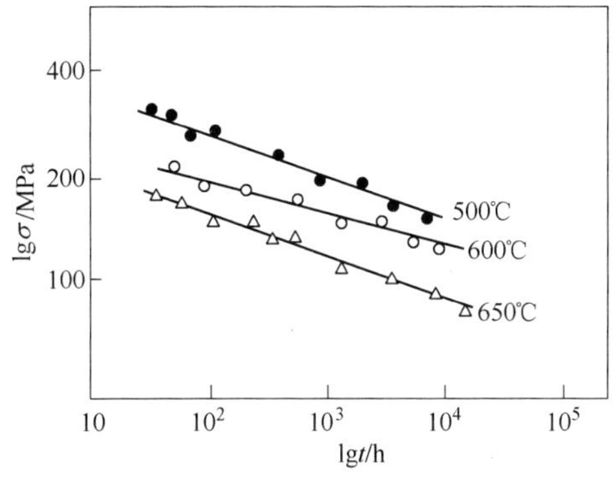

图 11-8 持久强度曲线

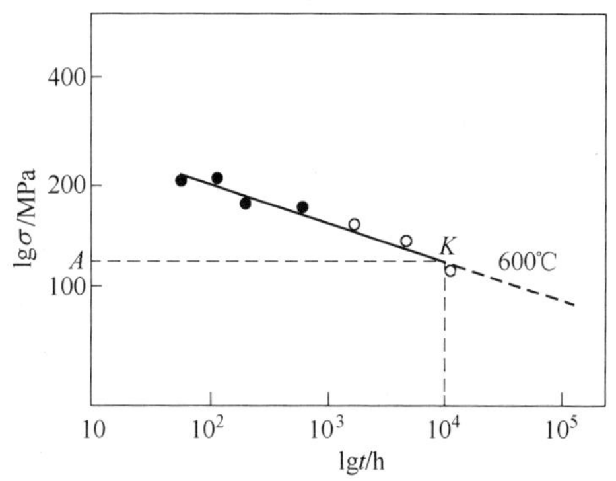

图 11-9 持久强度极限的确定

数据外推与评定:国内外学者对高温材料长期性能的研究较为重视,并提出了许多经验和理论公式。而持久强度外推技术都是用提高应力和温度的方法得到中短时的断裂寿命,来推算材料长期性能。因此,正确建立温度、应力和断裂时间三者之间的关系式,是进行持久强度数据外推的基础。现在人们通过大量试验和长期持久强度性能数据的积累,为数据外推技术不断完善和发展,考核和评定材料的高温长期性能提供了充分而可靠的依据。目前常用的数据外推公式有以下几种:

(1) 等温线外推法:这种方法认为材料在一定温度下,应力与断裂时间在对数坐标上成直线关系。它是用较高应力下的短时试验数据外推较低应力下的长期性能,也就是说用应力换取时间。常用的经验公式为:

$$\tau_r = A\sigma^{-B}$$

式中 τ_r——试样断裂时间,h;

σ——试验应力,MPa;

A,B——与材料和试验温度有关的常数。

将上式两边取对数,即可得到:

$$\lg\tau_r = \lg A - B\lg\sigma$$

设: $\lg\tau_r = \chi, \lg\sigma = y, \lg A \times 1/B = a; -1/B = b$

则上式可化成典型的直线方程:

$$y = a + bx$$

根据这一关系式,将应力与其对应的断裂时间分别作为纵横坐标描绘在双对数坐标纸上,用作图法或最小二乘法计算,将点用直线连接即可,然后根据要求取的某一时间(例如 10^4 或 10^5h)的应力值,即为其对应的持久强度值。

(2) 时间—温度参数法:采用这种方法外推,是用较高温度下材料的断裂时间试验数据外推较低温度下的材料长期强度,即用"温度换取时间"。该法一般需要选取 3 个以上的温度在不同应力水平下进行试验。应力的选取应使试验时间达到允许外推的条件为准。目前常用的时间—温度参数法公式:

1) L-M 法计算公式

$$P_{L-M}(\sigma) = T(C + \lg\tau_r)$$

式中 $P_{L-M}(\sigma)$——L-M 参数;

T——绝对温度,K;

C——与材料有关的常数;

τ_r——试样断裂时间,h。

采用 L-M 法处理试验数据时,可以用同一应力不同温度下所得到的不同断裂时间求出 C 值,在用不同应力求参数 P_{L-M} 与 $\lg\sigma$ 之间的关系曲线,在该曲线上便可求取所需的持久强度值。

2) K-D 法计算公式

$$P_{K-D}(\sigma) = \lg\tau_r - Q/(2.3R \times T)$$

式中 $P_{K-D}(\sigma)$——K-D 参数;

T——绝对温度,K;

Q——蠕变激活能;

τ_r——试样断裂时间,h;

R——气体常数 1.968。

采用 K-D 法处理试验数据时,可先求出 Q 值,再用不同应力求参数。

$P_{K-D}(\sigma)$ 与 $\lg\sigma$ 之间的关系曲线,同样在这条曲线上,可求得所需的持久强度数值。

L-M 法和 K-D 法外推步骤如下:

① 将各档温度下的试验数据列表;

② 根据表中所列的数据,利用不同温度下相同应力试验点的断裂时间,求常数 C 或 Q 值。

对于 L－M 法，求 C 值时，假定应力不变，即：

$$P_{\mathrm{L-M}}(\sigma)=T_1(C+\lg\tau_{r1})=T_2(C+\lg\tau_{r2})$$

故 $$C=(T_1\lg\tau_{r1}-T_2\lg\tau_{r2})/(T_2-T_1)$$

对于 K－D 法，求 Q 值时，假定应力不变即：

$$P_{\mathrm{K-D}}(\sigma)=\lg\tau_{r1}-Q/(2.3R\times T)=\lg\tau_{r2}-Q/(2.3R\times T)$$

故 $$Q=2.3R\times(\lg\tau_{r1}+\lg\tau_{r2})/(1/T_1-1/T_2)$$

③ 把计算得到的常数 C 或 Q 值分别带入 L－M 和 K－D 法的计算公式，即可得到不同应力下的参数值。

④ 把求得的参数 $P(\sigma)$，按其相对应的应力和断裂时间，在 $\lg\sigma$ 与 $P(\sigma)$ 坐标纸上描点，即可绘得图 11-10 关系曲线。

⑤ 根据需要的试验温度和断裂时间，计算得到的 $P(\sigma)$ 值，可在 $\lg\sigma$—$P(\sigma)$ 参数关系上找到相应的点，从而求取持久强度值。

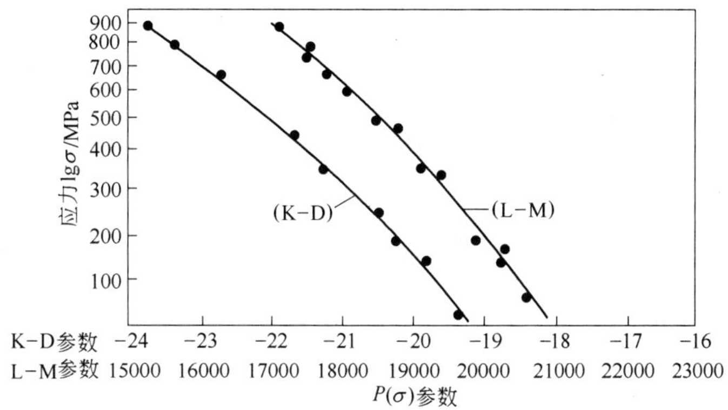

图 11-10　时间—温度参数综合曲线

随着外推技术的应用和发展，人们对比较成熟和了解的钢种，采用固定常数 C 或 Q（例如 $C=20,\cdots;Q=7000,\cdots$）代入公式求取 L－M 或 K－D 参数值的方法计算材料持久强度。

此外，人们通过深入研究和探索，认识到对试验数据的处理，不能只停留在寻找出描述持久强度试验中温度、应力和断裂时间的相互联系（即 3 个变量之间的数学表达式），还应掌握随机试验数据的统计规律，因此人们又提出了用回归分析法建立一元和多元线性回归计算模型，经典的 L－M 和 K－D 时间—温度参数表达式可表示为应力对数的多项式，一般认为以三次项的形式为好。

L－M 法：　$T(C+\lg\tau_r)=C_0+C_1\lg\sigma+C_2\lg^2\sigma+C_3\lg^3\sigma$

K－D 法：　$\lg\tau_r-Q/(T\times R\times\ln10)=C_0+C_1\lg\sigma+C_2\lg^2\sigma+C_3\lg^3\sigma$

时间—温度参数法的另一类纯经验式有：

M－H 参数式：　$P(\sigma)=(\lg t-\lg t_{\mathrm{a}})/(T-T_{\mathrm{a}})$

M－B 参数式：　$P(\sigma)=(\lg t-\lg t_a)/(T-T_a)^n$

M－S 参数式：　$P(\sigma)=\lg t+B\times T$

S－A 参数式：　$P(\sigma)=\lg t+C\times \lg T$

G－M 参数式：　$P(\sigma)=t\,(T_a-T)^{-p}$

或　$P(\sigma)=t\,(T-T_a)^{p}\quad(p>0)$

上列各式中：B、C、T_a、t_a、n 均为常数，其中 L－M 法和 M－S 法在等应力下，时间的对数与温度呈线性关系，其余则称非线性参数。除此之外，类似公式还有很多，有待实践应用与开发。持久强度 L－M 参数曲线见图 11-11。

以上介绍的一些外推方法，各有所长和不足，有的已得到不同程度的应用。等温线外推法简单，易于掌握和应用。对于在高温长期应力作用下，有转折点的试验材料，如果不分段进行外推时，将会造成较大的误差。

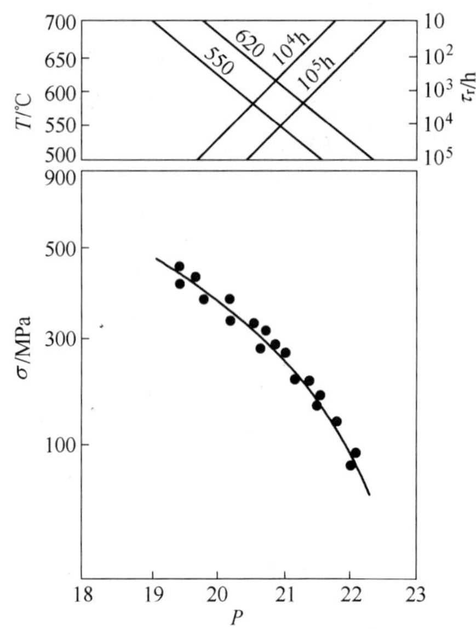

图 11-11　持久强度 L－M 曲线

时间－温度参数法外推，由于采用提高试验温度，而材料出现转折点的时间提前，同时它把多挡温度和不同应力下的断裂寿命均包括进去，有较大的适应性，所得到的综合强度曲线，可估算出一个较大温度范围内的持久强度性能，从而减小试验工作量。大量实践证明，时间－温度参数法的估算精度高，效果好。有的采用求方差来检验原始试验点的拟合程度，使外推结果可靠性有较大提高。

11.4　持久蠕变试验方法国内外标准

持久蠕变试验是评价金属材料高温长时性能最常用的试验方法，是火电装备零部件强度设计的主要依据。为了使试验结果具有可比性，自 20 世纪 50、60 年代，国内外就制定了金属材料高温蠕变及持久试验标准和规范，此后又多次修订更新。目前在我国国内广泛参考的现行有效的试验方法标准有：中国国家标准（GB/T 2039—1997）、美国标准（ASTM E139—06）、欧洲标准（EN 10291—2000）、日本工业标准（JISZ 2271—1999）和国际标准（ISO 204—2009）等。目前我国正在着手修订 GB/T 2039—1999 标准。尽管修订后的国内外标准更加合理和严格，标准中的许多规定都一致，但是相互之间仍存在不少差异。下面就将针对国内外标准技术参数的主要差异作一介绍。

从标准的编制来看，ASTM E139—06 自成体系，条款内容全面，并作了详细的解释说明，ISO 204—2009 对 1997 版标准进行了全面修订，同时新增加了许多欧洲蠕变合作委员会(European Creep Collaborative Committee(ECCC))推荐规范中的许多内容。GB/T 2039—1997、EN 10291—2000 和 JISZ 2271—1999 都是在 ISO 204—1997 版基础上编制的，条款内容精练，一般只给出具体的规定。从内容上看，这些标准主要包括试验机及载荷、温度测量与控制、应变测量、试样、试验过程、试验结果及报告等方面的各种规定。但是在试样受力同轴度、试验温度偏差、热电偶选用和检定方法和应变测量偏差等几方面存在较大差异。

11.4.1 试验机

表 11-1 列出了五种标准和 ECCC 推荐规范对试验机的要求。

表 11-1 试验机要求

标 准	试验机类型	试验机检定标准	载荷允许偏差	同轴度	试验机周围环境温度
GB/T 2039—1997[218]		JJG276	±1.0%	≤15%	10～35℃
ASTM E139—06[219]		ASTM E4 ASTM E1012	±1.0% (ASTM E4)	≤10%(或 8%)(ASTM E1012)	环境温度足够恒定 室温波动±3℃(蠕变引伸计读数过程)
EN 10291:2000[220]	单头;多头	ISO 7500-2	±1.0%	尽量小	环境温度变化不超过±3℃
JISZ 2271:1999[221]	单头;多头	ISO 7500-2	蠕变试验±0.5% 持久试验±1.0%	尽量小	
ISO 204:2009[222]	单头;多头	ISO 7500-2	±1.0%	尽量小	环境温度波动不超过±3℃
ECCC 规范[223]	单头;多头		±1.0%	尽量小，将来≤20%	±3℃(蠕变)

高温持久蠕变试验标准中对持久蠕变试验机的规定主要包括力值偏差和同轴度两个指标。通常工程中的持久蠕变试验采用恒定的载荷。载荷是高温持久蠕变试验最主要的两大参数之一。标准规定的允许载荷偏差基本上都是±1.0%，个别标准规定了更高要求，如 JISZ 2271 标准规定蠕变试验载荷允许偏差±0.5%。试验机常见的加载方式为砝码和伺服电机。前者可再分为杠杆和直接加载两种方式。砝码的重量偏差是载荷偏差的最直接来源，杠杆比率偏差则是载荷偏差的另一个重要因素。这两方面造成的偏差都是比较恒定的，所以砝码加载方式下试样受力的恒定程度较高。对于伺服电机加载方式，载荷偏差主要受伺服电机灵敏度

和力值测量仪器精度控制。相对砝码加载方式而言，伺服电机加载方式下试样受力总是带有少量波动的，只是平均值相对恒定。标准规定的载荷偏差值对于砝码加载的试验机来说是完全可以实现的，但是对于伺服电机加载的试验机来说，是否能达到规定要求还不是十分确定，关键问题是普遍使用的力传感器能否在试验室环境温度下长期稳定工作。

由表1看出，EN 10291、JISZ 2271、ISO 204 标准和 ECCC 规范中都笼统地要求同轴度尽量小，并没有给出具体数值。只有 GB/T 2039 和 ASTM E139 标准中有明确规定，但是这两个标准对于同轴度的测量方法和要求差异很大，下面将分别针对 GB/T 2039 和 ASTM E 139 中的同轴度测量方法进行介绍。

目前我国对于加载同轴度测定没有国家标准方法，但 JJG139—1999《拉力、压力和万能试验机》检定规程的 3.3 条规定了试验机加载同轴度的测量方法，成为国内流行的加载同轴度测定方法。规定的方法如下：

用同轴度自动测试仪（或其他相应准确度的测量装置）测定。检测时，先将检验试样夹持在夹头上，在试样的对称方向各装一个引伸计，加至最大试验力的 1% 时调零，再施加试验力至最大试验力的 4%，测量检验试样相对两侧的弹性变形，在相互垂直方向上各测 3 次，检验时使用的最大试验力不应超过检验试样的弹性极限，同轴度按公式计算：

$$e = \frac{\Delta L_{max} - \Delta \bar{L}}{\Delta \bar{L}} \times 100\%$$

式中　e——加载同轴度；

ΔL_{max}——同一测点同一次测量中检验试样变形最大一侧的变形值；

$\Delta \bar{L}$——同一测点同一次测量中检验试样两侧变形的算术平均值。

JJG 139—1999 规定的引伸计方法存在多方面的缺陷：引伸计仅能测定标距范围的平均应变，不能测出沿标距长度的应变变化，进而不能测定沿平行长度不同横截面的加载同轴度的变化；引伸计只能测出标距两点间的线性长度变化，不能测出两点间弧线段的长度变化，因此，它测得的变形实际是“弦线的长度变化”，用这变化量计算的应变并不能准确代表实际应变。由于这两个原因，将导致加载同轴度结果偏低。存在的更大问题是，JJG 139—1999 规定的加载同轴度测定方法实为引伸计方法 4 点测量方式，方法中对于最大应变的确定不合理，导致加载同轴度可能偏差达 -29.1%[7]。

对于加载同轴度测定方法，美国的 ASTM E1012 标准和国际标准 ISO23788—2008（草案）[8]，以及文献[9]等不单要求测定综合的加载同轴度参数，而且要求测定净试验机弯曲分量及其方位角。后两者对于试验机更有意义。

ASTM E139 标准对同轴度的要求是试样上的最大弯曲应变不超过轴向应变 10%。这里的试样指高加工精度的试样，同轴度的检测方法依据 ASTM E1012。

ASTM E1012—2005 标准针对圆柱形试样(3 个或 4 个应变传感器)、厚矩形试样和薄矩形试样分别给出了最大弯曲应变和最大弯曲应变方位角的计算公式。

(1) 圆柱形试样,3 个应变传感器。对于垂直于试样标距长度和在标距长度中心处的横截面圆周上,等间隔布置的 3 个应变传感器或引伸计,见下列公式:

轴向应变 $$a=(e_1+e_2+e_3)/3 \tag{11-1}$$

式中 e_1,e_2,e_3——3 个位置测量的应变;而 $e_1 \geqslant e_2 \geqslant e_3$

$$\begin{aligned} b_1 &= e_1-a \\ b_2 &= e_2-a \\ b_3 &= e_3-a \end{aligned} \tag{11-2}$$

式中 b——弯曲应变。

$$\theta=\tan^{-1}[(2/\sqrt{3})(b_2/b_1+1/2)] \tag{11-3}$$

式中 θ——最大弯曲应变的方向,从最高读数的应变传感器向次最高读数的应变传感器测量角度。

$$B=b_1/\cos\theta \tag{11-4}$$

式中 B——最大弯曲应变。

$$PB=(B/a)\times 100\% \tag{11-5}$$

式中 PB——百分比弯曲。

(2) 圆柱形试样,4 个应变传感器。对于沿试样横截面圆周等距离布置的 4 个应变传感器或引伸计,见下列公式:

轴向应变 $$a=(e_1+e_2+e_3+e_4)/4 \tag{11-6}$$

式中 e_1,e_2,e_3,e_4—— 4 个位置测量的应变;下标指示环绕试样的顺序。

$$\begin{aligned} b_1 &= e_1-a \\ b_2 &= e_2-a \\ b_3 &= e_3-a \\ b_4 &= e_4-a \end{aligned} \tag{11-7}$$

最大弯曲应变为

$$B=1/2\sqrt{(b_1-b_3)^2+(b_2-b_4)^2} \tag{11-8}$$

和

$$PB=(B/a)\times 100\% \tag{11-9}$$

(3) 厚矩形试样,4 个应变传感器。对于如图 11-12a 所述的带 4 个应变传感器的厚矩形横截面试样,见下列公式:

轴向应变 $$a=(e_1+e_2+e_3+e_4)/4 \tag{11-10}$$

式中 e_1 和 e_3 是在试样两相对厚度面的中心测量的应变,e_2 和 e_4 是两宽面相应的值。

弯曲应变 b_1、b_2、b_3、b_4 按 11.1.2 节的公式计算。

按下列公式计算最大弯曲应变：

$$B = \frac{|b_1 - b_3|}{2} + \frac{|b_2 - b_4|}{2} \tag{11-11}$$

百分比弯曲按下式计算：

$$PB = (B/a) \times 100\% \tag{11-12}$$

(4) 薄矩形试样，4 个应变传感器。对于如图 11-12b 所示的带 4 个应变传感器的薄矩形横截面试样，见下列公式：

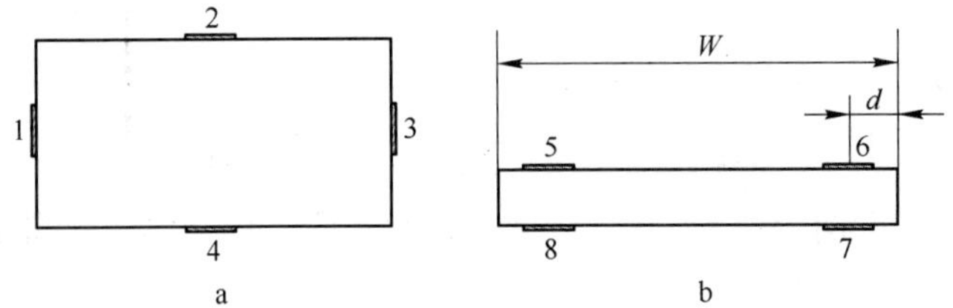

图 11-12　矩形横截面试样应变传感器的位置

（w 等于试样宽度；d 等于样品边缘到应变传感器中心线的距离）

轴向应变　$a = (e_1 + e_2 + e_3 + e_4)/4$　(11-13)

如按图 3a 所示的应变传感器的布置为可能，等效应变用下列公式计算：

$$\begin{aligned} e_1 &= a - [a - (e_5 + e_8)/2][w/(w - 2d)] \\ e_3 &= a - [a - (e_6 + e_7)/2][w/(w - 2d)] \\ e_2 &= (e_5 + e_6)/2 \\ e_4 &= (e_7 + e_8)/2 \end{aligned} \tag{11-14}$$

式中　w——宽面的宽度；

d——从试样棱边到应变传感器的距离。

最大弯曲应变 B 和百分比弯曲 PB 按公式(11-11)和式(11-12)计算。

ECCC 的调研认为，现今试验技术水平难以达到标准规定要求，实际试验过程有时发生偏心度高达 40% 的情况，所以 ECCC 的推荐要求是偏心尽量的小，将来的目标是偏心度不超过 20%。

11.4.2　温度控制与测量

表 11-2 列出了五种标准和 ECCC 规范对温度控制与测量的要求。

温度是高温蠕变及持久试验最关键的参数，上述标准有关温度的规定主要包括：温度偏差、加热炉、控温仪器、仪器检定和温度记录等几个方面。温度偏差对试验结果有重大影响，标准中对于温度偏差的要求直接影响温度控制和测量两个方面的要求。温度偏差是指实测温度与名义试验温度的差值，也就是从试样测量点到仪表输出整个过程所涉及的各种偏差的总和。从表 11-2 可以看出,ASTM E139 标准对温度偏差的要求最高, GB/T 2039、JISZ 2271 和 ISO 204 的要求基本相当,而 EN 10291 和 ECCC 要求相对较低。从实际情况来看,GB/t 2039、JISZ 2271 和 ISO 204 对温度允许偏差的规定比较合理,测量仪器的精度要求也符合常规技术水平。事实上与温度偏差最直接相关的是加热炉,持久蠕变标准中一般都没有明确规定加热炉的技术要求(例如均热带和温度偏差)。GB/T 2039 标准间接地在所引用的试验机检定规程(JJG 139—1999)中要求了热炉。

温度测量普遍采用热电偶,表 11-2 中的标准对测温热电偶的数量要求是一致的,但对于热电偶选用和检定的要求有所不同。尽管是高温长时试验,标准没有规定不允许使用廉金属热电偶(ASTM E139 标准中规定廉金属热电偶不允许重复使用),而廉金属热电偶长期使用过程中的温度漂移问题是不容忽视的。对于廉金属热电偶的选用还需要指出的是,文献报道 N 型热电偶热电稳定性比国内广泛使用的 K 型热电偶要好得多[10],详见表 11-3。N 型热电偶甚至可以部分替代铂铑—铂热电偶同时可以在高温持久蠕变试验中尝试使用 N 型热电偶。GB/T 2039 标准要求热电偶满足Ⅱ级要求,这样对于廉金属热电偶来说是 ±2.5℃或 ±0.75%,贵金属是 ±1.5℃或 ±0.25%。很显然,如果用Ⅱ级廉金属热电偶温度偏差就不容易满足标准要求。除 GB/T 2309 标准对测(控)温仪器的定期检定未有明确规定外,其他各标准对热电偶和测(控)温仪器的定期检定都作了规定。

11.4.3 应变测量

表 11-4 列出了五种标准和 ECCC 规范对应变测量的要求。

应变和时间是蠕变试验中仅有的两个测量变量,应变的测量技术水平关系到能否准确地记录试样随时间延续发生蠕变的情况。目前还没有商业化的引伸计能在高温环境下直接测量试样的变形,蠕变试验测量变形的方法是用引伸计将高温下的变形传递给低温下的测量仪器。由于试样本身存在弯曲应变,再加上加载链的不同轴,大多数标准都规定必须在试样的相对面同时测量应变求平均值。蠕变试验的应变测量偏差主要来自引伸计的装夹、引伸计变形(受力变形和热膨胀)、高温氧化皮以及引伸计的测量仪器。

GB/T 2039 中规定的应变测量误差小于总蠕变伸长的 ±1%。ASTM E139 并未明确规定应变偏差量,仅泛泛地要求应变测量系统的准确度能满足按数据使用所需精度表征蠕变变形。JISZ 2271、EN10291 和 ISO 204 标准也没有对应变测量偏差的规定。ECCC 规范要求应变测量偏差不超过 1% 总伸长和 10 μm 中的较大值。

ASTM E139、EN 10291、JISZ2271 和 ISO 204 标准中都有单独的有关引伸计检定的标准,这些标准也被引入到相应的高温持久蠕变试验标准。只有 GB/T 2039 和 ECCC 规范没有提及相应的引伸计检定标准。

表 11-2　试验温度控制与测量要求比较

标　准	温度允许偏差	测量仪器分辨率和精度	热电偶类型及等级	热电偶最少数量与位置	热电偶和测控温仪器检定
GB/T 2039—1997	T<900℃ ±3℃ 温度梯度 3℃ T:(900~1100℃) ±4℃ 温度梯度 4℃	分辨率:0.5℃ 精度:±1℃	等级: Ⅱ 级 (JJG141、JJG351、JJG368)	L_c<50 mm 2 支(试样平行段两端各 1 支) L_c>50 mm 3 支(试样平行段两端及中间各 1 支)	热电偶:按 JJG141、JJG351、JJG368 规程定期检定
ASTM E139—06	T≤1000℃ ±2℃ T>1000℃ ±3℃	足够		L_c<50 mm 2 支(试样平行段两端各 1 支) L_c>50 mm 3 支(试样平行段两端及中间各 1 支)	廉金属热电偶:不重复使用 贵金属热电偶:定期检定 测(控)温仪器:定期检定
EN 10291:2000	T≤600℃ ±3℃ 温度梯度 3℃ 600<T≤800℃ ±4℃ 温度梯度 4℃ 800<T≤1000℃ ±5℃ 温度梯度 5℃	分辨率:0.5℃ 精度:±1℃		L_c<50 mm 2 支(试样平行段两端各 1 支) L_c>50 mm 3 支(试样平行段两端及中间各 1 支)	热电偶:试验时间≤1 年,每年检定至少 1 次;试验时间>1 年,使用前后检定 测(控)温仪器:每年检定(如果可行)
JISZ 2271:1999	T<900℃ ±3℃ T:900~1000℃ ±4℃	分辨率:0.5℃ 精度:±1℃		L_c<50 mm 2 支(试样平行段两端各 1 支) L_c>50 mm 3 支(试样平行段两端及中间各 1 支)	热电偶:试验时间≤1 年,每年检定至少 1 次;试验时间>1 年,使用前后检定 测(控)温仪器:1 年检定 1 次以上
ISO 204:2009	T≤600℃ ±3℃ 600<T≤800℃ ±1.5℃ 800<T≤1100℃ ±2℃	分辨率:0.5℃ 精度:±1℃	类型:新的廉金属热电偶 K 型(用于 T<400℃ 或 t<1000 h,条件 = 新的廉金属热电偶 N 型(用于 T<600℃ 或 t<3000 h,条件 = 贵金属热电偶 等级:S 或 R 型(用于 T≥400℃) 热电偶等级:1 级	L_c<50 mm 2 支(试样平行段两端各 1 支) L_c>50 mm 3 支(试样平行段两端及中间各 1 支)	廉金属热电偶:不重复使用 贵金属热电偶:要求原位检定;周期分别为 4 年(<600℃),2 年(600~800℃),1 年(800~1350℃);当使用时间超限时,试验结束检定 测(控)温仪器:每年检定

续表 11-2

标　准	温度允许偏差	测量仪器分辨率和精度	热电偶类型及等级	热电偶最少数量与位置	热电偶和测控温仪器检定
ECCC 规范最低要求	$T\leqslant600$℃ ±3℃ 600℃ < $T\leqslant800$℃ ±4℃ 800℃ < $T\leqslant1000$℃ ±5℃ 1000℃ < $T\leqslant1100$℃ ±6℃ 1100℃ < $T\leqslant1200$℃ ±7℃ 1200℃ < $T\leqslant1300$℃ ±8℃	分辨率:0.5℃ 精度: ±1℃	类型:新的廉金属热电偶(用于 $T<400$℃或 $t<1000$ h,条件 = 贵金属热电偶 等级:1 级(IEC 60584 -2)	2 ~3 支	廉金属热电偶:不重复使用 贵金属热电偶:要求原位检定;周期分别为 4 年(<600℃),2 年(600 ~800℃),1 年(800 ~1350℃);当使用时间超限时,试验结束检定 测(控)温仪器:每年检定

表 11-3　N 型和 K 型热电偶温度漂移比较[227]

热电偶类型	627℃,2000 h 后的漂移						777℃,1500 h 后的漂移			
	227℃		497℃		627℃		497℃		777℃	
	μV	℃	μV	℃	μV	℃	μV	℃	μV	℃
K	32	0.8	62	1.5	48	1.1	30	0.7	51	1.2
N	9	0.27	14	0.4	8	0.20	24	0.6	5	0.13

表 11-4　应变测量要求比较

标　准	应变测量方式	应变测量方法	引伸计检定要求	引伸计等级或精度	应变测量允许误差
GB/T 2039—1997	双面变形测量	引伸计		最小分度小于 1 μm	≤总蠕变伸长的 ±1%
ASTM E139—06	双面变形测量	引伸计	ASTM E83 标准规定	适当	
EN 10291:2000	单面变形测量 双面变形测量	引伸计	EN 1002 -4 标准规定,3 年检定一次,若试验时间超过 3 年则实验前检定	1 级或更好(EN 10002 -4)	
JISZ 2271:1999		引伸计	JISB 7741 标准规定	1 级或更好	
ISO 204:2009	双面变形测量	引伸计	ISO 9513 标准规定	1 级或更好	
ECCC 规范最低要求	双面变形测量				0.01 总伸长,3 μm

参考文献

[1] GB/T 2039—1997 金属拉伸蠕变及持久试验方法.

[2] ASTM E139 – 06 Standard Test Methods for Conducting Creep, Creep – Rupture, and Stress – Rupture Tests of Metallic Materials.

[3] EN 10291:2000 Metallic Materials – Uniaxial Creep Testing in tension – method of Test.

[4] JIS Z2271:1999 Method of Creep and Creep Rupture Test for Metallic Materials.

[5] ISO 204:2009 Metallic Materials – Uniaxial Creep Testing in tension – Method of Test.

[6] ECCC – WG1, Data Acceptability Criteria and Data Generation: Generic Recommendations for Creep, Creep Rupture, Stress Rupture and Stress Relaxation Data, ECCC Recommendations – Volume 3 Part 1 [Issue 5],2001.

[7] ASTM E1012 – 05 Verification of Test Frame and Specimen Alignment Under Tensile and Compressive Axial Force Application.

[8] ISO 23788 – 2008 Metallic materials – Fatigue Testing – Verification of the Alignment of Axial Testing machines and Characterization of specimen bending.

[9] Xinbang Liang, Yifei Gao. Generalized Method for Calculating Strain for a Circular Cross – section Specimen Subject to Axial Force and Bending[J]. Journal of Testing and Evaluation, 2008, 36(5).

[10] 张祖力,王华. K 型和 N 型热电偶的性能对比[J]. 功能材料,35,2004:1718.

12 火电机组用钢数据库

12.1 材料数据库技术及其发展

随着材料科学技术不断发展和计算机技术的日益普及，数据库技术作为信息的载体，在现代材料科研、生产、流通和应用中正获得越来越广泛的应用。数据库相关技术已经成为材料科学的一个重要分支。发达国家都非常重视材料数据库的开发和应用，美国、欧洲和日本是 20 世纪世界上科学技术最为发达的国家，也是材料数据库活动最为发达的国家，无论在数量上还是规模上都居世界首位，仅材料数据库就有几百个[1~3]。

我国的材料数据库技术研究可追溯到 20 世纪 70 年代中期。1977 年 11 月召开了第一次全国数据库学术会议，对我国开展数据库技术的研究和应用起了推动作用。1979 年中国科学院化工冶金所与上海有机所共同建立了化学数据库，共有 10 多个子库，材料数据是其重要组成部分，这是我国材料数据库工作方面的先驱性工作。1986 年 10 月在北京召开了第一次全国材料数据库会议，80 年代后期至今，我国材料数据库有了很大的发展。表 12-1 列出了目前我国比较完善的部分材料数据库[4~11]。然而与发达国家相比，我国在材料数据库技术方面还很落后，数据库规模小、服务质量差、标准化工作滞后、投入少产出低、学科发展不平衡、商业化程度不高。造成这种情况的主要原因在于：(1)缺乏共享机制，大多数据库仅为单机或局域网数据库，数据分散在各单位，形成了许多数据孤岛，不利于数据的应用；(2)缺乏统一规划和宏观协调；(3)缺乏统一的数据标准和技术规范；(4)数据库维护和运营缺乏有效的商业机制；(5)经费投入严重不足。

表 12-1　我国已建立的部分材料数据库汇总

数据库名称	建库单位	建库时间	数据库简介
新材料数据库	清华大学材料研究所	1990 年	包括新型金属合金、精细陶瓷、新型高分子材料、先进复合材料和非晶材料 5 个子库
有色金属数据库	北京有色金属研究院	1990 年	包括 360 种铝合金（其中 162 种选自苏联，80 种选自中国）数据，还有铜合金及部分稀有金属数据
航空材料数据库	北京航空材料研究院	1990 年	收录结构钢、不锈钢、钛合金、铝合金、镁合金、铜合金、高温合金、精密合金等 8 大类 700 多个金属材料牌号和塑料、透明材料等 10 类 1100 多个非金属材料牌号。http://datacenter.biam.ac.cn

续表 12-1

数据库名称	建库单位	建库时间	数据库简介
工程材料数据库	机械科学研究院和上海材料研究所	1990 年	包括 1200 余种常用机械材料成分、力学性能、物理性能、工艺性能、尺寸规格、允许偏差、用途等标准数据，并提供中（包括中国台湾）、德、俄、法、日、英、美等多国和地区 500 余种钢材及有色金属材料牌号的对照关系。http://www. china - machine. com/soft/gccl7
中国科学数据库材料数据库	中国科学院金属所	2002 年	主要包括材料焊接数据库、材料环境性能与失效分析数据库、精密管材数据库、钛合金数据库和材料腐蚀数据库七个子库。http://www. material. csdb. cn/sdb
合金钢数据库	钢铁研究总院	2002 年	涵盖碳素钢、低合金钢、合金结构钢、耐热钢、不锈钢、工模具钢、齿轮钢、弹簧钢、易切削钢等八大类 400 余个钢号；包括材料成分、力学性能、高低温性能、疲劳断裂性能、腐蚀性能、热处理工艺、供货状态、规格、生产单位等多方面数据、曲线和图表。http://www. ismcisri. com/asdbase
船板用钢数据库	钢铁研究总院	2004 年	包括建国以来舰船用钢的研发数据和资料，共计文字材料 2 千多万字，图表照片近万张，研究数据近百万个，电影资料剪切超过 300 分钟，容量 3GB
多国钢铁材料牌号对照数据库	钢铁研究总院	2006 年	目前已涵盖中、日、美、英、德、法等国 19 个材料标准体系，1 万余个钢号和品种，利用自主开发的材料牌号计算机匹配技术，可自动实现各国钢铁材料牌号的对照查询和匹配检索。网址：http://www. eccsteel. com
汽车用钢铁材料数据库集群	钢铁研究总院	2007 年	包括国内外材料库（共收录汽车用钢牌号 269 个）、标准库、零部件库、企业库、专家库、文献库等。http://www. autosteel. com. cn
超超临界火电用钢数据库	钢铁研究总院	2008 年	数据库中已有 18 种铁素体耐热钢、16 种奥氏体耐热钢、3 种镍基耐热合金的性能数据等

12.2　建立超超临界火电机组用钢数据库的必要性

未来半个世纪，在世界范围内超超临界火电机组都将是最重要和最可行的能源解决方案。超超临界火电机组技术是我国优化电源结构，实现国家节能减排战略目标的最根本措施。超超临界火电机组在高温高压腐蚀环境下长期工作，频繁启停，对钢铁材料技术的要求非常高，甚至苛刻。钢铁材料性能的稳定性和安全可靠性是必须优先考虑的。超超临界火电机组在设计选材时，对新材料的选用是非常慎重的。除考虑高温长时持久蠕变性能数据和抗多种腐蚀环境性能数据外，还要考虑选用材料的工程应用考核业绩。上述高温长时性能数据的测试和有效获得需要大量的人员、设备、资金和时间的投入，这些数据积累不是一个研究组、一个公司、一个行业协会，甚至一个国家能在短期内建立起来的。这些数据的积累需要一个长期过程，而且是一个有组织的长期过程。在计算机技术、信息技术的网络技术飞速发展的 21 世纪，信息技术与材料数据相结合而发展起来的数据库技术已经成为材料研发、工业生产和装备设计领域不可或缺的一门重要实用技术，而且是支撑性的基础技术。因此,建立超超临界火电机组用钢数据库非常必要。

在上述思想指导下,在超超临界火电机组技术研究方面走在世界前列的欧洲和日本已经分别建立了超超临界火电机组用钢数据库。欧洲超超临界火电机组用钢数据库的开发主要是受欧共体(欧盟)的推动,由四十多家企业集团组成的欧盟蠕变委员会(ECCC)共同开发了火电机组材料持久蠕变数据库。欧盟蠕变委员会(ECCC)通过对欧盟国家四十多家企业的有效组织与协调分工,促进了欧洲火电材料测试资源和平台的共享,促进了各国之间和企业之间的有效技术交流,制定了高温材料统一的试验方法和评定程序,减轻了单一国家和企业负担,从而推动欧洲高温材料研究开发与应用,很好地服务了欧洲超超临界火电机组技术的研发和推广应用[12]。日本的材料数据库技术起步较晚,多数起步于20世纪80年代,但是日本政府视信息为仅次于粮食的第二资源,因此日本政府投入巨额经费促使其材料信息化技术快速发展。日本国立材料研究所(NIMS)在政府的长期资金支持下,长期致力于超超临界火电机组用钢材料数据测试和材料数据库技术发展。为了解决NIMS已有数据库资源过于分散、难以维护和更新的问题,NIMS于2004年成立了材料信息技术研究部门以整合材料数据库系统。

图12-1是日本NIMS公布的截止2009年6月19日世界火电机组用钢持久强度最长测试数据情况[13]。其中德国SIMENS公司测试的GX22CrMoV12-1钢的持续时间最长点超过35.6万小时,这个材料的长时测试工作已经结束,不过它整整跨越了两代人的时间。从图12-1中可以看出到目前为止测试时间超过30万小时

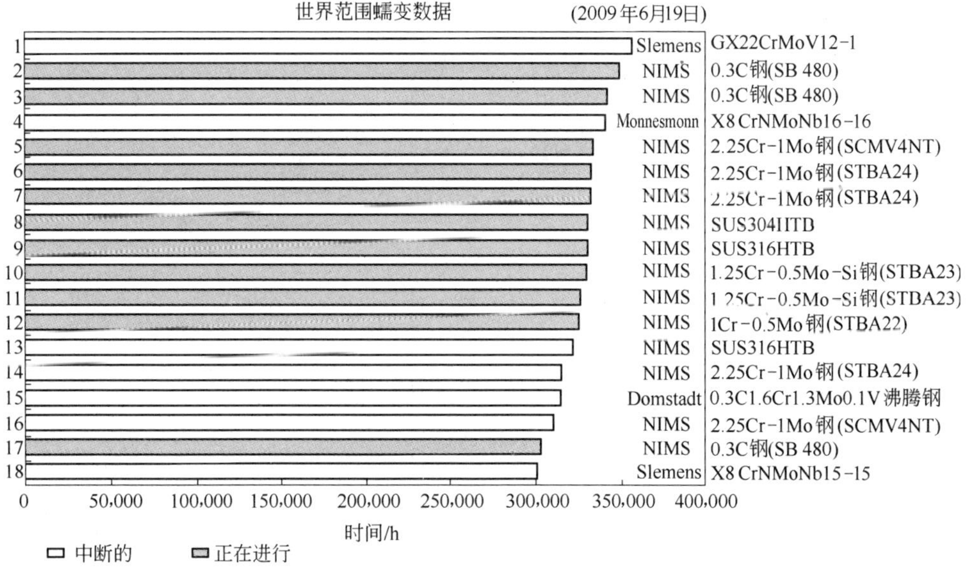

图12-1 火电机组用钢持久强度最长测试数据[13,14]

而且还在测试过程中的有 11 个试验材料。这 11 个试验全部在日本的 NIMS,其中最长试验点在 2009 年 6 月 19 日已经达到 35 万小时。

欧洲 ECCC 火电用钢数据库和日本 NIMS 火电用钢数据库定期公开发布经过规范化分析和整理的火电用钢数据,但这些公开发布的数据基本上都是一段时间之前测试的数据,其最近收获的数据先在成员单位之间传递和共享使用。建立火电用钢数据库的重要意义和实际价值从图 12-2 中可以得到清晰诠释。图 12-2a 说明的是经过 NIMS 火电用钢数据库的工作 2005 年 12 月 14 日对 KA - SUS410J3、KA - SUS410J3TP 和 KA - SUSF410J3 三种锅炉钢的许用应力值提出了大幅度下调修正。600℃温度下许用应力从 85 MPa 下调到 68 MPa,625℃温度下许用应力从 65 MPa 下调到 45 MPa,650℃温度下许用应力从 45 MPa 下调到 27 MPa。2007 年 8 月

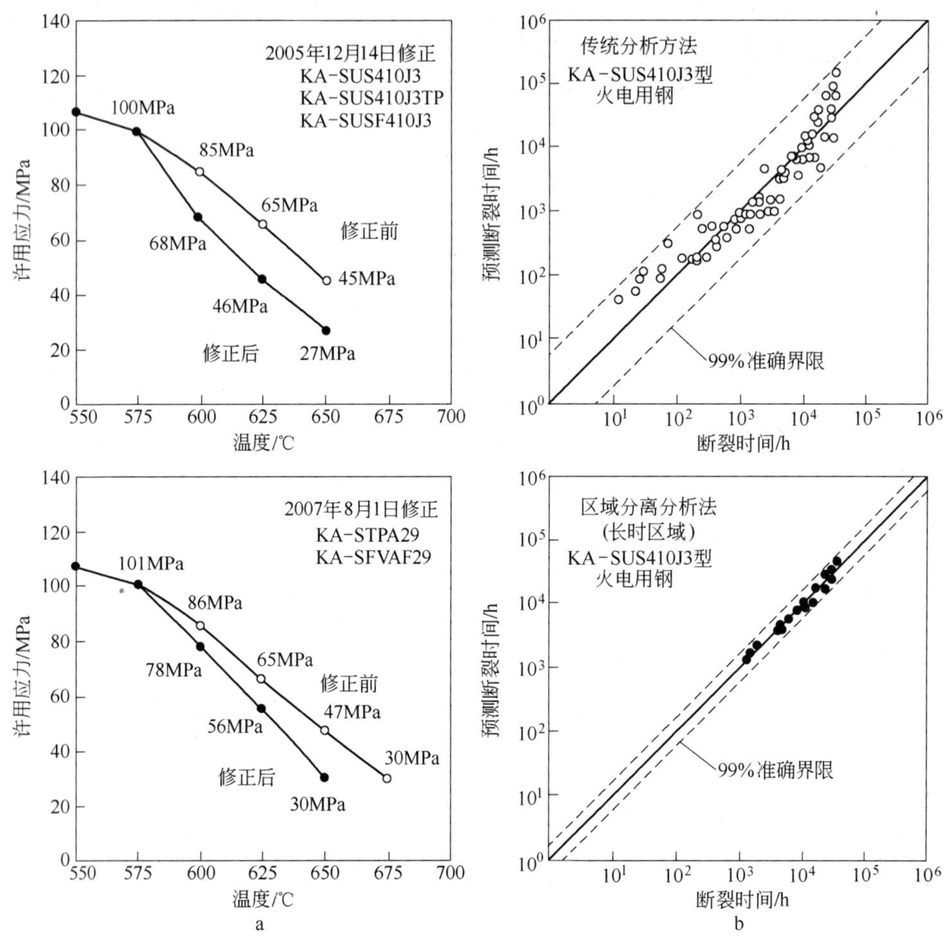

图 12-2　火电用钢数据库数据的应用实例[13,14]

a—修正材料的许用应力值;b—提高材料剩余寿命分析准确性

1 日对 KA－STPA29 和 KA－SFVAF29 二种锅炉钢的许用应力值提出了大幅度下调修正。600℃温度下许用应力从 86 MPa 下调到 78 MPa，625℃温度下许用应力从 85 MPa 下调到 56 MPa，650℃温度下许用应力从 47 MPa 下调到 30 MPa。这些材料许用应力值的下调建立在长期数据积累和数据间规范比较的基础之上。如果没有火电用钢数据库的工作，这些锅炉材料的许用应力值可能会被长期高估，而许用应力是锅炉设计的关键性技术指标之一，其结果必将是在电站锅炉建造之前就埋下了巨大的安全隐患。图 12-2b 说明的是经过 NIMS 火电用钢数据库的工作可以改进对电站锅炉等选用材料剩余寿命的预测评估方法，从而提高对电站锅炉等材料剩余使用寿命评估结果的准确性[14]。

我国在超超临界火电机组用钢的研究方面，起步很晚。国家科技部从 2003 年开始逐步资助超超临界火电机组用钢方面的研究工作，我国的冶金企业也是在最近几年刚开始超超临界火电机组用钢的试制和国产化工作。总体而言我国超超临界火电机组用钢研制还处于起步阶段，缺乏足够的材料研制、生产和使用经验，材料性能基础数据积累不足，尤其是高温长时持久蠕变数据严重缺乏，各单位之间数据的共享性差，甚至数据的质量和数量都没有保证。保证我国超超临界火电机组的顺利建设和长期安全可靠运行是一项非常艰巨而又不可回避的工作。因此，建立我国超超临界火电机组用钢材料性能数据库及共享机制，充分利用国内相关科研单位和企业的集成力量，对指导我国高端耐热钢的开发和应用，实现我国超超临界火电机组耐热钢的国产化，推动我国超超临界发电技术的快速发展具有非常重要的战略意义。

12.3　钢铁研究总院超超临界火电机组用钢数据库开发计划

钢铁研究总院在国家科技部“十一五”科技支撑计划“超超临界火电机组用关键锅炉管国产化研究”项目（2007BAE51B02）框架下，从 2007 年开始致力于超超临界火电机组用钢数据库的研发和建立工作。钢铁研究总院设立的数据库开发目标包括以下研究内容：

（1）研究、设计超超临界火电机组用钢数据库体系框架，编制数据库软件源程序，建立数据库并实现对库中数据的智能化管理；

（2）建立材料数据测试规范，收集、整理、录入和补充以材料持久蠕变性能为核心的典型锅炉钢数据，不断充实完善数据；

（3）分析和研讨数据库中数据的有效应用问题；

钢铁研究总院超超临界火电机组用钢数据库的建立是以钢铁研究总院 50 年来积累的耐热钢研究数据，以及我国锅炉制造企业几十年来积累的部分锅炉钢生产数据、相关文献和世界各国标准为基础。采用 Visual Basic 6.0 作为数据库前台主要开发工具，采用 SQL Server 2000 作为数据库后台开发工具。通过对数据库智能化功能的建立，可以实现库中数据的检索、制表、绘图和数据分析，并能实现对库中数据进行添加、修改、备份、恢复等有效管理。

钢铁研究总院火电机组用钢数据库命名为 CISRI-USC-S-Data-Sheet-20xx，可简称为 CISRI-Data-Sheet，其后缀 20xx 代表数据发布的年度。这个数据库结构的研发工作始于 2007 年，到 2009 年 3 月基本完成，其中于 2008 年 8 月 22 日获得中华人民共和国国家版权专利[15]。

12.4　超超临界火电机组用钢数据库（CISRI-Data-Sheet）的开发[16,17]

12.4.1　火电用钢数据库总体功能和结构设计

CISRI-Data-Sheet 数据库的体系结构是基于客户机/服务器（C/S）模式的应用型软件。它是面向多用户的一种存储、访问和处理分布式模型。传统的 C/S 结构，由数台客户机、一台服务器和连接网络组成。

CISRI-Data-Sheet 数据库的主要功能和结构设计见图 12-3。超超临界火电机

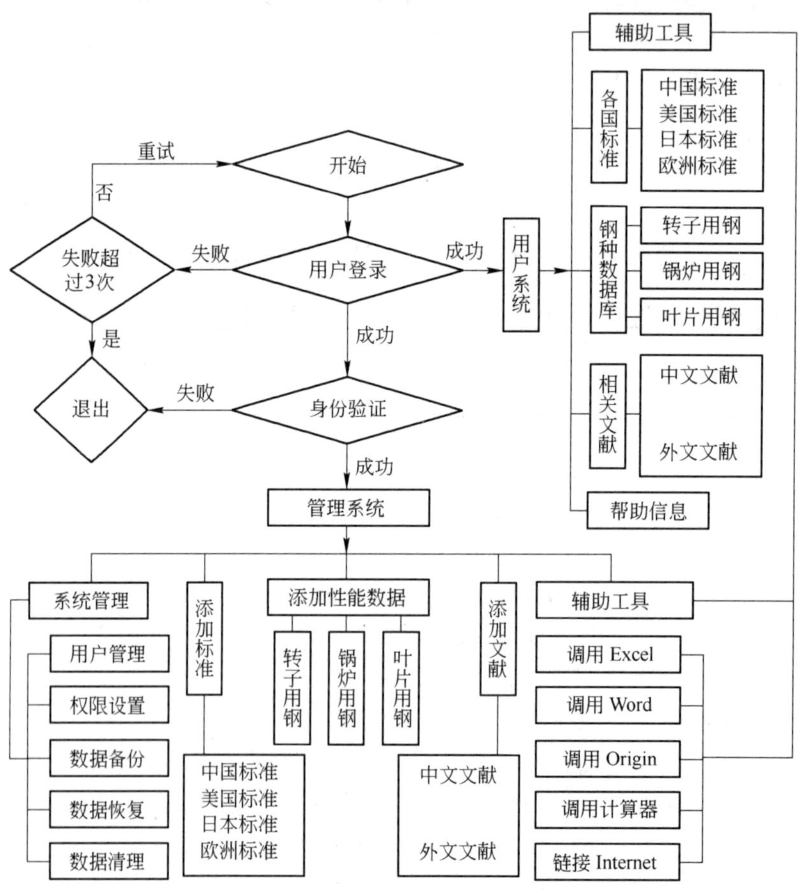

图 12-3　CISRI-Data-Sheet 数据库功能结构图

组用锅炉、转子和叶片钢的性能数据是数据库的核心，相关标准和文献资料是数据库的支撑。从图 12-3 中可以看出，数据库的用户系统和管理系统是分离的，以便于设置数据的访问和管理权限，这种设计是为以后实现数据库的网络化管理和远程服务奠定基础。CISRI-Data-Sheet 数据库的主界面如图 12-4 所示。

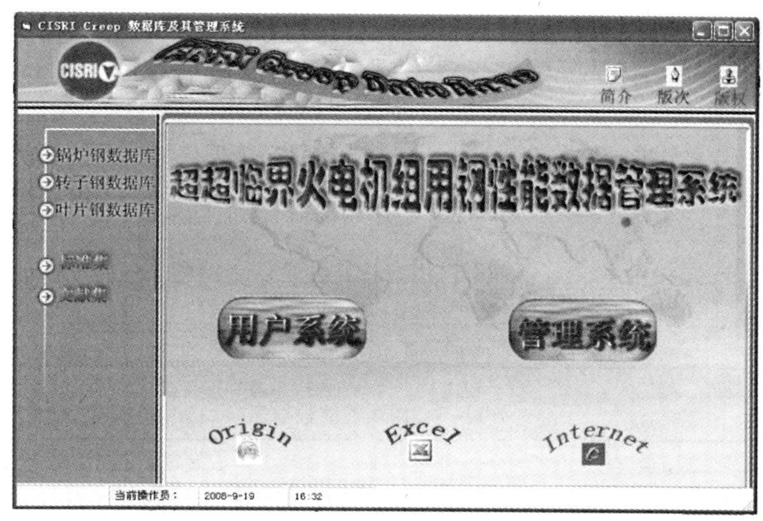

图 12-4 CISRI-Data-Sheet 数据库主界面

12.4.2 火电用钢数据库开发工具和运行环境

CISRI-Data-Sheet 数据库适用的操作系统为 Windows ME/2000/XP 或 Vista 系统。数据库软件开发采用的开发工具为 Microsoft Visual Basic 6.0 和 Microsoft SQL Server 2000。数据库运行计算机需要的配置为 CPU Pentium 200MHz 以上，内存 32MBRAM 以上，硬盘 10GB 以上。

12.4.3 火电用钢数据库数据表设计

在 Microsoft SQL Server 2000 控制台下分别建立锅炉用钢数据库(db_boiler-steel)、转子用钢数据库(db_rotorsteel)和叶片用钢数据库(db_ bladesteel) 三个用户数据库，每个数据库下分别构建化学成分、持久性能、蠕变性能、室温力学性能、高温力学性能、蒸汽腐蚀、灰化腐蚀、焊接性能、成形工艺、各国标准、相关文献及用户信息 12 个数据表。各数据表详细记录钢号、炉号、性能参数、数据来源和数据录入时间等信息，详见表 12-2 到表 12-10。

表 12-2　化学成分数据表

字段名	数据类型	长度	描述	字段名	数据类型	长度	描述
ElementID	Int	4	编号	Ti	Varchar	50	钛元素
Steel_mark	Varchar	50	钢号	B	Varchar	50	硼元素
Heat_number	Varchar	50	炉号	Ni	Varchar	50	镍元素
C	Varchar	50	碳元素	Nb	Varchar	50	铌元素
Si	Varchar	50	硅元素	N	Varchar	50	氮元素
Mn	Varchar	50	锰元素	Al	Varchar	50	铝元素
S	Varchar	50	硫元素	Cu	Varchar	50	铜元素
P	Varchar	50	磷元素	Sn	Varchar	50	锡元素
Cr	Varchar	50	铬元素	Others	Varchar	50	其他元素
Mo	Varchar	50	钼元素	Reference	Varchar	100	出处
W	Varchar	50	钨元素	Memo	Varchar	100	备注
V	Varchar	50	钒元素	Input_time	Datetime	8	录入时间

表 12-3　持久性能数据表

字段名	数据类型	长度	描述	字段名	数据类型	长度	描述
RuptureID	Int	4	编号	Elongate	Varchar	50	试样伸长率
Steel_mark	Varchar	50	钢号	Reduction	Varchar	50	断面收缩率
Heat_number	Varchar	50	炉号	Creep_limit	Varchar	50	蠕变极限
Temperature	Varchar	50	温度	Reference	Varchar	100	出处
Stress	Varchar	50	应力	Memo	Varchar	100	备注
Times	Varchar	50	时间	Input_time	Datetime	8	录入时间
Heat_tr	Varchar	50	热处理				

表 12-4　室温力学性能数据表

字段名	数据类型	长度	描述	字段名	数据类型	长度	描述
RoomID	Int	4	编号	Elongate	Varchar	50	试样伸长率
Steel_mark	Varchar	50	钢号	Reduction	Varchar	50	断面收缩率
Heat_number	Varchar	50	炉号	Impact	Varchar	50	冲击韧性
Temperature	Varchar	50	温度	Hardness	Varchar	50	硬度
Heat_tr	Varchar	50	热处理	Reference	Varchar	100	出处
Rm	Varchar	50	抗拉强度	Memo	Varchar	100	备注
Rp	Varchar	50	屈服强度	Input_time	Datetime	8	录入时间

表 12-5 高温力学性能数据表

字段名	数据类型	长度	描述	字段名	数据类型	长度	描述
HighID	Int	4	编号	Rp	Varchar	50	屈服强度
Steel_mark	Varchar	50	钢号	Elongate	Varchar	50	试样伸长率
Heat_number	Varchar	50	炉号	Reduction	Varchar	50	断面收缩率
Temperature	Varchar	50	温度	Reference	Varchar	100	出处
Heat_tr	Varchar	50	热处理	Memo	Varchar	100	备注
Rm	Varchar	50	抗拉强度	Input_time	Datetime	8	录入时间

表 12-6 焊接性能数据表

字段名	数据类型	长度	描述	字段名	数据类型	长度	描述
WeldingID	Int	4	编号	Gas	Varchar	50	焊接气氛
Steel_mark	Varchar	50	钢号	Trademark	Varchar	50	牌号
Heat_number	Varchar	50	炉号	Standard	Varchar	50	焊接标准
Weld_way	Varchar	50	焊接方式	Reference	Varchar	100	出处
Weld_silk	Varchar	50	焊丝	Memo	Varchar	100	备注
Welding_rod	Varchar	50	焊条	Input_time	Datetime	8	录入时间

表 12-7 腐蚀性能数据表

字段名	数据类型	长度	描述	字段名	数据类型	长度	描述
CorrosionID	Int	4	编号	Times	Varchar	50	时间
Steel_mark	Varchar	50	钢号	Rate	Varchar	50	腐蚀速率
Heat_number	Varchar	50	炉号	Reference	Varchar	100	出处
Temperature	Varchar	50	温度	Memo	Varchar	100	备注
Weight_loss	Varchar	50	失重量	Input_time	Datetime	8	录入时间

表 12-8 蠕变性能数据表

字段名	数据类型	长度	描述	字段名	数据类型	长度	描述
CreepID	Int	4	编号	Times	Varchar	50	时间
Steel_mark	Varchar	50	钢号	Creep_limit	Varchar	50	蠕变极限
Heat_number	Varchar	50	炉号	Reference	Varchar	100	出处
Temperature	Varchar	50	温度	Memo	Varchar	100	备注
Stress	Varchar	50	应力	Input_time	Datetime	8	录入时间

表 12-9　各国标准数据表

字段名	数据类型	长度	描述	字段名	数据类型	长度	描述
ID	Int	4	编号	Draft_unit	Varchar	50	起草单位
StandardID	Varchar	50	标准号	Act_date	Varchar	50	起草日期
Nation	Varchar	50	国家	Matter_ad	Varchar	50	正文路径
Title	Varchar	50	标准题目	Reference	Varchar	50	出处
Issue_unit	Varchar	50	发行单位	Memo	Varchar	100	备注
Issue_date	Varchar	50	发行日期	Input_time	Datetime	8	录入时间

表 12-10　相关文献数据表

字段名	数据类型	长度	描述	字段名	数据类型	长度	描述
ArticleID	Int	4	编号	Publish_date	Datetime	50	出版日期
Title	Varchar	50	题目	Matter_ad	Varchar	50	文献路径
Keyword	Varchar	50	关键词	Reference	Varchar	50	出处
Author	Varchar	50	作者	Memo	Varchar	100	备注
Magazine	Varchar	50	期刊名	Input_time	Datetime	8	录入时间

12.4.4　火电用钢数据库管理系统

为了保证数据的安全性和完整性，进入 CISRI-Data-Sheet 数据库管理系统需进行二次身份验证，验证通过方能操作管理系统。图 12-5 为 CISRI-Data-Sheet 数据库管理系统主界面，可以看出管理系统中的模块布局和用户系统非常接近，其主要功能是实现数据备份、数据恢复、数据清理、用户管理、权限设置、数据添加、修改、删除、更新等功能。

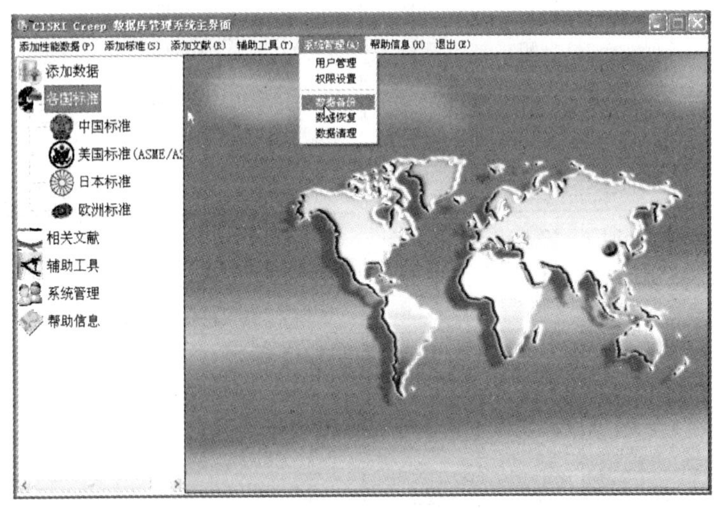

图 12-5　CISRI-Data-Sheet 数据库管理系统主界面

12.4.5 火电用钢数据库用户系统

CISRI-Data-Sheet 数据库用户系统主要包括钢种数据、文献集、标准集和辅助工具四大功能模块。数据库用户系统主界面采用了下拉式主菜单和资源管理器模式的设计风格。为了增强界面操作的友好性,在菜单及下拉式菜单中均设置了快捷键,如图 12-6 所示。

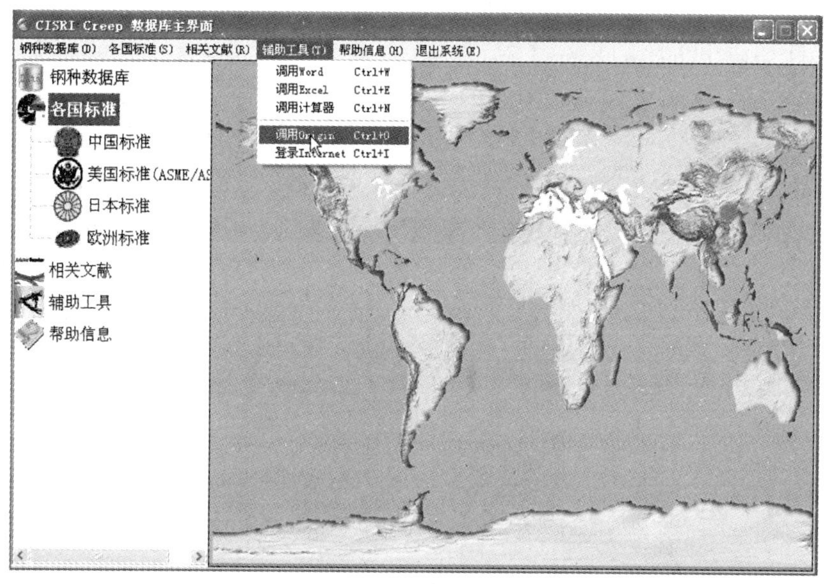

图 12-6 CISRI-Data-Sheet 数据库用户系统主界面

CISRI-Data-Sheet 数据库用户系统各功能模块分别介绍如下:针对钢种性能数据模块设计,为了保证数据的准确性、可用性和可追溯性,数据库设计过程中严格遵守"钢号 - 化学成分 - 热处理制度 - 相应性能 - 数据来源"的对应关系。实现了对各钢种的化学成分、持久性能、蠕变性能、室温力学性能、高温力学性能、蒸汽腐蚀、灰化腐蚀、焊接性能、成形工艺等性能数据的检索和有效管理。

CISRI-Data-Sheet 数据库中的数据访问方式可分为按性能纵向检索和按钢号横向浏览两种。纵向检索是针对图 12-7 中的某一性能数据进行任意字段的查询,从而对比分析符合用户检索条件各钢种的同一性能数据。用户可以通过查询、访问数据库中的各钢种性能信息,选择需要的数据资源,根据需求进行导出数据、制表、绘图、对比分析,实现数据的有效利用。横向浏览则以钢号为线索,如单击列表框中的相应的钢种,可分别浏览该钢种的简要介绍、化学成分、持久强度、蠕变性能、室温力学性能、高温力学性能、灰化腐蚀、蒸汽腐蚀、焊接性能、成形工艺等所有相关数据,数据浏览及导出界面如图 12-8 所示。在该模块中的设计使用了弹出式菜单,用户可选择表格控件上的任意数据区域,在所选区域内点击鼠标右键,激活弹出式菜单,采用复制或选择导出数据路径,然后将数据转移到相应的数据处理软件进行分析。

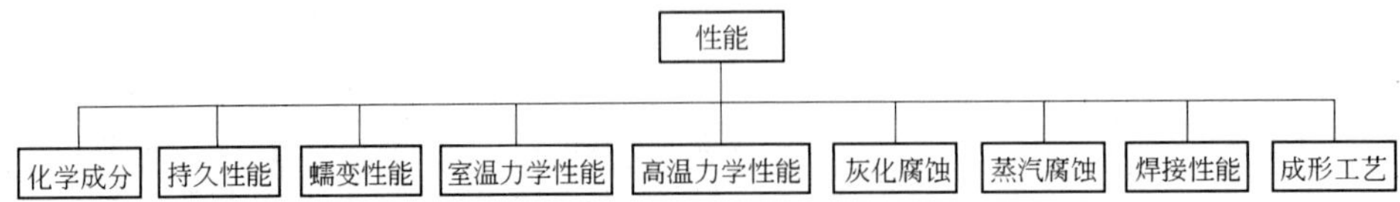

图 12-7　CISRI-Data-Sheet 数据库中钢种信息

锅炉钢性能浏览结果

钢种简介 | 化学成分 | 持久强度 | 蠕变性能 | 室温力学性能 | 高温力学性能 | 灰化腐蚀 | 蒸汽腐蚀 | 焊接性能 | 成形工艺

	钢号	炉号	热处理制度	抗拉强度	屈服强度	试样伸长率	断
1	E911	K9924	1020℃/0.	755、760	580、570	21	6
2	E911	K992	/0.	770	575、600	21-22	6
3	E911	K992	/0.	760、765	570、575	19-21	6
4	E911	K992	/0.	780、765	595、615	21	6
5	E911	K9924	1100℃/0.	755、750	570、560	19	6
6	E911	F000124	1040℃/0.	885、900	735、755	17-18	6
7	E911	F000124	1040℃/0.	735、745	520、525	22-23	6
8	E911	F000124	1040℃/0.	835	650、660	19	6
9	E911	F000124	1040℃/0.	750、735	555、540	20-23	7
10	E911	F000124	不作任何热	745	665、560	21	6
11	E911		1070℃/0.	710	526	19.3	

复制(Copy)
导入Excel
导入Word
剪切(Cut)

导出数据　　退　出

图 12-8　CISRI-Data-Sheet 数据库中数据浏览及导出界面

CISRI-Data-Sheet 数据库标准模块中收集了中国、美国、日本和欧盟在火电机组用耐热钢方面的产品标准和试验标准,方便用户查询和对比。数据库也收录了国内外各研究单位和企业公开发表的相关文献资料。这些文献是钢种性能数据的主要来源之一,同时也可单独作为资信参考使用。用户可以追溯原始数据的来源,查看实验方法和实验过程,见图 12-9。此外数据库系统中还设计了一个辅助工具箱,主要包括 Excel、Origin、Word、计算器和 Internet 友情链接,方便用户和管理员调用相关常用软件,记录数据、整理分析、简单计算及远程通讯,从而大大加强了系统与用户的交互性。

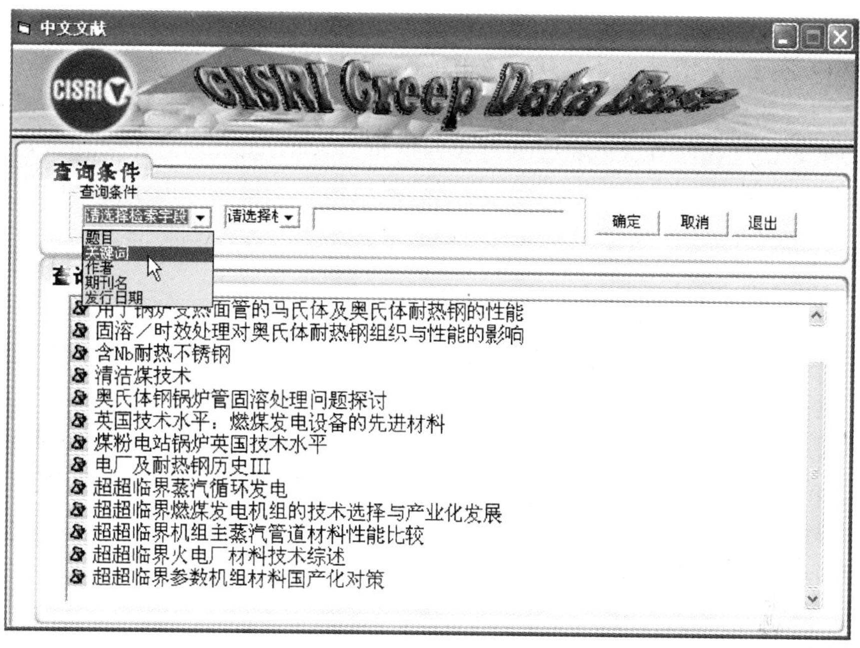

图 12-9 CISRI-Data-Sheet 数据库文献检索界面

12.5 CISRI-Data-Sheet 数据库的现状和未来发展问题

目前 CISRI-Data-Sheet 数据库中已有 18 种铁素体耐热钢、16 种奥氏体耐热钢和 3 种镍基耐热合金的性能数据（详见表 12-11），收录了美国、日本、欧盟及国内火电用钢性能测试实验方法、产品标准及持久性能外推方法等相关文献。其中钢种性能数据以锅炉钢持久蠕变数据为主，数据主要来源于国内外公开发表的文献及钢铁研究总院和锅炉制造企业几十年来积累的研究资料。这些数据都是超超临界火电机组设计及关键部件性能评价和耐热钢材料研究的重要基础。

表 12-11 目前 CISRI-Data-Sheet 数据库中收录的钢种

类 别	数据库中收录的钢种
铁素体耐热钢	2.25Cr1Mo、9Cr1Mo、G102、G106、T 91/ P 91、T122/P122、Cast Steel 91、E911、P92/T92、12Cr1MoV、G112、G115 等
奥氏体耐热钢	304H、316 H、TP347H、TP347HFG、S30432、S31042、NF709、NF709R、Sanicro25 等
耐热合金	Inconel740、Inconel617、HR6W 等

虽然 CISRI-Data-Sheet 数据库已基本达到了设定的预期目标，但是与理想成熟的数据库软件平台相比还有巨大差距。由于我国试验数据严重缺乏，公开发表的数据就更是少之又少，因此 CISRI-Data-Sheet 数据库中已收录的材料的测试性能数

据量非常有限。有利的条件是我国正处于清洁能源大发展时期，超超临界火电机组作为优化我国电源结构和实现国家节能减排战略目标的最重要措施之一，正迎来前所未有的重大的历史性的发展机遇。截至2010年底，我国已建成、在建和未来计划建设的超超临界火电机组的规模均居世界首位，与此对应未来相当长的一段时间内，我国都将是世界上最大的超超临界机组用钢市场。由于需求的推动和技术本身的进步，我国超超临界机组用钢的研究水平和产品创新能力也在不断提高之中。

目前阶段，我国超超临界火电机组用钢数据库建设中一个需要迫切解决的问题就是持久蠕变试验机和测试标准的双重对标问题。我国目前的持久蠕变试验机数量有限(据2010年不完全统计，全国不足1000台)，主要集中在钢铁研究总院、宝钢股份公司、锅炉厂等单位。建造和新增加的持久蠕变试验机对我国不难，难的是我国这些持久蠕变试验机之间的相互对标以及我国持久蠕变试验机与国外持久蠕变试验机之间的对标问题，此外国内外持久蠕变试验标准的统一问题也是必须关注和解决的。日本在20世纪60年代开始发展锅炉用钢时，曾在这两个对标问题上投入巨大的资金和时间。日本的经验值得我国借鉴！

CISRI-Data-Sheet数据库未来发展的思路是紧密依托全国性的持久蠕变测试联盟，不断收集公开发表和内部测试的超超临界火电机组用钢的持久蠕变等性能数据，在有条件的几个国内单位之间率先实现国内持久蠕变数据共享。同时建立与欧盟ECCC和日本NIMS持久蠕变数据库之间的定期交流机制，实现部分数据的交换和共享。而CISRI-Data-Sheet数据库本身的技术发展方向则是数据库的智能化和基于网络的远程共享。

参考文献

[1] Karditsasa P J, Lloyd B G, Walters B M, et al. The European fusion material properties database [J]. Fusion Engineering and Design, 2006, 81(14): 1225 ~ 1229.

[2] Smeekes P, Alhainen J, Lipponen A, et al. The TVO/VTT material database [C]. Transactions of the 17th International Conference on Structural Mechanics in Reactor Technology (SMiRT 17). Prague, Czech Republic, 2003.

[3] Bandoh Shunichi, Nakayama Yoshihiro, Asagumo Ryoji, et al. Establishment of database of carbon/epoxy material properties and design values on durability and environmental resistance [J]. Comp and Mater, 2003, 11(4): 365 ~ 374.

[4] 樊新民，孔见，孙斐. 材料科学与工程中的计算机技术[M]. 江苏：中国矿业大学出版社，2000，121 ~ 129.

[5] 羊海棠，杨瑞成，袁晓波，等. 材料数据库在选材中的应用[J]. 材料开发与应用，2004，19(2)：40 ~ 44.

[6] 肇研，郝建伟. 先进材料性能数据库发展现状及建议[J]. 航空制造技术，2001，32(6)：30 ~ 32.

[7] 周洪范,张朝纲. 材料数据库的进展与应用[J]. 机械工程材料,1993,017(1): 1~4.

[8] 屈祖玉,卢燕平,李长荣,等. 材料自然环境腐蚀数据库[J]. 机械工程材料,1997,21(1): 47~49.

[9] 白金泽,孙秦,蔺国民. 基于 Intranet 的航空材料数据库系统的设计与实现[J]. 飞机工程, 2002(02): 60~65.

[10] 沈军,朱亦刚,黄新跃,等. 航空材料数据库领域的现状及展望[J]. 2003(23):291~295.

[11] 夏晴,殷国富,胡晓兵,等. 基于 Web 技术的工程材料数据库系统的开发[J]. 2005,32(4): 55~57.

[12] Merckling G. Introduction to ECCC and Activities of the Project Advanced Creep[J]. Materials at High Temperature,2004,21(1):17~23.

[13] NIMS NOW International, July – August 2009.

[14] Kimura K. A method of long – term creep rupture data analysis for high chrome ferritic creep resistant steel[J]. International Symposium on USC Steels for Fossil Power Plants, Beijing, China, April 12~14, 2005.

[15] 刘正东,杨素宝,等,超超临界火电机组用钢性能数据库管理系统 V1.0 版权专利,中国, 2008SRBJ2578[P]. 2008.

[16] 杨素宝,刘正东,程世长,等. 超超临界火电机组用钢性能数据库及管理系统[J]. 电力建设,2009, 30(2):14~17.

[17] 杨素宝. 超超临界火电机组用钢数据库的开发及其应用[D]. 昆明/北京:昆明理工大学/钢铁研究总院,2009.

13　我国火电机组用钢技术现状及未来发展展望

13.1　我国电源的结构性问题

目前世界电源结构中煤电、天然气发电、石油发电、水电及核电所占比例分别为40%、15%、10%、19%和16%。其中矿物质能源(煤、气、油)的总和为65%，清洁型能源水电和核电占35%。中国近年电源构成如表13-1所示，以煤为主的矿物质能源占75%以上，其实际发电量占82%以上，而核电所占份额不足1.5%，可见我国的电源存在结构性问题。中国正处于工业化和城镇化过程中，在未来相当长的一段时间内用电量将持续增长。

表13-1　中国近年电源构成

年　份	容量/亿千瓦	火电/%	水电/%	核电/%	新能源/%
2000	3.19	72.1	24.87	0.66	
2005	4.70	74.80	23.20	1.90	0.14
2006	6.22	77.82	20.07	1.20	0.10
2007	7.13	77.73			
2008	7.93	75.87	21.64	1.15	1.12
2020	13.40	65.0	23.0	4.0	

为保障我国能源供应安全、优化电源结构和实现国家节能减排战略目标，我国现阶段确立的能源发展的基本方针是优先开发水电，积极发展核电，优化发展火电。未来20~30年我国能源工业的整体形势和发展趋势就是在火电领域要研制和建设一大批先进的大型超超临界火电燃煤机组(包括新建和置换落后机组)。在核电领域通过引进、消化、吸收与创新，研制和建设一批大型先进压水堆核电站[1]。

13.2　中国电站技术发展战略问题

我国是发展中国家，在电站技术上更是后起国家。直到今天我国的电站技术(火电和核电)仍然以引进和仿制为主，还没有取得核心技术突破，更没能形成专有先进技术。但是，经过30年的经济发展、技术积累和未来30年的强劲市场需求，中国已经具备了实现电站技术重大突破的能力和条件。

大型高效超超临界火电机组是我国火电机组的最重要发展方向，我国已掌握了600℃蒸汽参数机组的设计和制造技术,但还没有完全掌握关键材料技术。如果关键材料技术能如期取得突破,650℃和700℃蒸汽参数机组将在不久的将来开工建设。随着机组蒸汽参数的提高,机组的热效率、供电煤耗和污染物排放指标均有大幅度改善,如图13-1所示。如果每度电的煤耗减小1 g,则全国火电每年可减少CO_2排放750万吨,可见减排效果之显著。由于技术经济等因素,IGCC及其多联产技术在相当长的时间内只能是我国火电机组发展过程中的一种补充。

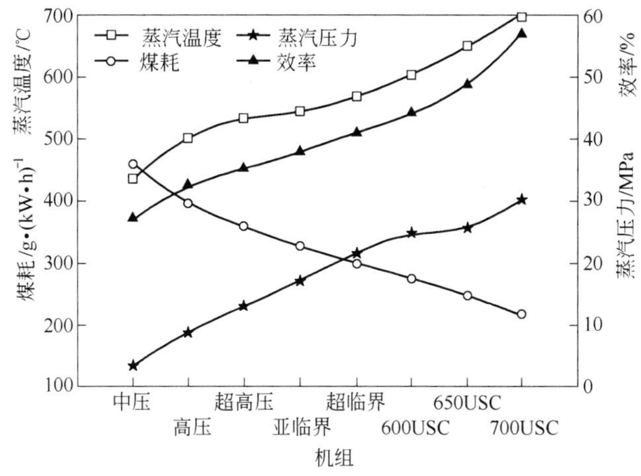

图13-1 火电机组蒸汽参数进步的效果

大型先进压水堆核电站是我国未来30年核电机组建设的主流。近年,我国从美国西屋公司引进了AP1000技术,从法国法玛通公司引进了EPR技术。两者均为第三代大型先进压水堆技术。在引进、消化、吸收的基础上,我国正在研发具有自主知识产权的CAP1400和CAP1700技术,这是从仿制到超越的重要一步。在第三代大型先进压水堆技术全面推广之前,CPR1000机组将会继续建设。此外,我国自行集成的CNP1000技术也值得关注。在核电领域我国已经明确制订了"三步走"长期发展战略,快堆技术、第四代核电技术、和聚变堆技术均需大力发展。

13.3 中国超超临界火电机组用钢技术的国内外差距[2]

火电用钢在高温高压和多种腐蚀环境下长期服役,对钢的持久蠕变性能、抗流动高温蒸汽和煤灰腐蚀性能、热疲劳性能、冷热成形性能及现场焊接性能提出了极高的要求,因此火电用钢技术及其产品的研发周期长、投资大。然而,必须注意的是电站和动力系统用钢技术属于国家的战略性技术,其产品具有极高附加值,对国民经济发展和国防建设具有直接的决定性的支撑作用。正因为此,美、欧、日本等国政府和企业均长期资助火电用钢技术的研发。如图13-2所示,第二次世界大战结束以来,欧美政府从没有停止过对锅炉、汽轮机、和燃气轮机用钢技术的支持。

日本政府从1980年代开始大规模资助电站用钢技术研究并一直持续至今。中国政府从2003年开始资助超超临界火电机组用钢技术的研究。

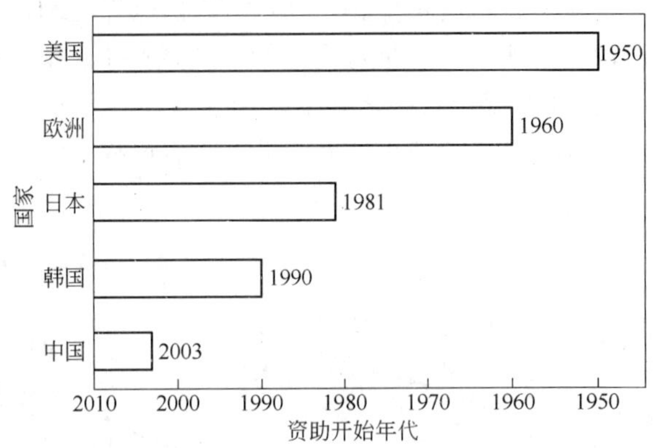

图13-2　各国政府资助超(超)临界火电机组用钢技术研究的年代

在超超临界火电机组用钢技术研究方面,日本也是后来者。日本在20世纪60~70年代先后从欧美引进了锅炉钢技术,仅仅经过十几年的消化吸收,日本就在锅炉钢技术领域实现了对欧美的技术和产品超越,并把这个领先优势一直保持到今天。中国的超超临界火电机组用钢技术从2003年起步,到目前已经取得了长足的进步,但是与国外先进水平相比存在非常大的差距。把美、欧、日、韩和中国的超超临界火电机组用钢技术现状定量汇总于表13-2。在超超临界火电机组用钢技术方面,日本现在处于绝对领先地位,欧美紧随在日本,我国与日本和欧美存在很大差距。另外一个重要现象是过去20年中大部分原创性材料技术发轫于日本,这与日本在基础研究方面的长期投入有直接关系。日本的成功经验值得我国思考和借鉴!

表13-2　各国超超临界火电机组用钢技术综合评价

	专业研究人员	基础研究水平	基础研究设备	材料研究水平	产品研究水平	产品生产设备	全寿期技术	政府资助强度	评价汇总
美国	7	8	10	7	8	10	10	10	70
欧洲	9	7	8	8	10	10	10	10	72
日本	10	10	10	10	10	10	10	10	80
韩国	6	6	8	8	9	10	8	6	61
中国	6	6	5	5	5	10	4	4	45

注:每项指标评分是以2010年最好水平为10和最差水平为1而估计的相对比较值。韩国是仅以汽轮机用钢技术作为评价基础。

13.4　中国超超临界火电机组用钢技术发展评价

我国火电机组参数演变历史如图13-3所示。我国超超临界火电机组发展很晚,直到2006年10月第一台超超临界机组才并网发电。尽管如此,截至2010年7月,我国已建成和在建超超临界机组25台,装机量已居世界首位。未来20年我国还将继续大量建设超超临界机组。超超临界火电机组关键钢铁材料技术是机组建设的最重要物质基础,如表13-2所述。在该重要技术领域我国与世界先进水平相比还存在极大差距,机组建设需要的相当部分关键钢铁产品依靠国外进口。

根据近年参加超超临界机组用钢技术研究和产品国产化的实践,作者对我国超超临界火电机组用钢技术及产品进行了总体评价,汇总于表13－3。火电机组的关键钢铁材料技术包括水冷壁材料、小口径锅炉管、大口径钢管和集箱、汽轮机材料和焊接材料及技术等。根据蒸汽温度变化,超(超)临界火电机组可大致划分为580℃、600℃、650℃和700℃机组。对于580℃蒸汽参数机组,我国已掌握关键钢铁材料及其产品的生产技术,完全实现了钢铁产品的国产化。对于600℃蒸汽参数机组,我国基本掌握了水冷壁和小口径锅炉管材料及其产品的生产技术,基本实现了这些产品的国产化,但还没有掌握关键大口径管、关键汽轮机叶片和转子以及关键焊接材料及其技术。580℃和600℃蒸汽参数机组是从国外引进的技术,我国没有相关知识产权。

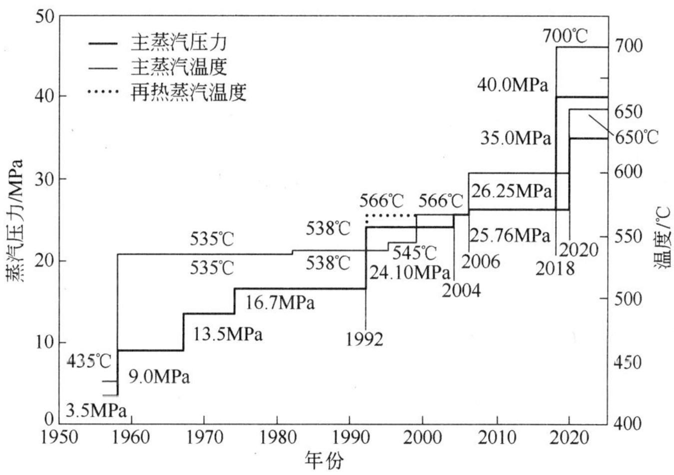

图13-3 中国火电机组参数演变(1950～2030年)

表13-3 我国超超临界火电机组用钢技术及产品总体评价

火电机组典型产品	水冷壁材料	小口径锅炉管	大口径管和集箱	汽轮机材料	焊接	知识产品
蒸汽参数580℃机组(材料＋产品)	√	√	√	√	√	引进
蒸汽参数600℃机组(材料＋产品)	√	√	×	×	×	引进

续表 13-3

火电机组典型产品	水冷壁材料	小口径锅炉管	大口径管和集箱	汽轮机材料	焊接	知识产品
蒸汽参数 650℃机组（材料）	√	×	×	×	×	自主
蒸汽参数 700 + ℃机组（材料）	√	×	×	×	×	自主

注：√表示材料和产品已实现国产化或可以生产；×表示没有掌握材料技术也不能进行产品生产。

对于 650℃和 700℃蒸汽参数机组所用材料，目前世界范围内都处于预研阶段，还没有形成定型产品，虽然我国还完全不掌握关键材料和产品技术，但由于国外也刚起步不久，我国与国外的差距不大。作者相信通过艰苦努力，我国可能在 650℃和 700℃蒸汽参数机组用材方面形成自主知识产权，并在产品技术上与国外保持同步。

13.5　中国超超临界火电机组用钢技术未来发展问题

中国超超临界火电机组用钢技术未来发展应坚持两个原则。原则一是针对我国火电机组发展的实际，研发关键钢铁材料及其产品技术，提供机组建设材料及其产品的全寿期解决方案。具体地讲就是要优先完成 600℃蒸汽参数机组选用钢铁产品的国产化，积极开展 650℃和 700℃蒸汽参数机组用材及其产品的研制，尽快形成自主技术，满足未来机组发展的需求。上述工作涉及的典型钢种包括（但不限于）P92、P122、改进型 S31042、9Cr3W3Co 系、HR6W、Inconel740、CC617A、COST E/COST F、CB2、FB2 等。原则二是制订长期研发计划，坚持开展基础研究工作，建立关键材料和产品数据库。

13.6　中国电站用钢技术进步的重要意义

超超临界火电和百万千瓦核电机组材料技术是核心技术中的核心技术，是支撑先进电站和动力设备的根本基础，也是金钱和市场换不来的技术，因此我国必须自主研发电站用钢技术。只有我国的企业掌握了电站用钢及其产品技术，我国的超超临界火电和百万千瓦核电机组才有了根基，才能发展，才能创新。

我国电站用钢技术进步的重要意义在于以下几点：其一，钢铁材料技术是电站稳定安全运行的基础，不掌握关键钢铁材料技术，就不能形成我国具有自主知识产权的超超临界火电和百万千瓦核电机组技术。电站钢铁材料技术研发周期长投入大，是国家行为，在计划安排上应该先导。我国电站用钢技术的进步对国家的意义是战略性的；其二，电站用钢技术更是高品质产品的基础，是产品高成材率的保障。因其极高的利润空间，电站的市场竞争是全球性的，因此电站用钢技术是企业的核心竞争力，我国电站用钢技术的进步对企业的意义是事关存亡和发展的问题；其三,电站用钢技术的进步,将提高产品品质,降低产品生产成本。我国电站用钢技术的进步,快速推动了电站用关键钢铁产品的国产化。电站关键钢铁产品的国产化,迫使国外企业大幅度降低了其产品在我国市场的售价。如我国 2008 年底基本实现了超超临界火电机组用 S30432 锅炉管的国产化。日本某企业 2009 年把其 S30432 锅炉管在中国的售价从 26 万元/t 下调到 13 万元/t。2010 年更是把其 S30432 锅炉管在中国的售价下调到 8.5 万元/t。据测算同期 S30432 锅炉管的生产成本是 6.5 万元/t。可见,我国电站用钢技术的进步对业主(用户)和国家的直接经济效益也是巨大的。

目前在电站用钢技术方面,日本处于领先地位,欧美韩紧随其后,中国进步很快,正在追赶。日本电站用钢技术强在基础研究及基于基础研究的产品性能提升及其精细调控能力。日本和韩国的成功经验值得我国借鉴和学习。超超临界火电机组和百万千瓦核电机组建设是我国优化电源结构和实现国家节能减排战略目标的最重要措施。钢铁材料技术是保证超超临界火电机组和百万千瓦核电机组建设顺利进行的最重要基础之一。近年我国在电站用钢技术方面已取得长足进步,未来发展要针对我国电站发展的实际,研发关键钢铁材料及其产品技术,提供电站建设材料及其产品的全寿期解决方案。同时要制订长期研发计划,坚持开展基础研究工作,建立关键材料和产品数据库。只有做到“知其然,知其所以然”,才能真正实现我国电站用钢技术的超越和创新。作者坚信中国能把握电站用钢技术发展的未来!

参考文献

[1] 刘正东. 中国能源工业发展对钢铁材料技术的挑战[C]. 中国特殊钢技术与市场论坛论文集, 2009:49～54.

[2] 刘正东,等. 中国电站用钢技术现状及未来发展[J]. 钢铁,2010.

后　记

电站是现代社会发展的基石，电站为人类提供光明，电站为人类提供动力，电站驱动人类更快地进步。从某种意义上讲，电站技术是工业文明的最重要体现形式之一。对电站技术的不懈追求有效地促进人类材料技术及其工艺技术的不断进步。在技术创新一浪高过一浪的21世纪，一个不掌握最先进电站技术的民族是没有希望的民族，因为由电站提供的动力就和水与粮食一样是构成人类一切需求的最基本的因素。支撑生产单位动力的直接成本和间接成本的多少是决定一个民族工业技术是否有成本竞争力的重要指标。

根据动力来源的不同，电站分为火电站、水电站、核电站、风电站和其他形式的新能源电站。迄今，人类电站技术已经取得了很大的进步，但电站技术还远没有成熟。超超临界火电机组（USC）的蒸汽参数还需要持续提高，目前机组的热效率低、煤耗高、污染物排放严重。整体煤气化联合循环发电系统（IGCC）的容量需要提升，目前机组对耐热材料要求高，容量过小。大型压水堆核电机组虽然目前在迅猛发展，但其对铀资源要求高，乏燃料处理技术一直没有突破。地球上的水利资源有限，过度开发水电站（尤其是大型水电站）容易引发地区性生态问题甚至地质问题。在人类目前科学认知和技术水平下，风电、太阳能和其他形式的新能源动力源只能是能源的一种补充形式。在风和光的高效率提取和储存技术突破之前，风和光不可能大规模经济地服务于人类。在可以预见的未来100年，火电站、水电站和核电站仍将是电站的主要形式，而可控核聚变反应堆工程技术的突破是人类能源的最佳解决方案。

材料技术及其工艺是支撑电站技术发展的物质基础，是材料技术的实际水平限制了电站技术的进一步发展。电站苛刻的运行环境在不断挑战已知材料的性能极限，并不断地把材料技术的前沿边疆向外拓展。电站材料的研发需要材料研制和产品应用两个考核周期，因此电站材料研发周期很长，需要巨额资金支撑，同时还需要产－研－用－市场相结合。

火电机组用钢是电站材料的一种，是阻碍火电机组蒸汽参数提高的瓶颈性制约因素。一种成功火电用钢的研制需要至少一代人乃至几代人的努力和付出。钢铁研究总院创立于1952年，并于1958年在今天结构材料研究所的前身第六研究室设立了耐热钢及合金研究组。在刘荣藻教授的领导下，该研究组在20世纪60年代成功研制了G102低合金耐热钢，并成功总结出了“多元复合强化”理论。G102的使用温度可达600℃（金属温度），这在当时是处于世界领先水平的。即使在半个世纪后的今天，我们仍然可以骄傲地说“多元复合强化”理论和G102的研发成功是世界锅炉钢发展史上一个极其重要的里程碑。刘荣藻教授为后来者打开了通向正确方向的一扇大门，他是先驱和导师！刘荣藻教授之后，钢铁研究总院程世长教授等人坚持锅炉钢技术研究和锅炉钢的国产化研制工作。美国橡树岭国立实验室V. K. Sikka教授对刘荣藻教授非常崇拜。他认为自己T91钢的研发成功是基于“多元复合强化”理论，而T91耐热钢的研发成功是世界锅炉钢发展史上的又一个里程碑。T91钢的使用温度可达625℃（金属温度）。已经荣休的日本东京大学藤田利夫教授把他毕生的时间和智慧都献给了日本电站用钢技术的研究事业，他无论在基础理论研究方面还是在耐热钢产品开发方面，都为日本电站用钢技术的后来居上做出了卓越贡献。他的工作指引了整整两代日本学者前进的方向。T92、S30432和S31042耐热钢均是这一时期研发成功的。藤田利夫教授是日本电站用钢技术领域的一代宗师。在藤田利夫教授工作的基础上，日本国立材料研究院耐热钢研究组的阿部富士雄教授用几十年的时间研发成功了9Cr-3W-3Co耐热钢。9Cr-3W-3Co钢的使用温度可达650℃（金属温度）。目前9Cr-3W-3Co钢处于铁素体型耐热钢使用温度极限的最前沿。阿部富士雄教授已经退休，但仍在日本国立材料研究院继续研究工作。

我国目前火电机组装机量世界第一，已建成和在建超超临界火电机组规模世界第一，未来几十年我国拟建的超超临界火电机组规模世界第一。我国目前火电用钢技术水平落后，远不能满足我国火电建设事业发展的需求。自2003年起在国家科技部的支持下，钢铁研究总院、宝钢股份公司等单位开始进行系统的超超临界火电机组用钢研发工作。2005年11月，国家科技部和中国钢铁工业协会在钢铁研究总院召开会议成立了由钢铁研究总院、宝钢股份公司、攀钢集团公司、哈尔滨锅炉厂、东方锅炉厂和西安热工研究院等单位参加的中国超超临界火电机组用钢研发联盟。2006年12月，钢铁研究总院和宝钢股份公司签订了超超临界火电机组用钢产品研发全面合作协议。经过7年多的共同努力，我们认为我国已经基本上掌握了600℃蒸汽参数超超临界火电机组用钢及其产品的制造技术，关键产品已实现国产化，并正在拓展市场份额。本书就是600℃蒸汽参数超超临界火电机组用钢及其产品国产化的工程技术总结。锅炉钢和叶片钢的包括强韧化机理在内的物理冶金原理等将另外编著出版。

在过去7年的600℃蒸汽参数超超临界火电机组用钢及其产品的技术攻关过程中，形成了由钢铁研究总院、宝钢股份公司、攀钢集团公司、天津钢管集团有限公司、江阴兴澄特种钢铁责任公司、哈尔滨锅炉厂、东方锅炉厂、上海锅炉厂、西安热工研究院、北京科技大学等单位组成的联合攻关团队。在攻关过程中，联合团队也积极融入国际超超临界火电机组用钢技术研发大环境。2004年钢铁研究总院（CISRI）刘正东教授作为倡议者和组织者与日本国立材料研究院（NIMS）和韩国科学技术研究院（KIST）达成协议，由中国、日本和韩国这三家国立研究机构定期联合举办超超临界机组用钢及合金技术国际研讨会。该研讨会定位于电站用钢技术领域的高端专业会议，仅邀请电站用钢技术领域内国际上最著名的学者和工程师参加，其目的是交流和沟通该技术领域研究和应用的最新进展。迄今，由CISRI-NIMS-KIST联合组办的超超临界机组用钢及合金技术国际研讨会已经成功举办4届。第一届研讨会于2005年4月在中国北京举行，第二届于2007年7月在韩国首尔举行，第三届于2009年6月在日本筑波举行，第四届于2011年4月11～13日在中国北京举行。通过上述高效率高水平国际技术交流活动，中国超超临界火电机组用钢技术研发团队已成功融入国际超超临界火电机组用钢技术研发大家庭，并已成为其最重要和最活跃成员之一。

中国超超临界火电机组用钢技术的研究只能算是刚刚起步，中国

700℃蒸汽参数超超临界火电机组用钢和中国650℃蒸汽参数超超临界火电机组用钢的研制工作已经开展一段时间了。中国超超临界火电机组用钢技术研发团队将继续发扬团结合作、艰苦奋斗、坚持不懈和勇攀高峰的精神,肩负起把我国超超临界火电机组用钢技术尽快推进到世界先进水平的历史使命。几年前,我们在读日本老一代电站用钢学者太田定雄先生晚年写的《铁素体耐热钢》一书时,总是心潮澎湃。太田定雄先生总结了1960~2000年间日本电站用钢技术,从引进、消化、吸收、创新到超越和引领的全过程。日本学者和工程师用40年的时间攀上了世界电站用钢技术的最高峰。我们要学习他们,用更短的时间攀上世界电站用钢技术最高峰!

作者

2011年3月